Organic-Inorganic Halide
Perovskite Photovoltaic

From Fundamentals to Device Architectures

有机无机卤化物
钙钛矿太阳能电池

从基本原理到器件

（韩）朴南圭（Nam-Gyu Park）

（瑞士）迈克尔·格兰泽尔（Michael Grätzel）　主编

（日）宫坂力（Tsutomu Miyasaka）

毕世青　译

化学工业出版社

·北京·

内 容 简 介

光伏发电是最有希望代替化石燃料的能源之一。在未来的光伏产业中，有机-无机杂化的钙钛矿是非常具有前景的候选材料。本书英文原版的三位主编，都在该领域做出了杰出贡献。

由三位杰出科学家引领，本书从钙钛矿太阳能电池的基本原理出发，介绍了从基本理论到器件工程的各方面内容。全书共 14 章：第 1 章和第 2 章描述了卤化钙钛矿的基本原理；第 3 章介绍了器件的极限最大转化效率；第 4 章至第 6 章介绍了器件物理特性及卤化钙钛矿中离子的迁移；第 7 章和第 8 章可以帮助读者进一步理解钙钛矿中离子的迁移和抑制；第 9 章讲述了如何利用器件和材料来获得高效率的钙钛矿太阳能电池；第 10 章介绍了电流密度-电压曲线的迟滞效应和稳定性；第 11 章介绍了钙钛矿太阳能电池的高电压特性；第 12 章讲述了钙钛矿在有机本体异质结类型的太阳能电池中的应用；第 13 章介绍了卤化钙钛矿在制备柔性太阳能电池中的应用；第 14 章讲述了无机空穴传输层对深入观察器件内部结构的作用。

本书集中了大量与钙钛矿太阳能电池相关的前沿科研成果，可以为钙钛矿太阳能电池的研究者和技术开发者提供有益的参考和帮助。

北京市版权局著作权合同登记号：01-2018-6736

图书在版编目（CIP）数据

有机无机卤化物钙钛矿太阳能电池：从基本原理到器件/（韩）朴南圭，（瑞士）迈克尔·格兰泽尔，（日）宫坂力主编；毕世青译.—北京：化学工业出版社，2020.10（2023.7重印）

书名原文：Organic-Inorganic Halide Perovskite Photovoltaics：From Fundamentals to Device Architectures

ISBN 978-7-122-37150-8

Ⅰ.①有… Ⅱ.①朴…②迈…③宫…④毕… Ⅲ.①有机材料-卤化物-钙钛矿-太阳能电池-研究②无机材料-卤化物-钙钛矿-太阳能电池-研究 Ⅳ.①TM914.4

中国版本图书馆 CIP 数据核字（2020）第 100198 号

责任编辑：仇志刚　杨欣欣　　　　　　　　　装帧设计：刘丽华
责任校对：王鹏飞

出版发行：化学工业出版社（北京市东城区青年湖南街 13 号　邮政编码 100011）
印　　装：涿州市般润文化传播有限公司
787mm×1092mm　1/16　印张 18¼　字数 451 千字　2023 年 7 月北京第 1 版第 5 次印刷

购书咨询：010-64518888　　　　　　　售后服务：010-64518899
网　　址：http://www.cip.com.cn

凡购买本书，如有缺损质量问题，本社销售中心负责调换。

定　　价：168.00 元　　　　　　　　　　　　　　　　版权所有　违者必究

译 者 前 言

    自 2009 年至今，钙钛矿太阳能电池技术无疑是全球最火热的新型光伏技术，短短的十年时间其光电转化效率由 3.9％提高到了 25.2％，如此增长速度令研究者们惊叹。本人自 2010 年开始从事染料敏化太阳能电池的研究，2014 年转到钙钛矿太阳能电池方向上来，在从事科研期间有一种感触就是：对此方向上综述性文献或专著有迫切需求，以便快速、全面了解钙钛矿电池。幸运的是，2016 年，国际上钙钛矿领域的三位顶级科学家——韩国首尔成均馆大学的 Nam-Gyu Park（2017 年化学领域"引文桂冠奖"获得者）、瑞士洛桑联邦理工学院的 Michael Grätzel（染料敏化太阳能电池之父、二步连续沉积钙钛矿成膜法创始人）、日本桐荫横滨大学的 Tsutomu Miyasaka（首个钙钛矿电池的缔造者、2017 年化学领域"引文桂冠奖"获得者）作为主编共同组织编写了此书。

    此书覆盖面广泛，从钙钛矿中的分子运动到离子迁移，从第一性原理计算到缺陷态物理，从电荷传输到迟滞效应的解析，从平面结构到多孔结构，从玻璃基底到柔性基底，都进行了阐述，是一本极具参考价值的专著。

    由于本书钙钛矿领域的专业词汇较多，本人学历资浅，疏漏之处在所难免，敬请读者提出宝贵意见，以便今后修订版翻译时纠正；同时希望此书对大家在钙钛矿太阳能电池的研究提供一定的帮助。

译者

2020 年 5 月

前　　言

将光能转化为电能的光伏发电，是最有希望代替化石燃料的能源之一。自 1839 年 19 岁的埃德蒙·贝克勒尔（Edmund Becquerel）从硒元素中发现了光电效应之后，一些光电材料被陆续开发出来，同时它们的光电性能也被不断研究。1954 年硅太阳能电池最初的光电能量转化效率（power conversion efficiency，PCE）仅为 4.5%，由贝尔（Bell）实验室的皮尔森（Pearson）、查宾（Chapin）和富勒（Fuller）开发出来，现在其转化效率已经超过了 25%。到目前为止，最高的光电能量转化效率是由单异质结结构的砷化镓电池所保持的，接近 29%。像 CIGS（铜铟镓硒）和 CdTe（碲化镉）这样的硫系材料也有大约 22% 的转化效率。在太阳能电池的发展过程中，材料和加工过程的费用消耗与转化效率同等重要。这意味着对于学术研究和工业应用来说，新颖的、低成本光电材料的发掘是十分重要的。

在未来的光伏产业中，有机-无机杂化的钙钛矿是非常具有前景的候选材料，因为它能够通过廉价的、高通量的溶液法得到，并且转化效率已经超过了 22%。2009 年，宫坂力（Tsutomu Miyasaka）最先报道卤化的钙钛矿光电器件；2012 年，朴南圭（Nam-Gyu Park）和迈克尔·格兰泽尔（Michael Grätzel）发明了固态钙钛矿敏化太阳能电池，目前研究的固态钙钛矿太阳能电池是在此基础上研制的。但是，钙钛矿器件具有优异光电性能的原因仍然令人困惑。结构的多样性是钙钛矿光伏器件的优点，但是哪种结构具有微弱的电流密度-电压迟滞效应和长期的稳定性，一直是研究者们争议的焦点。或许理解其基本原理和器件的结构能够回答这些问题，这就是我们编著这本书的初衷所在。在各个章节中，第 1 章和第 2 章描述的是卤化钙钛矿的基本原理。从第 3 章中，我们可以了解到器件的极限最大转化效率。第 4 章至第 6 章介绍的是器件物理特性及卤化钙钛矿中离子的迁移。第 7 章和第 8 章可以帮助读者进一步理解钙钛矿中离子的迁移和抑制。第 9 章讲述的是如何利用器件和材料工程来获得高效率的钙钛矿太阳能电池。电流密度-电压曲线的迟滞效应和稳定性将会在第 10 章提到。钙钛矿太阳能电池的高电压特性，使得其在产氢方面也具有良好的前景，这部分内容将会在第 11 章中介绍。第 12 章讲述了钙钛矿作为优秀的光吸收材料在有机本体异质结类型的太阳能电池中的应用。固有的柔性是卤化钙钛矿的特异性之一，因此适合制备柔性的太阳能电池，这部分内容在第 13 章中讲述。对选择性接触材料的研究是从迟滞效应和稳定性的角度出发的。在第 14 章将会讲到无机空穴传输层可能会提供深入观察器件内部结构的方法。这本书覆盖了从基本理论到器件工程的各方面内容，所以我们希望这本书对学术研究和商业应用都有所贡献。

朴南圭（Nam-Gyu Park），韩国水原（Suwon）

迈克尔·格兰泽尔（Michael Grätzel），瑞士洛桑（Lausanne）

宫坂力（Tsutomu Miyasaka），日本横滨（Yokohama）

目　　　录

第4章　CH₃NH₃PbX₃（X= I，Br，Cl）钙钛矿的物理缺陷 ············· **58**

Yanfa Yan, Wan-Jian Yin, Tingting Shi, Weiwei Meng, Chunbao Feng

第5章　有机-无机钙钛矿的离子导电性：长时间和低频行为的相关性 ········· **79**

Giuliano Gregori, Tae-Youl Yang, Alessandro Senocrate, Michael Grätzel, Joachim Maier

第6章　杂化钙钛矿太阳能电池中的离子迁移 ⋯⋯⋯⋯⋯⋯⋯⋯⋯⋯⋯ **101**

Yongbo Yuan, Qi Wang, Jinsong Huang

第7章　杂化有机金属卤化物钙钛矿太阳能电池的阻抗特性 ⋯⋯⋯ **120**

Juan Bisquert, Germà Garcia-Belmonte, Antonio Guerrero

第8章　有机金属卤化物钙钛矿中的电子传输 ⋯⋯⋯⋯⋯⋯⋯⋯⋯⋯ **149**

Francesco Maddalena, Pablo P. Boix, Chin Xin Yu, Nripan Mathews, Cesare Soci, Subodh Mhaisalkaro

第 14 章　钙钛矿太阳能电池的无机空穴传输材料 ························· 262

Seigo Ito

第1章
杂化卤化钙钛矿的分子移动和晶体结构动力学

Jarvist M. Frost，Aron Walsh

1.1 引言

虽然对无机卤化铅的研究自从 19 世纪就开始了[1]，同时有机-无机卤化物也在 20 世纪初引起了研究者的兴趣[2]，但是第一次报道钙钛矿结构的杂化卤素化合物是由韦伯（Weber）在 1978 提出的[3,4]。他报道了 $CH_3NH_3PbX_3$（X=Cl、Br、I）和 $CH_3NH_3SnBr_{1-x}I_x$ 两种杂化钙钛矿。在接下来的几十年中，科学家们开始研究这些材料的独特化学和物理性质[5-7]，直到 2009 年太阳能电池第一次出现[8]。

杂化钙钛矿在光电应用方面的显著成就已经成为许多评论的主题。在本章中，我们介绍钙钛矿基本的晶体结构和杂化有机-无机材料独特的动力学特性，这些特性会使得它们在光学器件中的性能更加突出，在后续的章节中也会提到。本章是依据我们早前发表的几篇论文和观点来论述的[9-18]。

1.2 钙钛矿

钙钛矿一词来源于矿物质 $CaTiO_3$。它是一种晶体，结构由共享的 TiO_6 八面体组成，在每个晶胞单元中，Ca 占据了八面体的空腔。许多化学计量式为 ABX_3 的材料都具有相同的晶体结构，具有代表性的就是 $SrTiO_3$ 和 $BaTiO_3$。如已被人熟知的绝缘体、半导体和超导体的钙钛矿结构材料。根据晶格中 BX_3 多面体的倾斜和旋转程度，钙钛矿材料的晶体结构包括立方、四方、正交、三角和单斜等多种晶系类型，这些是相变的原型体系[19]。温度、压力和磁场或者电场等外部作用可以诱导这类材料的可逆相转变。

在 ABX_3 的正式化学计量中，电荷平衡（$q_A+q_B+3q_X=0$）可以通过多种方式实现。对于金属氧化物钙钛矿（ABO_3），处于氧化态的两种金属的电荷数之和必须是 6（$q_A+q_B=-3q_O=6$）。$KTaO_3$、$SrTiO_3$ 和 $GdFeO_3$ 分别为 I-V-O_3、II-IV-O_3 和 III-III-O_3 三种类型（罗马数字代表具有相应电荷数的元素——编辑注）钙钛矿的典型代表。这些相近的钙钛矿材料可以通过阴离子亚晶格上的部分取代来扩展，例如氮氧化钙钛矿和氧卤化钙钛矿。在金属亚晶格上取代，可以形成双钙钛矿、三钙钛矿和四钙钛矿。

对于卤化钙钛矿来说，处于氧化态的两种阳离子的化合价之和必须等于 3 （$q_A + q_B =$ $-3q_X = 3$），所以它只能是 I-II-VII$_3$ 这种形式，例如 CsSnI$_3$。在像 CH$_3$NH$_3$PbI$_3$ 这样的杂化卤化钙钛矿中，存在二价无机阳离子，一价金属离子被带有同等电荷的有机阳离子取代，如图 1-1 所示。从原理上来讲，任何的分子离子都可以被应用，只要晶格空腔中有足够的空间来匹配它。如果有机阳离子尺寸太大，三维（3D）的钙钛矿骨架就会被破坏，这已经在低维的无机骨架杂化结构中得到了证实[20]。对于层状结构，随着载流子质量和激子结合能的增加，晶体的性质变得高度各向异性。

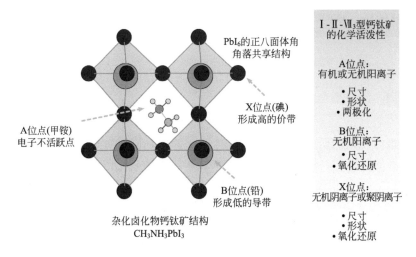

图 1-1 钙钛矿晶体结构与 A、B、X 晶格位置关系的示意，经知识共享协议（Creative Commons）协议许可引自文献 [13]。组分离子的氧化还原反应能够影响晶体的价带、导带能级以及分子轨道的位置，最终关系到材料中电子和空穴的稳定性。值得注意的是 A 位置如果是大分子，就会形成层状的钙钛矿。除了三维卤化钙钛矿之外，研究者还发现了范围更广的晶体化学计量比和超结构，例如 Ruddlesden-Popper 结构、Aurivillius 结构和 Dion-Jacobson 结构

像钙钛矿这样的异极晶体的稳定性受马德隆静电势（Madelung electrostatic potential）影响。研究所得的各种化学式的晶格能和静电势列于表 1-1 中。这些数据是通过晶格中离子电荷的总和计算出来的[10]。对于第 VI 主族的阴离子来说（氧化物和硫系化合物），当 A 和 B 的位置移动时，电荷不平衡会使晶格能降低，A 位置的低电荷态会比较有利。但是，对于第 VII 主族的阴离子（卤化物），它们的静电稳定性会降低，其晶格能只有 -29.71eV/晶胞，而且阴离子位点的静电势大约只有第 VI 主族的 50%。正是因为如此低的电势，与金属氧化物相比，卤化钙钛矿具有较低的固态电离电势（电子迁移能）。

表 1-1 ABX$_3$ 型结构钙钛矿的静电晶格能（$E_{晶格}$）和马德隆（Madelung）电势（V）

（立方晶格，$a = 6.00\text{Å}$，假设每种都处于正规氧化态）

化学计量比	$E_{晶格}$/(eV/晶胞)	V_A/V	V_B/V	V_X/V
I-V-VI$_3$	-140.48	-8.04	-34.59	16.66
II-IV-VI$_3$	-118.82	-12.93	-29.71	15.49

续表

化学计量比	$E_{晶格}$/(eV/晶胞)	V_A/V	V_B/V	V_X/V
Ⅲ-Ⅲ-Ⅵ₃	−106.92	−17.81	−24.82	14.33
Ⅰ-Ⅱ-Ⅶ₃	−29.71	−6.46	−14.85	7.75

注：1. 杂化卤素钙钛矿是 Ⅰ-Ⅱ-Ⅶ₃ 模型。计算采用 GULP 模型。表格来源于参考文献［10］。

2. 1Å＝10^{-10}m＝0.1nm。全书同。

3. 罗马数字表示具有相应电荷数的元素——编辑注。

1.3　一般的晶体结构

在太阳能电池的应用中，杂化化合物的详细晶体结构是主要关注点。为了简便起见，我们将甲铵（MA）复合物钙钛矿 $CH_3NH_3PbI_3$（甲铵铅碘）简称为 MAPI（PI 代表铅碘酸根 PbI_3^-），将甲脒阳离子（FA）复合物钙钛矿 $NH_2CH{=}NH_2PbI_3$（甲脒铅碘）简称为 FAPI。

韦伯首先报道了 MAPI 在立方钙钛矿晶体结构（O_h 点群）中的存在[3]，这与静态分子构建要素的各异向性不一致（$CH_3NH_3^+$ 是 C_{3v} 点群）。但是，晶体中分子阳离子的取向是无序的，平均下来会产生一个有效的高晶格对称性[7]。早期关于晶体结构特征的研究确定了 MAPI 随着温度升高出现的三相：正交相、四方相和立方布拉菲（Bravais）晶格[21]。虽然 X 射线衍射中，布拉格（Bragg）峰位置可以区分这三种相态，但是相对于 PbI_3^-，由 $CH_3NH_3^+$ 引起的峰强度太弱，以至于不能确定准确的分子取向。最近高分辨率粉末中子衍射的应用对与温度相关的平均结构提供了定量描述，相关的结果总结在了图 1-2 中[22]。

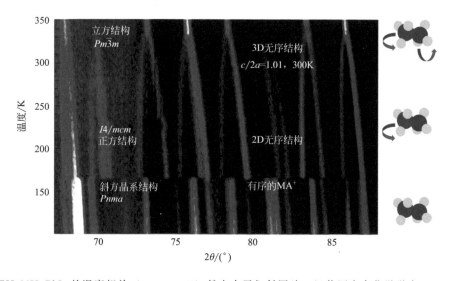

图 1-2　$CH_3NH_3PbI_3$ 的温度相关（100～352K）粉末中子衍射图片，经英国皇家化学学会（Royal Society of Chemistry）许可引自文献［22］。显示了平均晶体结构的空间群，以及 $CH_3NH_3^+$ 亚晶格的无序程度

1.3.1 正交晶相 ($T < 165K$)

正交相的钙钛矿结构是 MAPI 的低温基态，能在约 165K 的温度以下保持稳定态[5,22]。由密度泛函理论（density functional theory，DFT）计算能量值并进行比较，证实了正交相的稳定性。与大多数稳定四方相相比，正交相的每个 MAPI 单元的焓差是 2meV，与高温立方相相比则为 90meV[16]。

研究者对 $Pna2_1$ 空间群的衍射数据进行了初步分析[5,6]。最近的高质量粉末中子衍射数据分析将其重新指定为 $Pnma$（D_{2h} 点群）[22]。其结构是由简单立方钙钛矿晶格扩展的 $\sqrt{2}a \times \sqrt{2}a \times 2a$ 超晶胞。相对于常规立方晶胞的定向，在 $Pna2_1$ 相中，PbI_6 正八面体是扭转的，其格雷泽（Glazer）符号倾斜成 $a^+b^-b^-$[19]。在这个低温相中，晶胞单元中四个分子阳离子在 ab 平面对角线上是静态的，指向立方八面体空腔的未变形面。相应地，属于不同平面的分子首尾排列是相反的。从分子偶极子之间的相互作用来考虑，这种反铁电取向是可以实现的[10]。

在低温的正交晶相中，$CH_3NH_3^+$ 亚晶格是完全有序的（低熵状态）。此种有序性对材料的制备及冷却到这一相的速率（即准热平衡程度）十分敏感。机械应变或电场可能将不同的序列冻结至低温相。

1.3.2 四方晶相 (165～327K)

在 165K 时，MAPI 会经历从正交相到四方相空间群 $I4/mcm$（D_{4h} 点群）的一阶相变，紧接着在 327K 左右经历二阶相变到立方晶相[5,22]。就正交晶相来说，可以认为是 $\sqrt{2}a \times \sqrt{2}a \times 2a$ 立方钙钛矿晶胞单元的扩展。

分子的阳离子不再像正交晶相那样处于固定位置。$CH_3NH_3^+$ 在每个笼中的两个非等效位置之间是无序的[7,23]。对应于 PbI_6 八面体沿着 c 轴方向的伸长率，在立方基础上的四方畸变参数大于统一参数 $\left(\frac{c}{2a}=1.01, 300K\right)$。在格雷泽符号中，与此相关联的八面体倾斜模型是 $a^0a^0c^-$。

1.3.3 立方晶相 ($T > 327K$)

随着温度的升高，$\frac{c}{2a}$ 趋近于 1，四方晶格参数也变得各向同性。在转变至立方相的温度（327K 左右），分子的无序性也会有所增加。这种转变能够从热容量的变化中清晰地观察到[6]，也能在温度相关的中子衍射中体现[22]。

立方空间组被归属到 $Pm\bar{3}m$ 空间群（O_h 对称），但是，局部结构必然具有较低的对称性。事实上，对于溴和氯的 MAPI 类似物，X 射线散射数据的配对分布函数分析显示：在室温下，卤化物骨架的局部结构会有明显的畸变[24]。

1.3.4　从甲铵到甲脒阳离子

甲脒阳离子的有效半径（2.53Å）比甲铵（2.17Å）的大。这就产生了接近理想值 1.0 的结构容忍因子（指示了给定组分组合的钙钛矿结构的可行性）[25]。

对于 FAPI，粉末中子衍射的分析鉴定其为室温下的 $Pm\bar{3}m$ 空间群，这与高温下的 MAPI 结构是同构型的[17]。用六方到单晶的衍射方法可以显示出纳米尺度的断裂或李生相，这正好解释了早期六方空间群的分配[26]。FAPI 的不同之处在于它的角共享钙钛矿结构与面共享的δ相处于竞争状态[26]，同样的情况也出现在 $CsSnI_3$ 钙钛矿中[27,28]。

到目前为止，仍没有对 FAPI 的低温相表现进行详细研究，但是其内部的排序可类比 MAPI。$(MA)_{1-x}(FA)_x PI$ 复合钙钛矿的结构信息也是未知的，这可能在将来成为大量实验和计算研究的主题，进而实现在高效太阳能电池中的应用[29]。

1.4　分子运动

无序晶体材料显示出大的原子位移参数，这是 MAPI 和 FAPI 在常温下的情况[17,22]。随着时间的推移，构成晶体的离子不断地扭转穿过它们的平均位置，相对于原子间距热振动很大。

在最近的研究中，我们用三种材料模型来讨论这些材料中的分子运动：密度泛函理论（DFT）、分子动力学（molecular dynamics，MD）、蒙特卡罗（Monte Carlo，MC）方法。接下来我们以此讲解：

（1）DFT　固体密度泛函理论计算的标准方法是：首先通过结构松弛最小化系统上的所有力。在没有温度的情况下，晶体单元的大小和形状是松弛的，包括所有内部的自由度。正是由于这种"平衡"晶体结构，才提炼出物理性质。首先，我们在单个 MAPI "准立方"晶胞单元中，评估了不同分子取向的总能量差[9]。我们注意到，在这种晶胞单元上的任何计算都默认假设甲铵分子离子被排列在一个无限的铁电畴中；然而，值得注意的是并没有在周期性"锡箔"边界条件下产生远程电场[30]。我们发现在低指数取向<100>（立方体表面）、<110>（立方体棱）和<111>（立方体对角线）之间，$CH_3NH_3^+$ 离子的能量差（15meV 以内）与它们之间的小能垒（<40meV）是相似的，但是晶面取向<100>是优先的。甚至从静态描述中，热力学能（$k_B T = 26$meV，300K）驱动的取向混乱是预料之中的。

（2）MD　将温度纳入第一性原理模拟，最简单的方法是通过以牛顿运动定律为基础的分子动力学，其中的力是用量子力学计算的，但离子速度是经典的，并对位置进行数值积分，由恒温器重新校准。

我们在 MAPI 和 FAPI 的超晶胞上的分子动力学模拟[10]，是可以在线获得的[31,32]。明显的是，室温下，分子在皮秒级时间尺度下旋转运动。更详细的统计分析给出了在 300K 下的分子旋光的时间常数：3ps（MA）[18] 和 2ps（FA）[17]。

存在一系列复杂的运动，涉及头尾基团的相对扭曲，分子在单一方向上的自由振动，以及分子在不同取向之间的旋转。研究发现具有<100>晶面取向的偏好，更加证实了从静态晶格技术得到的结论，这在中子衍射测量中也很明显[17,22]。

除分子本身以外，分子动力学模拟显示，即使对于立方晶格，PbI_6 正八面体也远不是理想的。虽然大部分结构可能呈现立方结构，但是局部结构严重扭曲。理想的晶体结构网中，Pb—I—Pb 的键角是 $180°$，但是在不严格的立方结构中测得其值为 $165° \sim 172°$[33]。Pb(II)是典型的含孤对电子的阳离子，基态电子排布为 $5d^{10}6s^26p^0$。在中心对称配位环境中，群论禁止 sp 杂化；然而，局部畸变允许杂化，可能会使电子稳定。实际上，这些系统显示出动态的二阶 Jahn-Teller 不稳定性[34,35]，此外还有与八面体刚性倾斜相关的位移不稳定性。这些位移运动很重要，因为与器件操作相关的间隙电子能带是杂化的 Pb 原子轨道和 I 原子轨道，并且将直接受到这种扭转的影响。对 $CH_3NH_3SnBr_3$ 局部结构的 X 射线散射测量，显示了孤对畸变，支持了这些预测[24]。

（3）MC　为了在与光伏器件相关的尺度上模拟无序材料，我们构造了一个汉密尔顿函数（Hamiltonian），描述分子间偶极的相互作用，能够使用晶格蒙特卡罗（Monte Carlo，MC）方法解析与温度相关的平衡结构[10]。图 1-3 是一种典型的薄膜结构。自从我们最初发表以来，星夜（STARRYNIGHT）代码已经被推广到三维（3D）边界条件[18]且包括缺陷结构[36]。该模型考虑了旋转分子偶极子，但它们类似于包括局部晶格畸变的晶胞单元的有效偶极子，其也适用于全无机钙钛矿模型。

图 1-3　300K、外加电场下，在 $CH_3NH_3PbI_3$ 中分子取向无序的蒙特卡罗（MC）模拟的结果。每个方框表示一个钙钛矿晶胞，箭头表示瞬时分子取向。相结构和相行为在文献［10］中有更详细的讨论

甲铵偶极矩的强度与室温四方相简单模型计算的电极化强度相当[37]。量子化学预测了 $2.2D$❶$\approx 3\mu C/cm^2$ 的分子偶极子；通过计算外加电场在质心附近产生的转矩，即使对于带电分子偶极子的大小也是旋转和位置不变的。对于甲脒阳离子，电偶极矩减小到 $0.2D$；然而，由于附加氨基的空间效应，较小的分子偶极子可以通过固态中较大的结构畸变来补偿。

从 MC 模拟中获得的一般行为很容易遵循如下规律：低温时分子偶极子的排序，通过

---

❶　Debye，电偶极矩单位，$1D=3.33564\times10^{-30}C\cdot m$。——编辑注

最大化偶极子-偶极子相互作用来最小化系统总能量，而高温时的无序由构型熵驱动。由偶极子排列产生的静电势表明，电子和空穴可能被这种结构隔开，随后通过直接电子结构计算[38] 和器件建模[39] 证实了。

最近的准弹性中子散射（quasi-elastic neutron scattering，QENS）研究支持了上面讨论的分子运动理论[18,40]，由于氢原子的高非相干中子散射截面，这种技术对氢原子的运动特别敏感。其中一项研究[41] 的分析表明，只有大约 20％的分子在测量的时间尺度内（200ps）完全旋转活动，这可以通过有序域的存在来解释。将超快泵浦探针振动光谱技术应用于真实胶片，已验证了 MAPI 中运动的时间尺度：300fs 时的快速振动（"圆锥中的摆动"）运动，以及 3ps 标记时的较慢旋转（重新定向）[14]。这里，10ps 测量窗口内的偏振各向异性衰减表明，在这段时间内，80％的分子是旋转活动的，因此任何有序域必须连续相互转换[14]。在 FAPI 中重新定位的时间常数在 300K 时计算为 2ps[17]，此时没有可用的直接测量值。分子旋转 0.3～0.5THz 的相关频率范围与振动谱的低端重叠[16]。

杂化钙钛矿中分子阳离子的各种旋转和振动引入了超越标准光伏材料的复杂性。此外，离子还表现出平移移动性。

1.5　离子传输

由于具有大的阴离子空位扩散系数，无机卤化物钙钛矿中建立了良好的质量传输通道。测得 $CsPbCl_3$ 中的活化能为 0.29eV（包括空位形成能时为 0.69eV），其扩散系数为 $2.66 \times 10^{-3} cm^2/S$[42]。

在 MAPI 中，我们预测肖特基（Schottky）缺陷形成能（形成化学计量量的孤立带电空位所需的能量）很低（每个缺陷 0.14eV）。在 Kröger-Vink 符号中：

$$nil \longrightarrow V'_{MA} + V''_{Pb} + 3V^{\cdot}_I + MAPI \tag{1-1}$$

即使对于化学计量材料，也存在形成高浓度晶格空位的热力学驱动力，不受生长条件的影响[43]。缺陷形成的焓成本（每个缺陷 0.14eV）在一定程度上被系统结构熵增益抵消，超过稀释缺陷极限。幸运的是，这些缺陷不会导致带隙（禁带宽度，band gap）中的深电子状态，从而避免了 Shockley-Read-Hall 型非辐射复合[44,45]。

低的、带电点缺陷的形成能量也解释了载流子浓度低和非固有的掺杂困难：载流子被离子缺陷严重补偿，这在宽带隙半导体如 ZnO 中很常见[46]。

晶格中有效带电点缺陷储集层可支持显著的离子电流，其特征已在 MAPI 的阻抗谱中观察到[47]。然而，每种物质的迁移率取决于固态扩散活化能（ΔH_{diff}），其跳变率由下式给出：

$$\Gamma = \nu^* \exp\left(-\frac{\Delta H_{diff}}{k_B T}\right) \tag{1-2}$$

式中，ν^* 代表扩散物质沿鞍点方向的有效频率[48]。

将某种材料置于具有离子阻挡电极的外加偏压下。电流接通后，离子和电子会流动，但离子会逐渐停止运输。离子分布的初始平衡依赖于上述固态扩散路径，这是缓慢的激活过程，在达到平衡之前可引起电流-电压行为随时间变化。在工作的太阳能电池中，也会发生由光伏电流的动量转移引起的离子电迁移，同时离子泄漏到电子和空穴的接触点也是可能的。离子传输被认为是报道的杂合钙钛矿电流-电压"迟滞"[49] 和可逆光电流[50] 中慢组分的来源。

目前，离子运输的微观起源正在与多数提案进行辩论：①质子扩散[51]；②甲铵扩散[52]；③碘化物扩散[15,53]。虽然在实际系统中可能发生几种过程的组合，但决定个体离子贡献的三个关键因素是浓度、活化能和尝试频率［式(1-2)］。鉴于前述材料的结构无序性，由于局部配位环境和迁移路径的范围，杂合钙钛矿预计展现非理想的扩散动力学。与电子和空穴波函数在多个晶胞上离域的电子传输方式不同，离子传输对局部结构更为敏感。

关于质子扩散，由于甲铵是弱酸，游离 H^+ 不可能大量存在。反应 $CH_3NH_3^+ \rightleftharpoons CH_3NH_2 + H^+$ 的平衡常数 K_a 在 300K 时为 4×10^{-11}。考虑到 MAPI 的密度，这相当于 $10^{11} cm^{-3}$ 的标准 H^+ 浓度，可能受到制备条件（例如湿度）和与碘的反应的影响，但与存在的其他缺陷的比较仍然是次要因素。

应该提供带电的 Pb^{2+}、I^- 和 $CH_3NH_3^+$ 空位，在假想平衡和非相互作用下，缺陷预计浓度为 $10^{17} \sim 10^{20} cm^{-3}$[43]。由于分子阳离子的取向无序性，$CH_3NH_3^+$ 的远程扩散将会比较缓慢，连续笼之间的运输是一个相对复杂的过程，因此降低了尝试频率。对于碘化物，频率应该是最大的，因为扩散包括短距离的短跳跃，这得益于钙钛矿晶体中阴离子的高极化率和大热位移。有证据表明，低活化能的无机卤化物钙钛矿中，有快速空位介导的阴离子扩散（见图 1-4），因此我们认为这是 MAPI 和 FAPI 中的主要过程。氯化物、溴化物和碘化物钙钛矿之间的快速阴离子交换过程提供了进一步的证据，这本身就是一种特殊的现象[54,55]。最近在 MAPI 和 FAPI 之间也观察到阳离子交换过程[56]，比阴离子交换慢，与阴离子扩散更快相一致。

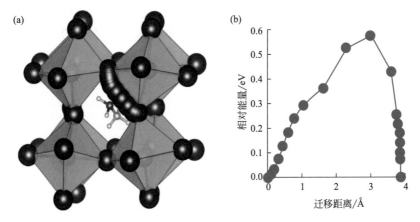

图 1-4　密度泛函理论计算得到的 $CH_3NH_3PbI_3$ 中的碘离子空位迁移，经过知识共享协议（Creative Commons）许可引自文献［15］。（a）计算的迁移路径，指示稍微弯曲的路径和八面体的局部松弛/倾斜；（b）来自微动弹性带计算的相应能量分布

1.6　介电效应

典型的固态电介质将表现出快速电子（ε_∞）和慢离子（$\varepsilon_{离子}$）极化的组合，这两者都对宏观静态电介质响应（$\varepsilon_0 = \varepsilon_\infty + \varepsilon_{离子}$）有贡献。包含具有永久偶极子的分子的材料，可能会发生额外的分子响应（$\varepsilon_{分子}$），且将发生得更慢（由于分子的转动惯量和动力学限制下域的重新排序）。这种取向效应是极性液体的特征，并且对温度和施加电场的频率特别敏感。最后，包括空间电荷的微观结构和导电性（$\varepsilon_{其他}$）将有助于薄膜的可测量响应。这些贡献的大小和有效

频率总结在图 1-5 中，其中 300K 的体积响应估计为 $\varepsilon_0 = \varepsilon_\infty + \varepsilon_{离子} + \varepsilon_{分子} = 5 + 19 + 9 = 33$。

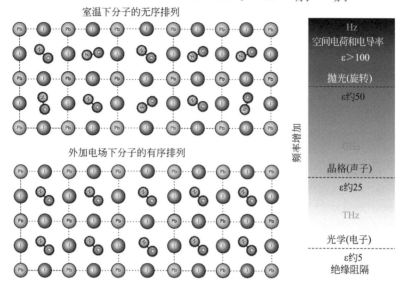

图 1-5　在外部电场存在下分子偶极子排序的示意图，以及从最低频率（电子激发）到最高频率（空间电荷和电子或离子电导率）的介电响应的四种状态。每个过程都会有一个特征性的弛豫时间，并且可以结合起来，对扰动给出一个复杂的时间响应。经许可引自文献［13］

将测得的与频率相关的混合钙钛矿薄膜的介电常数，与图 1-6 中香蕉的黄色外皮的介电常数进行比较。两个样品随着外加电场频率的降低而呈现快速增加的介电响应。因为具有离

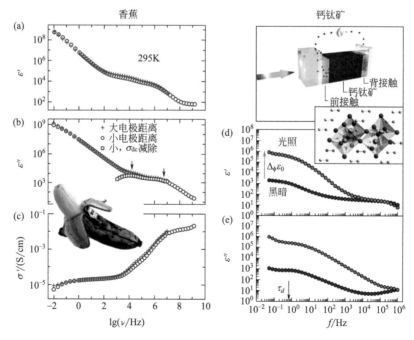

图 1-6　比较香蕉〔经物理学会（Institute of Physics）许可，改编自文献［57］〕和 $CH_3NH_3PbI_3$（经过美国化学学会许可，改编自文献［58］）的频率相关介电响应。（a）香蕉皮在室温下的实介电常数宽带谱；（b）香蕉皮在室温下的虚介电常数宽带谱；（c）香蕉皮在室温下的电导率宽带谱；（d）$CH_3NH_3PbI_3$ 薄膜在黑暗和 1 倍太阳辐照度（标准测试条件下为 $1000W/m^2$，下文同）条件下的实介电常数；（e）$CH_3NH_3PbI_3$ 薄膜在黑暗和 1 倍太阳辐照度条件下的虚介电常数。随着带隙辐照度的增加，自由载流子浓度增加

子传导性，香蕉是有损介电复合材料，在电极界面处的充电和放电过程占主导地位的状态下，低频电流-电压测量中存在明显迟滞现象[57]。与 $CH_3NH_3PbI_3$ 响应的相似性是显著的，其中电子载体的贡献增加了其浓度受光强度影响的复杂性[58]。

1.7 小结

在本章中，我们提出了许多与卤化物钙钛矿晶体结构相关的基础知识。所讨论的动力学表现与它们在快速离子交换过程中使用的光伏器件中的应用密切相关，并且在电流-电压迟滞现象中很明显。表 1-2 总结了各种过程的时间尺度。电介质屏蔽和空间静电势波动，也可能与测量所得较长的电子和空穴扩散长度以及缓慢的复合速率有关；但是，这只能通过开发更多的定量模型并进行更全面的实验来验证。本章可能已得出结论，但该领域的深邃需要进一步调查研究。

表 1-2　$CH_3NH_3PbI_3$ 中动态过程的总结及其相关时间常数的估计

过程	微观起源	时间尺度	频率	扩散系数
晶格振动	振动熵	10fs～1ps	1～100THz	
分子振动	振动熵	0.5ps	2THz	
分子旋转	旋转熵	3ps	0.3THz	
电子传输	漂移和扩散	约1fs	约1000THz	$10^{-6} cm^2/s$
空穴传输	漂移和扩散	约1fs	约1000THz	$10^{-6} cm^2/s$
离子传输	漂移和扩散	约1ps	约1THz	$10^{-12} cm^2/s$

致谢：本章讨论的研究得益于广泛的合作，其中包括：A. Leguy、P. F. Barnes、B. O'Regan、L. M. Peter、P. Cameron、A. A. Bakulin、A. Petrozza、M. T. Weller、D. O. Scanlon、J. M. Skelton、F. Brivio、K. T. Butler、C. H. Hendon、A. B. Walker、M. van Schilfgaarde、M. S. Islam 和 C. Eames。

参考文献

[1] Wells，H. L.：Uber die Caesium-und Kalium-Bleihalogenide. Zeitschrift fur Anorg. Chemie 3（1），195-210（1893）

[2] Wyckoff，R. W. G.：The crystal structures of monomethyl ammonium chlorostannate and chloroplatinate. Am. J. Sci. s5-16，349-359（1928）

[3] Weber，D.：$CH_3NH_3SnBrxI_{3-x}$（$x=0$-3），a Sn（II）-System with the Cubic Perovskite Structure. Zeitschrift für Naturforsch. 33b，862-865（1978）

[4] Weber，D.：$CH_3NH_3PbX_3$，a Pb（Ⅱ）-System with Cubic Perovskite Structure. Zeitschrift für Naturforsch. B，33b，1443-1445（1978）

[5] Poglitsch，A.，Weber，D.：Dynamic disorder in methylammoniumtrihalogenoplumbates（Ⅱ）observed by millimeter-wave spectroscopy. J. Chem. Phys. 87，6373（1987）

[6] Onoda-Yamamuro，N.，Matsuo，T.，Suga，H.：Calorimetric and IR spectroscopic studies of phase transitions in methylammonium trihalogenoplumbates (II). J. Phys. Chem. Solids 51，1383-1395（1990）

[7] Wasylishen，R.，Knop，O.，Macdonald，J.：Cation rotation in methylammonium lead halides. Solid State Commun. 56（7），581-582（1985）

[8] Kojima, A., Teshima, K., Shirai, Y., Miyasaka, T.: Organometal halide perovskites as visible-light sensitizers for photovoltaic cells. J. Am. Chem. Soc. 131, 6050-6051 (2009)

[9] Brivio, F., Walker, A.B., Walsh, A.: Structural and electronic properties of hybrid perovskites for high-efficiency thin-film photovoltaics from first-principles. APL Mater. 1 (4), 042111 (2013)

[10] Frost, J.M., Butler, K.T., Walsh, A.: Molecular ferroelectric contributions to anomalous hysteresis in hybrid perovskite solar cells. APL Mater. 2, 081506 (2014)

[11] Brivio, F., Butler, K.T., Walsh, A., van Schilfgaarde, M.: Relativistic quasiparticle self-consistent electronic structure of hybrid halide perovskite photovoltaic absorbers. Phys. Rev. B 89, 155204 (2014)

[12] Butler, K.T., Frost, J.M., Walsh, A.: Band alignment of the hybrid halide perovskites $CH_3NH_3PbCl_3$, $CH_3NH_3PbBr_3$ and $CH_3NH_3PbI_3$. Mater. Horiz. 2, 228-231 (2015)

[13] Walsh, A.: Principles of chemical bonding and band gap engineering in hybrid organic-inorganic halide perovskites. J. Phys. Chem. C 119, 5755-5760 (2015)

[14] Bakulin, A.A., Selig, O., Bakker, H.J., Rezus, Y.L.A., Müller, C., Glaser, T., Lovrincic, R., Sun, Z., Chen, Z., Walsh, A., Frost, J.M., Jansen, T.L.C.: Real-time observation of organic cation reorientation in methylammonium lead iodide perovskites. J. Phys. Chem. Lett. 6, 3663-3669 (2015)

[15] Eames, C., Frost, J.M., Barnes, P.R.F., ORegan, B.C., Walsh, A., Islam, M.S.: Ionic transport in hybrid lead iodide perovskite solar cells. Nat. Commun. 6, 7497 (2015)

[16] Brivio, F., Frost, J.M., Skelton, J.M., Jackson, A.J., Weber, O.J., Weller, M.T., Goni, A.R., Leguy, A.M.A., Barnes, P.R.F., Walsh, A.: Lattice dynamics and vibrational spectra of the orthorhombic, tetragonal, and cubic phases of methylammonium lead iodide. Phys. Rev. B 92, 144308 (2015)

[17] Weller, M.T., Weber, O.J., Frost, J.M., Walsh, A.: The cubic perovskite structure of black formamidinium lead iodide, a-$[HC(NH_2)_2]PbI_3$, at 298 K. J. Phys. Chem. Lett. 6, 3209-3212 (2015)

[18] Leguy, A.M.A., Frost, J.M., McMahon, A.P., Sakai, V.G., Kochelmann, W., Law, C., Li, X., Foglia, F., Walsh, A., ORegan, B.C., Nelson, J., Cabral, J.T., Barnes, P.R.F.: The dynamics of methylammonium ions in hybrid organic-inorganic perovskite solar cells. Nat. Commun. 6, 7124 (2015)

[19] Glazer, A.M.: The classification of tilted octahedra in perovskites. Acta Crystallogr. Sect. B 28, 3384-3392 (1972)

[20] Mitzi, D.B.: Templating and structural engineering in organic-inorganic perovskites. J. Chem. Soc. Dalt. Trans. 2001 (1), 1-12 (2001)

[21] Onoda-Yamamuro, N., Yamamuro, O., Matsuo, T., Suga, H.: p-T phase relations of $CH_3NH_3PbX_3$ (X＝Cl, Br, I) crystals. J. Phys. Chem. Solids 53 (2), 277-281 (1992)

[22] Weller, M.T., Weber, O.J., Henry, P.F., Di Pumpo, A.M., Hansen, T.C.: Complete structure and cation orientation in the perovskite photovoltaic methylammonium lead iodide between 100 and 352 K. Chem. Commun. 51, 4180-4183 (2015)

[23] Baikie, T., Fang, Y., Kadro, J.M., Schreyer, M., Wei, F., Mhaisalkar, S.G., Gratzel, M., White, T.J.: Synthesis and crystal chemistry of the hybrid perovskite (CH_3NH_3)PbI_3 for solid-state sensitised solar cell applications. J. Mater. Chem. A 1 (18), 5628 (2013)

[24] Worhatch, R.J., Kim, H.J., Swainson, I.P., Yonkeu, A.L., Billinge, S.J.L.: Study of local structure in selected cubic organic-inorganic perovskites. Chem. Mater. 20, 1272-1277 (2008)

[25] Kieslich, G., Sun, S., Cheetham, T.: Solid-state principles applied to organic-inorganic perovskites: new tricks for an old dog. Chem. Sci. 5, 4712-4715 (2014)

[26] Stoumpos, C.C., Malliakas, C.D., Kanatzidis, M.G.: Semiconducting tin and lead iodide perovskites with organic cations: Phase transitions, high mobilities, and near-infrared photoluminescent properties. Inorg. Chem. 52, 9019-9038 (2013)

[27] Chung, I., Song, J.H., Im, J., Androulakis, J., Malliakas, C.D., Li, H., Freeman, A.J., Kenney, J.T., Kanatzidis, M.G.: $CsSnI_3$: Semiconductor or metal? High electrical conductivity and strong near-infrared photoluminescence from a single material. High hole mobility and phase-transitions. J. Am. Chem. Soc. 134, 8579-8587 (2012)

[28] Silva, E.L., Skelton, J.M., Parker, S.C., Walsh, A.: Phase stability and transformations in the halide perovskite $CsSnI_3$. Phys. Rev. B 91, 144107 (2015)

[29] Jeon, N.J., Noh, J.H., Yang, W.S., Kim, Y.C., Ryu, S., Seo, J., Seok, S.I.: Compositional engineering of perovskite materials for high-performance solar cells. Nature 517, 476-480 (2015)

[30] de Leeuw, S.W., Perram, J.W., Smith, E.R.: Simulation of electrostatic systems in periodic boundary conditions. I. Lattice sums and dielectric constants. Proc. R. Soc. A 373 (1752), 27-56 (1980)

[31] https://www.youtube.com/watch? v=PPwSIYLnONY (2015). Accessed 25 Dec 2015

[32] https://www.youtube.com/watch? v=jwEgBq9BIkk (2015). Accessed 25 Dec 2015

[33] https：//github. com/WMD-group/hybrid-perovskites（2015）. Accessed 25 Dec 2015

[34] Walsh，A.，Payne，D. J.，Egdell，R. G.，Watson，G. W.：Stereochemistry of post-transition metal oxides：revision of the classical lone pair model. Chem. Soc. Rev. 40（9），4455-4463（2011）

[35] Young，J.，Stroppa，A.，Picozzi，S.，Rondinelli，J. M.：Anharmonic lattice interactions in improper ferroelectrics for multiferroic design. J. Phys.：Condens. Matter 27（28），283202（2015）

[36] Grancini，G.，Srimath Kandada，A. R.，Frost，J. M.，Barker，A. J.，De Bastiani，M.，Gandini，M.，Marras，S.，Lanzani，G.，Walsh，A.，Petrozza，A.：Role of microstructure in the electronhole interaction of hybrid lead halide perovskites. Nat. Photonics，7，695-702（2015）

[37] Stroppa，A.，Quarti，C.，De Angelis，F.，Picozzi，S.：Ferroelectric polarization of $CH_3NH_3PbI_3$：a detailed study based on density functional theory and symmetry mode analysis. J. Phys. Chem. Lett. 6，2223-2231（2015）

[38] Ma，J.，Wang，L. -W.：Nanoscale charge localization induced by random orientations of organic molecules in hybrid perovskite $CH_3NH_3PbI_3$. Nano Lett. 15，248-253（2014）

[39] Sherkar，T.，Koster，J. A.：Can ferroelectric polarization explain the high performance of hybrid halide perovskite solar cells? Phys. Chem. Chem. Phys. 18，331-338（2016）

[40] Chen，T.，Foley，B. J.，Ipek，B.，Tyagi，M.，Copley，J. R. D.，Brown，C. M.，Choi，J. J.，Lee，S. -H.：Rotational dynamics of organic cations in $CH_3NH_3PbI_3$ perovskite. Phys. Chem. Chem. Phys. 17，31278-31286（2015）

[41] Chen，T.，Foley，B. J.，Ipek，B.，Tyagi，M.，Copley，J. R. D.，Brown，C. M.，Choi，J. J.，Lee，S. -H.：Rotational dynamics of organic cations in $CH_3NH_3PbI_3$ perovskite. arXiv：1506. 02205［cond-mat］

[42] Mizusaki，J.，Arai，K.，Fueki，K.：Ionic conduction of the perovskite-type halides. Solid State Ionics 11，203-211（1983）

[43] Walsh，A.，Scanlon，D. O.，Chen，S.，Gong，X. G.，Wei，S. -H.：Self-regulation mechanism for charged point defects in hybrid halide perovskites. Angew. Chemie Int. Ed. 54，1791-1794（2015）

[44] Kim，J.，Lee，S. H.，Lee，J. H.，Hong，K. H.：The role of intrinsic defects in methylammonium lead iodide perovskite. J. Phys. Chem. Lett. 5（8），1312-1317（2014）

[45] Yin，W. -J.，Shi，T.，Yan，Y.：Superior photovoltaic properties of lead halide perovskites：insights from first-principles theory. J. Phys. Chem. C 119，5253-5264（2015）

[46] Catlow，C. R. A.，Sokol，A. A.，Walsh，A.：Microscopic origins of electron and hole stability in ZnO. Chem. Commun. 47（12），3386-3388（2011）

[47] Yang，T. -Y.，Gregori，G.，Pellet，N.，Grätzel，M.，Maier，J.：The significance of ion conduction in a hybrid organic-inorganic lead-iodide-based perovskite photosensitizer. Angew. Chemie Int. Ed. 54，7905-7910（2015）

[48] Harding，J. H.：Calculation of the free energy of defects in calcium fluoride. Phys. Rev. B 32，6861（1985）

[49] Snaith，H. J.，Abate，A.，Ball，J. M.，Eperon，G. E.，Leijtens，T.，Noel，N. K.，Stranks，S. D.，Wang，J. T. W.，Wojciechowski，K.，Zhang，W.：Anomalous hysteresis in perovskite solar cells. J. Phys. Chem. Lett. 5，1511-1515（2014）

[50] Xiao，Z.，Yuan，Y.，Shao，Y.，Wang，Q.，Dong，Q.，Bi，C.，Sharma，P.，Gruverman，A.，Huang，J.：Giant switchable photovoltaic effect in organometal trihalide perovskite devices. Nat. Mater. 14，193-198（2015）

[51] Egger，D. A.，Kronik，L.，Rappe，A. M.：Theory of hydrogen migration in organic-inorganic halide perovskites. Angew. Chemie Int. Ed. 54，12437-12441（2015）

[52] Azpiroz，J. M.，Mosconi，E.，Bisquert，J.，De Angelis，F.：Defects migration in methylammonium lead iodide and their role in perovskite solar cells operation. Energy Environ. Sci. 8，2118-2127（2015）

[53] Haruyama，J.，Sodeyama，K.，Han，L.，Tateyama，Y.：First-principles study of ion diffusion in perovskite solar cell sensitizers. J. Am. Chem. Soc. 137，10048-10051（2015）

[54] Pellet，N.，Teuscher，J.，Maier，J.，Grätzel，M.：Transforming hybrid organic inorganic perovskites by rapid halide exchange. Chem. Mater. 27，2181-2188（2015）

[55] Nedelcu，G.，Protesescu，L.，Yakunin，S.，Bodnarchuk，M. I.，Grotevent，M.，Kovalenko，M. V.：Fast anion-exchange in highly luminescent nanocrystals of cesium lead halide perovskites（$CsPbX_3$，X＝Cl，Br，I）. Nano Lett. 15，5635-5640（2015）

[56] Eperon，G. E.，Beck，C. E.，Snaith，H.：Cation exchange for thin film lead iodide perovskite interconversion. Mater. Horiz. 3，63-71（2016）

[57] Loidl，A.，Krohns，S.，Hemberger，J.，Lunkenheimer，P.：Bananas go paraelectric. J. Phys. Condens. Matter 20（19），191001（2008）

[58] Juarez-Perez，E. J.，Sanchez，R. S.，Badia，L.，Garcia-Belmonte，G.，Kang，Y. S.，Mora-Sero，I.，Bisquert，J.：Photoinduced giant dielectric constant in lead halide perovskite solar cells. J. Phys. Chem. Lett. 5，2390-2394（2014）

第2章
有机卤化物钙钛矿薄膜和界面的第一性原理模型

Edoardo Mosconi，Thibaud Etienne，Filippo De Angelis

摘要：有机卤化物钙钛矿已经成为一类具有独特光电特性的材料，适用于太阳能电池、光电化学叠层电池、激光和照明等多个方面。关键材料属性和异质界面决定了所有器件的运行机制，理论和计算模型可以提供迄今为止难以获得的相关原子论观点。在这里，我们依据近期关于钙钛矿太阳能电池相关界面计算建模的研究，提出了统一的观点。所提出的仿真工具箱的性能以及基本建模策略，通过使用相关材料和典型界面的选定示例来说明。特别地，我们讨论了原型甲铵铅碘（MAPI）钙钛矿与 TiO_2 和 ZnO 半导体（作为太阳能电池中的电子选择性接触点）之间的界面，探索不同的表面封端和氯离子掺杂。分析了与 TiO_2 界面缺陷的影响，并讨论了它们对太阳能电池性能的影响。最后，分析了 MAPI 和水之间的异质界面，揭示了水对钙钛矿降解的动力学影响。

2.1 引言

有机卤化物钙钛矿最近革新了光伏领域[1]，人们发现这些材料能够在光电流生成方面表现出显著的性能。在 20 世纪 80 年代首次提出卤化铅化合物用于光伏应用之后[2,3]，直到 2009 年 Kojima 等才报告首次实际使用钙钛矿用于光伏发电[4]。此报告引起了人们的兴趣，为该领域的大量贡献铺平了道路，这主要得益于钙钛矿构建的光电转换器件的性能日益提高。

钙钛矿吸附之前的 TiO_2 表面预处理，进一步导致光电能量转换效率（power conversion efficiency，PCE）从首次报道的 3.8%[4] 提高至 6.5%[5]；之后开发了 $2,2',7,7'$-四[N,N-二(4-甲氧基苯基)氨基]-$9,9'$-螺二芴（Spiro-OMeTAD）空穴传输材料（hole transporting material，HTM），能够提高器件的性能（PCE 提高至 9.7% 和 10.2%）和稳定性[6,7]。

设计和材料形态监测方面的进步使得 PCE 有了显著改进，由 Seok 及其同事[8]、Grätzel 及其同事[9] 和 Snaith 及其同事[10] 分别获得了较高的 PCE——12%、15% 和 15.4%，成功地获得了平面异质结形貌，从技术角度来看引起了相当大的兴趣，特别是在构建器件的重现性和稳定性方面。

到目前为止，经过认证的最高 PCE 和 NREL 效率分别为 19.3% 和 20.1%[11]。与已知的薄膜技术相比，钙钛矿太阳能电池技术在光伏领域具有较高的竞争力[12]。

进一步的技术改进也支持了对钙钛矿材料更基本特征的研究，例如对甲铵铅卤钙钛矿的光学和传输特性[7] 的研究。晶体有序标记甚至可以根据振动光谱实验来识别[13,14]，并且 MAPI 钙钛矿中甲铵（$CH_3NH_3^+$，MA^+）位形空间演化的重要性也被这些手段所突出[15]。

通过光致发光和时间分辨 UV-Vis 吸收光谱揭示了微米尺度下 MAPI 中光生实体的扩散长度。实际上这些研究证明了这种材料中低光生材料的复合速率[16]，这构成了基于电荷分离的光伏器件的高度期望特性。掺杂有氯的类似体系[17]（$CH_3NH_3PbI_{3-x}Cl_x$）也用类似的方案研究。对于这些特定的掺杂体系，研究表明：由光吸收产生的带电实体主要是自由电子和空穴[18]。空穴（电子）传输界面也被证明表现出太阳能器件中光敏钙钛矿材料的显著双极行为[19,20]。

2.2　对锡基和铅基钙钛矿建立可靠的计算协议

通过密度泛函理论（DFT）的广义梯度近似（GGA）计算协议，可靠地预测了卤化钙钛矿的结构性质[21-23,36]。虽然这些 DFT 协议的相关性是为了模拟几何结构而建立的，但众所周知，这样的理论水平不能提供可转移的适当带隙数据，带隙数据的值通常被 GGA-DFT 低估。特别是，前面的陈述适用于半导体和 ABO_3 钙钛矿。一些例子证明了这种低估，例如 ZnO，当使用 GGA-DFT 时，其带隙被低估约 2.5eV。比较了 GLLB-SC 和 PBE 函数用于计算 ABO_3 钙钛矿带隙的异同，PBE（DFT 中的标准 GGA 交换相关函数）偏离实验数据约 0.5eV。

通过计算方法对带隙计算的改进已经引入该领域，例如使用混合 xc-泛函（例如 B3LYP 或 HSE06）。"Post-DFT"方法也被用来提高理论带隙预测的准确性。在这些方法中，我们找到了自能量校正的 GW 近似[24-28]。值得注意的是，混合函数和 GW 方法已经被组合成更详细的计算协议，用于钙钛矿带隙基准使得偏差保持在 0.2eV 内[28]。

另一方面，用 GGA-DFT 计算的铅钙钛矿带隙显示出与实验结果很好地符合，例如 $CH_3NH_3PbI_3$ 和 $PbTiO_3$ 带隙[29,30] 理论计算值为 1.30～1.60eV 和 1.68eV，分别与 1.55eV[4,7] 和 1.70eV[21] 的实验值进行比较。不幸的是，GGA-DFT 协议的性能已被证明不可转移给锡卤化物钙钛矿，计算出的带隙低估了实验值[22,31]。对于 $BaSnO_3$ 和 $SrSnO_3$ 以及更普遍的 $ASnX_3$ 类型的结构也是如此。然而，在这两种情况下，相对带隙差与实验结果一致。

实验与基于理论钙钛矿带隙之间的低偏差，进一步[29,32] 归因于在 GGA-DFT 计算中缺乏对电子的相关性和相对论现象（在 Pb 原子中特别重要）的适当处理。这些相对论效应可通过使用标量相对论方案或通过评估自旋轨道耦合（SOC）将其包括在计算中。因此，有人建议，可以将此类钙钛矿理论和实验之间的一致性归因于电子相关和 SOC 效应之间发生的错误取代而致的意外消除[32]。这一点进一步得到了大尺度 SOC 计算的证实[33]。

在不同温度下，甲铵铅碘和甲铵锡碘（$CH_3NH_3SnI_3$）钙钛矿具有四方结构[34]，典型带隙分别为 1.2eV 和 1.6eV[34,35]，但是一些锡碘化物钙钛矿通过实验证明能够进行空穴传输[34,36]，甲铵铅碘和它的氯掺杂相被证明可以有效地传输空穴和电子[7,37]。从这些结果看来，理解钙钛矿电子结构的关键理论目标之一是制定一个可靠的理论协议，能够检索这些卓越材料的光学和电子特性。目前，SOC-GW 计算[38,39] 已经实现，并且现在能够正确预测甲铵铅碘和甲铵锡碘钙钛矿的光学、电子和传输特性。这些成就实际上为可靠设计具有出色转换效率的高性能材料的新钙钛矿结构铺平了道路[39]。

2.3　TiO_2/有机卤化物钙钛矿结点界面中氯的重要性

与甲铵铅碘（MAPI）相比，用氯掺杂的甲铵铅碘钙钛矿，具有介观超结构和平面异质结，表现出可变的光学性质[18] 和优越的性能[10,17,40]。在第一阶段，这种性能改善归因于载流子迁移率，而之后归因于氯掺杂甲铵铅碘中相对于 MAPI 本身的载流子重组率降低。总的来说，氯在这种性能提升方面的影响仍然不确定。材料本身的结构仍不清楚，虽然理论和实验（X 射线衍射）结果指出 MAPI 中氯含量减少（仅 1‰～4‰）和在 $CH_3NH_3PbI_{3-x}Cl_x$[41] 中低晶胞体积浓度（0.7%），但这证实了热力学预测的固态 $CH_3NH_3PbI_3/CH_3NH_3PbCl_3$ 溶液形成的概率较低[32,42]。机械假说也被引入解释氯掺杂 MAPI 钙钛矿中的氯协助钙钛矿生长的机理，而 EDX（能量色散 X 射线分析）测量不能检测到 MAPI 结构中的氯[43]。另据报道，用氯掺杂 $CH_3NH_3PbBr_3$ 也提高了光电性能，但 EDX 未检测到氯，而根据 XPS（X 射线光电子能谱）分析氯仍存在于材料中。因此得出结论：氯物质应该存在于钙钛矿/氧化钛界面或其附近[44]。

尽管含氯的 $CH_3NH_3PbI_{3-x}Cl_x$ 钙钛矿显示出沿 [110] 方向（见图 2-1）具有定向生长[8-10,30,40,41,43,45-48]，但是另一方面，MAPI 钙钛矿整体展现无定向结构，与合成步骤的数目无关（一步或两步）[8,9,30,43,46-49]。初步解释涉及可变溶剂（GBL 或 DMF/DMSO）。铅-氯前驱体的存在也被认为是这种生长变异性的一个可能的原因。由于多个文献[26,50] 已经强调在与电荷分离效率、电池稳定性[51,52] 和光伏性能相关联时钙钛矿形貌的重要性，现在人们谈论的是所谓的"氯效应"。

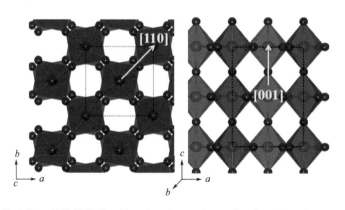

图 2-1　甲铵铅碘钙钛矿的 X 射线结构沿 c 轴（左）和 ab 平面（右）投影的示意图

为了评估氯对典型 TiO_2/钙钛矿结点的影响，进行了理论电子结构计算。这些计算是在代表介孔和平面氧化钛结构的界面上进行的。模型是从优化的甲铵铅碘结构中提取的[32]，根据实验 X 射线数据获得[29]。在这些模拟过程中没有使用对称约束，但沿着 c 轴没有反演对称性，是根据之前提出的用于描述该系统的 $I4cm$ 空间群再现的[30]。四方相[53] 的晶格参数用于推导假立方（001）和四方（110）表面。这意味着由于四方相在室温下代表 MAPI 的实际结构，因此模拟旨在重现这种（110）表面的结构。另一方面，（001）表面也被选择用于更好地再现氧化钛晶格。但应该指出的是，这两个表面具有相似的拓扑结构。事实上，

（001）四方相表面与三个（等同）立方相表面中的一个相匹配。已经确定 SOC 对 Pb-钙钛矿电子结构的理论处理是至关重要的[33,39,54]，尽管标量相对论（SR）方案正确地重现了这些性质[32,39]，自旋-轨道耦合已被纳入模拟协议中，但由于系统规模的原因，GW 近似没有被应用，从而减少了 GW 对精确计算的影响。

根据先前有关 TiO_2/钙钛矿异质界面的报道，钙钛矿平板中 CH_3NH_3：Pb：I 化学计量比为 60：45：150，作为起始模型的 $3\times5\times3$ 支架[55,56]。根据先前关于这些氯原子在 TiO_2/钙钛矿界面上假设位置的陈述[41,44]，为了包括氯掺杂剂，该起始模型被进一步修改：在界面处 15 个 I 原子被 Cl 原子取代。对其部分的氧化钛超晶胞使用实验电池参数（$a = 18.92Å$ 和 $b = 30.72Å$）进行了模拟。垂直于表面，沿非周期性方向也插入 10Å 空间。掺杂和未掺杂的钙钛矿的（110）和（001）晶面的表面结构如图 2-2 所示。

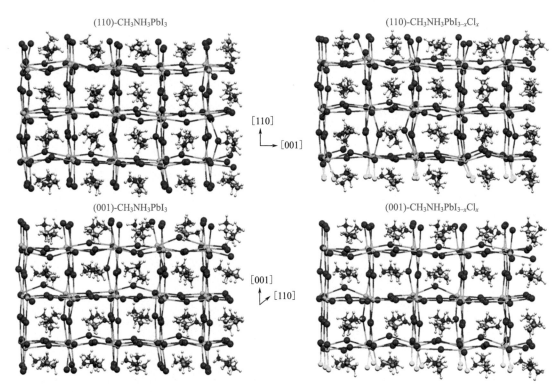

图 2-2 掺杂（$CH_3NH_3PbI_{3-x}Cl_x$，右）和未掺杂（$CH_3NH_3PbI_3$，左）钙钛矿的（001）晶面（底）和（110）晶面（顶）的优化结构

这些研究的结果可概括如下：包括自旋-轨道耦合的用 SOC-DFT 计算和不用 SR-DFT 计算的，优化的（110）甲铵铅碘平板的带隙分别为 1.32eV 和 1.96eV，并且从结构角度来看，获得了（110）表面沿氧化钛方向的偏离 +0.36%（a）和偏离 +1.92%（b），而对于赝立方表面（001）而言，偏离值为 +0.75% 和 -1.85%。-6.40% 和 -13.52% 的结构偏差是通过对具有相同氧化钛平面的四方（001）表面的推断计算获得的。另一方面，使用实验性 MAPI（110）表面的晶胞参数引起 0.4eV 的总能量下降（对应于 1.87eV 带隙）。这就得出了这样的结论：模拟中的最小结构应变是两个模拟结构之间变化的原因。从扩展系统到有限系统的转变也预计[31]为大块四方晶系的 MAPI 相引入了高带隙偏移。进一步研究表明，

当钙钛矿平板的尺寸延伸沿着非周期性［110］方向加倍时，通过 SR-DFT 在（110）表面上发现 1.55eV 的带隙值，可以与采用相同协议的批量数据进行比较。标量相对论和 SOC-DFT 对甲铵铅碘（001）表面给出了更大的带隙值（分别为 2.37eV 和 1.50eV）。由于氯掺杂剂只引入低于 VB（价带）边缘的占据能级[32]，实际上用氯取代碘对带隙没有影响。

未掺杂的和氯掺杂的 MAPI 都具有（110）面的高稳定性。事实上，二氧化钛通过钙钛矿表面未配位钛原子与卤化物原子之间有利的相对构型，来提高表面的稳定性。由于存在这些界面原子，所以观察到掺杂晶胞的时间稳定性增强部分归因于钙钛矿和氧化钛之间增加的结合能。此外，研究表明二氧化钛掺杂的钙钛矿界面相互作用对二氧化钛的电子结构有影响。尤其是从理论上证实了 Pb-p 和 Ti-d 导带状态之间的耦合增加。二氧化钛导带也显示略微上移。更重要的是，研究表明，相对于未掺杂的，界面氯在氯掺杂的 MAPI 中产生导带边缘不对称性。这实际上导致 $CH_3NH_3PbI_{3-x}Cl_x$ 结构和二氧化钛之间的电荷转移增强，这可以解释光吸收产生的电子在二氧化钛表面方向上流动的重要性。

2.4　PbI_2 修饰的 TiO_2/MAPI 异质结电子耦合

正如各种文献所强调的那样，正确理解钙钛矿/氧化钛结的结构和电子特征对于优化功能器件具有重要意义[55,57,58]。不容乐观的是，即使已经通过 XPS/UPS 和 EBIC[20,59-61] 研究了水平定位，但是通过实验技术表征该介孔界面仍然是非常具有挑战性的。不幸的是，虽然这些材料在界面处的当前能量特征对光电流产生非常有利，但异质结处的电荷分离仍然不是最佳的[62,63]，这导致一些不希望的电荷累积现象产生。

一些研究报告了如何通过使用非化学计量比 CH_3NH_3I：PbI_2 前体来改善含钛氧化物的 MAPI 钙钛矿电池的稳定性、效率和迟滞效应。也有文献报道了 PbI_2 过量 10%～20%[6,64]，为 1：1 比例的光伏应用带来了预期的效果。最近的一项综合实验/理论研究[65] 报道了 PbI_2 对异质结电子性质的影响，假设 PbI_2 过量存在于界面附近，并表明这种过量的存在有力地改变了能级对准和界面电子耦合，这可以缓解界面电子转移，并可能有助于防止快速猝灭，与 1：1 前驱体不同。微拉曼测量表明，过量的 PbI_2 也会影响结晶动力学。这些数据与 SEM 图像一起证实，过量的 PbI_2 可能均匀地分布在二氧化钛/钙钛矿界面处。

通过 SOC-DFT 电子结构方法，基于标量-相对优化的结构，以两种形式模拟四方体（110）MAPI 表面——CH_3NH_3I 封端和 PbI_2 封端的 MAPI，后者代表富含 PbI_2 的生长条件。进一步使这些结构与 120❶ 氧化钛锐钛矿 5×3×2 板接触，其中大部分暴露（101）表面（参见图 2-3）。超晶胞结构通过使用 TiO_2 电池参数构建，晶格偏差不超过 2%。表明甲铵碘封端的钙钛矿是界面相互作用的原因，暗示碘与未配位的表面钛原子形成键合模式。另一方面，对于铅碘封端的钙钛矿，显示出结相互作用是通过形成铅-氧和碘-钛相互作用发生的，如图 2-3 所示。

每个支架都可能存在，因为从计算中仅推断出轻微（小于 0.1eV）的结合能差异。就两个界面的电子特性而言，尽管人们意识到理论方案不能找回足够的水平对准，但是在模拟过程中仍然可以可靠地处理由各种表面封端引起的适当的相对效应。计算出 CH_3NH_3I 封端的

❶ 原文如此。——编辑注

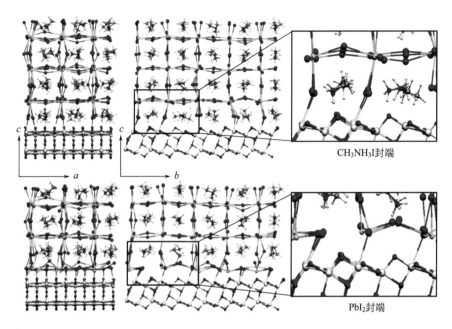

图 2-3　用甲铵碘（CH₃NH₃I）封端（顶部）和 PbI₂ 封端（底部）的（110）氧化钛/钙钛矿界面（优化的结构）。浅蓝色和深蓝色指向铅和氮，而紫色、绿色和白色分别指向碘、碳和氢

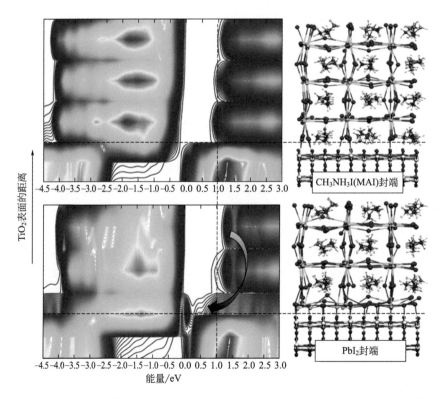

图 2-4　综合密度状态的等密度图，相对于锐钛矿表面的距离报告。增加的 DOS 值由蓝色到红色的颜色变化表示。在铅碘封端面板（左下）的情况下，箭头指向能带弯曲

MAPI 导带边缘约为 0.8eV，相对于实验值的偏差为 0.4eV[59]。人们可以从理论结果中注意到，当从甲铵碘到铅碘封端界面时，VB（价带）和 CB（导带）略微下移。前者已经获得了尖锐的 CB 边缘，与前者不同的是，后者实际上表现出钙钛矿状态的尾部，其保留在主 CB 窗口下方大约 1eV 处。从这些结果可以得出结论，在铅碘封端结构的情况下，钙钛矿和二氧化钛之间存在一种改进的电子耦合。这归因于在铅碘封端结构的情况下，在铅 6p 和钛 3d 状态之间的距离减小（2.8Å，与 3.3Å 相比）。考虑这两种状态进行比较，因为它们是钙钛矿和氧化钛导带的主要成分。由于电子耦合随距离呈指数衰减，因此这种微小的距离变化会引起实质的耦合偏移。据报道，状态密度（DOS）计算（参见图 2-4）突出了这样的事实，即与甲铵碘封端不同，铅碘封端的导带弯曲更为显著。这代表了更强的耦合，与先前的结论（见上文）和预测的增强界面电荷注入非常一致，如实验报告所示。

2.5　MAPI 薄膜沉积在 ZnO 上热力学的不稳定性调查

虽然钙钛矿太阳能电池被认为是一种极有前途的可再生能源技术的替代品，但是由这种材料制成的器件仍然受到膜不稳定性的影响，并因此降低了器件寿命。对于第三代太阳能电池，组装光伏器件时，当把钙钛矿材料沉积到表面上时存在各种各样的可能性。在这些选择中，人们发现例如二氧化钛（TiO$_2$）、锡掺杂氧化铟（ITO）或氧化锌（ZnO）等电子传输层。

最近的联合实验/理论研究[66] 报道了通过原位吸收光谱、切线入射 X 射线衍射（GIXRD）和密度泛函理论计算，对热退火氧化锌/MAPI 薄膜进行的研究。该调查可以阐明沉积的钙钛矿的分解机理，该机理被证明是由异质结处的酸/碱反应引起：随着时间的推移，CH$_3$NH$_3^+$ 发生去质子化作用形成 CH$_3$NH$_2$。这部分归因于氧化锌表面的碱度，在沉积 MAPI 之前，此过程可以被初步的氧化锌薄膜退火处理还原。在氧化钛或含 ITO 装置中不太可能遇到这样的问题，因为这些表面的酸性比氧化锌更强。

通过对氧化锌/MAPI 界面进行的计算分析[55,57]，进一步证实了这些实验推论，并对氧化钛替代氧化锌的界面进行了比较。为此，将 3×5×3 的四方晶系 CH$_3$NH$_3$PbI$_3$ 沉积在 6×6×3 纤锌矿 ZnO 板上。前一块板暴露其（110）表面，而氧化锌板暴露其非极性（1010）表面。显示结构偏差（晶格失配）非常低（晶胞尺寸 a 为 1.7%，b 为 2.3%）。在两种情况下，钙钛矿材料显示出使 CH$_3$NH$_3$I 封端暴露于表面的取向，这非常有利于形成碘-金属（未配位的锌或钛）键以及形成 CH$_3$NH$_3^+$ 与 O 之间的氢键。对氧化锌/MAPI 结的标量相对论几何优化得出 19.5eV 的相互作用能，这是通过评估节点和孤立系统的能量差得出的。该值可与二氧化钛/MAPI 的 24.2eV 相比较[57]。这些数据实际上对应于每个配位金属原子的能量值——1.3eV（ZnO）和 1.6eV（TiO$_2$）。因此，可以从这些理论结果推断出 ZnO 上的钙钛矿沉积不如氧化钛上的钙钛矿沉积有效。

此外，人们注意到，在氧化锌/钙钛矿界面，15 个 MA 中有 2 个在弛豫过程中去质子化，产生甲胺。在去质子化过程中，提取的两个质子通过氧原子吸附在氧化锌上。当 MAPI（001）表面暴露于氧化锌面板时，15 个 MA 中的 4 个被证实进行了去质子化。另一方面，CH$_3$NH$_3$PbI$_3$ 在二氧化钛板上的沉积没有表现出这样的特征[15]，证实了两种基底之间酸性的差异。图 2-5 展示了优化的 $CH_3NH_3PbI_3$ 结构，并通过放大显示了邻位氧化锌氧原子使甲铵去质子化的过程。

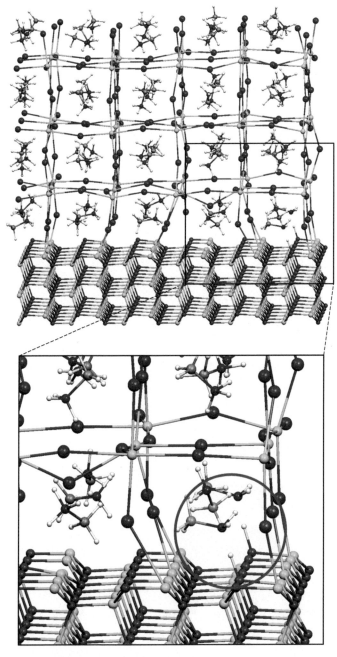

图 2-5　氧化锌/MAPI 异质结构，通过标量相对论 DFT 优化。下部的图是这种结构的放大，旨在证明 MA 被来自来氧化锌的氧原子去质子化

　　值得注意的是，除了这些结果巩固了沉积薄膜热不稳定性的机理假设之外，为了评估界面羟基的影响或残留有机配体的存在，已经在相同的文献中进行了进一步的实验表征。

2.6 MAPI 中的缺陷迁移及其对 MAPI/TiO₂ 界面的影响

在开发新的钙钛矿电池器件时遇到的各种限制中，人们经常引用 J-V 曲线迟滞现象或慢光电导响应。一个经常被提到的假设是，这些不希望出现的现象的起源可能是离子/缺陷的迁移。为了揭示缺陷迁移对钙钛矿太阳能电池性质的影响，对二氧化钛/甲铵铅碘钙钛矿界面进行了理论研究[67]。使用四角超晶胞来评估先前报道的一些最可能的 MAPI 缺陷[68-72]迁移动力学。碘离子空位和间隙缺陷的活化能非常低（约 0.1eV），而 0.5eV 和 1.0eV 分别归因于甲铵和铅的迁移。从模拟结果可以得出结论，快速碘化物缺陷迁移不太可能导致缓慢的 MAPI 反应，而另一方面，甲铵空位的迁移可能是一种解释。阐述了一种定量模型，通过在氧化钛界面附近定位优先缺陷来解释缺陷迁移。

使用 32 个 $CH_3NH_3PbI_3$ 单元（总共 384 个原子）创建模拟单元[13]。为了比较，已经通过使用赝立方体单元参数对 $CH_3NH_3PbBr_3$ 执行了类似的计算。对迁移路径进行了建模，以确定所研究的四种类型缺陷通过钙钛矿晶体的假设缺陷迁移路径（参见图 2-6）。鞍点也被列了出来。在下文中，空位将由"V"表示，而间隙将由下标"i"表示，替代物表示为 MA_{Pb} 或 Pb_{MA}，反位点取代表示为 MA_I、Pb_I、I_{MA} 和 I_{Pb}。

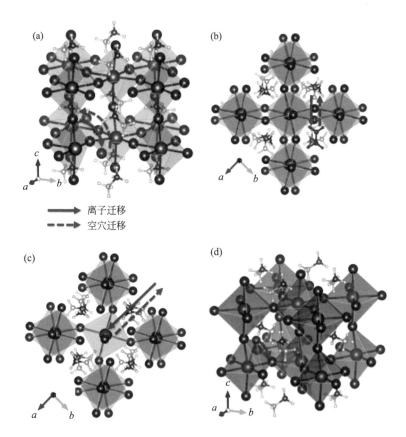

图 2-6 V_I（a）、V_{MA}（b）、V_{Pb}（c）和 I_i（d）的缺陷扩散路径。离子（空位）迁移途径由实线（虚线）表示。粉色表示氢，棕色表示碳，蓝色表示氮，紫色代表碘，黑色表示铅原子

通过在赤道位置产生空位来模拟碘空位（V_I）。然后允许该空位向轴向位置方向迁移［如图 2-6（a）］。与显示等能轴方向/赤道位置迁移的 V_I 不同，轴向和赤道位置对于溴的空位（V_{Br}）而言不是等能的。相对于轴向位置有 0.07eV 的差异。就甲铵空位（V_{MA}）而言，位于 ab 平面内的两个相邻空腔之间发生了位点间空位跃迁［图 2-6（b）］。类似地，铅空位（V_{Pb}）沿四碘化铅原子直角迁移［图 2-6（c）］。就碘化物间隙（I_i）而言，已经证明，与 V_I 类似，它们沿 c 轴的路径［图 2-6（d）］迁移。重要的是要注意，对于这些分析，类似的迁移能量归因于对应于相同化学实体的各种缺陷。例如，暗示甲铵迁移的途径（MA_{Pb} 或 MA_i）的特征在于与 V_{MA} 获得的活化能类似的活化能。事实上，推断 V_I 和 I_i 的活化能是相等的。显然，对于甲铵铅溴钙钛矿材料也会发生类似的推理。

我们在图 2-6 中看到 V_{MA} 和 V_{Pb} 的路径长度是 V_I 和 I_i 的路径长度的两倍。换句话说，V_{MA} 和 V_{Pb} 首先将沿着一个晶胞单元行进，而 V_I 和 I_i 沿着半个晶胞行进。因此，为了对四个过程进行适当的比较，碘化物相关的活化能加倍，这实际上对应于连续发生的两次迁移。计算各种缺陷迁移的活化能（E_a）列在表 2-1 中，并且可以用于阿仑尼乌斯（Arrhenius）方程中，以评估迁移率：

$$k = \frac{k_B T}{h} e^{-\frac{E_a}{RT}} \tag{2-1}$$

表 2-1 $CH_3NH_3PbX_3$（X＝I，Br）中缺陷迁移的活化能（E_a）和速率常数（k）

缺陷	$CH_3NH_3PbI_3$		$CH_3NH_3PbBr_3$	
	E_a/eV	k/s^{-1}	E_a/eV	k/s^{-1}
$V_{I/Br}$	0.08(0.16)	$1.7×10^{12}(7.7×10^{10})$	0.09	$1.2×10^{12}$
V_{MA}	0.46	$6.5×10^5$	0.56	$1.3×10^4$
V_{Pb}	1.06	$4.6×10^{-5}$	—	—
I_i	0.08(0.16)	$1.7×10^{12}(7.7×10^{10})$	—	—

注：括号里的数值是 $CH_3NH_3PbI_3$ 的两次连续迁移的活化能和速率常数。

从表 2-1 中可以得出的主要结论如下：MAPI 中铅空位（V_{Pb}）的迁移可视为缓慢过程，而甲铵空位扩散据报道具有 0.46eV 能量屏障，这与实验推断的 0.45eV 很好地吻合[73]。另一方面，碘化物空位和间隙预计具有非常平坦的能量通路。

有意思的是，比较甲铵铅溴和甲铵铅碘结构，可以看出碘离子空位的跳跃活化能高于溴化物的。我们还发现，两个单元晶胞之间的 MA 迁移对于碘化物来说更加困难。

在没有任何场的情况下，带电荷的缺陷将沿着通过钙钛矿层的随机迁移路径行进。通过观察对称的能量图［见图 2-7（a）］，我们看到在任何给定的晶体学方向上都无法区分向前和向后的缺陷运动。在工作条件下，存在光生电场，其有利于带电缺陷在钙钛矿膜侧面的方向上迁移，与所谓的空穴传输层/电子传输层（HTL/ETL）接触。

缺陷通过其选择性接触的路径而变得稳定，这通过静电性质与电极的较高相互作用来解释。这种稳定性，记为 $\varepsilon/2$，独立于活化能，用于共享相同电荷的缺陷，并在器件工作条件下约为 2meV，可以看作是迁移的驱动力。由此假设，人们可以说，对于 MAPI，该驱动力在过渡状态下通过 $\varepsilon/2$ 因子减少（增加）直接（反向）迁移的活化能 [参见图 2-7(b)]。由此我们可以推断出，预测的前向振动动力学比后向振动动力学快两倍。

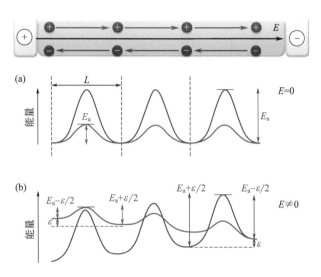

图 2-7　碘离子空位（红色）和甲铵空位（蓝色）的迁移能量图，在零电场（a）和非零电场（b）下

值得注意的是，300nm 左右的钙钛矿层中间的碘化物空位或间隙缺陷达到选择性接触的时间约为几十纳秒，这实际上比通常的光伏测量扫描速率快。另一方面，甲铵空位将在几十毫秒内达到 ETL，这被视为可能影响 J-V 测量，并且可能构成钙钛矿太阳能电池中缓慢响应和迟滞的假设原因。最后，铅空位的移动不足以影响器件的操作。

现在已经证实的是，在大块的 $CH_3NH_3PbI_3$ 中，最易移动的缺陷是碘离子空位和间隙，以及甲铵空位，从这个假设可以得出其运动对整体电池功能影响的进一步结论（见图 2-8），特别关注碘化物和甲铵的迁移，因为据报道其能量消耗较低，为 0.08eV[71]。

在工作条件下，电池将由光吸收诱导产生电场，从 ETL 指向 HTL [例如，从二氧化钛到 Spiro-OMeTAD 涂覆的 Au，参见图 2-8(a)]。该场将引起碘离子（或 MA）空位向 HTL（或 ETL）的运动，如图 2-8(b) 所示。因此，这些迁移缺陷的积累将导致跨越 $CH_3NH_3PbX_3$ 薄膜产生静电势，其方向与光子吸收产生的静电势相反，并驱动电池中的电荷分离，从而影响传输性能，进而影响功能电池的光电性能。

另外，从图 2-8(b) 可以注意到，甲铵阳离子可以响应于光诱导的场而经历重新取向，从而对缺陷产生的内部电势产生额外的贡献。

我们注意到假设[74] 正（负）电荷缺陷态产生接近（高于）钙钛矿 CB(VB) 位置，诱导钙钛矿与阳极（阴极）接触的 n(p) 掺杂。如图 2-8(c)，正极化使得晶胞表现得像 n-i-p 结。因此，电流将遵循钙钛矿掺杂产生的梯度。另一方面，负极化使得晶胞表现得像 p-i-n 配置 [如图 2-8(d)]。

钙钛矿（110）面的电子结构和锐钛矿二氧化钛（101）面的接触被模拟计算出来 [如图 2-9(a)]。V_I(V_{MA}) 朝向 HTL(ETL) 的扩散在下文中命名为 1。在暴露于真空的

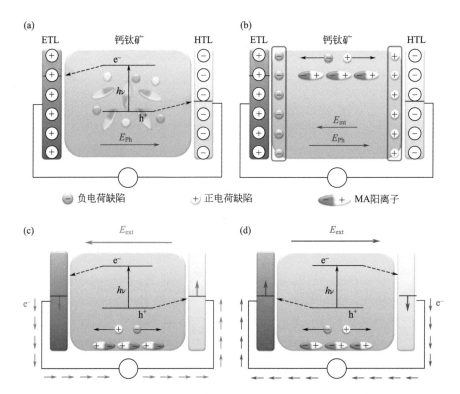

图 2-8　缺陷迁移简图。（a）光生电势引起电荷载流子的分离及点缺陷的分布，随机 MA 离子的方向；（b）MA 阳离子的点缺陷迁移和取向，吸收产生的场 E_{ph} 和产生的内部电势 E_{int}；（c）（d）极化：可切换电流作为应用场的一个功能

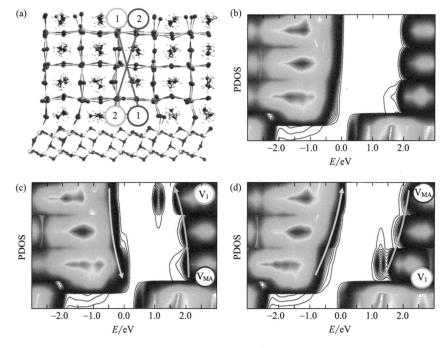

图 2-9　在钙钛矿/TiO$_2$ 界面模型（a）中，我们看到 V$_I$（绿色圆圈）和 V$_{MA}$（红色圆圈）；局部态密度（partial density of states，PDOS），沿垂直于钙钛矿/TiO$_2$ 结方向的投射：非缺陷模型（b）和缺陷模型 1（c）和 2（d）。浅蓝色（黄色）箭头指向光吸收产生的电子（空穴）的演变

$CH_3NH_3PbI_3$ 表面 [$CH_3NH_3PbI_3$ 氧化物接触侧参见图 2-9(b)] 处产生碘离子空位。朝向 $CH_3NH_3PbI_3$/氧化钛接触点的正电荷迁移进一步被命名为 2，并在图 2-9(c) 中突出显示。在两种情况下，都没有在缺陷产生后进行几何松弛，以便直接评价引入在电子结构上的缺陷。

图 2-9 描绘了两个缺陷模型（1 和 2）的电子结构。其中一个原始界面也存在。显示了二氧化钛和 $CH_3NH_3PbI_3$ 的局部态密度，及其沿法线方向向氧化钛表面的局部投射。人们可以在图 2-9 中的（b）部分看到钙钛矿价带进入二氧化钛带隙，而未占据态与氧化物导带重叠。尽管系统具有有限的尺寸和用于模拟的理论水平[75]，我们看到计算正确地再现了氧化钛/钙钛矿界面处的能级对准。

通过二氧化钛表面附近的钙钛矿带结构的弯曲，可以观察到界面相互作用[55]。如果观察钙钛矿板的电子结构以及界面上的缺陷存在的影响，可以看到碘化物空位在钙钛矿导带边缘以下产生未占据态（约 0.5eV 以下，钙钛矿板带隙相对于块状 $CH_3NH_3PbI_3$ 材料的过高估计）。因此，似乎在钙钛矿导带边缘和由碘化物空位引入的状态之间存在重叠，这与先前的理论结果很好地相吻合[69,72]。值得注意的是，由于 SOC 已被证明在 $CH_3NH_3PbI_3$ 缺陷水平的相对定位中起重要作用，并且由于自旋轨道耦合不包括在本次模拟计算中[76]，因此上述结论仅在定性的基础上考虑。

独立于理论水平，我们看到位于薄膜两侧的正负缺陷的存在，强烈地改变了钙钛矿价/导带的分布。对于模型 2，我们注意到由于碘空位存在的原因，在二氧化钛基底附近有强烈的占据态的方向梯度。这实际上导致界面处的未占据态（在钙钛矿块中）的增加（耗尽），这可以被视为促进界面电荷注入的现象，也受到模型 2 中的甲铵空位的支撑，通过价带边缘上引入电子态（与原始价带边缘相比[69,72]），弯曲钙钛矿的价带位置。从二氧化钛迁移出的空穴可以通过这个能级结构来促进传输。

另一方面，模型 1 [图 2-9(c)] 将碘离子空位置于远离 TiO_2 板的位置，并阻止电子注入（空穴扩散）进入（朝向）ETL（HTL），这极大地牺牲了电池的光伏效率。

然后通过考虑钙钛矿侧面指向真空和氧化钛的碘离子和甲铵空位来修改模型 1 和 2，以评估由于正极/负极之间存在的强静电相互作用，带边缘是否被过高估计。虽然通过模型修改减少了能带弯曲，但是价带/导带仍然非常类似于未修改的模型。因此，除了可切换的光伏效应之外，我们可以认为报告的结果与之前相对于空穴累积的贡献非常一致[77,78]。此外，由于未配位钛原子的电子受体行为，有人提出，在没有电场的情况下，碘离子间隙或甲铵空位等负电荷缺陷可能优先位于氧化钛界面附近。阳离子缺陷更有可能分布在 MAPI 膜上。理论结果表明这一假设得到了证实，与使用非松弛结构的模型 2 相比，模型 1 的稳定能量约为 0.4eV。这证实了基底在缺陷初始浓度接近选择性接触决定因素中的作用[79]。这与最近的 XPS 结果相一致，即在氧化钛/钙钛矿界面周围存在 V_{MA}[80]。

当计算最低 1 和 2 三重态的稳定能量时，即在电子从钙钛矿价带边缘到二氧化钛导带之后（见图 2-10），我们能够看到稳定趋势实际上是相反的，并且没有优先区域用于碘离子和甲铵空位的定位，这对应于具有低缺陷迁移驱动力的开路电池。然而，这些结果也显示出钙钛矿电子态景观也在光诱导激发后基本保持不变。

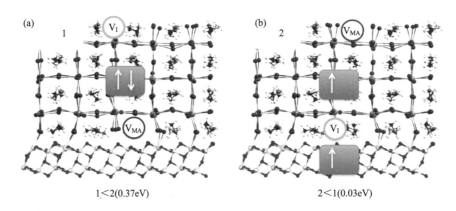

图 2-10　碘和甲铵的空位位置 （a）电荷分离前和 （b）电荷分离后

2.7　MAPI 和水的非均质界面：钙钛矿被水降解的暗示

在表征有机卤化物钙钛矿性能的关键点中，我们更加关注的是其稳定性。当涉及其降解过程时，科学家经常提及湿度的存在，最近的研究也开始致力于保护钙钛矿层免受水的破坏[81,82]。实际上，据报道，水蒸气、钙钛矿的水合物 $CH_3NH_3PbI_3 \cdot H_2O$ 或 $MA_4PbI_6 \cdot 2H_2O$ 的存在能够诱导器件迟滞效应的出现概率[83]。还有报道称 $CH_3NH_3PbI_3$ 接触到水之后，会降解为不可逆变化的 PbI_2，同时在 80% 湿度的模拟条件下，器件的老化显示出钙钛矿的退化[84]。据此假设钙钛矿的分解产生 HI[85]，它能够和接触到的金属银电极发生反应[84]。据报道，水诱导钙钛矿分解在空气中是热力学支持过程[81]，并且一个理论的观点指出，第一个分解步骤涉及产生含有 PbI_6^{4-} 的中间相，作为一个孤立的成分[82]。伴随着这种水合中间相的产生[86]，降解过程也被假设为通过光激发减弱连接 MAPI 的有机部分和无机部分的氢键[87]。这种键弱化有利于钙钛矿-水的相互作用，因此导致钙钛矿被水分解。

鉴于湿度对钙钛矿的分解以及器件稳定性的影响，防护措施也被开发出来，例如在器件中附加三氧化二铝绝缘层，以防止水分引起的降解和 TiO_2 与 Spiro-OMeTAD 的电子复合[88]。

关于这些问题，科学家已经将注意力集中到空穴传输材料（HTM）的作用上了[82,89]，因为它沉积的薄膜面是与反相电极（金属电极）相接触的。为了提高器件的抗水性，有人建议用单壁碳纳米管替代有机 HTM，此碳纳米管由聚合物进行功能化并嵌入绝缘体（聚合物基质）中[90]。碳层也被推荐用于不含 HTM 的器件中[91]。另外需要注意的是，真空条件下制备器件能够部分抑制水分的渗透[92]。另一方面，据报道，钙钛矿前驱体薄膜热退火生长的环境空气条件（即潮湿条件），对成膜质量、载流子迁移率、晶粒尺寸和寿命有积极影响[93]。因此，在关于钙钛矿层附近存在水的影响的各种研究中，似乎所有结论都不是严格收敛的，并且可以从进一步的理论见解中获益。

为此，已经进行了分子动力学从头模拟，以分析 MAPI/H_2O 异质界面的性质，表征溶剂化过程并探究钙钛矿降解和溶剂化产物产生的原因[93]。在甲铵阳离子溶剂化作用的支持下，已证明待取代碘离子的亲核取代是 MAI 封端表面溶剂化的一种理论可能的方法。就其本身而言，被 PbI_2 封端的表面显示出对水的存在不太敏感。因此，该表面的特征在于相对于块体具有较短的铅-碘键，因此建议用作保护层，虽然在模拟的 10ps（皮秒）时间尺度内没有观察到该表面的退化。与此相反的是，我们观察到水分子插入到钙钛矿的无机框架中。在 PbI_2 不良条件下，$(PbI_2)_n$ 空位缺陷的产生会导致 PbI_2 封端表面的协同降解，伴随着产生溶剂化产物 $[PbI(H_2O)_5]^+$ 或 $[PbI_2(H_2O)_6]$。当涉及钙钛矿的电子结构时，水合作用的影响会显示在带隙的增加中。

从大块 MAPI 四方晶体结构中切割出三个 2×2 板，用于模拟钙钛矿（001）晶面（MAI 封端、PbI_2 封端和 PbI_2 缺陷表面），如图 2-11 所示。它们是从优化的块状结构获得的，其中甲铵阳离子以各向同向的方式排列。八个 PbI 单元中有六个已从 PbI 封端表面移除，以产生稳定的缺陷表面[94]。晶胞参数 a 和 b 取实验值的两倍，如 $a=b=17.71$Å，$c=49.67$Å 已用于水中的分子动力学模拟。利用实验液态水密度，水分子用于填充钙钛矿板上方和下方的体积。与 PbI_2 封端模拟相比，更大的水与 MAPI 的比例已被用来进行 MAI 封端和 PbI_2 缺陷情况的模拟，分别用 284、235 和 226 个水分子。作为比较，使用相同的 a 和 b 参数值在没有水的情况下进行类似的计算，并且在垂直于 MAPI 表面的方向上留下 10Å 长的真空。Car-Parrinello 分子动力学计算（CPMD）[95] 是使用 Quantum Espresso 程序[96] 和 PET[97] 泛函执行的。离子和电子的相互关系用标量相对论超软赝势来处理，计算中明确包括 O、N 和 C 的 2s 和 2p，H 的 1s，I 的 5s 和 5p，Pb 的 6s、6p 和 5d 壳层的电子。对于波函数的平滑部分和增强密度部分，平面波基组的截面能分别为 25Ry 和 200Ry（Ry，雷德堡，能量单位）。CPMD 计算采用 10u（原子质量单位）的积分时间步长，模拟总时间约为 10ps（皮秒）。虚拟质量 1000u 用于处理电子自由度，而 5u 一直用于所有原子质量，以

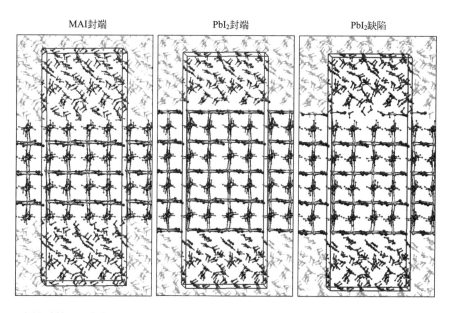

图 2-11　三个异质结面的结构（MAI 封端、PbI_2 封端、PbI_2 缺陷平面），蓝色表示模拟晶胞

增强动态采样。在使用任何恒温器之前，通过使用初始离子位置随机化的热化工艺使温度达到 $350\sim400K$，并且使用了 PWscf 代码，包括色散贡献[98]，用于 $4CH_3NH_3PbI_3 \cdot H_2O$ 的可变晶胞几何优化，波函数的平滑部分和增强密度部分平面波基组的截面能分别为 50Ry 和 400Ry。公式 $\Delta G_{生成}=E(4CH_3NH_3PbI_3 \cdot H_2O)-E(4CH_3NH_3PbI_3)-E(H_2O)$ 用于估算水合物 $4CH_3NH_3PbI_3 \cdot H_2O$ 的生成能。生成水合物的几何模拟和密度态分析已经被 PWscf 代码所分析，伴随着波函数的平滑部分和增强密度部分平面波基的截面能分别为 25Ry 和 200Ry。

通过计算它们的径向分布函数（RDF）来表征 MAI 封端板和 PbI_2 封端板的结构。这些是在动态轨迹上的平均值。还比较了块状钙钛矿[13] 和裸露的板坯结构。研究表明，计算中使用的模型的有限尺寸并没有显著改变晶体结构，因为看到大量的 RDF 特性连接被转移到裸 MAI 封端板和 PbI_2 封端板。另请注意，MAI 封端的赤道 Pb-I 键长度与体积的长度一致，平均值为 3.21Å，而 PbI_2 封端表面的平均值为 3.19Å，这比在大块结构中的键强一些。该结果表明这种表面可以保护钙钛矿。

图 2-12 显示了为研究每个暴露表面的钙钛矿/水界面而计算的 RDF。这些 RDF 向我们

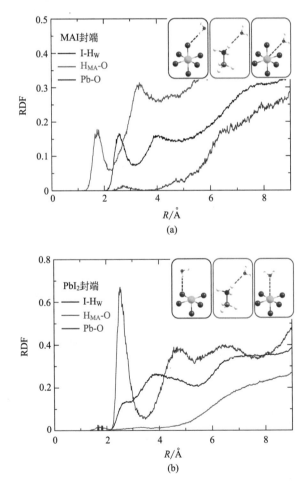

图 2-12　I-H_w（黑色）、H_{MA}-O（红色）及 Pb-O（蓝色）的衍射分布函数（RDF），在 MAI 封端（顶面）和 PbI_2 封端钙钛矿板（底面）与水层之间的界面处

展示了水分子有可能与表面阴离子结合（I-H 键）或者是与甲铵阳离子结合（H_{MA}-O 键）[图 2-12（a）]，这里面的氢键都是标准氢键（平均键长分别为 2.57Å 和 1.75Å）。少量的短 Pb-O 键也形成了 2.75Å 的平均键长，这意味着水可以通过碘和甲铵离子网络结构到达铅的位置。就 PbI_2 封端的小平面而言，我们在图 2-12（b）中可以看出可以形成短的 Pb-O 键（大约 2.5Å），这可以从铅阳离子被认为是临界硬度酸的事实来证明，这意味着它有可能分别结合软配体或硬碱，例如钙钛矿中的碘离子或水分子。已经观察到这种配对的广泛分布，这表明不太直接的相互作用，因此在 PbI_2 封端板中溶剂分子和赤道碘原子之间的结合较弱。

人们可能有兴趣描述甲铵铅碘钙钛矿的动力学特征，更具体地说是甲铵阳离子动力学，其后可以考虑钙钛矿的 ab 平面和 MA 的碳-氮轴之间的角度。这个角度用符号 φ 表示，取两个优先值（±30°），在优化的体积中均匀分布[13]。当涉及非水合的 MAI 封端的表面时，显示出对于最外表面，由于稳定铵和表面碘原子之间的氢键，甲铵阳离子层被构造成 NH_3 基团指向表面而甲基指向外。最内层的情况是不同的：在 $\varphi = \pm 30°$ 处的两个峰值被恢复，表明原始的 MA 取向优先。如果我们现在关注水合 MAI 封端表面，会发现与水分子形成界面氢键的可能性导致上述优选取向的损失。PbI_2 封端的板坯的情况不太明显，因为对于铵基团，存在能够与表面碘离子形成氢键并因此指向表面的铵基团的优先取向。这种布置也影响观察到宽 φ 角分布的内层。

图 2-13（a）、（b）为 MAI 封端的表面几何特征的时间演变过程。通过 CPMD 模拟，观察 I-Pb、O-Pb 和 N-Pb 距离 [图 2-13（b）] 得出的结论是：水分子对表面碘原子的攻击 [图 2-13（a）] 诱导了七个配位的表面铅中心，在铅配位球中用水取代碘，以及溶剂化碘化物的释放。取代过程的特征在于只要形成 Pb-O 键（Pb-O 键长度减少），Pb-I 键就协同弱化（键长增加）。此外，由于碘化物释放，从钙钛矿表面分离出邻位甲铵阳离子，防止了由正电荷累积引起的晶体不稳定。动力学研究已经证明，一个 MAI 单元在 8.5ps 内溶解。尽管这一时间尺度不在反应动力学的实验时间尺度内，但这些模拟的结果表明，用水取代碘是快速且能量有利的过程，这与之前的实验结果报道的碘甲铵的溶剂化是钙钛矿降解的第一步是一致的[99]。

与以前的 MAI 封端钙钛矿板不同，尽管水分子和表面铅原子之间存在强烈的相互作用，但 PbI_2 封端钙钛矿不会发生这种降解过程。因此，似乎这种 PbI_2 封端表面相对于水诱导的钙钛矿分解比 MAI 封端表面更稳定。

此外，可以观察到一种溶剂单元掺入甲铵铅碘钙钛矿空腔 [图 2-13（c）]。实际上，在大约 1ps 的模拟之后，水分子穿过第一 PbI 层而穿透空腔。用甲铵阳离子进一步产生氢键，其在旋转后将水分子捕获在空腔内。这种旋转实际上遵循水分子的路径（铵基团指向水分子），其显示在模拟期间仅轻微影响无机支架几何形状。图 2-13（d）还展示出了在模拟过程中，水分子在腔体的两侧采样。

理论上进一步研究了 PbI_2 缺陷模型，以评估表面缺陷的影响，并将它们与水/钙钛矿异质界面的相对稳定性联系起来。为此，先前的工作[94] 表明，在 PbI_2 缺乏的条件下 $(PbI_2)_n$ 空位是稳定的，从 PbI_2 封端板坯中除去了 6 个 PbI 单元，其在暴露的表面上留下了两个未对齐的铅原子。如图 2-14 所示，这种有缺陷的表面可以经历快速降解过程。实际上，我们看到两个未配位的铅原子可以迅速从表面解吸并作为溶剂化物质迁移。在图 2-14（a）中，我们看到其中一个铅原子最初通过四个碘原子键合到一个水分子和 MAPI 表面，而第二个铅原子显示结合三个碘原子和两个界面水分子 [图 2-14（b）]。两者的共同之处在

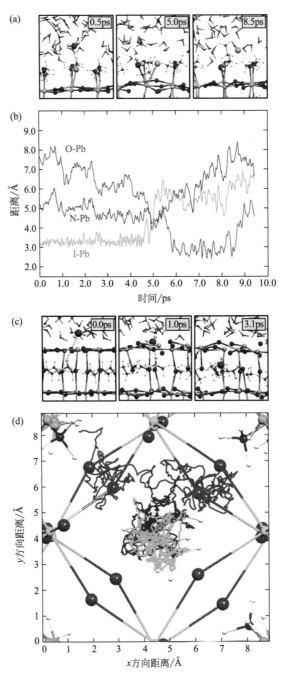

图 2-13 在 MAI 封端的 MAPI 板中用水亲核取代表面的碘原子：（a）关键步骤（顶部）的快照；（b）水氧原子与铅原子（O-Pb，红线）、现有碘原子与铅原子（I-Pb，绿线）以及 MA 氮原子与铅原子（N-Pb，蓝线）之间距离（底部）的演化；（c）将水分子结合到 PbI_2 封端板上关键步骤的快照；（d）水氧原子在 PbI_2 封端板的动力学（红色线）以及 MA 氮原子（蓝线）和碳原子（绿线）的运动轨迹

于，在离开表面后，它们分别形成溶剂化配合物 $[PbI_2(H_2O)_4]$ 和 $[PbI(H_2O)_5]^+$，如图 2-14（c）所示，其中通过动力学轨迹再现了两个未配位铅原子的配位数。总之，这些结

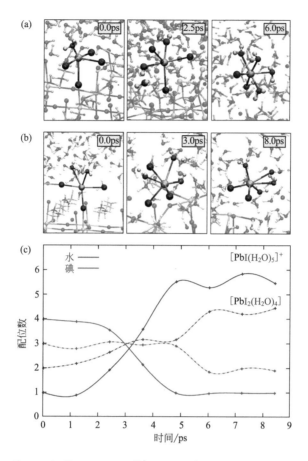

图 2-14 ［PbI$_2$(H$_2$O)$_4$］（a）和 ［PbI(H$_2$O)$_5$］$^+$（b）配合物形成的典型几何结构。为形成 ［PbI$_2$ (H$_2$O)$_4$］（点线）和 ［PbI(H$_2$O)$_5$］$^+$（实线），Pb-I（红色）和 Pb-H$_2$O（蓝色）配位数的演变（c）

果表明，钙钛矿表面的缺陷可能在 MAPI 钙钛矿的降解过程中起关键作用。因此，无缺陷晶体和薄膜的制备，对于进一步研究基于钙钛矿材料的稳定器件具有重要意义。

已经研究了 MAI 封端板和 PbI 封端板与 8 个 H$_2$O 分子的单层之间的相互作用，以评估表面水合作用对板坯电子结构的影响。所考虑的钙钛矿板的局部 DOS 显示在图 2-15。值得注意的是，MA 阳离子排列导致在板上没有任何偶极子，这是仅检查表面封端和水合作用所需的。还要注意，选择水分子的数量是为了对应于所有表面未配位位点的饱和度。据报道，这种表面水合作用的驱动力很强，MAI 封端和 PbI$_2$ 封端的水合板的形成能分别为 -0.49eV 和 -0.44eV。

有趣的是，人们还注意到，使用标量相对论 DFT 协议可以准确地再现 MAPI 的带隙[32,33]，但这种现象是偶然的。实际上，在自旋轨道耦合和后 DFT 相关之间存在可能的误差抵消[39]，其分别减小和增大了间隙。局部钙钛矿结构，特别是 PbI 八面体倾斜[54]，被证明是造成自旋轨道耦合影响的原因，尽管这种贡献在板块上是准恒定的。因此，期望所采用的计算协议能够定性地再现表征裸露和水合表面的电子结构变化。

据观察，当向内穿过钙钛矿层时，裸 MAI 封端的表面带隙变得更尖锐，这可以通过外部价带边缘与内部价带边缘的稳定性来解释 ［见图 2-15(a)］，甲铵阳离子与外部碘原子之间的相互作用降低了它们的能量水平。相反，对于 PbI$_2$ 封端的表面，当通过钙钛矿层向内移动时带隙变宽，这是因为表面存在未配位的铅原子。人们还注意到，对于 PbI 封端板，价带边缘位于钙钛矿表面，这可能最终导致光生空穴的捕获，但由于没有表面状态侵入钙钛矿间隙，对于 MAI 封端板仅发生 MAPI 的有限效应。水合效应已被证明对 MAI 封端的模型不产生影响，因为氢键主要负责水/钙钛矿界面相互作用。就 PbI$_2$ 封端模型而言，其价带边缘在水合界面区域相对于裸露表面稳定，且伴随着水诱导的价带下移，这可以通过表面铅原子配位球的恢复来解释。然而，这种偏移不能通过导带偏移来补偿，这导致局部带隙增加了约 0.3eV。

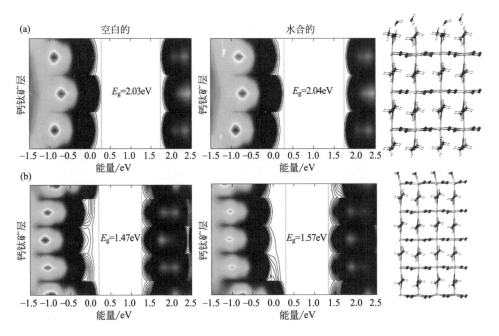

图 2-15　[001] 方向上，各种钙钛矿层的局部密度态等密度图，即沿着晶体的 c 轴方向，在带隙区域，空白的和水合的（a）MAI 封端、（b）PbI$_2$ 封端钙钛矿板。同时也报道了总体的带隙值。垂直虚线代表等密度值 1 态/eV 的导带和价带

为了使一个 H$_2$O 分子结合到 PbI$_2$ 封端板的相关结果具有连续性，我们还使用空白的和单水合的 48 原子四方晶胞单元，研究了一个水分子注入大块的钙钛矿中对电子结构的影响。在这两个系统上进行了几何弛豫，表明水插入钙钛矿腔中在热力学上是有利的，约为 0.45eV，表明水合相可能自发形成，这一结果和 CPDM 模拟所得一样。水合作用也会影响带隙能量值，从空白系统的 1.45eV 增加到水合系统的 1.50eV。还要注意的是，由于水合作用，报告了轻微的晶胞体积增加（1.3%），并且整体四方形状得以保留，c/a 比率从空白 MAPI 的 1.48 变为水合系统的 1.47。这些结果表明可能存在新的中间水合相，其特征在于 4∶1 的 MAPI∶H$_2$O 比（不同于文献 [83] 中先前报道的 1∶1 和 1∶2 的比例），除了轻微的带隙修改功能外，保留了整体结构和电子特性。实际上，已经证明甲铵铅碘钙钛矿电子性质可以通过将钙钛矿暴露于水中来改变，而结构参数通过这种处理保持不变。

因此可以得出结论，这些结果对于理解环境对这些 MAPI 钙钛矿稳定性的影响是重要

的，因为这些系统的水诱导降解被认为是主要的钙钛矿蚀变通道。

该计算研究旨在通过研究 MAI 封端和 PbI_2 封端表面来理解这些水/钙钛矿在原子尺度的相互作用，在 MAI 过量和少量的情况下，来研究 MAI 封端和 PbI_2 封端表面性质。MAI 封端表面中水和铅位点之间的相互作用驱动这些小平面的快速溶剂化和溶剂化碘原子的释放，随后通过水亲核取代碘和甲铵阳离子的解吸，从而导致净溶剂化甲铵碘离子对，与先前报道的实验结论非常一致。PbI_2 封端板在与水分子接触时没有表现出这种行为，表明这种表面作为钙钛矿保护层对水引起降解的可能的防护作用。然而，已经观察到这种类型板的水渗透，表明存在一种新形式的水合体相保持几何参数不变。另一方面，PbI_2 缺陷系统显示出更容易发生水诱导的降解。

计算显示 MAI 封端和 PbI_2 封端系统水合作用是释放能量的，并且水合作用显示对 MAI 封端体系的电子结构具有明显的影响，因为吸附主要由氢驱动水与甲铵阳离子之间形成键。相反，已经表明，在水单层存在下，PbI_2 封端板的价带边缘在界面区域中稳定。在这种情况下也观察到带隙增加约 0.3eV。还使用钙钛矿与水的 4∶1 比例研究了水掺入块状 MAPI 对钙钛矿电子结构的影响。结果表明，这种过程导致钙钛矿带隙从 1.45eV 增加到 1.50eV，而结构参数保持不变，只有 1% 的体积增加，这表明一个水分子的掺入可能在通常的结构表征技术检测不到的情况下发生。基于这些新知识，现在可以想象新的界面改变并产生更稳定的钙钛矿结构，这反过来又可以在新的高性能太阳能电池器件中发挥作用。

参考文献

［1］　Bisquert，J.：The swift surge of perovskite photovoltaics. J. Phys. Chem. Lett. 4，2597-2598（2013）

［2］　Salau，A. M.：Fundamental absorption edge in PbI_2：KI alloys. Solar Energy Mater. 2，327-332（1980）

［3］　Gao，P.，Gratzel，M.，Nazeeruddin，M. K.：Organohalide lead perovskites for photovoltaic applications. Energy Environ. Sci. 7，2448-2463（2014）

［4］　Kojima，A.，Teshima，K.，Shirai，Y.，Miyasaka，T.：Organometal halide perovskites as visible-light sensitizers for photovoltaic cells. J. Am. Chem. Soc. 131，6050-6051（2009）

［5］　Im，J.-H.，Lee，C.-R.，Lee，J.-W.，Park，S.-W.，Park，N.-G.：6.5% efficient perovskite quantum-dot-sensitized solar cell. Nanoscale 3，4088-4093

［6］　Kim，H.-S.，Lee，C.-R.，Im，J.-H.，Lee，K.-B.，Moehl，T.，Marchioro，A.，Moon，S.-J.，Humphry-Baker，R.，Yum，J.-H.，Moser，J. E.，Grätzel，M.，Park，N.-G.：Lead Iodide perovskite sensitized all-solid-state submicron thin film mesoscopic solar cell with efficiency exceeding 9%. Sci. Rep. 2，591（2012）

［7］　Lee，M. M.，Teuscher，J. l.，Miyasaka，T.，Murakami，T. N.，Snaith，H. J.：Efficient hybrid solar cells based on meso-superstructured organometal halide perovskites. Science 338，643-647

［8］　Heo，J. H.，Im，S. H.，Noh，J. H.，Mandal，T. N.，Lim，C.-S.，Chang，J. A.，Lee，Y. H.，Kim，H.-J.，Sarkar，A.，NazeeruddinMd，K.，Gratzel，M.，Seok，S. I.：Efficient inorganic-organic hybrid heterojunction solar cells containing perovskite compound and polymeric hole conductors. Nat. Photon. 7，486-491（2013）

［9］　Burschka，J.，Pellet，N.，Moon，S.-J.，Humphry-Baker，R.，Gao，P.，Nazeeruddin，M. K.，Grätzel，M.：Sequential deposition as a route to high-performance perovskite-sensitized solar cells. Nature 499，316-319（2013）

［10］　Liu，M.，Johnston，M. B.，Snaith，H. J.：Efficient planar heterojunction perovskite solar cells by vapour deposition. Nature 501，395-398（2013）

［11］　Zhou，H.，Chen，Q.，Li，G.，Luo，S.，Song，T.-B.，Duan，H.-S.，Hong，Z.，You，J.，Liu，Y.，Yang，Y.：Interface engineering of highly efficient perovskite solar cells. Science 345，542-546（2014）

［12］　Green，M. A.，Ho-Baillie，A.，Snaith，H. J.：The emergence of perovskite solar cells. Nat. Photon. 8，506-514（2014）

［13］　Quarti，C.，Mosconi，E.，De Angelis，F.：Interplay of orientational order and electronic structure in methylammonium lead Iodide：implications for solar cell operation. Chem. Mater. 26，6557-6569（2014）

［14］　Quarti，C.，Grancini，G.，Mosconi，E.，Bruno，P.，Ball，J. M.，Lee，M. M.，Snaith，H. J.，Petrozza，A.，

Angelis, F. D.: The Raman spectrum of the $CH_3NH_3PbI_3$ hybrid perovskite: interplay of theory and experiment. J. Phys. Chem. Lett. 5, 279-284 (2013)

[15] Mosconi, E., Quarti, C., Ivanovska, T., Ruani, G., De Angelis, F.: Structural and electronic properties of organo-halide lead perovskites: a combined IR-spectroscopy and ab initio molecular dynamics investigation. Phys. Chem. Chem. Phys. 16, 16137-16144 (2014)

[16] Wehrenfennig, C., Eperon, G. E., Johnston, M. B., Snaith, H. J., Herz, L. M.: High charge carrier mobilities and lifetimes in organo lead trihalide perovskites. Adv. Mater. 26, 1584-1589 (2014)

[17] Stranks, S. D., Eperon, G. E., Grancini, G., Menelaou, C., Alcocer, M. J. P., Leijtens, T., Herz, L. M., Petrozza, A., Snaith, H. J.: Electron-hole diffusion lengths exceeding 1 micrometer in an organometal trihalide perovskite absorber. Science 342, 341-344 (2013)

[18] D'Innocenzo, V., Grancini, G., Alcocer, M. J. P., Kandada, A. R. S., Stranks, S. D., Lee, M. M., Lanzani, G., Snaith, H. J., Petrozza, A.: Excitons versus free charges in organo-lead tri-halide perovskites. Nat. Commun. 5, 3586 (2014)

[19] Edri, E., Kirmayer, S., Henning, A., Mukhopadhyay, S., Gartsman, K., Rosenwaks, Y., Hodes, G., Cahen, D.: Why lead methylammonium tri-iodide perovskite-based solar cells require a mesoporous electron transporting scaffold (but not necessarily a hole conductor). Nano Lett. 14, 1000-1004 (2014)

[20] Edri, E., Kirmayer, S., Mukhopadhyay, S., Gartsman, K., Hodes, G., Cahen, D.: Elucidating the charge carrier separation and working mechanism of $CH_3NH_3PbI_{3-x}Cl_x$ perovskite solar cells. Nat. Commun. 5, 3461 (2014)

[21] Lv, H., Gao, H., Yang, Y., Liu, L.: Density functional theory (DFT) investigation on the structure and electronic properties of the cubic perovskite $PbTiO_3$. App. Catal. A 404, 54-58 (2011)

[22] Borriello, I., Cantele, G., Ninno, D.: Ab initio investigation of hybrid organic-inorganic perovskites based on tin halides. Phys. Rev. B 77, 235214 (2008)

[23] Castelli, I. E., Olsen, T., Datta, S., Landis, D. D., Dahl, S., Thygesen, K. S., Jacobsen, K. W.: Computational screening of perovskite metal oxides for optimal solar light capture. Energy Environ. Sci. 5, 5814-5819 (2012)

[24] Hedin, L.: New method for calculating the one-particle green's function with application to the electron-gas problem. Phys. Rev. 139, A796-A823 (1965)

[25] Hybertsen, M. S., Louie, S. G.: Electron correlation in semiconductors and insulators: band gaps and quasiparticle energies. Phys. Rev. B 34, 5390-5413 (1986)

[26] Umari, P., Qian, X., Marzari, N., Stenuit, G., Giacomazzi, L., Baroni, S.: Accelerating GW calculations with optimal polarizability basis. Phys. Status Solidi B 248, 527-536 (2011)

[27] Di Valentin, C., Pacchioni, G., Selloni, A.: Electronic structure of defect states in hydroxylated and reduced rutile TiO_2 (110) surfaces. Phys. Rev. Lett. 97, 166803 (2006)

[28] Berger, R. F., Neaton, J. B.: Computational design of low-band-gap double perovskites. Phys. Rev. B 86, 165211 (2012)

[29] Umebayashi, T., Asai, K., Kondo, T., Nakao, A.: Electronic structures of lead iodide based low-dimensional crystals. Phys. Rev. B 67, 155405 (2003)

[30] Baikie, T., Fang, Y., Kadro, J. M., Schreyer, M., Wei, F., Mhaisalkar, S. G., Grätzel, M., White, T. J.: Synthesis and crystal chemistry of the hybrid perovskite $(CH_3NH_3)PbI_3$ for solid-state sensitised solar cell applications. J. Mater. Chem. A 1, 5628-5641 (2013)

[31] Takahashi, Y., Obara, R., Lin, Z.-Z., Takahashi, Y., Naito, T., Inabe, T., Ishibashi, S., Terakura, K.: Charge-transport in tin-iodide perovskite $CH_3NH_3SnI_3$: origin of high conductivity. Dalton Trans. 40, 5563-5568 (2011)

[32] Mosconi, E., Amat, A., Nazeeruddin, M. K., Grätzel, M., De Angelis, F.: First-principles modeling of mixed halide organometal perovskites for photovoltaic applications. J. Phys. Chem. C 117, 13902-13913 (2013)

[33] Even, J., Pedesseau, L., Jancu, J.-M., Katan, C.: Importance of spin-orbit coupling in hybrid organic/inorganic perovskites for photovoltaic applications. J. Phys. Chem. Lett. 4, 2999-3005 (2013)

[34] Stoumpos, C. C., Malliakas, C. D., Kanatzidis, M. G.: Semiconducting Tin and Lead Iodide perovskites with organic cations: phase transitions, high mobilities, and near-infrared photoluminescent properties. Inorg. Chem. 52, 9019-9038 (2013)

[35] Papavassiliou, G. C., Koutselas, I. B.: Structural, optical and related properties of some natural three-and lower-dimensional semiconductor systems. Synthetic Met. 71, 1713-1714 (1995)

[36] Chung, I., Lee, B., He, J., Chang, R. P. H., Kanatzidis, M. G.: All-solid-state dye-sensitized solar cells with high efficiency. Nature 485, 486-489 (2012)

[37] Etgar, L., Gao, P., Xue, Z., Peng, Q., Chandiran, A. K., Liu, B., Nazeeruddin, M. K., Grätzel, M.: Mesoscopic $CH_3NH_3PbI_3$/TiO_2 heterojunction solar cells. J. Am. Chem. Soc. 134, 17396-17399 (2012)

[38] Sakuma, R., Friedrich, C., Miyake, T., Blügel, S., Aryasetiawan, F.: GW calculations including spin-orbit coupling: application to Hg chalcogenides. Phys. Rev. B 84, 085144 (2011)

[39] Umari, P., Mosconi, E., De Angelis, F.: Relativistic GW calculations on $CH_3NH_3PbI_3$ and $CH_3NH_3SnI_3$ perovskites for solar cell applications. Sci. Rep. 4, 4467 (2014)

[40] Lee, M. M., Teuscher, J., Miyasaka, T., Murakami, T. N., Snaith, H. J.: Efficient hybrid solar cells based on meso-superstructured organometal halide perovskites. Science 338, 643-647 (2012)

[41] Colella, S., Mosconi, E., Fedeli, P., Listorti, A., Gazza, F., Orlandi, F., Ferro, P., Besagni, T., Rizzo, A., Calestani, G., Gigli, G., De Angelis, F., Mosca, R.: $MAPbI_{3-x}Cl_x$ mixed halide perovskite for hybrid solar cells: the role of chloride as dopant on the transport and structural properties. Chem. Mater. 25, 4613-4618 (2013)

[42] Yamada, K., Nakada, K., Takeuchi, Y., Nawa, K., Yamane, Y.: Tunable perovskite semiconductor $CH_3NH_3SnX_3$ (X: Cl, Br, or I) characterized by X-ray and DTA. Bull. Chem. Soc. Jpn. 84, 926-932 (2011)

[43] Zhao, Y., Zhu, K.: CH_3NH_3Cl-assisted one-step solution growth of $CH_3NH_3PbI_3$: structure, charge-carrier dynamics, and photovoltaic properties of perovskite solar cells. J. Phys. Chem. C 118, 9412-9418 (2014)

[44] Edri, E., Kirmayer, S., Kulbak, M., Hodes, G., Cahen, D.: Chloride inclusion and hole transport material doping to improve methyl ammonium lead bromide perovskite-based high open-circuit voltage solar cells. J. Phys. Chem. Lett. 5, 429-433 (2014)

[45] Conings, B., Baeten, L., De Dobbelaere, C., D'Haen, J., Manca, J., Boyen, H.-G.: Perovskite-based hybrid solar cells exceeding 10% efficiency with high reproducibility using a thin film sandwich approach. Adv. Mater. 26, 2041-2046 (2013)

[46] Kim, H.-B., Choi, H., Jeong, J., Kim, S., Walker, B., Song, S., Kim, J. Y.: Mixed solvents for the optimization of morphology in solution-processed, inverted-type perovskite/fullerene hybrid solar cells. Nanoscale

[47] Chen, Q., Zhou, H., Hong, Z., Luo, S., Duan, H.-S., Wang, H.-H., Liu, Y., Li, G., Yang, Y.: Planar heterojunction perovskite solar cells via vapor-assisted solution process. J. Am. Chem. Soc. 136, 622-625 (2013)

[48] Qiu, J., Qiu, Y., Yan, K., Zhong, M., Mu, C., Yan, H., Yang, S.: All-solid-state hybrid solar cells based on a new organometal halide perovskite sensitizer and one-dimensional TiO_2 nanowire arrays. Nanoscale 5, 3245-3248 (2013)

[49] Liang, P.-W., Liao, C.-Y., Chueh, C.-C., Zuo, F., Williams, S. T., Xin, X.-K., Lin, J., Jen, A. K. Y.: Additive enhanced crystallization of solution-processed perovskite for highly efficient planar-heterojunction solar cells. Adv. Mater. 26, 3748-3754 (2014)

[50] Eperon, G. E., Burlakov, V. M., Docampo, P., Goriely, A., Snaith, H. J.: Morphological control for high performance, solution-processed planar heterojunction perovskite solar cells. Adv. Funct. Mater. 24, 151-157 (2014)

[51] Noh, J. H., Im, S. H., Heo, J. H., Mandal, T. N., Seok, S. I.: Chemical management for colorful, efficient, and stable inorganic-organic hybrid nanostructured solar cells. Nano Lett. 13, 1764-1769 (2013)

[52] Kim, H.-S., Mora-Sero, I., Gonzalez-Pedro, V., Fabregat-Santiago, F., Juarez-Perez, E. J., Park, N.-G., Bisquert, J.: Mechanism of carrier accumulation in perovskite thin-absorber solar cells. Nat. Commun. 4 (2013)

[53] Poglitsch, A., Weber, D.: Dynamic disorder in methylammoniumtrihalogenoplumbates (II) observed by millimeter-wave spectroscopy. J. Chem. Phys. 87, 6373-6378 (1987)

[54] Amat, A., Mosconi, E., Ronca, E., Quarti, C., Umari, P., Nazeeruddin, M. K., Grätzel, M., De Angelis, F.: Cation-induced band-gap tuning in organohalide perovskites: interplay of spin-orbit coupling and octahedra tilting. Nano Lett. 14, 3608-3616 (2014)

[55] Roiati, V., Mosconi, E., Listorti, A., Colella, S., Gigli, G., De Angelis, F.: Stark effect in perovskite/TiO_2 solar cells: evidence of local interfacial order. Nano Lett. 14, 2168-2174 (2014)

[56] Mitzi, D. B.: Solution-processed inorganic semiconductors. J. Mater. Chem. 14, 2355-2365 (2004)

[57] Mosconi, E., Ronca, E., De Angelis, F.: First-principles investigation of the TiO_2/organohalide perovskites interface: the role of interfacial chlorine. J. Phys. Chem. Lett. 5, 2619-2625 (2014)

[58] Feng, H.-J., Paudel, T. R., Tsymbal, E. Y., Zeng, X. C.: Tunable optical properties and charge separation in $CH_3NH_3Sn_xPb_{1-x}I_3$/TiO_2-based planar perovskites cells. J. Am. Chem. Soc. 137, 8227-8236 (2015)

[59] Lindblad, R., Bi, D., Park, B.-W., Oscarsson, J., Gorgoi, M., Siegbahn, H., Odelius, M., Johansson, E. M. J., Rensmo, H.: Electronic structure of TiO_2/$CH_3NH_3PbI_3$ perovskite solar cell interfaces. J. Phys. Chem. Lett. 5, 648-653 (2014)

[60] Miller, E. M., Zhao, Y., Mercado, C. C., Saha, S. K., Luther, J. M., Zhu, K., Stevanovic, V., Per-

kins, C. L. , van de Lagemaat, J. : Substrate-controlled band positions in $CH_3NH_3PbI_3$ perovskite films. Phys. Chem. Chem. Phys. 16, 22122-22130 (2014)

[61] Schulz, P. , Edri, E. , Kirmayer, S. , Hodes, G. , Cahen, D. , Kahn, A. : Interface energetics in organo-metal halide perovskite-based photovoltaic cells. Energy Environ. Sci. 7, 1377-1381 (2014)

[62] Baena, J. P. C. , Steier, L. , Tress, W. , Saliba, M. , Neutzner, S. , Matsui, T. , Giordano, F. , Jacobsson, T. J. , Kandada, A. R. S. , Zakeeruddin, S. M. , Petrozza, A. , Abate, A. , Nazeeruddin, M. K. , Gratzel, M. , Hagfeldt, A. : Highly efficient planar perovskite solar cells through band alignment engineering. Energy Environ. Sci. 8, 2928-2934 (2015)

[63] Tress, W. , Marinova, N. , Moehl, T. , Zakeeruddin, S. M. , Nazeeruddin, M. K. , Grätzel, M. : Understanding the rate-dependent J-V hysteresis, slow time component, and aging in $CH_3NH_3PbI_3$ perovskite solar cells: the role of a compensated electric field. Energy Environ. Sci. 8, 995-1004 (2015)

[64] Roldan-Carmona, C. , Gratia, P. , Zimmermann, I. , Grancini, G. , Gao, P. , Graetzel, M. , Nazeeruddin, M. K. : High efficiency methylammonium lead triiodide perovskite solar cells: the relevance of non-stoichiometric precursors. Energy Environ. Sci. 8, 3550-3556 (2015)

[65] Mosconi, E. , Grancini, G. , Roldan-Carmona, C. , Gratia, P. , Zimmermann, I. , Nazeeruddin, M. K. , De Angelis, F. : Enhanced TiO_2/$MAPbI_3$ electronic coupling by interface modification with PbI_2. Chem. Mater. (submitted to, 2016)

[66] Yang, J. , Siempelkamp, B. D. , Mosconi, E. , De Angelis, F. , Kelly, T. L. : Origin of the thermal instability in $CH_3NH_3PbI_3$ thin films deposited on ZnO. Chem, Mater (2015)

[67] Azpiroz, J. M. , Mosconi, E. , Bisquert, J. , De Angelis, F. : Defect migration in methylammonium lead iodide and its role in perovskite solar cell operation. Energy Environ. Sci. 8, 2118-2127 (2015)

[68] Agiorgousis, M. L. , Sun, Y. -Y. , Zeng, H. , Zhang, S. : Strong covalency-induced recombination centers in perovskite solar cell material $CH_3NH_3PbI_3$. J. Am. Chem. Soc. 136, 14570-14575 (2014)

[69] Buin, A. , Pietsch, P. , Xu, J. , Voznyy, O. , Ip, A. H. , Comin, R. , Sargent, E. H. : Materials processing routes to trap-free halide perovskites. Nano Lett. 14, 6281-6286 (2014)

[70] Du, M. H. : Efficient carrier transport in halide perovskites: theoretical perspectives. J. Mater. Chem. A 2, 9091-9098 (2014)

[71] Walsh, A. , Scanlon, D. O. , Chen, S. , Gong, X. G. , Wei, S. -H. : Self-regulation mechanism for charged point defects in hybrid halide perovskites. Angew. Chem. Int. Ed. 53, 1-5 (2014)

[72] Yin, W. -J. , Shi, T. , Yan, Y. : Unusual defect physics in $CH_3NH_3PbI_3$ perovskite solar cell absorber. Appl. Phys. Lett. 104, 063903 (2014)

[73] Almora, O. , Zarazua, I. , Mas-Marza, E. , Mora-Sero, I. , Bisquert, J. , Garcia-Belmonte, G. : Capacitive dark currents, hysteresis, and electrode polarization in lead halide perovskite solar cells. J. Phys. Chem. Lett. 6, 1645-1652 (2015)

[74] Xiao, Z. , Yuan, Y. , Shao, Y. , Wang, Q. , Dong, Q. , Bi, C. , Sharma, P. , Gruverman, A. , Huang, J. : Giant switchable photovoltaic effect in organometal trihalide perovskite devices. Nat. Mater. 14, 193-198 (2014)

[75] Mosconi, E. , Amat, A. , Nazeeruddin, K. , Grätzel, M. , De Angelis, F. : First-principles modeling of mixed halide organometal perovskites for photovoltaic applications. J. Phys. Chem. C 117 (2013)

[76] Du, M. -H. : Density functional calculations of native defects in $CH_3NH_3PbI_3$: effects of spin-orbit coupling and self-interaction error. J. Phys. Chem. Lett. 6, 1461-1466 (2015)

[77] Bergmann, V. W. , Weber, S. A. L. , Ramos, F. J. , Nazeeruddin, M. K. , Grätzel, M. , Li, D. , Domanski, A. L. , Lieberwirth, I. , Ahmad, S. : Real-space observation of unbalanced charge distribution inside a perovskite-sensitized solar cell. Nat. Commun. 1-9 (2014)

[78] Edri, E. , Kirmayer, S. , Mukhopadhyay, S. , Gartsman, K. , Hodes, G. , Cahen, D. : Elucidating the charge carrier separation and working mechanism of $CH_3NH_3PbI_{3-x}Cl_x$ perovskite solar cells. Nat. Commun. 1-8 (2014)

[79] Snaith, H. J. , Abate, A. , Ball, J. M. , Eperon, G. E. , Leijtens, T. , Noel, N. K. , Stranks, S. D. , Wang, J. T. -W. , Wojciechowski, K. , Zhang, W. : Anomalous hysteresis in perovskite solar cells. J. Phys. Chem. Lett. 5, 1511-1515 (2014)

[80] Xing, G. , Wu, B. , Chen, S. , Chua, J. , Yantara, N. , Mhaisalkar, S. , Mathews, N. , Sum, T. C. : Interfacial electron transfer barrier at compact TiO_2/$CH_3NH_3PbI_3$ heterojunction. Small 11, 3606-3613 (2015)

[81] Niu, G. , Li, W. , Meng, F. , Wang, L. , Dong, H. , Qiu, Y. : Study on the stability of $CH_3NH_3PbI_3$ films and the effect of post-modification by aluminum oxide in all-solid-state hybrid solar cells. J. Mater. Chem. A 2, 705-710 (2014)

[82] Yang, J. , Siempelkamp, B. D. , Liu, D. , Kelly, T. L. : Investigation of $CH_3NH_3PbI_3$ degradation rates and

mechanisms in controlled humidity environments using in situ techniques. ACS Nano 9，1955-1963（2015）

[83] Leguy，A.，Hu，Y.，Campoy-Quiles，M.，Alonso，M. I.，Weber，O. J.，Azarhoosh，P.，van Schilfgaarde，M.，Weller，M. T.，Bein，T.，Nelson，J.，Docampo，P.，Barnes，P. R. F.：The reversible hydration of $CH_3NH_3PbI_3$ in films，single crystals and solar cells. Chem. Mater. 27，3397-3407（2015）

[84] Han，Y.，Meyer，S.，Dkhissi，Y.，Weber，K.，Pringle，J. M.，Bach，U.，Spiccia，L.，Cheng，Y.-B.：Degradation observations of encapsulated planar $CH_3NH_3PbI_3$ perovskite solar cells at high temperatures and humidity. J. Mater. Chem. A 3，8139-8147（2015）

[85] Frost，J. M.，Butler，K. T.，Brivio，F.，Hendon，C. H.，van Schilfgaarde，M.，Walsh，A.：Atomistic origins of high-performance in hybrid halide perovskite solar cells. Nano Lett. 14，2584-2590（2014）

[86] Christians，J. A.，Miranda Herrera，P. A.，Kamat，P. V.：Transformation of the excited state and photovoltaic efficiency of $CH_3NH_3PbI_3$ perovskite upon controlled exposure to humidified air. J. Am. Chem. Soc. 137，1530-1538（2015）

[87] Gottesman，R.，Haltzi，E.，Gouda，L.，Tirosh，S.，Bouhadana，Y.，Zaban，A.，Mosconi，E.，De Angelis，F.：Extremely slow photoconductivity response of $CH_3NH_3PbI_3$ perovskites suggesting structural changes under working conditions. J. Phys. Chem. Lett. 5，2662-2669（2014）

[88] Dong，X.，Fang，X.，Lv，M.，Ling，B.，Zhang，S.，Ding，J.，Yuan，N.：Improvement of the humidity stability of organic-inorganic perovskite solar cells using ultrathin Al_2O_3 layers prepared by atomic layer deposition. J. Mater. Chem. A 3，5360-5367（2015）

[89] Habisreutinger，S. N.，Leijtens，T.，Eperon，G. E.，Stranks，S. D.，Nicholas，R. J.，Snaith，H. J.：Carbon nanotube/polymer composites as a highly stable hole collection layer in perovskite solar cells. Nano Lett. 14，5561-5568（2014）

[90] Mei，A.，Li，X.，Liu，L.，Ku，Z.，Liu，T.，Rong，Y.，Xu，M.，Hu，M.，Chen，J.，Yang，Y.，Grätzel，M.，Han，H.：A hole-conductor-free，fully printable mesoscopic perovskite solar cell with high stability. Science 345，295-298（2014）

[91] Xie，F. X.，Zhang，D.，Su，H.，Ren，X.，Wong，K. S.，Grätzel，M.，Choy，W. C. H.：Vacuum-assisted thermal annealing of $CH_3NH_3PbI_3$ for highly stable and efficient perovskite solar cells. ACS Nano 9，639-646（2015）

[92] You，J.，Yang，Y.，Hong，Z.，Song，T.-B.，Meng，L.，Liu，Y.，Jiang，C.，Zhou，H.，Chang，W.-H.，Li，G.：Moisture assisted perovskite film growth for high performance solar cells. Appl. Phys. Lett. 105，183902（2014）

[93] Mosconi，E.，Azpiroz，J. M.，De Angelis，F.：Ab Initio molecular dynamics simulations of methylammonium lead iodide perovskite degradation by water. Chem. Mater. 27，4885-4892（2015）

[94] Haruyama，J.，Sodeyama，K.，Han，L.，Tateyama，Y.：Termination dependence of tetragonal $CH_3NH_3PbI_3$ surfaces for perovskite solar cells. J. Phys. Chem. Lett. 5，2903-2909（2014）

[95] Car，R.，Parrinello，M.：Unified Approach for molecular dynamics and density-functional theory. Phys. Rev. Lett. 55，2471-2474（1985）

[96] Giannozzi，P.，Baroni，S.，Bonini，N.，Calandra，M.，Car，R.，Cavazzoni，C.，Ceresoli，D.，Guido，L. C.，Cococcioni，M.，Dabo，I.，Corso，A. D.，Gironcoli，S. D.，Fabris，S.，Fratesi，G.，Gebauer，R.，Gerstmann，U.，Gougoussis，C.，Kokalj，A.，Lazzeri，M.，Martin-Samos，L.，Marzari，N.，Mauri，F.，Mazzarello，R.，Paolini，S.，Pasquarello，A.，Paulatto，L.，Sbraccia，C.，Scandolo，S.，Sclauzero，G.，Seitsonen，A. P.，Smogunov，A.，Umari，P.，Wentzcovitch，R. M.：QUANTUM ESPRESSO：a modular and open-source software project for quantum simulations of materials. J. Phys.：Condens. Matter 21，395502（2009）

[97] Perdew，J. P.，Burke，K.，Ernzerhof，M.：Generalized gradient approximation made simple. Phys. Rev. Lett. 77，3865-3868（1996）

[98] Grimme，S.：Semiempirical GGA-type density functional constructed with a long-range dispersion correction. J. Comp. Chem. 27，1787-1799（2006）

[99] Hailegnaw，B.，Kirmayer，S.，Edri，E.，Hodes，G.，Cahen，D.：Rain on methylammonium lead iodide based perovskites：possible environmental effects of perovskite solar cells. J. Phys. Chem. Lett. 6，1543-1547（2015）

第 3 章
太阳能电池的最大转换效率和开路电压

Wolfgang Tress

摘要：本章介绍了太阳能电池的一般工作原理。从地面太阳能电池的热力学和半导体光伏发电的基本原理开始，讨论了作为带隙函数的效率和开路电压的理论极限。本章还介绍了当光伏作用光谱和电致发光量子效率已知时对开路电压的预测。在最先进的钙钛矿太阳能电池的开路电压和填充因子下，研究了子隙状态和几个非辐射复合源的作用，包括与电荷传输层的界面。基于这些因素，将具有不同结构和组成的有机-无机钙钛矿太阳能电池与其他太阳能电池技术进行比较。低无序和弱无辐射复合显示出混合阳离子混合卤化物钙钛矿太阳能电池的优越性能，允许在 1.6eV 的带隙下实现 1.2V 的开路电压。

3.1 地面太阳能电池的最大转换效率

3.1.1 热力学与黑体辐射

太阳能电池将太阳光的能量转换成电能。来自太阳的能量主要是热辐射，在地球大气层外的温度 T_S 为 5800K 时，可以用黑体光谱近似。在到达地球表面之前，很窄的光谱带已经被大气中的气体过滤掉，例如臭氧、氧气和水蒸气（图 3-1）。这种光谱称为 AM X，其中 X 表示光的传播距离，以大气层厚度的倍数表示。太阳能电池表征的标准光谱是 AM1.5 太阳光谱（总辐射，G），对应于 $48° = \arccos(1.5^{-1})$ 的角度位置。

吸收太阳光后，吸收器的温度升高到 T_A，意味着从太阳转移的能量会加热吸收剂"介质"。因此，太阳能电池可以看作是将热能转化成以电能形式做功的热力发电机。热机的最大转换效率是卡诺效率，其考虑了热辐射中包含的熵的守恒。该熵 ΔS 必须以热通量 $\Delta Q = T_0 \Delta S$ 释放，其中 T_0 是周围环境的温度，因为电能是无熵的[1]。因此，卡诺效率是：

$$\eta_C = \frac{T_A - T_0}{T_A} = 1 - \frac{T_0}{T_A} \tag{3-1}$$

为了获得最大卡诺效率，应使介质与周围环境之间的温度差最大化，以避免与熵守恒相关的大热通量。因于环境温度是固定的，应使介质尽可能热。

回到能量源，我们注意到热是以辐射的形式从太阳传递到介质。在最佳情况下，介质本身能够吸收所有入射辐射，因此它也是一个黑体。根据基尔霍夫定律（Kirchhoff's law），

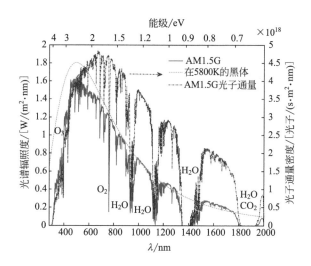

图 3-1　标准太阳光谱，AM1.5G，用于太阳能电池表征。在波长上积分的辐照强度为 $100mW/cm^2$。光谱形状近似于在 5800K 的黑体辐射谱。间隙是由于大气中化合物的吸收（O_3、O_2、H_2O……）。短划线是相应的光子通量，由辐照光谱（红色）除以每个波长的光子能量获得

它重新发射了部分吸收的光子通量。

普朗克黑体辐射定律和斯忒藩-玻耳兹曼（Stefan-Boltzmann）定律分别描述了能量密度频谱 $B(\lambda,T)$ 和单位面积发射功率（I），分别为：

$$B(\lambda,T) = \frac{2hc^2}{\lambda^5} \times \frac{1}{\exp\dfrac{hc}{\lambda k_B T} - 1} \tag{3-2a}$$

$$I = \sigma T^4 \tag{3-2b}$$

式中，λ 为波长；h 为普朗克常量；c 为光速；k_B 为玻耳兹曼常数；σ 为斯忒藩-玻耳兹曼常数。因此，T_A 越高，照射越强烈。功如果不从吸收介质中被提取，就会与阳光和周围的环境达到平衡。对于最大的阳光浓度，来自吸收介质的所有发射通量被重定向到太阳的情况下，介质将达到太阳（表面）T_S 的温度并将太阳光谱发射回太阳。然而，在这种情况下无法提取功。这需要吸收介质有较低温度。根据斯忒藩-玻耳兹曼定律，可提取能量的分数可以写为吸收和发射能量通量之间的差：

$$\eta_{rad} = \frac{\sigma(T_S^4 - T_A^4)}{\sigma T_S^4} = 1 - \frac{T_A^4}{T_S^4} \tag{3-3}$$

这个等式表明高的能量分数需要低的 T_A，这一点和获得高卡诺效率的要求相反。因此，当 T_A 在 T_0 和 T_S（$T_0 < T_A < T_S$）之间时，太阳能转化为功的效率达到最大。T_A 最佳温度是 2478K，对应的 $\eta_{max} = \eta_{rad}\eta_C = 85\%$。对于能量转换，比如将机械能转化为热能，我们假定发电机有 100% 的转换效率。因此，地面太阳能电池的最高能量转换效率可能接近但不能超过 85%。

在非集中系统的情况下，因为介质将发射成更大的立体角从而增加熵，所以热力学极限减小。从地球看到太阳的立体角是 6.8×10^{-5}（由地球和太阳之间较长的距离和太阳的直径导致），这是发射到半球的立体角[1,2] 的 1/46200。式（3-3）中的发射强度需要考虑这个因

素，可将 η_{max} 减少到仅几个百分点。因此，使用热力发动机的高效太阳能-热能转换需要集中的太阳光。对于使用带边缘吸收器的光伏系统，情况不一定如此，这一点我们将会在以下部分看到。它们可以在低浓度的阳光下和环境温度下有效地运行。然而，每个基于太阳能的能量转换器，无论其实施如何，都限制在 85% 的能量转换效率。

3.1.2 基于半导体的光伏发电

半导体的特征在于带隙 E_g，使其光学性质与黑体的光学性质不同。在理想的半导体中，只有能量高于 E_g 的光子才能通过促进电子从价带到导带而被吸收，并在价带中留下一个空洞（图 3-2）。因此，吸收光谱的起始处于带隙能量处。具有较低能量的入射光子被发射。发射的光子光谱的峰值能量也接近带隙能量，与黑体辐射相反几乎与温度无关。主要是光谱宽度随着温度的增加而增加，这是由于在它们各自的带中电子和空穴的热能增加。为了区别于热（即黑体）辐射，将这种狭窄的辐射称为发光。

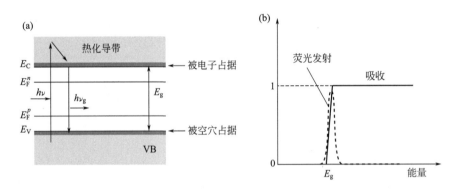

图 3-2 半导体的光电基础知识：（a）带状图示意，包含带隙 E_g、导带和价带边缘 E_C 和 E_V，以及由于光照分裂的电子 E_F^n 和空穴 E_F^p 的准费米能级；（b）理想吸收率和发射率的示意图

为了尽可能多地收集太阳光子，应尽量减少半导体的带隙（图 3-1），这样可以获得最高的电子空穴产生率，我们可以写出下面的光电流等式：

$$J_{ph,理想} = e \int_{E_g}^{\infty} \Phi_{AM1.5G}(E) \mathrm{d}E \tag{3-4}$$

$\Phi_{AM1.5G}$ 描述光谱电子通量，即单位区域、时间和能量（或波长）间隔的光子数。为了在外部电路中产生净电流，必须在两个不同的触点处提取电子和空穴。目前，我们只介绍所谓的电荷选择性接触的概念：电子选择性接触只允许电子通过并排斥空穴，对于空穴选择性接触反之亦然。我们稍后将讨论这种选择性接触的实现。

然而，大的光电流是不够的：相关参数是提取的电荷通量的电能。该能是通量和一个提取的电子-空穴对的自由能（平均）的乘积，其与外部可测量的电压成比例。因此，我们需要这个能量的表达式，其主要是电化学性质，且取决于电势能以及电荷浓度（化学能）。我们期望电子-空穴对的势能与带隙成比例，这与发光辐射的峰值位于带隙能一致。这对于具有更高能量的吸收光子也是成立的，吸收光子产生的电子（空穴）在导带（价带）中的位置比带边缘更高（更深）。然而，由于能量转移到声子，这种电子迅速（ps）弛豫到带边缘 [图 3-2(a)]，类似于在电子激发分子的光化学中的 Kasha 规则。多余的能量以热量的形式损失，电子的平均能量保持在 $E_C + \dfrac{3}{2}k_B T$。由声子辅助的这种快速过程称为热化。因此，当吸收诸如 AM1.5G 的宽光谱时，带隙越高，总热化损失越小。因此，当调整带隙以达到高效率时，在尽可能多地捕获光子和最大化提取电荷能量之间存在一种折中。

为了确定最佳带隙，我们需要找到提取的电子-空穴对的电能表达式。回到前面关于热力学的部分，我们知道电能是能量的无熵部分。因此，我们需要知道导带（价带）中的电子（空穴）气体中电子（空穴）的熵。经过更长时间的推导[1]，发现能量的无熵部分，即导带中电子的电化学势 η_e 为：

$$\eta_e = E_C - k_B T \ln \frac{N_C}{n} \tag{3-5}$$

式中，n 为电子密度（单位体积的电子数）；N_C 为状态的有效密度，即表示靠近带边缘的可用状态量的参数。对于与熵相关的能量通量（$\Delta Q = T \Delta S$），第二项随温度线性增加。在 T 趋于 0K 时，或当状态密度完全填满时（$n = N_C$），即只有一个微观状态可能没有任何排列（尽管在这种情况下，该等式不再成立，因为它包含只对低 n 有效的近似值）[2] 时，ΔQ 变为 0。类似地，我们得到（带正电）空穴密度 p 的等式：

$$-\eta_h = E_V + k_B T \ln \frac{N_V}{p} \tag{3-6}$$

在稳定状态下，一个电子与一个空穴一起被提取以保存电荷，并遵守电子的连续性方程。那么总能量就是电化学势的总和。

$$eV = \eta_e + \eta_h = E_C - E_V - k_B T \ln \frac{N_C N_V}{np} = E_g - k_B T \ln \frac{N_C N_V}{np} \tag{3-7}$$

这里，我们引入外部可测量电压 V，表示电子气中一个可提取电子-空穴对的能量除以基本电荷 e。该等式表明，为使所提取的电子-空穴对的能量最大，需要大的带隙的想法是正确的。

从式（3-5）和式（3-6）中，我们知道电化学势是准费米能：

$$n = N_C \exp\left(-\frac{E_C - E_F^n}{k_B T}\right) \rightarrow E_F^n = \eta_e \tag{3-8a}$$

$$p = N_V \exp\left(-\frac{E_F^p - E_V}{k_B T}\right) \rightarrow E_F^p = -\eta_h \tag{3-8b}$$

由于电子是费米子，它们的浓度由费米·狄拉克统计确定。费米能级 E_F 定义为发现费米子的概率为 1/2 的能量。在金属 E_F 中，描述了 T 趋于 0K 时能带中电子的最高能量。

通常情况下，为了获得电子密度，将统计数据乘以可用状态的能量分布（称为状态密度，DOS）。对于导带（CB）中的电子，我们得到了：

$$n = \int_{CB} f(E) \times \text{DOS}_{CB}(E)\,dE = \int_{CB} \frac{1}{1 + \exp\dfrac{E - E_F}{k_B T}} \times \text{DOS}_{CB}(E)\,dE$$

$$\approx \int_{CB} \exp\left(-\frac{E - E_F}{k_B T}\right) \times \text{DOS}_{CB}(E)\,dE \tag{3-9}$$

考虑到某个 DOS 和玻耳兹曼近似，这种方法产生了先前的方程。在平衡下，即没有施加或由光产生的电压，我们得到等式：

$$E_F^n = E_F^p \tag{3-10}$$

和

$$np = n_i^2 = N_C N_V \exp\left(-\frac{E_g}{k_B T}\right) \tag{3-11}$$

包含了固有的（即热产生的）电荷载流子密度 n_i。在照射或施加电压（非平衡）下定义准费米能级是可能的，因为带内的热化通常比电子从导带到价带的自发跃迁（即电子-空穴重结合）快得多。因此，电子和空穴在它们各自的带内处于平衡状态，但彼此之间不平衡。这种情况可以称为准平衡，由电子和空穴的两个独立的费米分布描述。

在式（3-7）中，提取的电子-空穴对的电化学能不仅仅由带隙决定，而且还包含一个取决于电子和空穴浓度（化学能）的项。在光照下的太阳能电池中，电荷的浓度通过光的吸收（所谓的电荷载流子 G）建立，但是随着复合竞争的进行，它不能达到无限大的数量。电子与空穴的带间复合率可表示为：

$$R = \beta np \tag{3-12}$$

直观地讲，复合率 R 与电子发现空穴的概率成比例。在给定光强度 $\propto G$ 下的开路稳态下，所有电荷重新组合，即 $R = G$，则有：

$$G = \beta np$$

代入式（3-7）中则开路电压为：

$$eV_{oc} = E_g - k_B T \ln \frac{N_C N_V \beta}{G} \tag{3-13}$$

该式将 V_{oc} 定义为温度、光强度（$\propto G$）和带隙的函数。随后将导出辐射复合常数 β 的表达式。

3.1.3 开路电压的辐射极限

我们希望从均衡状态开始，并将其扩展到太阳能电池的操作点。这里，平衡意味着半导体处于黑暗中而没有任何施加的偏差。在这种情况下，"黑暗"描述了温度 $T_0 = 300K$ 的环境。根据普朗克定律，该温度在 T_0 处产生具有黑体光谱的背景辐射：

$$\Phi_{BB}(E) = \frac{1}{4\pi^2 \hbar^3 c^2} \times \frac{E^2}{\exp\left(\dfrac{E}{k_B T_0}\right) - 1} \tag{3-14}$$

该式与式（3-2a）一样，但是将光子通量表示为能量的函数（而不是将强度表示为波长的函数）。半导体吸收部分光谱并且必须发射相同的部分，因为它与周围环境平衡：

$$\Phi_{abs,0} = \int a(E)\Phi_{BB}(E)dE = \Phi_{em,0} \tag{3-15}$$

式中，$a(E)$ 是吸收率（0~1），我们可以使用 Heaviside 阶跃函数在 E_g 处从 0 到 1 切换为理想半导体，就像我们在式（3-4）中做的那样。

根据"细致平衡"原则，这个等式不仅适用于绝对通量，也适用于每一个能量（或波长）：

$$\Phi_{em,0}(E) = a(E)\Phi_{BB}(E) \tag{3-16}$$

这意味着当吸收系数和温度已知时，可以预测发射光谱 $\Phi_{em}(E)$[3]。

为了通过实验确定发射光谱，我们考虑非平衡情况：需要通过光照或通过施加电压同时注入电荷在半导体中，产生额外的电子和空穴。前一选择导致光致发光，后者导致电致发光。我们验证了细致平衡理论对 $CH_3NH_3PbI_3$ 钙钛矿太阳能电池的适用性。我们使用光电流作用光谱（外量子效率 EQE_{PV}），而不是使用吸收光谱，理想情况下，它与吸收光谱成正比，且更容易通过实验获得。基于吸收、发射、电子电荷传输之间的互易性的扩展版本，$a(E)$ 可以与 $EQE_{PV}(E)$[4] 互换。测量的 EQE_{PV} 起始点如图 3-3(a) 所示。如 $T_0 = 320K$ 的虚线所示，通过将 $EQE_{PV}(E)$ 与 $\Phi_{BB}(E)$ 相乘，我们计算了一个发射光谱，见图 3-3(b)，它很好地拟合了测量的电致发光光谱。这表明即使在照明或施加电压下也可以假设未修改的光谱是合理的。回到式(3-12)，我们可以写入平衡：

$$G_0 = \int \alpha(E)\Phi_{BB}(E)dE = \beta n_0 p_0 = \beta n_i^2 \tag{3-17}$$

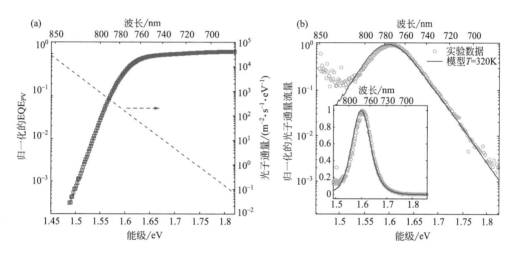

图 3-3　$CH_3NH_3PbI_3$ 的带边光谱：(a) 光谱电流在太阳能电池的外量子效率（实线）和 320K 的黑体光子通量（虚线）；(b) 测量和计算的电致发光发射，数据最初发表于文献 [6]

因此，可以在知道固有电荷载流子密度 n_i ［式(3-11)］和吸收系数 $a(E)$ 的情况下计算辐射复合常数 β。假设抛物线带最小值（DOS）具有有效电子（空穴）质量 $m^* = 0.228m_0$（$0.293m_0$）（m_0 是电子静止质量）[5]，我们可以使用式(3-9) 得到 $N_{C,V}$ ［可得 $N_{C,V} = 2\left(\dfrac{2\pi m^* k_B T}{h^2}\right)^{\frac{3}{2}}$，推导过程没有写出］，继而得到 n_i ［式(3-11)］。用式(3-17) 我们得到 $\beta \approx 10^{-11}\,cm^3/s$。

在偏压（或照射）下，n 和 p 变得大于 n_i，并且根据式(3-8a)、式(3-8b)，公共费米能级 ［式(3-10)］分裂成电子和空穴的单独（准）费米能级，得出：

$$np = n_i^2 \exp\frac{E_F^n - E_F^p}{k_B T}$$

因此，认识到 eV 是触点处的准费米能级之间的差异，增强的复合导致发射的光子通量 Φ_{em} 随施加的电压呈指数增加：

$$\Phi_{em} = \Phi_{em,0} \exp \frac{eV}{kT} \tag{3-18}$$

如果我们将设备视为发光二极管（LED），Φ_{em} 是在注入设备的特定电流下实现的：

$$J_{rad} = e\left(\Phi_{em,0} \exp \frac{eV}{k_B T} - \Phi_{em,0}\right) = e\Phi_{em,0}\left(\exp \frac{eV}{k_B T} - 1\right) \tag{3-19}$$

我们注意到到当饱和电流设置为 $J_0 = e\Phi_{em,0}$ 时，这个等式与肖克利（Shockley）二极管方程相同。

如果设备在照明下作为太阳能电池运行，则应将光电流 J_{ph} 添加到式(3-19) 中：

$$J_{理想} = e\Phi_{em,0}\left(\exp \frac{eV}{k_B T} - 1\right) - J_{ph} \tag{3-20}$$

现在，我们可以写一个开路电压的等式，将 $J_{理想}$ 设置为 0：

$$V_{oc,rad} = \frac{k_B T}{e} \ln\left(\frac{J_{ph}}{e\Phi_{em,0}} + 1\right) \tag{3-21}$$

如果仅存在辐射复合，则这是太阳能电池的理想 V_{oc}。对于 $CH_3NH_3PbI_3$ 钙钛矿太阳能电池，我们计算出的值是 $1.33V$[6,7]。带隙的变化作为膜形态的函数可稍微改变（约 $\pm 0.02V$）该值。正如我们稍后将讨论的，（部分地）取代钙钛矿晶格上的原子/离子是一种修改带隙的方法。

3.1.4 Shockley-Queisser 极限

由于电流不是在 V_{oc} 处提取的，并且功率是电流和电压的乘积，因此开路功率为 0。相反，它在所谓的最大功率点（MPP）处最大，通过求 $J \times V$ 的最大值找到。对于带隙为 $1.55 \sim 1.6eV$ 的 $CH_3NH_3PbI_3$ 钙钛矿，最大效率为 $31\% \sim 30\%$。根据式(3-20)，理想电流-电压曲线在图 3-4(a) 中可视化，包括可提取的功率。填充因子定义为：

$$FF = \frac{J_{MMP} V_{MPP}}{J_{sc} V_{oc}} = \frac{\eta I_{光}}{J_{sc} V_{oc}}$$

短路电流密度为 $J_{sc} = J_{ph}$，入射光强度为 $I_{光}$。图 3-4(b) 显示了用式(3-4) 在不同的 E_g 下计算的作为带隙函数的最大 J_{sc}。对于 $1.6eV$ 的 E_g，我们预计理论光电流为 $25mA/cm^2$，其中不包括任何光学或电学损耗，将这一值降低 $1 \sim 3mA/cm^2$ 达到最佳钙钛矿太阳能电池的条件[8,9]。作为带隙函数的所得能量转换效率（Shockley-Queisser，SQ 极限[10]）如图 3-4 (c) 所示，其中 E_g 在 $1.1eV$ 和 $1.4eV$ 之间的效率大约为 33%。对于较大的 E_g，η 的减小是由于传输损耗，且因此光子捕获较低 [低 J_{sc}，参见图 3-4(b)]。对于降低的 E_g，电压低并且大部分能量由于热化而损失。

目前来讲，我们讨论的损失是不可避免的。然而，在太阳能电池的实施中，会发生额外的损耗，本章的以下部分会讨论。图 3-4(c) 中的圆圈示出了基于具有不同 E_g 的不同半导体材料的太阳能电池，接近其理论辐射极限的程度。基于直接半导体 GaAs 的太阳能电池的效率大于

28%，非常接近其理论极限。基于硅的光伏器件（最常见的商业材料）会有额外的损耗，但效率仍然超过 25%。钙钛矿和铜铟镓硒（CIGS）太阳能电池表现出类似的性能，目前最好的钙钛矿太阳能电池已经比最好的 CIGS 电池更接近 Shockley-Queisser 极限。

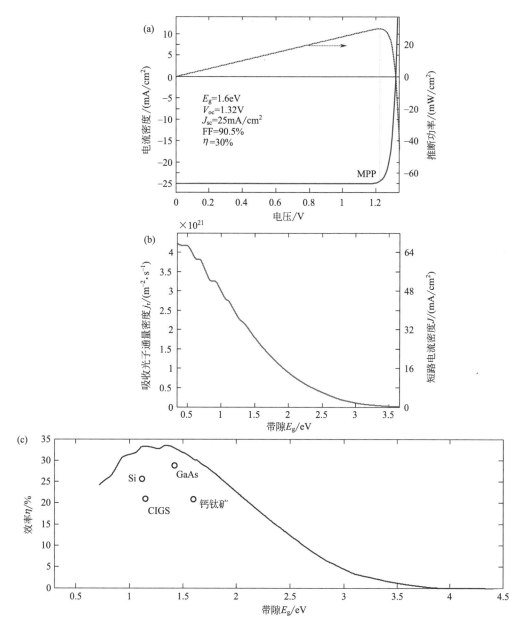

图 3-4　Shockley-Queisser 极限：（a）带隙为 1.6eV 的理想半导体的理论 J-V 曲线和功率输出；（b）收获的光子通量和短路电流密度随带隙变化的函数曲线❶；（c）目前实现的最大功率转换效率与带隙关系的记录值[9,11]

---

❶　原图如此。——编辑注

3.2　带隙

3.2.1　起始吸收波长和亚带隙厄巴赫尾 (Urbach tail)

　　计算了吸收阶跃函数的 SQ 极限。然而，如图 3-3(a) 所示，吸收不是 Heaviside 函数，但包含的贡献低于 E_g。这是有害的，因为这些亚带隙状态对光电流几乎没有贡献。然而，它们确实参与了通过 $\Phi_{BB}(E)$ 相乘而进入式(3-15) 的复合。这样的话，一个较陡的起始波长会更好一些。通过降低能量 $\left[\text{至少遵循} \exp\left(\dfrac{E}{k_B T_0}\right)\right]$ 来补偿 $\Phi_{BB}(E)$ 指数的增加。图 3-5 显示了与其他太阳能电池材料相比，$CH_3NH_3PbI_3$ 钙钛矿的起始吸收波长[12]。它的直接带隙，带隙以上的吸收系数与 GaAs 相似，比结晶 $Si(c\text{-}Si)$ 或非晶 $Si(a\text{-}Si)$ 更陡。此外，亚带隙状态的分布很窄。

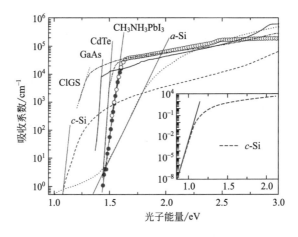

图 3-5　不同太阳能电池材料的吸收系数，黑线表示与厄巴赫尾呈指数拟合。经许可引自文献 [12]，版权归美国化学学会所有

　　带隙以下的吸收系数显示出所谓的厄巴赫尾。其起源来自各种无序源，在低于导带和高于价带下产生指数衰减的状态密度。那样就可能会出现杂质、离子位置紊乱，原子的振动波动等。它们的共同特征是它们局部干扰周期性晶体电位，从而引起靠近带边缘的电子可见的电位波动。陡峭的上升曲线和由此产生的低厄巴赫能量表明，$CH_3NH_3PbI_3$ 钙钛矿中的紊乱性很低是由于其高（纳米级）结晶度。通常，纳米晶钙钛矿的起始吸收波长取决于膜的形态，主要取决于微晶尺寸。随着微晶变小，能量变大，可能是由于材料应力的变化[13]。

3.2.2　调整带隙和串联器件

　　到目前为止，我们已经讨论了带隙为 $1.55 \sim 1.6\text{eV}$ 的 $CH_3NH_3PbI_3$ 钙钛矿。与其他化合物半导体类似，用其他相同离子电荷部分替换元件并装入晶格（Goldschmidt 公差因子），有助于调节钙钛矿的带隙。这里，有机阳离子的影响很小，因为它不会直接影响价带和导带，而是改变晶格参数。用较大的甲脒阳离子（$NH_2CH\!=\!NH_2$）代替甲铵（CH_3NH_3）导致 E_g 减少（约 50meV），使最大 η 稍微偏向其最佳值[14-17]。使用较小的 Cs 会使带隙增加约 100meV[14,17]。这种趋势遵循紧束缚模型，原子间距越近相互作用越强，从而将它们的状态分裂成更宽的能带，导致更窄的带隙。对于钙钛矿，尺寸效应控制金属-卤化物-金属键角[18] 伴随着进一步的效果，例如在交换单价（有机）阳离子时改性的氢键键合和自旋轨道耦合[19]。我们注意到由于价态的反键合性质，带隙随温度呈现异常下降[20]。

更具影响力的是卤化物本身的替代品，例如 Br[17,21]。图 3-6 显示了前体溶液中具有不同 I∶Br 摩尔比的钙钛矿的光电流响应（EQE_{PV}）和 PL 光谱（这些化合物也含有有机阳离子的混合物，因为甲脒碘化物被添加到前驱体溶液中）。数据显示，取代 Br 增加 I［类似于高效 $CsHC(NH_2)_2$ 混合系统[22]］时，E_g 在单调增加。与此同时，厄巴赫尾保持在约 15meV 的低能量。当 Br 含量达到 40% 时，使用式（3-21）计算最大 V_{oc}，我们得到 $V_{oc,rad}$ 从 1.33V 增加到 1.47V。然而，最大 η 从 30% 降低到 27%。因此，对于单结太阳能电池，没有理由增加 E_g，除了由于诸如电阻损耗的减少之类的实际原因，还因为较高电压优于较高电流。

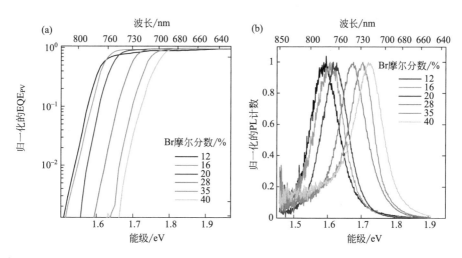

图 3-6　含混合卤化物的混合 MA-FA 钙钛矿。（a）光电流的起始值随 Br 摩尔分数变化的函数，未显示厄巴赫能量的明显变化；（b）光致发光光谱证实了带隙的移动。图中 1.5～1.6eV 的信号可能是由于溴含量较高的样品中富含碘相

然而，在制造多结太阳能电池时调整带隙变得重要，多个太阳能电池彼此堆叠，其中具有最大 E_g 的太阳能电池用作前电池。这种方法是为了克服 Shockley-Queisser 极限，通过在较高电压下收集高能光子来降低热化损失。理想的双结（串联）太阳能电池组合将产生大于 42% 的最大 η，其中 $E_{g1}=1.0eV$ 且 $E_{g2}=1.9eV$[23]。技术上有趣的组合是钙钛矿与硅[24-26]。对于单片集成，光电流应该匹配，这意味着提供近似 42mA/cm^2 的最大电流的 Si，应该与提供 21mA/cm^2 的钙钛矿太阳能电池组合。理想情况下，使用带隙为 1.75eV 的混合卤化物钙钛矿可以实现该电流。然后，一半的入射光子通量被转换成电荷，这些电荷在比硅提供的电压更大的电压下被收集。这将理论效率从 33% 提高到 >40%。使用包括 Si 和钙钛矿太阳能电池的光学和电学损耗的实际值，在串联配置中效率预计约为 30%[27,28]。

3.3 非辐射复合

3.3.1 电致发光的量子效率

到目前为止，太阳能电池被认为是理想的，这意味着只考虑了理论上不可避免的损耗过程。而且这仅是辐射复合，在这种情况下，太阳能电池在其辐射极限下工作。然而，实际上还存在非辐射损耗，从而降低了式(3-7)中的电荷载流子密度，从而也降低了 V_{oc}。

回到基于细致平衡［式(3-19)］的 V_{oc} 推导，我们考虑了注入电流的发射量子效率：

$$J_{rad}(V) = EQE_{EL} J_{inj}(V) \tag{3-22}$$

式中，EQE_{EL} 是电致发光的外量子效率。因此我们可以将 V_{oc} 的等式［式(3-21)］扩展为：

$$V_{oc} = \frac{k_B T}{e} \ln\left(EQE_{EL} \frac{J_{ph}}{e\Phi_{em,0}} + 1\right) \approx V_{oc,rad} - \frac{k_B T}{e} \ln EQE_{EL} \tag{3-23}$$

因此，EQE_{EL} 降低 10 倍相当于在室温下将 V_{oc} 降低了 $\frac{k_B T}{e} \ln 10 = 60 \text{mV}$。$EQE_{EL}$ 应该由 V_{oc} 确定。而实际上，是通过驱动太阳能电池作为 LED 在黑暗中测量，检测发射的光子通量，并除以注入的电子通量得到。

了解 EQE_{EL} 和 EQE_{PV}，用于计算 J_{ph} 和 $e\Phi_{em,0}$［式(3-4)和式(3-15)］：

$$J_{ph} = e\int EQE_{PV}(E)\Phi_{AM1.5G}(E)dE ; e\Phi_{em,0} = e\int EQE_{PV}(E)\Phi_{BB}(E)dE \tag{3-24}$$

我们可以预测太阳能电池[4,29]的真实 V_{oc}。对于具有相同半导体的太阳能电池的不同实验，V_{oc} 的差异主要是由降低 EQE_{EL} 的非辐射损耗的变化引起的。这些变化解释了在钙钛矿太阳能电池中观察到的 V_{oc} 差异，据报道 V_{oc} 在 0.7V 和 1.2V 之间，而 $V_{oc,rad} \approx 1.33V$ 是一种物质属性。表 3-1 显示了通过不同方法制造并用于不同器件架构的钙钛矿的实例[6,9]。避免空穴传输层降低由于表面复合产生的 EQE_{EL}。另一方面，采用空穴传输层并调整形态可以增加 EQE_{EL}，从而提高 V_{oc} 的测量值。

表 3-1 测量的 J_{sc} 和 V_{oc} 与基于 EQE_{PV} 和 EQE_{EL} 测量的计算值比较

项目		J_{sc} /(mA/cm²)	$V_{oc,测量值}$ /V	$e\Phi_{em,0}$ /(mA/cm²)	$V_{oc,rad}$ /V	$J_{inj}=J_{sc}$ 条件下的 EQE_{EL}	非辐射损耗/V	$V_{oc,计算值}$ /V
两步法 (2014)	TiO₂	20	1.01	9×10^{-22}	1.33	4×10^{-6}	0.32	1.01
	Al₂O₃	19	1.02	10^{-21}	1.32	3×10^{-5}	0.27	1.05
	无 HTL	11	0.77	3×10^{-22}	1.34	2×10^{-9}	0.52	0.82
一步法(2016)		20	1.18①	$\approx10^{-21}$	1.33	3×10^{-3a}	0.15	1.18

① 不稳定。

注：两步法中的钙钛矿是 $CH_3NH_3PbI_3$[6,30]，而在一步法装置中它是混合阳离子卤化物钙钛矿[9]。

图 3-7 比较了钙钛矿太阳能电池[9]（用绿十字标记）与其他技术[31]的 EQE_{EL} 记录值。由于内部发光产率较高，直接半导体的 GaAs 会产生最高值。在硅中，EQE_{EL} 受俄歇效应和表面复合的限制[32,33]。趋势线（虚线）显示，在实验中，确定效率的因素是 EQE_{EL}，其

定义了 V_{oc} 接近 $V_{oc,rad}$ 的程度。

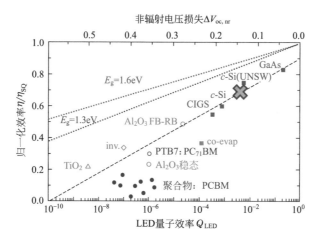

图 3-7　不同太阳能电池技术的能量转换效率归一化为 Shockley-Queisser 极限，随 EQE_{EL}（此处表示为 Q_{LED}）变化的函数，相当于非辐射 V_{oc} 损耗，$\Delta V_{oc,nr} = -26\,mV \times \ln EQE_{EL}$（上轴）。虚线定义了在所标示的带隙处的各种 EQE_{EL} 的理论极限。红色表示无机太阳能电池数据点。绿色表示不同的 $CH_3NH_3PbI_3$ 钙钛矿制造技术。绿色十字标志着最有效的钙钛矿太阳能电池。蓝色表示不同的有机太阳能电池。以虚线代表近似的实验趋势。经许可引自文献［31］，版权归美国物理学会所有（PCBM 为苯基-C_{61}-丁酸甲酯，$PC_{71}BM$ 为苯基-C_{71}-丁酸甲酯，PTB7 即 CAS 号为 1266549-31-8 的物质）

3.3.2　确定复合机制

钙钛矿中非辐射复合的来源尚未确定。除了在触点处的复合之外，材料本身中的缺陷复合也起作用。缺陷可能源自杂质、晶界或其他结晶/无定形相，例如由未反应的前驱体产生。此外，由位错、间隙、空位或反位引起的固有缺陷可能会增强电子活跃状态。关于这些缺陷作为复合中心是否活跃，理论研究产生了相当矛盾的结果[34-37]。

Shockley-Read-Hall（SRH）理论[38] 描述了通过缺陷状态的复合：

$$R = \frac{np - n_i^2}{\tau_p(n + n_1) + \tau_n(p + p_1)} \tag{3-25}$$

式中，$n_1 = N_C \exp\left(-\dfrac{E_C - E_T}{k_B T}\right)$；$p_1 = N_V \exp\left(-\dfrac{E_T - E_V}{k_B T}\right)$；$\tau_n$ 和 τ_p 是电子和空穴的寿命；E_T 是阱的能量。对于多个陷阱或能量分布，式（3-25）的右侧应该是所有 E_T 的总和。研究方程式（3-25），我们发现中间陷阱（$E_C - E_T \approx E_T - E_V$）作为复合中心最活跃。这与中间陷阱允许存在有效的电子和空穴捕获这个直观的解释一致。假设大多数现有的电荷载体是光生成的，那么 $n \gg n_1$ 且 $n \gg n_i$，考虑到主导 SRH 寿命 τ，我们可以近似 R 为：

$$R \propto \frac{n}{\tau} \tag{3-26}$$

遵循与式（3-11）和式（3-12）中的直接复合相同的程序，在 SRH 复合的情况下，我们将 V_{oc} 表示为光强度的函数：

$$eV_{oc} = E_g - 2k_B T \ln \frac{\sqrt{N_C N_V \tau}}{G} \tag{3-27}$$

一般情况下，我们可以写出 V_{oc} 与 $\lg[G/(1\text{m}^{-3} \cdot \text{s}^{-1})]$ 的斜率：$n_{ID}k_BT \ln 10$。其中 $n_{ID}=1$ 时，用于辐射复合；$n_{ID}=2$ 时用于 SRH 复合。如果两个复合过程同时存在，则参数 n_{ID} 称为理想因子，值在 1 和 2 之间。它也被引入暗 $J\text{-}V$ 曲线［参见式(3-9)❶］中：

$$J_{\text{inj}} = J_0\left(\exp\frac{eV}{n_{ID}k_BT} - 1\right) \tag{3-28}$$

图 3-8(a) 显示了黑暗中钙钛矿太阳能电池的 $J\text{-}V$ 曲线（蓝色）。它分别由电压 0.8V 和 1.2V 的分流电阻和串联电阻控制。式(3-28) 描述了电阻限制区域之间的 J 的指数增加，其中 $n_{ID}=2$。因此，显性复合机制是 SRH 型。在相同的电压范围内，与暗曲线相比，红色曲线显示发射光子通量呈指数上升；但是 $n_{ID,rad}=1$ 证明了辐射复合是由导带中电子与价带中空穴的复合引起的。与总电流相比，发射电流随着电压的增大而增大，产生的 EQE_{EL}（绿色）也随电压增加而增加。当绘制注入电流的函数时［图 3-8(b)］，对于占主导地位的 SRH，将式(3-27) 和式(3-23) 比较时，发现 EQE_{EL} 按预期线性增加。

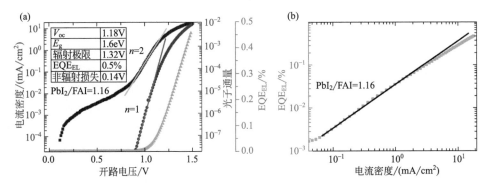

图 3-8　高发光钙钛矿太阳能电池：(a) 注入电流（蓝色）、发射光子通量（红色）和 EQE_{EL}（绿色）随施加电压变化的函数；(b) EQE_{EL} 随注入电流变化的函数，黑线描述了 EQE_{EL} 和注入电流之间的线性关系。经 AAAS 许可引自文献［9］

让两个复合过程［式(3-12) 和式(3-26)］并行运行，我们可以编写一个速率方程，假设复合速率和电荷载流子密度的空间变化可以忽略不计，并且大部分电荷载体是光生成的：

$$\frac{\text{d}n}{\text{d}t} = -\beta n^2(t) - \frac{1}{\tau}n(t) \tag{3-29}$$

将 n 看成 t 的函数可以将该等式以解析法求解，其可以通过光致发光（PL）衰变测量，将排放量作为 t 的函数来监测。可以使用不同的激光脉冲光强度来调节初始电荷载流子密度，这样可以更可靠地确定 τ 和 β。图 3-9(a) 显示了 PL 瞬态，其中包括根据式(3-29) 进行的拟合 $\left\{n(t) = \frac{1}{\tau\beta} \times \frac{1}{e^{\frac{t}{\tau}}\left[\frac{1}{\tau\beta n(0)}+1\right]-1}\right\}$，其中 $\beta \approx 10^{-11}\text{cm}^3/\text{s}$，$\tau=350\text{ns}$。$\beta$ 的值与预期的辐射极限一致，证实直接电子-空穴复合是有辐射性的。可以应用更复杂的模型，包括陷阱和激子形成的动力学，以拟合 PL 衰变，或其他技术，如瞬态 THz 光谱，得出 $\beta \approx 10^{-11} \sim 10^{-10}\text{cm}^3/\text{s}^{[39\text{-}41]}$。

---

❶　原文如此，疑应为"式(3-19)"。——编辑注

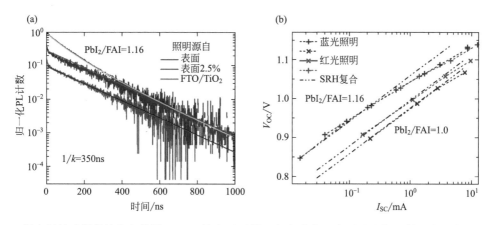

图 3-9　混合钙钛矿器件的光电特性：（a）从表面照射（高光强度）或透过基板照射（光强度为表面的 1/40）的光致发光（PL）衰变；（b）对于两种不同的混合钙钛矿器件，V_{oc} 随红光和蓝光下照射强度变化的函数。经 AAAS 许可引自文献［9］（FTO 即 F 掺杂 SnO_2 导电玻璃）

SRH 寿命 $\tau \propto \dfrac{1}{N_T \sigma_T}$ 取决于电子活性复合中心的密度（N_T）和捕获截面（σ_T）。对于带电缺陷，后者与介电常数成反比，这代表材料屏蔽电荷的能力[42]。因此，据报道 $CH_3NH_3PbI_3$ 钙钛矿的介电常数可高达 70[43]，与接近中间隙状态的低 N_T 相结合，允许 τ 为数百纳秒。在这里，晶体尺寸、晶界和钝化剂的作用尚不清楚[9]。

为了理解 τ 对太阳能电池性能的影响，在不同的 τ 下，我们计算 V_{oc} 随光照强度变化的函数（图 3-10）。在辐射极限下，V_{oc} 随光照强度增加显示出 60mV/10 倍光照强度的斜率（虚线），而在 SRH 复合的情况下斜率为 120mV/10 倍光照强度，其在低光照强度下占主导地位。研究在 1 倍太阳辐照度（标准测试条件下为 $1000W/m^2$，下文同）下的 V_{oc}［图 3-10（b）］，我们发现非辐射寿命 τ 为 $10\mu s$ 时足以达到辐射极限。基于介孔 TiO_2 的两个钙钛矿太阳能电池的实验数据（符号◦和×所示）在 τ 达到 100ns 以上时是一致的。

到目前为止，我们假设钙钛矿膜中的电荷载流子密度和复合率不依赖于膜内的位置。然而，钙钛矿层形态的入射照射方向和垂直不均匀性，以及接触处的不同性质，导致复合参数和电荷载流子密度的横向不均匀性。不均匀性的处理需要数值模拟。可以从利用单色照明在 $G(x)$ 中引入的不同不均匀性的定性研究得出第一个结论。蓝光比红光更能穿透薄膜，从而产生更陡峭的 $G(x)$。改进的 V_{oc} 显示出靠近表面的和主体中的不同的电荷载流子寿命。图 3-9(b) 中的实验数据表明，对于具有较低 V_{oc} 的器件，在 TiO_2 接触时复合更强[9]。

非辐射复合也影响填充因子（FF）。这可以在式（3-20）中看到。需要在 k_BT 前面引入理想因子。在可忽略的串联或分流电阻损耗的情况下，FF 仅取决于复合。它可以表示为复合率的函数，因此也可以表示为 V_{oc} 的函数。在 1 倍太阳辐照度的辐射极限下，它可以超过 90%［参见图 3-4(a)］，并且在 1.2V 下降至 83%，在 1.0V 下降至 80%（图 3-11）。因此，具有 1.6eV 带隙的钙钛矿太阳能电池具有优化的接触性且 J_{sc} 为 $24mA/cm^2$，但仅在 1.0V 下工作，其 FF 不能大于 80%。然而，如果复合不是由钙钛矿本身引起的，而是由表面引起的，则（稍微）更大的 FF 是可能的。据报道，对于倒置钙钛矿太阳能电池中基于 C_{60} 的电子传输层[46] 的情况，V_{oc} 在 1.03V 时，FF 高达 85%[47]。当导出 V_{oc} 随光照强度变化的函数时，需要 $n_{ID} < 2$。这再次表明表面复合限制 V_{oc}[48]。测量过程中的瞬态现象可能会导致过高的 FF，从而导致 J-V 曲线出现迟滞现象[49,50]。另一方面，表面复合也可以降低 FF。在实际太阳能电池中，低 FF 是由于吸收器中的电荷传输被抑制或寄生分流和串联电阻引起的电阻效应引起的。

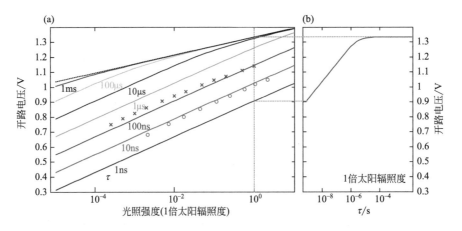

图 3-10　计算了带隙为 1.6eV、辐射复合常数为 $10^{-11}\,cm^3/s$ 的 300nm 厚 $CH_3NH_3PbI_3$ 钙钛矿的 SRH 寿命 τ 对 V_{oc} 的影响：（a）V_{oc} 随光照强度变化的函数；（b）在 1 倍太阳辐照度下 V_{oc} 随 τ 变化的函数。当 SRH 复合占主导地位时，光照强度和 $1/\tau$ 每增加 10 倍，V_{oc} 降低 120mV。（a）中的符号○所示为来自文献 [44] 的两步法 $CH_3NH_3PbI_3$ 太阳能电池的实验数据；符号×为通过脉冲光测量获得的一步混合钙钛矿的实验数据[45]。V_{oc} 的大部分变化都是由于寿命延长，因为带隙的变化仅有 <50meV 的值。$\tau > 100ns$ 时与图 3-9 中的 PL 衰变一致

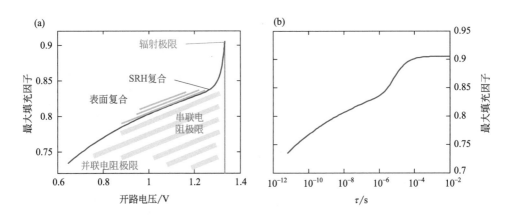

图 3-11　带隙为 1.6eV、辐射复合常数为 $10^{-11}\,cm^3/s$ 时的 $CH_3NH_3PbI_3$ 钙钛矿的计算填充因子。（a）由于其定义，填充因子随着 V_{oc} 的降低而降低 [参见图 3-4(a)]，另外，从辐射限制到 SRH 复合的变化导致快速 FF 减小；（b）填充系数随 SRH 寿命 τ 变化的函数

可以使用 Suns-V_{oc} 方法[44,51,52] 通过实验验证 FF 与复合极限的接近度（在可忽略的分流的情况下）。采用这种方法，V_{oc} 随光强度变化的数据构造了一条伪 J-V 曲线。不包括串联电阻效应，因为在测量 V_{oc} 时，电流不流动。假设光强度与电流成正比，特定强度 I_0 下

伪 J-V 曲线:

$$J\left(V_{oc}(I)\right)=J_{sc}(I_0)\left(1-\frac{I}{I_0}\right) \tag{3-30}$$

图 3-12 是对于 $CH_3NH_3PbI_3$ 钙钛矿太阳能电池,在不同的照射强度 I_0 下的这种曲线(虚线)与测量的 J-V 曲线(实线)的对比[44]。两条曲线在 0.25 倍太阳辐照度下重合,表明钙钛矿中的电荷传输损失可以忽略不计。在更高的光强度和更高的光电流下,串联电阻限制 FF,主要是由于透明导电氧化物的电阻作用。

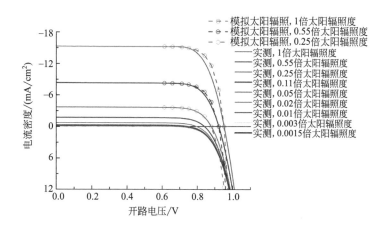

图 3-12 不同光照强度下的电流-电压曲线(实线)和使用 Suns-V_{oc} 方法获得的伪 J-V 曲线(虚线)。经许可引自文献 [44],版权归 2015 美国化学学会所有

3.3.3 电荷传输层的作用

在理论讨论中,我们假设接触是完美的。通过实验,我们已经看到,假如不使用空穴传输层(HTL),它们可以改变 EQE_{EL} 并因此成为非辐射复合的来源(参见表 3-1)。

因此,电荷传输层的基本作用是提供选择性接触。电子传输层(ETL)应仅允许电子通过并阻挡空穴,而 HTL 反之亦然。这种性质可以通过电子(空穴)转移中,由于导带(价带)偏移而产生的大能量势垒来实施。另外,应避免在吸收剂和电荷传输层之间的界面处的再结合。这种类型的复合,其中电荷在吸收体表面重新复合,称为表面复合,以表面复合速度作为其特征。对于金属,电子和空穴的表面复合速度通常都很高。因此,金属不是选择性接触的良好选择。

通常,两种材料之间的界面(异质结)可能起到分离电荷或激发态的作用,与有机供体-受体异质结[2] 的情况一样。然而,从先前的讨论中可知,没有迹象表明界面对于钙钛矿太阳能电池的光伏工作原理是必不可少的。因此,电荷在钙钛矿中产生并离解,产生准费米能级的分裂,从而产生光电压。电荷传输层只起到接触的作用。然而,这提出了对钙钛矿太阳能电池的工作原理的疑问,与传统的太阳能电池相相比,钙钛矿太阳能电池没有特意引入 pn 结。从上面的讨论中,我们知道 pn 结本身不是太阳能电池的必要条件。相反,选择性接触就足够了。太阳能电池架构包括金属-绝缘体(半导体)-金属结构。只需通过扩散作用即可将电荷驱动到各自的界面。通常，两种金属（或透明导电氧化物）的功函数的差异是有益的，但不是必需的，因为它引入了类似于 pn 结中的不同类型掺杂的内置电势。迄今为止，尚不清楚钙钛矿中恒定电场的假设是否合理。空间电荷区域可能是由于无意的掺杂、移动离子物质的存在、晶界或膜中的其他不均匀性造成的。

许多研究都侧重于交换 ETL 或 HTL 以提高性能，特别是 V_{oc}。对于 ETL，较高的 V_{oc}（＞1V）已经用几种材料获得，例如以 TiO_2 或 Al_2O_3 作支架的 TiO_2[6]、PCBM[53]、ZnO[54] 或 $Ti(Nb)O_x$[55]。TiO_2[9] 和 SnO_2[56] 已达到 1.2V 的记录值，高 V_{oc} 主要归因于钙钛矿的形态改善。通常采用的一种方法是调节有机 HTL 的 HOMO 能级。预计较低的 HOMO 会增加 V_{oc}。测试 HTL 以增加 V_{oc} 的实验工作仅取得了部分成功[57-59]，但明显的趋势还没有[60-64]。相反，通过改性钙钛矿使 V_{oc} 得到了提高[9]。这一点可以从本章的讨论中说明。仅在 HTL(Au)/钙钛矿界面处的复合降低 V_{oc}（可能独立于 HOMO 位置）时，修改 HTL 或 ETL 以增加 V_{oc} 才是重要的，例如 HTL 太薄[44] 或 PEDOT:PSS（聚 3,4-亚乙基二氧噻吩:聚苯乙烯磺酸）作为 HTL[65] 的情况下。伴随着掺杂的 HTL 的较高功函数，较深的 HOMO 可以增加内置电势并因此减少表面复合，因为这样有较少的电荷到达错误的电极。然而，如果表面被很好地钝化，即在电极处的复合不是问题，则 HTL 的 HOMO 的变化将不会影响 V_{oc}。此外，与通过假设界面处的恒定真空水平的预测相比，界面偶极子的形成可以改变带对准。

理论上，V_{oc} 可以超过触点之间的功函数之差，或电子和空穴传输层的导带和价带之差。这是反直觉的，有了限制就是正常的，与可以施加大于这些偏移量的电压一样正常。研究基于 Br 的钙钛矿，以 TiO_2 和 Spiro-OMeTAD 作为 HTL 时 V_{oc} 接近 1.5V，表明这在实验中也是可能的[66]。因此，更重要的是调整 HTL 和 ETL 以减少其表面上的复合中心（这可能是由添加剂引起的），并且使用电荷传输层来钝化钙钛矿表面，而不是仅仅关注能量学。

致谢：感谢 Amita Ummadisingu 仔细阅读文本并提出有关语言的改进建议。Marko Stojanovic、Juan Pablo Correa Baena、T. Jesper Jacobsson、Yiming Cao 和 Somayyeh Gholipour 都对这份文稿发表了评论。感谢 Dongqin Bi 提供 I：Br 样品，以及 ClémentineRenevier 和 BjörnNiessen 关于这些样品表征的合作。同时感谢来自 SNF-NanoTera（SYNERGY）的经费支持。

参考文献

[1] Wurfel, P.: Physics of Solar Cells: From Basic Principles to Advanced Concepts. (Wiley)

[2] Tress, W.: Organic Solar Cells—Theory, Experiment, and Device Simulation

[3] Trupke, T., Daub, E., Würfel, P.: Absorptivity of silicon solar cells obtained from luminescence. Sol. Energy Mater. Sol. Cells 53, 103-114 (1998)

[4] Rau, U.: Reciprocity relation between photovoltaic quantum efficiency and electroluminescent emission of solar cells. Phys. Rev. B 76, 085303 (2007)

[5] Giorgi, G., Fujisawa, J.-I., Segawa, H., Yamashita, K.: Small photocarrier effective masses featuring ambipolar transport in methylammonium lead iodide perovskite: a density functional analysis. J. Phys. Chem. Lett. 4, 4213-4216 (2013)

[6] Tress, W., et al.: Predicting the open-circuit voltage of $CH_3NH_3PbI_3$ perovskite solar cells using electroluminescence and photovoltaic quantum efficiency spectra: the role of radiative and non-radiative recombination. Adv. Energy

Mater. 5，140812（2015）

[7] Tvingstedt, K., et al.: Radiative efficiency of leadiodide based perovskite solar cells. Sci. Rep. 4，6071（2014）

[8] Ball, J. M., et al.: Optical properties and limiting photocurrent of thin-film perovskite solar cells. Energy Environ. Sci. 8，602-609（2015）

[9] Bi, D., et al.: Efficient luminescent solar cells based on tailored mixed-cation perovskites. Sci. Adv. 2，e1501170（2016）

[10] Shockley, W., Queisser, H. J.: Detailed balance limit of efficiency of p-n junction solar cells. J. Appl. Phys. 32，510-519（2004）

[11] Green, M. A., Emery, K., Hishikawa, Y., Warta, W., Dunlop, E. D.: Solar cell efficiency tables（version 46）. Prog. Photovolt. Res. Appl. 23，805-812（2015）

[12] De Wolf, S., et al.: Organometallic halide perovskites: sharp optical absorption edge and its relation to photovoltaic performance. J. Phys. Chem. Lett. 5，1035-1039（2014）

[13] D'Innocenzo, V., Srimath Kandada, A. R., De Bastiani, M., Gandini, M., Petrozza, A.: Tuning the light emission properties by band gap engineering in hybrid lead halide perovskite. J. Am. Chem. Soc. 136，17730-17733（2014）

[14] Stoumpos, C. C., Malliakas, C. D., Kanatzidis, M. G.: Semiconducting tin and lead iodide perovskites with organic cations: phase transitions, high mobilities, and near-infrared photoluminescent properties. Inorg. Chem. 52，9019-9038（2013）

[15] Pang, S., et al.: $NH_2CH = NH_2PbI_3$: an alternative organolead iodide perovskite sensitizer for mesoscopic solar cells. Chem. Mater. 26，1485-1491（2014）

[16] Pellet, N., et al.: Mixed-organic-cation perovskite photovoltaics for enhanced solar-light harvesting. Angew. Chem. Int. Ed. 53，3151-3157（2014）

[17] Eperon, G. E., et al.: Formamidinium lead trihalide: a broadly tunable perovskite for efficient planar heterojunction solar cells. Energy Environ. Sci. 7，982-988（2014）

[18] Filip, M. R., Eperon, G. E., Snaith, H. J. Giustino, F.: Steric engineering of metal-halide perovskites with tunable optical band gaps. Nat. Commun. 5，（2014）

[19] Amat, A., et al.: Cation-induced band-gap tuning in organohalide perovskites: interplay of spin-orbit coupling and octahedra tilting. Nano Lett. 14，3608-3616（2014）

[20] Umebayashi, T., Asai, K., Kondo, T., Nakao, A.: Electronic structures of lead iodide based low-dimensional crystals. Phys. Rev. B 67，155405（2003）

[21] Noh, J. H., Im, S. H., Heo, J. H., Mandal, T. N., Seok, S. I.: Chemical management for colorful, efficient, and stable inorganic-organic hybrid nanostructured solar cells. Nano Lett. 13，1764-1769（2013）

[22] McMeekin, D. P., et al.: A mixed-cation lead mixed-halide perovskite absorber for tandem solar cells. Science 351，151-155（2016）

[23] Henry, C. H.: Limiting efficiencies of ideal single and multiple energy gap terrestrial solar cells. J. Appl. Phys. 51，4494-4500（1980）

[24] Albrecht, S., et al.: Monolithic perovskite/silicon-heterojunction tandem solar cells processed at low temperature. Energy Environ. Sci.（2015）. doi: 10.1039/C5EE02965A

[25] Werner, J., et al.: Efficient monolithic perovskite/silicon tandem solar cell with cell area > $1cm^2$. J. Phys. Chem. Lett. 7，161-166（2016）

[26] Mailoa, J. P., et al.: A 2-terminal perovskite/silicon multijunction solar cell enabled by a silicon tunnel junction. Appl. Phys. Lett. 106，121105（2015）

[27] Löper, P., et al.: Organic-inorganic halide perovskite/crystalline silicon four-terminal tandem solar cells. Phys. Chem. Chem. Phys. 17，1619-1629（2014）

[28] Filipič, M., et al.: $CH_3NH_3PbI_3$ perovskite/silicon tandem solar cells: characterization based optical simulations. Opt. Express 23，A263（2015）

[29] Smestad, G., Ries, H.: Luminescence and current-voltage characteristics of solar cells and optoelectronic devices. Sol. Energy Mater. Sol. Cells 25，51-71（1992）

[30] Burschka, J., et al.: Sequential deposition as a route to high-performance perovskite-sensitized solar cells. Nature 499，316-319（2013）

[31] Yao, J., et al.: Quantifying losses in open-circuit voltage in solution-processable solar cells. Phys. Rev. Appl. 4，014020（2015）

[32] Tiedje, T., Yablonovitch, E., Cody, G. D., Brooks, B. G.: Limiting efficiency of silicon solar cells. IEEE Trans. Electron Devices 31，711-716（1984）

[33] Kerr, M. J., Cuevas, A., Campbell, P.: Limiting efficiency of crystalline silicon solar cells due to Coulomb-en-

hanced Auger recombination. Prog. Photovolt. Res. Appl. 11，97-104（2003）

[34] Kim，J.，Lee，S.-H.，Lee，J. H.，Hong，K.-H.：The Role of Intrinsic Defects in Methylammonium Lead Iodide Perovskite. J. Phys. Chem. Lett. 1312-1317（2014）. doi：10. 1021/jz500370k

[35] Yin，W.-J.，Shi，T.，Yan，Y.：Unusual defect physics in $CH_3NH_3PbI_3$ perovskite solar cell absorber. Appl. Phys. Lett. 104，063903（2014）

[36] Buin，A.，et al.：Materials processing routes to trap-free halide perovskites. Nano Lett. 14，6281-6286（2014）

[37] Agiorgousis，M. L.，Sun，Y.-Y.，Zeng，H.，Zhang，S.：Strong Covalency-Induced Recombination Centers in Perovskite Solar Cell Material $CH_3NH_3PbI_3$. J. Am. Chem. Soc. 136，14570-14575（2014）

[38] Shockley，W.，Read，W. T.：Statistics of the recombinations of holes and electrons. Phys. Rev. 87，835-842（1952）

[39] Wehrenfennig，C.，Eperon，G. E.，Johnston，M. B.，Snaith，H. J.，Herz，L. M.：High charge carrier mobilities and lifetimes in organolead trihalide perovskites. Adv. Mater. 26，1584-1589（2014）

[40] Stranks，S. D.，et al.：Recombination kinetics in organic-inorganic perovskites：excitons，free charge，and subgap states. Phys. Rev. Appl. 2，034007（2014）

[41] Yamada，Y.，Nakamura，T.，Endo，M.，Wakamiya，A.，Kanemitsu，Y.：Photocarrier Recombination Dynamics in Perovskite $CH_3NH_3PbI_3$ for Solar Cell Applications. J. Am. Chem. Soc. 136，11610-11613（2014）

[42] Brandt，R. E.，Stevanović，V.，Ginley，D. S.，Buonassisi，T.：Identifying defect-tolerant semiconductors with high minority-carrier lifetimes：beyond hybrid lead halide perovskites. MRS Commun. 5，265-275（2015）

[43] Lin，Q.，Armin，A.，Nagiri，R. C. R.，Burn，P. L.，Meredith，P.：Electro-optics of perovskite solar cells. Nat. Photonics（advance online publication），（2014）

[44] Marinova，N.，et al.：Light harvesting and charge recombination in $CH_3NH_3PbI_3$ perovskite solar cells studied by hole transport layer thickness variation. ACS Nano（2015）. doi：10. 1021/acsnano. 5b00447

[45] Giordano，F.，et al.：Enhanced electronic properties in mesoporous TiO_2 via lithium doping for high-efficiency perovskite solar cells. Nat. Commun. 7，10379（2016）

[46] Ponseca，C. S.，et al.：Mechanism of charge transfer and recombination dynamics in organo metal halide perovskites and organic electrodes，PCBM，and spiro-OMeTAD：role of dark carriers. J. Am. Chem. Soc. 137，16043-16048（2015）

[47] Wu，C.-G.，et al.：High efficiency stable inverted perovskite solar cells without current hysteresis. Energy Environ. Sci. 8，2725-2733（2015）

[48] Tress，W.，Leo，K.，Riede，M.：Dominating recombination mechanisms in organic solar cells based on ZnPc and C60. Appl. Phys. Lett. 102，163901（2013）

[49] Snaith，H. J.，et al.：Anomalous hysteresis in perovskite solar cells. J. Phys. Chem. Lett. 5，1511-1515（2014）

[50] Tress，W.，et al.：Understanding the rate-dependent J-V hysteresis，slow time component，and aging in $CH_3NH_3PbI_3$ perovskite solar cells：the role of a compensated electric field. Energy Environ. Sci. 8，995-1004（2015）

[51] Pysch，D.，Mette，A.，Glunz，S. W.：A review and comparison of different methods to determine the series resistance of solar cells. Sol. Energy Mater. Sol. Cells 91，1698-1706（2007）

[52] Schiefer，S.，Zimmermann，B.，Glunz，S. W.，Wurfel，U.：Applicability of the suns-V method on organic solar cells. IEEE J. Photovolt. 4，271-277（2014）

[53] Malinkiewicz，O.，et al.：Perovskite solar cells employing organic charge-transport layers. Nat. Photonics 8，128-132（2014）

[54] Liu，D.，Kelly，T. L.：Perovskite solar cells with a planar heterojunction structure prepared using room-temperature solution processing techniques. Nat. Photonics 8，133-138（2014）

[55] Chen，W.，et al.：Efficient and stable large-area perovskite solar cells with inorganic charge extraction layers. Science 350，944-948（2015）

[56] Baena，J. P. C.，et al.：Highly efficient planar perovskite solar cells through band alignment engineering. Energy Environ. Sci.（2015）. doi：10. 1039/C5EE02608C

[57] Heo，J. H.，Song，D. H.，Im，S. H.：Planar $CH_3NH_3PbBr_3$ hybrid solar cells with 10. 4％ power conversion efficiency，fabricated by controlled crystallization in the spin-coating process. Adv. Mater. n/a-n/a（2014）. doi：10. 1002/adma. 201403140

[58] Yan，W.，et al.：High-performance hybrid perovskite solar cells with open circuit voltage dependence on hole-transporting materials. Nano Energy. doi：10. 1016/j. nanoen. 2015. 07. 024

[59] Ryu，S.，et al.：Voltage output of efficient perovskite solar cells with high open-circuit voltage and fill factor. Energy Environ. Sci.（2014）. doi：10. 1039/C4EE00762J

[60] Liu，J.，et al.：A dopant-free hole-transporting material for efficient and stable perovskite solar cells. Energy Envi-

ron. Sci. 7，2963-2967（2014）

［61］ Polander，L. E.，et al. ：Hole-transport material variation in fully vacuum deposited perovskite solar cells. APL Mater. 2，081503（2014）

［62］ Di Giacomo，F.，et al. ：High efficiency $CH_3NH_3PbI_{(3-x)}Cl_x$ perovskite solar cells with poly（3-hexylthiophene）hole transport layer. J. Power Sources 251，152-156（2014）

［63］ Bi，D.，Yang，L.，Boschloo，G.，Hagfeldt，A.，Johansson，E. M. J. ：Effect of different hole transport materials on recombination in $CH_3NH_3PbI_3$ perovskite-sensitized mesoscopic solar cells. J. Phys. Chem. Lett. 4，1532-1536（2013）

［64］ Jeon，N. J.，et al. ：Efficient inorganic-organic hybrid perovskite solar cells based on pyrene arylamine derivatives as hole-transporting materials. J. Am. Chem. Soc. 135，19087-19090（2013）

［65］ Zhao，D.，et al. ：High-efficiency solution-processed planar perovskite solar cells with a polymer hole transport layer. Adv. Energy Mater. 5，n/a-n/a（2015）

［66］ Arora，N.，Dar，M. I.，Hezam，M.，Tress，W.，Jacopin，G.，Moehl，T.，Gao，P.，Aldwayyan，A. S.，Benoit，D.，Grätzel，M.，Nazeeruddin，M. K. ：Photovoltaic and amplified spontaneous emission studies of high-quality formamidinium lead bromide perovskite films. Adv. Func. Mat.

第 4 章
CH$_3$NH$_3$PbX$_3$（X=I，Br，Cl）钙钛矿的物理缺陷

Yanfa Yan，Wan-Jian Yin，Tingting Shi，Weiwei Meng，Chunbao Feng

　　摘要： 光伏吸收剂中的缺陷（包括点缺陷、晶界和表面）的性质，在确定非辐射复合行为以及由这些吸收剂制成的太阳能电池的性能中，起关键作用。在这里，我们使用密度泛函理论计算，综述了对有机-无机甲铵铅卤钙钛矿 CH$_3$NH$_3$PbX$_3$（X＝I，Br，Cl）的缺陷特性的理论认识。其中表明，CH$_3$NH$_3$PbX$_3$ 钙钛矿表现出独特的缺陷特性——具有低生成能的点缺陷仅产生浅能级，而在深能级的点缺陷具有高的生成能。表面和晶界不会产生深能级。这些独特的缺陷特性归因于 Pb 孤对电子和 I 的 p 轨道之间的反键合耦合、高离子性以及大晶格常数。我们进一步证明了，CH$_3$NH$_3$PbI$_3$ 表现出固有的双极自掺杂行为，其电导率可通过控制生长条件从 p 型调节到 n 型。然而，CH$_3$NH$_3$PbBr$_3$ 表现出单极自掺杂行为。如果在热平衡生长条件下合成，则 p 型导电性更优越。CH$_3$NH$_3$PbCl$_3$ 由于其大的带隙，可以表现出补偿的自掺杂行为。使用外部掺杂剂掺杂 CH$_3$NH$_3$PbI$_3$，可以提高 p 型导电性，但是不能通过补偿内部缺陷来提高缺 n 型导电性。

　　关键词： 卤化钙钛矿、点缺陷、晶界、添加剂。

4.1　引言

　　有机-无机甲铵铅卤钙钛矿 CH$_3$NH$_3$PbX$_3$（X＝I，Br，Cl），在生产低成本高效率薄膜太阳能电池方面显示出了巨大的潜力。自从 CH$_3$NH$_3$PbI$_3$ 首次应用于染料敏化太阳能电池以来，基于钙钛矿的薄膜太阳能电池的效率迅速提高，能量转换效率创纪录地达到 22.1%[1-25]。研究表明，铅卤钙钛矿吸收剂具有优异的光伏特性，例如极高的光吸收系数[8,26] 和较长的载流子扩散长度[10,11]。太阳能电池的转换效率由三个参数决定：开路电压（V_{oc}）、短路电流（J_{sc}）和填充因子（FF）。其中，V_{oc} 是多晶薄膜太阳能电池最难改善的参数。这是因为多晶薄膜通常比单晶薄膜包含更多缺陷，包括点缺陷和晶界（GB）。缺陷有可能会导致非辐射复合，这对 V_{oc} 非常不利。检查太阳能电池是否达到高 V_{oc} 最有用的方法是计算 V_{oc} 差，由 $E_g/q - V_{oc}$ 计算（其中 E_g 是吸收器带隙，q 是基本电荷）。最近，基于 CH$_3$NH$_3$PbI$_3$ 的太阳能电池的最大 V_{oc} 达到 1.19eV，V_{oc} 差值约为 0.36V（假设带隙为 1.55eV），这小于最佳单晶硅（0.38V），并接近最佳外延单晶 GaAs 薄膜太阳能电池（0.30V）[17,27]。考虑到这些太阳能电池是由在低温下通过溶液工艺制造的多晶钙钛矿薄膜制成的，因此 0.36V 的 V_{oc} 差值确实非常显著。为了实现如此高的 V_{oc} 性能，CH$_3$NH$_3$PbI$_3$ 中的

点缺陷、表面和晶界等缺陷必须是电气良性的，这在传统的无机光伏吸收剂如 Si、GaAs、$CuInSe_2$、CdTe 等中是没有的。

　　在本章中，我们通过密度泛函理论（DFT）计算[28-34] 回顾了对 $CH_3NH_3PbX_3$ 缺陷特性的理论认识。其中指出，$CH_3NH_3PbI_3$ 钙钛矿表现出独特的缺陷特性——点缺陷具有低的生成能值，仅产生浅能级，而具有深能级的点缺陷具有高的生成能。内在表面和晶界不会产生深能级状态。这些独特的缺陷特性归因于 Pb 孤对电子和 I 的 p 轨道之间的反键合耦合、高离子性以及 $CH_3NH_3PbI_3$ 的大晶格常数。本文进一步表明，$CH_3NH_3PbI_3$ 表现出固有的双极自掺杂行为，通过控制生长条件，其电导率可从 p 型调节到 n 型。然而，$CH_3NH_3PbBr_3$ 表现出单极自掺杂行为，如果在热平衡生长条件下合成，它表现出优先的 p 型导电性。由于其大的带隙，$CH_3NH_3PbCl_3$ 可以表现出补偿的自掺杂行为。文章表明，通过在富 I/贫 Pb 生长条件下掺入一些 IA、IB 或 ⅥA 族元素，可以进一步提高 $CH_3NH_3PbI_3$ 的 p 型电导率。然而，由于本征点缺陷的补偿，$CH_3NH_3PbI_3$ 的 n 型导电性在热平衡生长条件下不能通过外部掺杂而得到改善。

4.2　计算细节

　　DFT 已被用于计算 $CH_3NH_3PbX_3$ 钙钛矿的结构、电子、光学以及缺陷性质。在第一次基于铅卤钙钛矿的太阳能电池的报告之前，已经使用 DFT 计算方法研究了铅卤钙钛矿的电子特性[35,36]。这里的计算是使用 VASP 代码和标准的冻芯（frozen-core）投影增强波（projector auqmented-wave，PAW）方法进行的[37,38]。基函数的截止能量为 400eV。一般梯度近似（general gradient approximation，GGA）用于交换关联[39]。直到原子上的所有力都低于 0.05eV/Å 时，原子位才被释放出来。GGA 计算再现了可靠的结构，但在自相互作用计算中导致相当大的误差，低估了大多数系统的带隙。为了准确预测带隙值，采用GW[40,41]方法中的 Heyd-Scuseria-Ernzerhof（HSE06）[42,43] 函数和多体微扰理论来描述系统的电子特性。据报道，由于 Pb 的强相对论效应，将自旋-轨道耦合（spin-orbital coupling，SOC）的影响包括在 $CH_3NH_3PbX_3$ 的电子和光学性质的 DFT 计算中是很重要的[44-47]。然而，SOC-GGA 低估了卤化物钙钛矿的带隙。为了准确预测带隙，使用了混合功能的 HSE06 和 SOC[46]。同时，SOC-GW 是成功预测带隙的最先进方法，已被用于计算钙钛矿的电子和光学性质[48]。然而，到目前为止，SOC-HSE 和 SOC-GW 计算都非常耗时，并且只能用于小单体单元的计算。在我们对缺陷特性的研究中，大多数计算都使用了大型超级单体（768 个原子）。对于这些计算，不可能使用 SOC-HSE 或 SOC-GW。另一方面，HSE 缺陷计算的可靠性值得怀疑。虽然在 HSE 中包含部分精确交换可以纠正带隙计算，但尚未证明可以正确地预测缺陷状态的位置。对于 GW 方法，原子弛豫的限制成为其用于缺陷计算的主要瓶颈。幸运的是，众所周知，当同时使用 GGA 和非 SOC 时，两者的错误会相互抵消[49]。我们将使用非 SOC-GGA 计算的 $CH_3NH_3PbI_3$ 的光吸收系数，与通过光谱椭偏仪实验测量的光吸收系数进行了比较（图 4-1）。图中可以看出，计算出的非 SOC-GGA 系数谱与实验结果匹配良好。这主要是由于 SOC-GW 和非 SOC-DFT 计算产生的 $CH_3NH_3PbI_3$ 导带和价带的主要特征没有显示出显著差异。因为缺陷能级，特别是浅受体/供体能级，主要来自高价带或低导带，所以可以合理地预期使用非 SOC 计算的浅能级不会表现出显著误差。由于深能级的精确能量位置在当前的研究中并不是非常重要，因此深能级的误差可能很大但并不重要。晶界（GB）模型使用包含两个相同晶界且具有相反排列的超级单体来建模。在钙钛矿氧化物中，相同晶界的原子结构采用了卤化物钙钛矿中晶界的原子结构，这已经通过原子分辨率透射电子显微镜确定[50]。

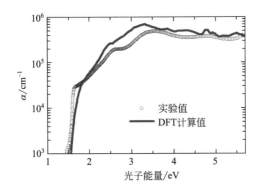

图 4-1　CH₃NH₃PbI₃ 光吸收系数非 SOC-GGA-DFT 计算值和光谱椭偏仪测量值的比较

在特定温度下，CH₃NH₃PbI₃ 可呈现三相：立方（α）相、四方（β）相和正交（γ）相，分别如图 4-2(a)～(c) 所示。特定温度下在大多数钙钛矿中，这些结构之间的转变经常发生[51,52]。据报道，在 330K 和 160K 时会分别发生 α 到 β 以及 β 到 γ 的相态转变[53]。图 4-2(b)(c) 中的大实线框和小虚线框表示 α、β 和 γ 相的晶胞单元与 α 相的晶胞单元之间的关系。CH₃NH₃PbBr₃ 和 CH₃NH₃PbCl₃ 仅表现出 α 相。由于它们的结构相似性，α、β 和 γ 相表现出非常相似的电子结构。因此，为了更好地比较，我们基于具有 $Pm\bar{3}m$ 空间群的 α 相计算缺陷特性。

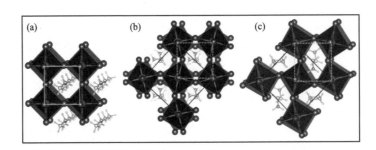

图 4-2　CH₃NH₃PbI₃ 的 α 相（a）、β 相（b）和 γ 相（c）的原子结构。经文献［32］的许可，版权归 2014 美国化学学会所有

缺陷的跃迁能和生成能的计算包括[54-57]：我们首先计算荷电状态 q 中包含缺陷 α 的超级单体总能量 $E(\alpha,q)$，然后计算没有缺陷的相同超级单体的总能量 E（主体），最后计算所涉及的元素固体或气体在其稳定相位的总能量。缺陷生成能还取决于原子化学势 μ_i 和电子费米能 E_F。根据这些量，缺陷生成能 $\Delta H_f(\alpha,q)$ 可以通过以下公式获得：

$$\Delta H_f(\alpha,q) = \Delta E(\alpha,q) + \sum n_i\mu_i + qE_F \tag{4-1}$$

式中，$\Delta E(\alpha,q) = E(\alpha,q) - E(主体) + \sum n_i E(i) + q\varepsilon_{VBM}(主体)$；$E_F$ 是参考主体的价带最大值（valence band maximum，VBM）；μ_i 是以元素固体/气体为基准的成分 i 的化学势，

其能量为 $E(i)$；n_i 为元素数；q 是在形成缺陷单元时从超级单体转移到储存器的电子数。缺陷 α 从荷电状态 q 到荷电状态 q' 的跃迁能量 $\varepsilon_\alpha(q/q')$，可以由以下公式获得：

$$\varepsilon_\alpha(q/q')=[\Delta E(\alpha,q)-\Delta E(\alpha,q')]/(q'-q) \tag{4-2}$$

然后给出荷电状态的生成能：

$$\Delta H_f(\alpha,q)=\Delta H_f(\alpha,0)-q\varepsilon(0/q)+qE_F \tag{4-3}$$

式中，$\Delta H_f(\alpha,0)$ 是电荷中性缺陷的生成能；E_F 是相对于 VBM 的费米能级。

4.3　结论和讨论

非辐射复合和载流子散射通常由产生深间隙状态的缺陷引起。这些缺陷包括点缺陷和结构缺陷，如表面和晶界（GB）。我们发现 CH$_3$NH$_3$PbI$_3$ 钙钛矿表现出独特的缺陷特性，这在其他半导体中没有观察到，即表面、晶界以及优势点缺陷不会产生深能级，因此是电气良性。一些点缺陷产生深间隙状态，但是这些缺陷具有高的生成能，并且在合成的铅卤钙钛矿薄膜中它们的浓度预计较低。我们进一步发现，这些独特的缺陷特性归因于 Pb 孤对电子 s 轨道与卤素 p 轨道的强反键耦合、离子特性以及大晶格常数。

4.3.1　CH$_3$NH$_3$PbX$_3$ 钙钛矿缺陷能级的一般趋势

我们首先基于原子轨道理论对 CH$_3$NH$_3$PbI$_3$ 缺陷能级的总体趋势进行定性理解，该理论已成功用于预测氧化物中的氧能级[58]。我们的讨论依据两个事实：①能带通过键合原子之间的原子轨道混合（通过离子或共价相互作用或介于二者之间的相互作用）形成；②由于键的断裂或添加，即悬挂键和错误键，形成了点缺陷和结构缺陷的缺陷能级。通过这种方式，我们可以从主体材料的基本电子结构开始了解缺陷能级的原子来源。CH$_3$NH$_3$PbI$_3$ 的导带和价带的形成如图 4-3(a) 所示。CH$_3$NH$_3$PbI$_3$ 的导带主要来源于 Pb 的空 p 轨道。由于 CH$_3$NH$_3$PbI$_3$ 的离子特性，Pb 的 p 轨道和 I 的 p 轨道之间的共价反键耦合不强。因此，导带最小值（conduction band minimum，CBM）不应远高于原子 Pb p 态，如图 4-3(a) 所示。CH$_3$NH$_3$PbI$_3$I 价带主要来源于 I p 态，其中 Pb s 态的分量很小。由于 Pb s-I p 的强反键耦合，VBM 高于 I 的 p 原子轨道能级，如图 4-3(a) 所示。对于 I 空位，缺陷态是由 I 空位周围的 Pb 悬挂键形成。因此，缺陷态将位于 Pb 的 p 原子轨道能级和 CH$_3$NH$_3$PbI$_3$ 的 CBM 之间，如图 4-3(b) 所示。因为 Pb 的 p 原子轨道能级与 CH$_3$NH$_3$PbI$_3$ 的 CBM 之间的差异很小，如上所述，所以 I 空位能级应接近 CBM，形成浅供体状态（D$_d$）。对于 Pb 空位，缺陷态由围绕 Pb 空位的 I 悬挂键形成，因此它应该在 VBM 和 I 的 p 原子轨道能级之间。由于 Pb s-I p 的强反键耦合，VBM 的能量高于 I 的 p 原子轨道能级，如图 4-3(a) 所示。因此，Pb 空位能级应低于 VBM，形成浅受主能级（D$_a$）。反位缺陷的缺陷状态的形成，来自阳离子-阳离子错误键或阴离子-阴离子错误键。根据缺陷配置，间隙缺陷的缺陷状态的形成，也可以来自悬挂键或错误键。错误键可能会造成深带隙态。例如，CH$_3$NH$_3$PbI$_3$ 中的 Pb p-Pb p 和 I p-I p 错误键可能产生深能级，如图 4-3(c) 所示。CWS 和 AWS* 态可能处于带隙深处。CWS 表示阳离子-阳离子错误键状态，AWS 表示阴离子-阴离子错误键状态。星号表示相应的反键状态。

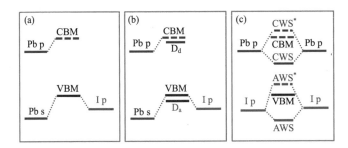

图 4-3　（a）VBM 和 CBM 的形成原理示意图；（b）由阳离子和阴离子空位形成的供体样和受体样缺陷；（c）阳离子-阳离子和阴离子-阴离子错误键形成的缺陷。经许可改编自文献 [32]。版权归 2014 美国化学学会所有

4.3.2　计算内在点缺陷的转移能量

我们计算了 $CH_3NH_3PbI_3$ 中所有可能的本征点缺陷的跃迁能级：CH_3NH_3、Pb 和 I 空位（V_{MA}、V_{Pb}、V_I），CH_3NH_3、Pb 和 I 间隙缺陷（MA_i、Pb_i、I_i），CH_3NH_3 对 Pb 和 Pb 对 CH_3NH_3 的阳离子取代（MA_{Pb}、Pb_{MA}）；以及四个反位点取代：CH_3NH_3 对 I（MA_I）、Pb 对 I（Pb_I）、I 对 CH_3NH_3（I_{MA}）、I 对 Pb（I_{Pb}）。计算出的这些点缺陷的跃迁能量如图 4-4 所示。可以看出，所有空位缺陷和大多数间隙缺陷都表现出相当浅的跃迁能级。产生深能级的缺陷是 I_{MA}、I_{Pb}、Pb_i、MA_I 和 Pb_I。除 Pb_i 外，这些缺陷主要是阳离子或阴离子反位缺陷。结果与图 4-3 中所示一致。我们发现 Pb_i 产生深间隙状态的原因，是由于间隙位置 Pb 的 p 轨道的晶体场分裂，它将 Pb 的 p_z 轨道拉到 p_x/p_y 轨道以下。如上所述，V_{Pb} 和 MA_{Pb} 是浅受体的原因是 $CH_3NH_3PbI_3$ 的 VBM 处的强 s-p 反键状态。如果没有 Pb 的 s 孤对电子轨道，VBM 应仅从 I 的 p 轨道导出。Pb 孤对电子和 I 的 p 轨道之间的 s-p 反键耦合将 VBM 推高到更高能级，使得受体能级通常比没有强 s-p 反键耦合的情况更浅。

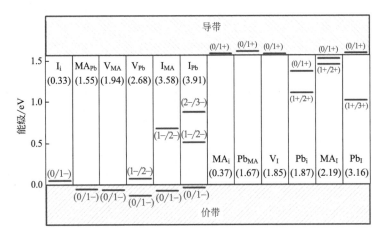

图 4-4　计算 $CH_3NH_3PbI_3$ 中供体样和受体样点缺陷的跃迁能级。经许可改编自文献 [29]。版权归 2014 Wiley-VCH Verlag GmbH & Co. KGaA 所有

MA$_i$ 和 V$_I$ 的浅缺陷能级是由于 CH$_3$NH$_3$PbI$_3$ 的高离子性。MA$_i$ 与 Pb-I 骨架没有共价键合，因此不会产生额外的间隙状态。值得注意的是，其他人已经提出了 CH$_3$NH$_3$PbI$_3$ 中 Pb$_i$ 和 I$_i$ 的各种原子结构[59,60]。我们测试了所有结构并考虑了最低能量的配置。

浅能级缺陷的波函数通常是离域的，而深能级缺陷的波函数是定域的。例如，V$_{Pb}$ 是浅受体。受体能级低于 VBM。从图 4-5(a) 可以看出，V$_{Pb}$ 能级的电荷密度（比 VBM 低一个能级）是相当离域的。然而，计算出的电荷密度相对于 Pb$_i$ 能级十分定域，这产生了高于 VBM 的缺陷能级。

计算出的 CH$_3$NH$_3$PbBr$_3$ 中固有缺陷的跃迁能级如图 4-6 所示。供体样缺陷显示在左侧，受体样缺陷位于右侧。可以看出，只有 Pb$_i$、Pb$_{Br}$、Br$_{MA}$ 和 Br$_{Pb}$ 四种缺陷在 CH$_3$NH$_3$PbBr$_3$ 的带隙中产生深能级。所有其他缺陷只会产生浅能级。MA$_i$、Pb$_{MA}$、V$_{Br}$ 和 MA$_{Br}$ 是浅供体，而 Br$_i$、MA$_{Pb}$、V$_{MA}$ 和 V$_{Pb}$ 是浅受体。该趋势与在 CH$_3$NH$_3$PbBr$_3$ 中观察到的固有缺陷的趋势非常相似。

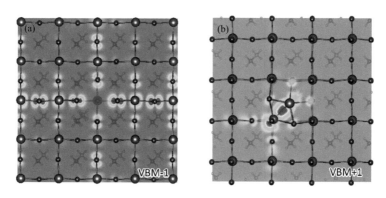

图 4-5　计算的电荷密度图。(a) 低于 V$_{Pb}$ 的 VBM 的状态；(b) 高于 Pb$_i$ 的 VBM 的状态

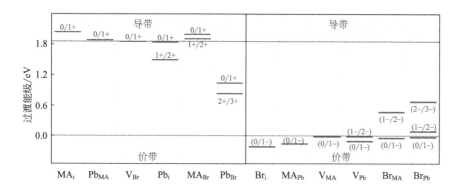

图 4-6　计算 CH$_3$NH$_3$PbBr$_3$ 中固有点缺陷的跃迁能级。经许可改编自文献 [33]。版权归 2014 AIP Publishing LLC 所有

4.3.3　计算内在点缺陷的形成能

半导体的电特性由半导体中形成的主要缺陷决定。因此，为了确定上述哪些点缺陷可能

支配 $CH_3NH_3PbI_3$ 的电子特性，我们计算了上述缺陷的生成能。如第 4.2 节所示，点缺陷的生成能取决于构成元素的化学势。以 $CH_3NH_3PbI_3$ 为例，在热力学平衡增长条件下，化学势被限制在促进 $CH_3NH_3PbI_3$ 生长并排除第二相（如 PbI_2 和 CH_3NH_3I）形成的范围内。因此，化学势应满足公式[56,57]：

$$\mu_{MA} + \mu_{Pb} + 3\mu_I = \Delta H(CH_3NH_3PbI_3) = -5.26eV \tag{4-4}$$

式中，μ 为参照构成元素的最稳定相的化学势；$\Delta H(CH_3NH_3PbI_3)$ 为 $CH_3NH_3PbI_3$ 的生成焓。对于 μ_{MA}，我们参照 Cs 使用 CH_3NH_3 的体心立方相。为了排除 PbI_2 和 CH_3NH_3I（岩盐相）可能的第二阶段，必须满足以下限制。

$$\mu_{MA} + \mu_I = \Delta H(MAI) = -2.87eV \tag{4-5}$$

$$\mu_{Pb} + 2\mu_I = \Delta H(PbI_2) = -2.11eV \tag{4-6}$$

Pb 和 I 的化学势如图 4-7 中的中间红色区域所示，满足式(4-4)～式(4-6)。该窄且长的化学范围表示在平衡条件下合成 $CH_3NH_3PbI_3$ 相的生长条件。窄且长的化学势范围表明应该小心控制生长条件以形成所需的 $CH_3NH_3PbI_3$ 钙钛矿相。这个很窄的化学势范围与计算的 $CH_3NH_3PbI_3$ 的小分解能一致，仅为 $0.27eV$，计算式子为 $E(CH_3NH_3I) + E(PbI_2) - E(CH_3NH_3PbI_3)$。

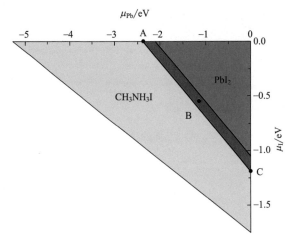

图 4-7　计算形成 $CH_3NH_3PbI_3$（中间红色区域）、PbI_2（右上蓝色区域）和 CH_3NH_3I（左绿色区域）的化学势范围。三个代表点 A（$\mu_{MA} = -2.87eV$，$\mu_{Pb} = -2.39eV$，$\mu_I = 0eV$）、B（$\mu_{MA} = -2.41eV$，$\mu_{Pb} = -1.06eV$，$\mu_I = -0.60eV$）和 C（$\mu_{MA} = -1.68eV$，$\mu_{Pb} = 0eV$，$\mu_I = -1.19eV$）用于计算点缺陷的生成能。经许可改编自文献 [28]。版权归 2014 AIP Publishing LLC 所有

为了评估点缺陷的生成能对构成元素化学势的依赖性，我们选择了三个代表点：A（富 I/贫 Pb）、B（均等）和 C（贫 I/富 Pb），如图 4-7 所示。在图 4-8(a)～(c) 中分别表示出了点缺陷的生成能与化学势点 A、B 和 C 处费米能级的函数关系。为清楚起见，只有具有低生成能的缺陷以彩色实线显示。具有高生成能的缺陷以灰色虚线显示。在化学点 A，即富 I/贫 Pb 情况下，$CH_3NH_3PbI_3$ 本质上应为 p 型，因为费米能级接近 VBM。在化学点 B，即均等情况下，$CH_3NH_3PbI_3$ 应为本征型（低电导率）。在化学点 C，即贫 I/富 Pb 情况下，$CH_3NH_3PbI_3$ 本质上应为 n 型，因为费米能级接近 CBM。在 $CH_3NH_3PbI_3$ 中，主要缺陷

是供体 MA$_i$ 和受体 V$_{Pb}$，它们有比较大的生成能。CH₃NH₃PbI₃ 中 V$_{Pb}$ 的低生成能是由于能量上不利的 s-p 反键耦合条件，这类似于 CIS 中的 p-d 反键耦合[61]。Pb 的 s 轨道和 I 的 p 轨道之间的耦合完全占据的反键状态不会获得电子能量，因此倾向于破坏键并形成空位。MA$_i$ 较低的生成能可以通过其与 Pb-I 骨架的弱相互作用来解释。费米能级被这两个浅缺陷的形成所固定。最近的一份报告表明，通过改变生长条件，可以将 CH₃NH₃PbI₃ 的电导率从 p 型调整为 n 型[62]。

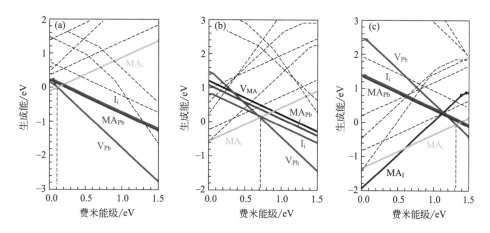

图 4-8　点缺陷的生成能与三个化学势点 A（a）、B（b）和 C（c）处费米能级的函数关系，A、B、C 点的位置如图 4-7 所示。经许可改编自文献［28］。版权归 2014 AIP Publishing LLC 所有

可以看出，低生成能缺陷，例如 MA$_i$、V$_{Pb}$、MA$_{Pb}$、I$_i$、V$_I$ 和 V$_{MA}$，具有低于 0.05eV 的跃迁能级，高于（低于）CH₃NH₃PbI₃ 的 VBM（CBM）。另一方面，所有产生深能级的缺陷，如 I$_{Pb}$、I$_{MA}$、Pb$_i$、Pb$_I$，都具有很高的生成能。因为只有深能级缺陷导致非辐射复合，这些生成能强烈地表明 CH₃NH₃PbI₃ 本质上应该具有低的非辐射复合率。

我们还（对 CH₃NH₃PbBr₃）计算了点缺陷的生成能，它是化学势点富 Br/贫 Pb、均等和贫 Br/富 Pb 的费米能级位置的函数。结果分别显示在图 4-9（a）～（c）中。可以看出 CH₃NH₃PbBr₃ 的电导率取决于生长条件。在富 Br/贫 Pb 化学势点，费米能级由 V$_{Pb}$ 的生成决定并且在 VB 内部❶。这表明在这种条件下生长的 CH₃NH₃PbBr₃ 应该是简并掺杂的，并且应该表现出优异的 p 型导电性。预计电导率优于 CH₃NH₃PbI₃ 的固有 p 型电导率。在中等生长条件下，通过 V$_{Br}$ 和 V$_{Pb}$ 将费米能级固定在 VBM 以上 0.25eV。在这种情况下，CH₃NH₃PbBr₃ 仍应表现出中等的 p 型导电性。在贫 Br/富 Pb 化学势点，CH₃NH₃PbBr₃ 应为本征或略带 n 型，因为费米能级通过 V$_{Br}$ 和 V$_{MA}$ 固定在 VBM 以上 1.07eV。因此，与 CH₃NH₃PbI₃ 不同，CH₃NH₃PbBr₃ 表现出单极自掺杂行为，也就是说它在热平衡生长条件下仅具有良好的 p 型导电性。CH₃NH₃PbBr₃ 无法实现良好的 n 型导电性。因此，CH₃NH₃PbBr₃ 可用作铅卤钙钛矿太阳能电池的低成本空穴传输材料。研究已经表明[18]，CH₃NH₃PbI₃ 的 n 型导电性是由于 MA$_i$ 的低生成能。然而，MA$_i$ 的生成能太高而不能制备 n 型 CH₃NH₃PbBr₃。MA$_i$ 在 CH₃NH₃PbBr₃ 中的较高生成能是由于其较小的晶格常数。

❶　原文如此。——编辑注

$CH_3NH_3PbI_3$ 和 $CH_3NH_3PbBr_3$ 中 V_{Pb} 的低生成能是由于能量上不利的 s-p 反键耦合。Pb s 与 I p/Br p 之间的完全反键耦合不会获得电子能量，因此倾向于破坏键并形成 Pb 和 Br 空位。由于 Pb s 和 Br p 反键耦合强于 Pb s 和 I p 反键耦合，因此 V_{Pb} 在 $CH_3NH_3PbBr_3$ 中的生成能小于在 $CH_3NH_3PbI_3$ 中的。这些是 $CH_3NH_3PbI_3$ 表现出双极性自掺杂行为，但 $CH_3NH_3PbBr_3$ 表现出单极自掺杂行为的根本原因。值得注意的是，产生深能级的四种点缺陷 Pb_i、Pb_{Br}、Br_{MA} 和 Br_{Pb}，具有相当高的生成能。因此，它们不是 $CH_3NH_3PbBr_3$ 的主要缺陷，这样也部分解释了为什么基于 $CH_3NH_3PbBr_3$ 的太阳能电池可以实现高 V_{oc}。

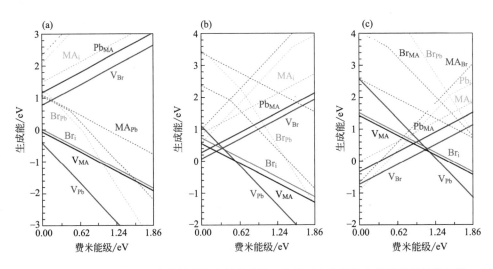

图 4-9　计算了在 $CH_3NH_3PbBr_3$ 中本征点缺陷的生成能，它是三个化学势点的费米能级的函数：（a）富 Br/贫 Pb；（b）均等；（c）富 Br/贫 Pb。具有高生成能的缺陷以虚线示出。经许可改编自文献 [33]。版权归 2014 AIP Publishing LLC 所有

4.3.4　计算表面状态

基于图 4-3(b) 所示的缺陷形成机理，$CH_3NH_3PbX_3$ 钙钛矿表面不应产生深间隙状态。通过 DFT 计算研究了 $CH_3NH_3PbI_3$ 的表面性质[63]。在这里，我们在 $CH_3NH_3PbI_3$ 的 (110) 表面上显示 DFT 结果。(110) 表面是最重要的表面，因为太阳能电池器件中的大多数钙钛矿膜显示出 (110) 优先取向。(110) 表面可以具有两个封端，水平的 PbI_2 封端和 MAI 封端，分别如图 4-10(a)(b) 所示。表面使用平板超级单体建模。在我们的计算中，体区域中的原子（三个 PbI_6 八面体层）是固定的，只有表面区域中的原子被释放。

我们计算了这两个表面板的总状态密度（total density of state，TDOS），并将它们与 $CH_3NH_3PbI_3$ 块状单体的 TDOS 进行了比较。水平的 PbI_2 封端和 MAI 封端（110）表面的 TDOS 分别如图 4-11(a)(b) 所示。仅含有块状 $CH_3NH_3PbI_3$ 板的 TDOS 如图 4-11(c) 所示。具有 PbI_2 封端（110）表面板的 TDOS 几乎没有带隙，而含有 MAI 封端表面的超级单体的 TDOS 与块体相比显示出大大降低的带隙。结果表明表面形成了深能级。这与图 4-3 中所示的缺陷趋势不一致。

为了了解价带和导带边缘是否是局部表面状态，我们绘制了与价带和导带边缘相关的电

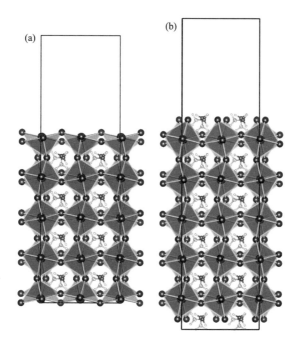

图 4-10　CH₃NH₃PbI₃（110）表面的侧视图。（a）水平的 PbI₂ 封端；（b）水平的 MAI 封端

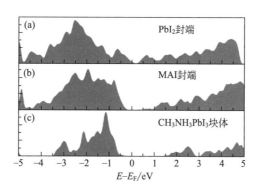

图 4-11　计算的板的 TDOS：（a）（110）PbI₂ 封端平面；（b）MAI 封端表面；（c）CH₃NH₃PbI₃ 块体

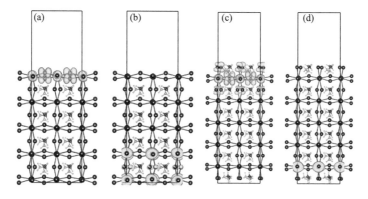

图 4-12　电荷密度图：（a）具有水平 PbI₂ 表面的超级单体的 VBM；（b）具有水平 PbI₂ 表面的超级单体的 CBM；（c）具有 MA 表面的超级单体的 VBM；（d）具有 MA 表面的超级单体的 CBM

荷密度图。如图 4-12(a)(b) 所示，电荷位于表面层上，表明表面引入局部化状态。这表明表面产生深能级。这与图 4-3 中所示的总趋势不一致。

然而，当我们计算每个 PbI_6 层的部分态密度（partial density of state，PDOS）时，获得了不同的情况。如图 4-13 所示，对于 (110)PbI_2 平面 [图 4-13(a)] 和 MAI 表面 [图 4-13(b)]，PDOS 表现出非常相似的特性，包括从上表面到底面的所有层的带隙。唯一可观察到的差异是，对于上表面以下的层面，PDOS 系统地偏移到较低能量。除了能量偏移之外，表面层的 PDOS 非常类似于块体区域中各层的 PDOS。因此，表面实际上不会产生任何深能级。图 4-13 中的窄带隙或所谓的表面状态，是由不同层的 PDOS 的移动引发的。我们发现 PDOS 的能量转移很可能是由表面上的 Pb—I 键引发的表面偶极子引起的。MAI 表面上的 CH_3NH_3 分子引入了额外的偶极子，但比 Pb—I 键诱导的更弱。

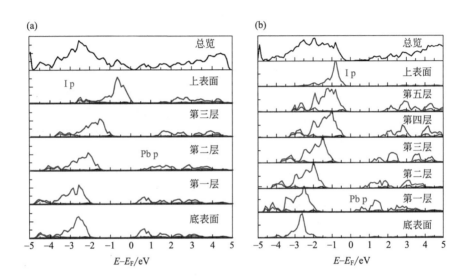

图 4-13　计算每层板的 PDOS：(a) 水平的 PbI_2 (110) 表面；(b) MAI 表面

4.3.5　计算晶界状态

在诸如 GaAs、CIGS、CZTS 和 CdTe 的常规无机太阳能电池吸收器中，固有晶界（GB）在带隙内产生深能级，并且被认为对太阳能电池性能有害。最近的理论研究表明阳离子-阳离子错误键和阴离子-阴离子错误键是产生深间隙状态的主要原因[64-67]，这类似于图 4-3(c) 所示的情景。因此，我们计算了 $CH_3NII_3PbI_3$ 钙钛矿中晶界的电子性质。由于没有可用于 $CH_3NH_3PbI_3$ 中晶界原子结构的实验数据，我们采用原子分辨率透射电子显微镜观察钙钛矿氧化物中晶界的原子结构[50]。为了保持周期性，每个超级单体包含两个相同的晶界，它们以相反的方向定向。图 4-14 显示了包含两个相同 Σ5(310) 晶界的超级单体的原子结构。原子结构采用钙钛矿 $SrTiO_3$ 中相同的晶界。为了研究超级单体中两个晶界之间相互作用的影响，构建了两个晶界之间具有不同宽度的超级单体。当晶界之间的距离达到 38.32Å 时，两个晶界之间的相互作用可以忽略不计。完全松弛的晶界结构如图 4-14 所示。边界区域中有一些具有悬挂键或错误键的 Pb 和 I 原子被标记。Pb1-Pb1′、I1-I1′、I2-I2′、

I3-I3′的距离分别为 4.870Å、4.636Å、4.856Å、3.776Å。这主要是由于 CH₃NH₃PbI₃ 的大晶格常数。如此大的距离表明没有强 Pb—Pb 和 I—I 错误键。晶界主要包含 Pb 和 I 悬挂键、Pb—I—Pb 错误键角和额外键（Pb2）。综上所述，Pb 和 I 悬挂键应产生浅能级。因此，预计晶界是电气良性的。

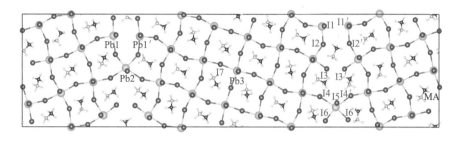

图 4-14　CH₃NH₃PbI₃ 中 Σ5(310) 晶界的结构模型。两个相同的晶界包含在超级单体中以实现周期性。引自参考文献 [29]。版权归 Wiley-VCH Verlag GmbH & Co. KGaA 所有

实际上，我们的状态密度（density of state，DOS）分析表明 CH₃NH₃PbI₃ 中的晶界（GB）本质上是电气良性的。图 4-15(a) 比较了含有 CH₃NH₃PbI₃ 块体的超级单体和含有两个排列相反的 Σ5(310) 晶界的超级单体的 TDOS 计算值。两个 TDOS 在带隙区域几乎相同，表明晶界不会在 CH₃NH₃PbI₃ 的带隙内产生任何状态。良性晶界性质可以通过悬挂键形成的点缺陷的浅能级性质来解释。我们还绘制了 Pb 和 I 原子的 PDOS，如在 Σ5(310) 晶界区域的 Pb1、Pb2、I1、I2、I3、I4、I5、I6 原子，以及在块体区域的 Pb3 和 I7 原子 [图 4-15(b)~(e)]。可以看出没有观察到间隙状态。我们还考虑了 Σ3(111) 晶界，这是钙钛矿中另一种常见的晶界。CH₃NH₃PbI₃ 的良性晶界特性与图 4-3(c) 所示的浅缺陷趋势一致。

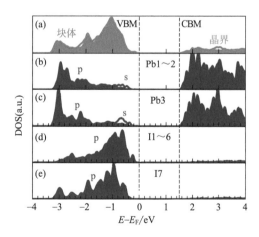

图 4-15　(a) 计算了含有 CH₃NH₃PbI₃ 块体的超级单体的总 TDOS，和含有两个 R5(310) 晶界的超级单体的总 TDOS；(b)~(e) 晶界平面附近所选原子的 PDOS。为清楚起见，放大了 PDOS。经许可改编自文献 [29]。版权归 2014 Wiley-VCH Verlag GmbH & Co. KGaA 所有

为了测试键长或晶格常数的影响，我们压缩晶界区域以查看 I-I 反键状态的能级如何变化。图 4-16 显示了相对于 VBM 计算的 I-I ppσ* 能级与压缩比的关系。可以看出，当不考虑压缩时，I-I ppσ* 能级低于 VBM，与前面描述一致。压缩应变明显增加了 I-I 耦合强度并将

I-I ppσ* 能级进一步推入带隙。在约 3% 的压缩应变下，I-I ppσ* 能级刚好在 VBM 上方移动。在约 10% 应变下，I-I ppσ* 能级比 VBM 高约 0.20eV，这成为深度缺陷状态。值得注意的是，之前的报道[68] 表明，在 $CuInSe_2$ 的晶界中，随着拉伸应变增加晶格参数，可以有效地将阴离子-阴离子 ppσ* 能级推出带隙，并且晶界变为电气良性。

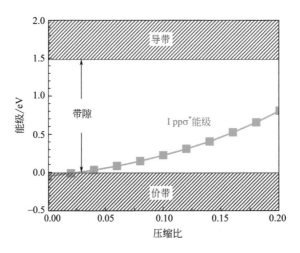

图 4-16　ppσ* 缺陷态的变化与 $\Sigma5(310)$ 晶界核心区压缩应变比的函数关系

　　虽然在 $\Sigma5(310)$ 晶界中没有深间隙状态，但缺陷状态接近 VBM，因此降低了空穴迁移率。晶界中的 Cl 和 O 钝化可以减少缺陷状态并改善空穴迁移率。理论和实验观察都表明，Cl 不太可能在 MAPI 块体中存在。我们研究了 Cl 在晶界中的可能性，因为晶界中的缺陷偏析是薄膜太阳能电池中常见的现象[64-66,69,70]，如 CdTe、$CuInSe_2$ 和 $Cu_2ZnSnSe_4$。我们发现在 $\Sigma5(310)$ 晶界 [图 4-17(a)] 中，I—I 错误键合位点的 Cl_I 总能量比块体大约低 0.2eV，如图 4-17(b) 所示，表明 Cl 可以自发地分离到晶界区域。Cl 倾向于晶界的 I—I 错误键位置是由于其较小的尺寸：用 Cl 替换 I 会导致系统中大的应变，从而耗费能量，但是晶界中耗费的能量比在颗粒内部区域小。晶界的 Cl—I 键长从 3.72Å（I—I 键）增加到 3.80Å，即键减弱。Cl—I 键的弱化和晶界处 Cl 的高电负性，将破坏空穴陷阱状态而使其失活。由于许多实验结果未在 MAPI 中显示 Cl，因此我们可以直接估算钝化晶界所需的 Cl 量。考虑到 200nm 的晶粒尺寸（在实验中为 50～2000nm），我们估计 Cl 的 0.3% 原子比足以钝化晶界中的所有 I—I 错误键。该假设基于所有晶界具有错误的键衍生陷阱状态。实际上，某些晶界 [如 $\Sigma3(111)$] 没有陷阱状态。由于取决于晶粒尺寸和能量过程，Cl 的实际量会更少。该结果可以解释为什么少量的 Cl（可能在实验可检测性内）可以增强载体运输。

　　通过开尔文探针力显微镜（KPFM）和 EBIC 测量间接证明了晶界中可能存在 Cl。Edri 等的实验在 MAPI 晶界上检测到一个小的静电屏障（约 40meV[71]）。然而，没有发现 $CH_3NH_3PbI_{3-x}Cl_x$ 晶界的屏障[71]。如图 4-17(b) 所示，在我们的计算中发现 O 也具有类似的效果。然而，O 和 Cl 之间的差异在于 Cl 与 I 是等价的，而 I 位的 O 是受体并且使材料成为 p 型，如图 4-17(c) 所示，其中计算的 O 钝化的费米能级低于块体 VBM。Ren 等最近的一份实验报告[72] 证明，热辅助氧退火导致能量转换效率的显著提高。除了 Cl 或 O 的化学钝化外，还发现 PCBM/富勒烯膜在晶界处具有钝化效应并且消除了电流-电压（I-V）迟滞。钝化机制仍然不太明朗[73]。基于我们的理论，扩散到 MAPI 晶界中的大尺寸富勒烯会拉伸 I—I 键的长度，削弱错误键的强度，从而将陷阱状态拉到 VBM 以下。

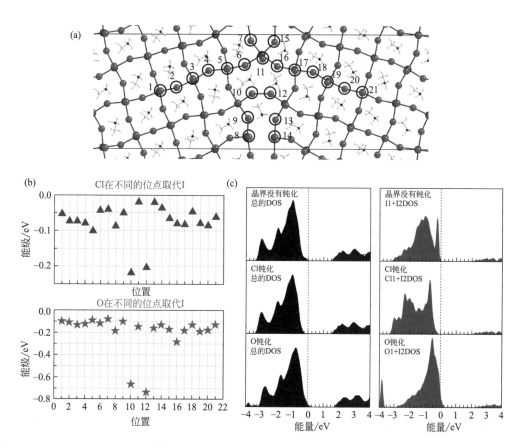

图 4-17　（a）在 CH₃NH₃PbI₃ ∑5(310)晶界中视为 Cl/O 取代位点的不同 I 位置。在 MD 模拟中，模型构造从快照中完全放松。（b）当 Cl/O 替代（a）中不同 I 位点时的相对总能量。不对称行为归因于 CH₃NH₃ 分子的随机取向。（c）处于未钝化、Cl-钝化和 O-钝化的 CH₃NH₃PbI₃ ∑5(310)晶界的错误键处的 TDOS 和 PDOS。经许可改编自文献 [34]。版权归 2015 Wiley-VCH Verlag GmbH&Co. KGaA 所有

　　虽然钙钛矿中的理想晶界是电气良性的，但真正的钙钛矿薄膜中的晶界可能含有额外的本征点缺陷，例如 I 和 Pb 间隙。据报道，I 原子通过钙钛矿薄膜中的晶界迁移。I 原子的迁移可能是导致太阳能电池器件的电流-电压测量中迟滞现象的部分原因。我们发现 ∑5(210)晶界 [图 4-18(a)] 的间隙 I 的能级比块体区域的能级低约 0.26eV，这表明一些 I 间隙可能会分离成晶界并改变晶界属性。图 4-18(b) 显示了具有 I 间隙的 ∑5(210)晶界的计算 TDOS。可以看出，在价带上方出现了一个小的尖峰，表明晶界处的间隙 I 产生了一个深能级。为了更清楚地揭示该能级，在图 4-18(c) 中绘制了与晶界中的间隙 I（由红色箭头标记）和块体区域中的 I 原子（由蓝色箭头标记）相关联的 PDOS。与图 4-3(c) 中所见的一般趋势一致，图 4-18(c) 所示的尖锐间隙状态源自 I p-I p 反键状态。间隙 I 与最近的相邻 I 原子之间的键长为 3.47Å，这比没有间隙 I 原子的∑5(210)晶界中的最短 I—I 键长度更短。

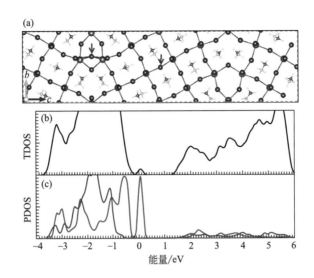

图 4-18 （a）$CH_3NH_3PbI_3$ 中在晶界左侧具有间隙 I 原子的 $\sum 5(210)$ 晶界结构模型；（b）在晶界左侧具有间隙 I 原子超级单体的计算 TDOS；（c）块体区域的 I 原子和间隙 I 原子的 PDOS

4.3.6 $CH_3NH_3PbI_3$ 的掺杂特性

我们计算了ⅠA、ⅠB、ⅡA、ⅡB、ⅢA、ⅤA 和ⅥA 族元素的外部掺杂效应。对于ⅠA 和ⅠB 族元素，我们将间隙位点（Na_i、K_i、Rb_i 和 Cu_i）上的 Na、K、Rb 和 Cu 视为供体，并将 Pb 位点（Na_{Pb}、K_{Pb}、Rb_{Pb} 和 Cu_{Pb}）视为受体。对于ⅡA 和ⅡB 族元素，我们将 MA 位点上的 Sr、Ba、Zn 和 Cd（Sr_{MA}、Ba_{MA}、Zn_{MA} 和 Cd_{MA}）视为供体，而 Pb 位点（Sr_{Pb}、Ba_{Pb}、Zn_{Pb} 和 Cd_{Pb}）作为中性缺陷。对于ⅢA 和ⅤA 族元素，我们认为 Pb 位点（Al_{Pb}、Ga_{Pb}、In_{Pb}、Sb_{Pb} 和 Bi_{Pb}）上的 Al、Ga、In、Sb 和 Bi 是潜在的供体。对于ⅥA 族元素，我们将 I 位点（O_I、S_I、Se_I 和 Te_I）上的 O、S、Se 和 Te 视为潜在的受体。

计算的浅供体和受体的跃迁能级如图 4-19 所示。供体的跃迁能级参考 $CH_3NH_3PbI_3$ 的 CBM，而受体的跃迁能级参考 VBM。可以看出间质基团ⅠA 和ⅠB 元素，Na_i、K_i、Rb_i 和 Cu_i 是浅供体。占据 MA 位点的ⅡA 族元素如 Sr 和 Ba 也是浅供体。当它们占据 Pb 位置时，是中性缺陷。我们的计算表明，Zn_{MA}、Cd_{MA}、Al_{Pb}、Ga_{Pb} 和 In_{Pb} 是深供体。因此，不考虑这些掺杂剂。Bi_{Pb} 和 Sb_{Pb} 是浅供体，其跃迁能级分别为 $-0.17eV$ 和 $-0.19eV$。计算的 Na_{Pb}、K_{Pb}、Rb_{Pb} 和 Cu_{Pb} 的跃迁能级分别为 $-0.026eV$、$0.014eV$、$0.020eV$ 和 $0.084eV$。计算出的 O_I、S_I、Se_I 和 Te_I 的跃迁能级分别为 $-0.076eV$、$0.021eV$、$0.070eV$ 和 $0.128eV$。Na_{Pb} 和 O_I 的负跃迁能量意味着它们的水平低于 VBM，表明自发电离化。

为了评估 $CH_3NH_3PbI_3$ 的非本征掺杂特性，我们在两种代表性生长条件下计算了上述掺杂剂的生成能随费米能级变化的函数：富 I/贫 Pb 和贫 I/富 Pb。为了计算掺杂剂的生成能，所考虑的掺杂剂元素的化学势必须满足额外的约束条件，以排除与掺杂剂相关的第二相的形成。例如，当使用诸如 Na、K 和 Rb 等ⅠA 族元素掺杂时，我们排除了 NaI、KI 和 RbI 可能的第二相。因此，还必须满足以下约束条件：$\mu_{Na}+\mu_I < \Delta H(NaI) = -2.59eV$，

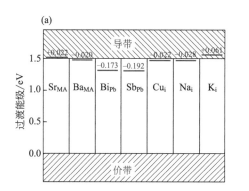
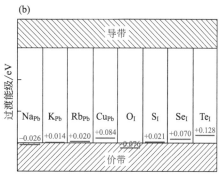

图 4-19　计算的外部掺杂剂的跃迁能级。经许可引用文献［30］。版权归 2014 美国化学学会所有

$\mu_K + \mu_I < \Delta H(KI) = -3.01\text{eV}$，$\mu_{Rb} + \mu_I < \Delta H(RbI) = -3.03\text{eV}$。类似的约束条件对于排除其他可能的与掺杂剂相关的第二相的形成是必要的，例如 CuI、SrI_2、BaI_2、SbI_3、BiI_3、PbO、PbS、$PbSe$ 和 $PbTe$。

图 4-20(a)(b) 分别显示了在富 I/贫 Pb 和贫 I/富 Pb 生长条件下计算的生成能随ⅠA 和ⅠB 掺杂剂的费米能级变化的函数。虚线表示具有最低生成能的本征缺陷。在富 I/贫 Pb 的条件下，受体 Na_{Pb}、K_{Pb}、Rb_{Pb} 和 Cu_{Pb} 具有比供体 Na_i、K_i、Rb_i 和 Cu_i 低得多的生成能。因此，这些掺杂剂中的大多数应占据 Pb 位点并掺杂 $CH_3NH_3PbI_3$ 的 p 型。内在供体缺陷 MA_i 的补偿非常弱。对于 Na 和 K 掺杂，费米能级固定在 VBM 以下，表明退化的 p 型掺杂。对于 Cu 掺杂，费米能级由 $Cu_{Pb}(0/-1)$ 跃迁固定，比 VBM 高约 0.09eV。对于 Rb 掺杂，费米能被固定在比 VBM 高约 0.06eV 的 Rb_{Pb} 和 MA_i。因此，在富 I/贫 Pb 生长条件下，与未掺杂的 $CH_3NH_3PbI_3$ 相比，ⅠA 和ⅠB 族掺杂会导致 p 型导电性的改善。在贫 I/富 Pb 生长条件下，内在供体缺陷和外在受体缺陷的补偿变得强烈。对于 Na、K 和 Rb 掺杂，费米能级分别通过 Na_{Pb}、K_{Pb}、Rb_{Pb} 和 MA_i 固定在 1.02eV、1.26eV 和 1.31eV。对于 Cu 掺杂，费米能级由固有缺陷 MA_i 和 V_{Pb} 固定。因此，在贫 I/富 Pb 生长条件下，与未掺杂的条件相比，ⅠA 和ⅠB 族掺杂将导致更多的绝缘 $CH_3NH_3PbI_3$。

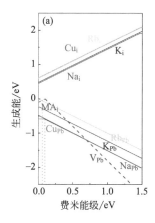
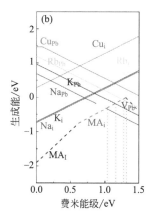

图 4-20　富 I/贫 Pb 和贫 I/富 Pb 生长条件下计算的生成能随ⅠA 和ⅠB 族掺杂剂的费米能级变化的函数关系。经许可引用自参考文献［30］。版权归 2014 美国化学学会所有

图 4-21(a)(b) 分别示出了在富 I/贫 Pb 和贫 I/富 Pb 条件下计算的生成能随ⅡA族掺杂剂的费米能级变化的函数。可以看出，Sr_{MA} 和 Ba_{MA} 的生成能通常高于 Sr_{Pb} 和 Ba_{Pb} 以及固有缺陷 V_{Pb}（Pb 空位）和 MA_i 的生成能。这可能是由几个原因造成的。众所周知，Pb^{2+} 的全占据 s 轨道与 I 的 p 轨道具有很强的反键耦合。s-p 反键耦合在能量上是不利的[47,74,75]。当 Pb 被不具有全占据 s 轨道的 Sr^{2+} 或 Ba^{2+} 取代时，消除了能量上不利的 s-p 反键耦合，导致能量上有利的取代。另一个可能的原因是 Sr 和 Ba 与 Pb 是等价的。虽然 Sr_{MA} 和 Ba_{MA} 将电子引入导带，但 Sr_{Pb} 和 Ba_{Pb} 不会。此外，由于尺寸不匹配的减小，Sr_{Pb} 和 Ba_{Pb} 可能比 Sr_{MA} 和 Ba_{MA} 引入更少的晶格应变。因此，预期ⅡA族元素不会产生比本征缺陷更好的 n 型 MAPI，但是，这些掺杂剂可以产生非常浅的供体能级。

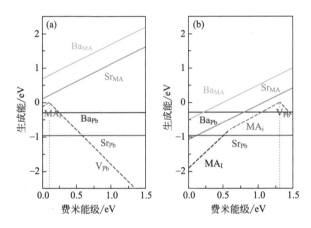

图 4-21　在富 I/贫 Pb(a) 和贫 I/富 Pb(b) 中，计算的生成能随ⅡA族的费米能级变化的函数关系，表明 Sr_{MA} 和 Ba_{MA} 的生成能通常高于 Sr_{Pb} 和 Ba_{Pb} 以及固有缺陷 V_{Pb}（Pb 空位）和 MA_i。经许可引用自文献 [30]。版权归 2014 美国化学学会所有

如图 4-22(a) 所示，在富 I/贫 Pb 条件下使用 Sb 和 Bi 的掺杂，被生成 V_{Pb} 强烈补偿。费米能级分别固定在高于 VBM 0.16eV 和 0.19eV 处。因此，在富 I/贫 Pb 条件下的 Sb 和 Bi 掺杂不能导致 n 型 MAPI。在贫 I/富 Pb 条件下，费米能级由本征缺陷 MA_i 和 V_{Pb} 固定，如图 4-22(b) 所示。因此，预期在热平衡生长条件下，Sb 和 Bi 掺杂不会产生比本征 n 型更好的 n 型 MAPI。

对于掺杂ⅥA族元素，我们发现在富 I/贫 Pb 生长条件下，只有 O 可以改善 $CH_3NH_3PbI_3$ 的 p 型电导率。其他ⅥA族元素如 S、Se 和 I 不会改善 $CH_3NH_3PbI_3$ 的 p 型电导率。图 4-23(a)(b) 分别是在富 I/贫 Pb 和贫 I/富 Pb 条件下 I 位点上的ⅥA族元素的计算生成能随费米能级变化的函数关系。O、S、Se 和 Te 的化学势受到限制，以避免形成 PbO、PbS、PbSe 和 PbTe 的第二相。对于 PbO、PbS、PbSe 和 PbTe，计算的生成焓分别为 $-2.96eV$、$-1.16eV$、$-1.25eV$ 和 $-0.96eV$。虚线表示具有最低生成能的本征缺陷。可以看出，在富 I/贫 Pb 生长条件下［图 4-23(a)］，掺杂 O 的费米能级被 MA_i 和 O_I 固定在 VBM 的顶部。因此，预期 p 型电导率优于在相同生长条件下生长的固有 $CH_3NH_3PbI_3$（费米能级由 MA_i 和 V_{Pb} 固定在 VBM 大约 0.1eV 以上）。在与 MA 分子的两个 H 原子结合的位点处的间隙，O 原子具有最低能量。这种配置类似于 Si 晶体中的间隙 O。同样，MAPI

中的 O 间隙不产生任何间隙状态，因此是中性缺陷。在贫 I/富 Pb 条件下，掺杂通过形成本征点缺陷得到强有力的补偿。因此，当使用ⅥA 族元素掺杂时，与在相同条件下生长的固有 CH₃NH₃PbI₃ 相比，只有 O 导致在富 I/贫 Pb 条件下改善的 p 型导电性。

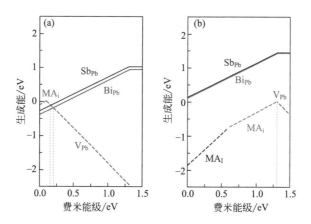

图 4-22　富 I/贫 Pb(a) 和贫 I/富 Pb(b) 条件下计算的生成能随 Sb 和 Bi 的费米能级变化的函数关系。经许可引用自文献［30］。版权归 2014 美国化学学会所有

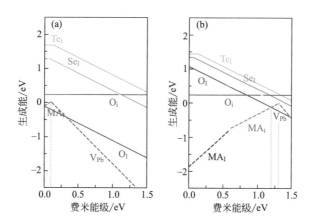

图 4-23　计算生成能随费米能级变化的函数，对于ⅥA 族掺杂：（a）富 I/贫 Pb；（b）贫 I/富 Pb。经许可引用自文献［30］。版权归 2014 美国化学学会所有

4.4　结论

我们已经总结了 CH₃NH₃PbI₃ 钙钛矿点缺陷的独特缺陷特性，低生成能只产生浅能级，而深能级点缺陷具有高生成能。内在表面和晶界不会产生深能级。这些独特的缺陷特性归因于 Pb 孤对电子和 X 的 p 轨道之间的反键耦合、高离子性和 CH₃NH₃PbI₃ 的大晶格常数。CH₃NH₃PbI₃ 表现出固有的双极自掺杂行为，其电导率可通过控制生长条件从 p 型调节到 n 型。然而，CH₃NH₃PbBr₃ 表现出单极自掺杂行为，如果在热平衡生长条件下合成，它会更

倾向于表现出 p 型导电性。由于其大的带隙，$CH_3NH_3PbCl_3$ 会表现出补偿的自掺杂行为。通过在富 I/贫 Pb 生长条件下引入一些 ⅠA、ⅠB 或 ⅥA 族元素，可以进一步改善 $CH_3NH_3PbI_3$ 的 p 型电导率。然而，由于本征点缺陷的补偿，在热平衡生长条件下，通过外在的掺杂，$CH_3NH_3PbI_3$ 的 n 型导电性不会得到改善。

致谢： 感谢 Nikolas Podraza 提供的通过光谱椭偏仪测量的 $CH_3NH_3PbI_3$ 的吸收系数。这项工作得到了美国能源部（DOE）SunShot Initiative 在下一代光伏 3 期项目（DE-FOA-0000990）和俄亥俄州研究学者计划的支持。该研究使用了俄亥俄州超级计算机中心和国家能源研究科学计算中心的资源，该中心由美国能源部科学办公室支持，合同号 DE-AC02-05CH11231。

参考文献

[1] Kojima, A., Teshima, K., Shirai, Y., Miyasaka, T.：J. Am. Chem. Soc. 131, 6050-6051（2009）

[2] Im, J. H., Lee, C. R., Lee, J. W., Park, S. W., Park, N. G.：Nanoscale 3, 4088-4093（2011）

[3] Kim, H. S., Lee, C. R., Im, J. H., Lee, K. B., Moehl, T., Marchioro, A., Moon, S. J., Humphry-Baker, R., Yum, J. H., Moser, J. E., Gratzel, M., Park, N. G.：Sci. Rep. 2, 591（2012）

[4] Chung, I., Lee, B., He, J., Chang, R. P., Kanatzidis, M. G.：Nature 485, 486-489（2012）

[5] Lee, M. M., Teuscher, J., Miyasaka, T., Murakami, T. N., Snaith, H. J.：Science 338, 643-647（2012）

[6] Burschka, J., Pellet, N., Moon, S. J., Humphry-Baker, R., Gao, P., Nazeeruddin, M. K., Gratzel, M.：Nature 499, 316-319（2013）

[7] Liu, M., Johnston, M. B., Snaith, H. J.：Nature 501, 395-398（2013）

[8] Noh, J. H., Im, S. H., Heo, J. H., Mandal, T. N., Seok, S. I.：Nano Lett. 13, 1764-1769（2013）

[9] Park, N.-G.：J. Phy. Chem. Lett. 4, 2423-2429（2013）

[10] Xing, G., Mathews, N., Sun, S., Lim, S. S., Lam, Y. M., Gratzel, M., Mhaisalkar, S., Sum, T. C.：Science 342, 344-347（2013）

[11] Stranks, S. D., Eperon, G. E., Grancini, G., Menelaou, C., Alcocer, M. J., Leijtens, T., Herz, L. M., Petrozza, A., Snaith, H. J.：Science 342, 341-344（2013）

[12] Chen, Q., Zhou, H., Hong, Z., Luo, S., Duan, H. S., Wang, H. H., Liu, Y., Li, G., Yang, Y.：J. Am. Chem. Soc. 136, 622-625（2014）

[13] Jeon, N. J., Noh, J. H., Kim, Y. C., Yang, W. S., Ryu, S., Seok, S. I.：Nat. Mater. 13, 897-903（2014）

[14] Mei, A., Li, X., Liu, L., Ku, Z., Liu, T., Rong, Y., Xu, M., Hu, M., Chen, J., Yang, Y., Gratzel, M., Han, H.：Science 345, 295-298（2014）

[15] Zhou, H., Chen, Q., Li, G., Luo, S., Song, T. B., Duan, H. S., Hong, Z., You, J., Liu, Y., Yang, Y.：Science 345, 542-546（2014）

[16] Tao, C., Neutzner, S., Colella, L., Marras, S., Srimath Kandada, A. R., Gandini, M., Bastiani, M. D., Pace, G., Manna, L., Caironi, M., Bertarelli, C., Petrozza, A.：Energy Environ. Sci. 8, 2365-2370（2015）

[17] Baena, J. P. C., Steier, L., Tress, W., Saliba, M., Neutzner, S., Matsui, T., Giordano, F., Jacobsson, T. J., Kandada, A. R. S., Zakeeruddin, S. M., Petrozza, A., Abate, A., Nazeeruddin, M. K., Gratzel, M., Hagfeldt, A.：Energy Environ. Sci. 8, 2928-2934（2015）

[18] Ahn, N., Son, D. Y., Jang, I. H., Kang, S. M., Choi, M., Park, N. G.：J. Am. Chem. Soc. 137, 8696-8699（2015）

[19] Jeon, N. J., Noh, J. H., Yang, W. S., Kim, Y. C., Ryu, S., Seo, J., Seok, S. I.：Nature 517, 476-480（2015）

[20] Roldán-Carmona, C., Gratia, P., Zimmermann, I., Grancini, G., Gao, P., Graetzel, M., Nazeeruddin, M. K.：Energy Environ. Sci. 8, 3550-3556（2015）

[21] Chen, W., Wu, Y., Yue, Y., Liu, J., Zhang, W., Yang, X., Chen, H., Bi, E., Ashraful, I., Gratzel, M., Han, L.：Science 350, 944-948（2015）

[22] Yang, D., Yang, R., Zhang, J., Yang, Z., Liu, S., Li, C.：Energy Environ. Sci. 8, 3208-3214（2015）

[23] Yang, W. S., Noh, J. H., Jeon, N. J., Kim, Y. C., Ryu, S., Seo, J., Seok, S. I.：Science 348, 1234-

1237（2015）

[24] NREL Best Research-Cell Efficiencies. ：Accessed Mar 2016

[25] Zhao，Y.，Zhu，K.：Chem. Soc. Rev.（2016）. doi：10. 1039/C4CS00458B

[26] Sun，S.，Salim，T.，Mathews，N.，Duchamp，M.，Boothroyd，C.，Xing，G.，Sum，T. C.，Lam，Y. M.：
Energy Environ. Sci. 7，399-407（2014）

[27] De Wolf，S.，Holovsky，J.，Moon，S. J.，Loper，P.，Niesen，B.，Ledinsky，M.，Haug，F. J.，Yum，J. H.，
Ballif，C.：J. Phys. Chem. Lett. 5，1035-1039（2014）

[28] Yin，W. -J.，Shi，T.，Yan，Y.：Appl. Phys. Lett. 104，063903（2014）

[29] Yin，W. J.，Shi，T.，Yan，Y.：Adv. Mater. 26，4653-4658（2014）

[30] Shi，T.，Yin，W. -J.，Yan，Y.：J. Phy. Chem. C 118，25350-25354（2014）

[31] Yin，W. -J.，Yang，J. -H.，Kang，J.，Yan，Y.，Wei，S. -H.：J. Mater. Chem. A 3，8926-8942（2015）

[32] Yin，W. -J.，Shi，T.，Yan，Y.：J. Phy. Chem. C 119，5253-5264（2015）

[33] Shi，T.，Yin，W. -J.，Hong，F.，Zhu，K.，Yan，Y.：Appl. Phys. Lett. 106，103902（2015）

[34] Yin，W. -J.，Chen，H.，Shi，T.，Wei，S. -H.，Yan，Y.：Adv. Electron. Mater. 1，1500044（2015）

[35] Chang，Y. H.，Park，C. H.，Matsuishi，K.：J. Korean Phys. Soc. 44，889-893（2004）

[36] Borriello，I.，Cantele，G.，Ninno，D.：Phys. Rev. B 77，235214（2008）

[37] Kresse，G.，Furthmüller，J.：Phys. Rev. B 54，11169-11186（1996）

[38] Kresse，G.，Joubert，D.：Phys. Rev. B 59，1758-1775（1999）

[39] Perdew，J. P.，Burke，K.，Ernzerhof，M.：Phys. Rev. Lett. 77，3865-3868（1996）

[40] Hedin，L.：Phys. Rev. 139，A796-A823（1965）

[41] Hybertsen，M. S.，Louie，S. G.：Phys. Rev. B 34，5390-5413（1986）

[42] Heyd，J.，Scuseria，G. E.，Ernzerhof，M.：J. Chem. Phys. 118，8207（2003）

[43] Krukau，A. V.，Vydrov，O. A.，Izmaylov，A. F.，Scuseria，G. E.：J. Chem. Phys. 125，224106（2006）

[44] Even，J.，Pedesseau，L.，Jancu，J. -M.，Katan，C.：J. Phy. Chem. Lett. 4，2999-3005（2013）

[45] Giorgi，G.，Fujisawa，J.，Segawa，H.，Yamashita，K.：J. Phy. Chem. Lett. 4，4213-4216（2013）

[46] Menéndez-Proupin，E.，Palacios，P.，Wahnón，P.，Conesa，J. C.：Phys. Rev. B 90，045207（2014）

[47] Brivio，F.，Butler，K. T.，Walsh，A.，van Schilfgaarde，M.：Phys. Rev. B 89，155204（2014）

[48] Umari，P.，Mosconi，E.，De Angelis，F.：Sci. Rep. 4，4467（2014）

[49] Mosconi，E.，Amat，A.，Nazeeruddin，M. K.，Grätzel，M.，De Angelis，F.：J. Phy. Chem. C 117，13902-
13913（2013）

[50] Imaeda，M.，Mizoguchi，T.，Sato，Y.，Lee，H. S.，Findlay，S. D.，Shibata，N.，Yamamoto，T.，Ikuha-
ra，Y.：Phys. Rev. B 78，245320（2008）

[51] Stoumpos，C. C.，Malliakas，C. D.，Kanatzidis，M. G.：Inorg. Chem. 52，9019-9038（2013）

[52] Baikie，T.，Fang，Y.，Kadro，J. M.，Schreyer，M.，Wei，F.，Mhaisalkar，S. G.，Graetzel，M.，White，
T. J.：J. Mater. Chem. A 1，5628（2013）

[53] Ball，J. M.，Lee，M. M.，Hey，A.，Snaith，H. J.：Energy Environ. Sci. 6，1739（2013）

[54] Zhang，S. B.，Northrup，J. E.：Phys. Rev. Lett. 67，2339-2342（1991）

[55] Van de Walle，C. G.，Laks，D. B.，Neumark，G. F.，Pantelides，S. T.：Phys. Rev. B 47，9425-9434（1993）

[56] Yan，Y.，Wei，S. -H.：Phys. Status Solidi B 245，641-652（2008）

[57] Wei，S. -H.：Comp. Mater. Sci. 30，337-348（2004）

[58] Yin，W. -J.，Wei，S. -H.，Al-Jassim，M. M.，Yan，Y.：Appl. Phys. Lett. 99，142109（2011）

[59] Du，M. H.：J. Mater. Chem. A 2，9091（2014）

[60] Agiorgousis，M. L.，Sun，Y. Y.，Zeng，H.，Zhang，S.：J. Am. Chem. Soc. 136，14570-14575（2014）

[61] Chen，S.，Walsh，A.，Gong，X. G.，Wei，S. H.：Adv. Mater. 25，1522-1539（2013）

[62] Wang，Q.，Shao，Y.，Xie，H.，Lyu，L.，Liu，X.，Gao，Y.，Huang，J.：Appl. Phys. Lett. 105，163508
（2014）

[63] Haruyama，J.，Sodeyama，K.，Han，L.，Tateyama，Y.：J. Phys. Chem. Lett. 5，2903-2909（2014）

[64] Li，C.，Wu，Y.，Poplawsky，J.，Pennycook，T. J.，Paudel，N.，Yin，W.，Haigh，S. J.，Oxley，M. P.，
Lupini，A. R.，Al-Jassim，M.，Pennycook，S. J.，Yan，Y.：Phys. Rev. Lett. 112，156103（2014）

[65] Yin，W. -J.，Wu，Y.，Noufi，R.，Al-Jassim，M.，Yan，Y.：Appl. Phys. Lett. 102，193905（2013）

[66] Yin，W. -J.，Wu，Y.，Wei，S. -H.，Noufi，R.，Al-Jassim，M. M.，Yan，Y.：Adv. Energy Mater. 4，1300712
（2014）

[67] Feng，C.，Yin，W. -J.，Nie，J.，Zu，X.，Huda，M. N.，Wei，S. -H.，Al-Jassim，M. M.，Yan，Y.：Solid
State Commun. 152，1744-1747（2012）

[68] Yan，Y.，Jiang，C. S.，Noufi，R.，Wei，S. H.，Moutinho，H. R.，Al-Jassim，M. M.：Phys. Rev. Lett. 99，

235504 (2007)

[69] Abou-Ras，D.，Schmidt，S. S.，Caballero，R.，Unold，T.，Schock，H.-W.，Koch，C. T.，Schaffer，B.，Schaffer，M.，Choi，P.-P.，Cojocaru-Mirédin，O.：Adv. Energy Mater. 2，992-998 (2012)

[70] Abou-Ras，D.，Schaffer，B.，Schaffer，M.，Schmidt，S. S.，Caballero，R.，Unold，T.：Phys. Rev. Lett. 108，075502 (2012)

[71] Edri，E.，Kirmayer，S.，Henning，A.，Mukhopadhyay，S.，Gartsman，K.，Rosenwaks，Y.，Hodes，G.，Cahen，D.：Nano Lett. 14，1000-1004 (2014)

[72] Ren，Z.，Ng，A.，Shen，Q.，Gokkaya，H. C.，Wang，J.，Yang，L.，Yiu，W. K.，Bai，G.，Djurisic，A. B.，Leung，W. W.，Hao，J.，Chan，W. K.，Surya，C.：Sci. Rep. 4，6752 (2014)

[73] Shao，Y.，Xiao，Z.，Bi，C.，Yuan，Y.，Huang，J.：Nat. Commun. 5，5784 (2014)

[74] Filippetti，A.，Mattoni，A.：Phys. Rev. B 89，125203 (2014)

[75] Amat，A.，Mosconi，E.，Ronca，E.，Quarti，C.，Umari，P.，Nazeeruddin，M. K.，Gratzel，M.，De Angelis，F.：Nano Lett. 14，3608-3616 (2014)

第5章
有机-无机钙钛矿的离子导电性：长时间和低频行为的相关性

**Giuliano Gregori，Tae-Youl Yang，Alessandro Senocrate，Michael Grätzel，
Joachim Maier**

摘要：本章重点研究了离子迁移在杂化有机-无机钙钛矿中的相关性。显著的离子电导率以及电子传导性的出现会导致电流的化学计量极化。这种极化在低频时产生大的表观介电常数，并在 I-V 扫描实验中产生明显的迟滞行为。我们综述了电化学背景、精确的测试方法以及这些现象对钙钛矿光电性能的影响。

5.1 引言

自首次证明甲铵铅卤是捕光活性材料以来[1]，杂化有机-无机卤素金属盐钙钛矿就用于开发新型固态太阳能电池器件，命名为钙钛矿太阳能电池（PSC），该装置于 2012 年问世，能量转换效率为 9.7%[2]。从那时起，由于改进了器件的制造工艺[3-6]、材料[7,8] 和电池结构，PSC 在效率方面取得了很大进步，2015 年达到了 20.1% 的认证值。为了解释造成这种性能的关键原因，研究者们已经研究了这些化合物的光学性质、介电性质、电荷传输以及移动缺陷性质。

本章重点介绍了杂化钙钛矿的电荷载流子传输特性，重点是显著的离子迁移。如下所述，离子紊乱可以直接解释长时间范围（低频率）的异常电容行为的原因，以及电流-电压（I-V）扫描实验中的迟滞现象[9]。

5.1.1 钙钛矿太阳能电池的电容异常

关于杂化卤素金属盐钙钛矿的电学性质的大量研究表明，杂化卤素金属盐钙钛矿具有高电磁敏感性的特点，具体表现在低频处的高表观介电常数 ε_r' [10,11] 和在 I-V 扫描期间的异常行为[12-15]。

值得注意的是，在高频下，ε_r' 通常与原子极化率和电子极化率相关联，移动电荷载流子在晶界或电极处被阻塞，导致低频范围内的化学计量极化。在混合导体的情况下，这种阻塞导致在极低频率范围的大量浓度分布的累积，见文献 [16]。

在 PSC 中，ε_r' 在低频下表现出惊人的高值。因此，Juarez-Perez 等[10]在黑暗条件下测得电池的 $\varepsilon_r' \approx 10^3$（$\nu < 1Hz$），该电池组成为 $FTO \mid TiO_2 \mid CH_3NH_3PbI_{3-x}Cl_x \mid Spiro\text{-}OMeTAD \mid Au$。

随着光强度的增加，这个值进一步上升，在 1 倍太阳辐照度下 $\varepsilon_r' \approx 10^6$。

这些异常电容现象的原因一直存在争议，关于它的解释有很多种，最受支持的假设是铁电性、电荷俘获或移动离子物质的存在。铁电的主张是基于有机偶极子的可能排列或晶格极化[10,11,17]。这种断言在 $CH_3NH_3PbI_3$ 单晶上测试的电流-电压（I-V）扫描曲线上得到了证实，显示出非欧姆的迟滞现象[18]，这似乎类似于铁电环。然而，这种迟滞现象通常是在远低于铁电性预期的频率下观察到的。而且，这种说法也与光照下增强极化率不相符。此外，NMR（核磁共振）研究表明，即使在室温下，基于 Cl^-、Br^- 和 I^- 的杂化卤化物钙钛矿的有机偶极子也完全无序分布[19-21]。另外，下面讨论的阻抗研究表明，在室温下体积介电常数相当小，为 33。虽然各种文献都涉及可能的离子迁移，但离子电导率的详细测量以及关于混合电导率对低频现象的影响的定量讨论仅在文献［9］中给出，这些讨论也主要基于这篇参考文献。

I-V 扫描曲线的迟滞现象：

通常，通过在标准照射条件（AM 1.5G，$100\,mW/cm^2$ 照射）下扫描电极（终端）上的外加电压（V），同时测量电流（I），来评估太阳能电池器件的效率。在给定的速率下扫描电压，从短路状态到正向偏压，再到开路电压，再到反向扫描。这种测试通常用于提供太阳能电池的稳态功率输出。然而，在 PSC 中，电流-电压（I-V）曲线的形状随特定测量条件而变化，例如电压扫描速率、扫描方向或照明时间。

尽管如此，在 PSC 中，即使在非常低的扫描速率下也检测到这种迟滞现象。有趣的是，迟滞的程度还取决于器件结构、电极材料、杂化卤素金属盐钙钛矿的组成、膜厚度以及形态。通常，与具有薄膜平面结构的器件相比，具有介孔结构的钙钛矿太阳能电池表现出较小的迟滞效应，并且迟滞的程度取决于 TiO_2 介孔层的厚度[5,13]。对于倒置器件结构，迟滞现象已经得到了缓解，其中 n 型富勒烯层渗透到钙钛矿晶粒之间[22-24]。在 MAPI 和苯基-C_{61}-丁酸甲酯（PCBM）的复合材料中也观察到了显著降低的迟滞现象，其中 PCBM 均匀地分布在光吸收层的晶界中[25]。最后，尽管有平面结构，含有毫米级晶粒的钙钛矿太阳能电池仍显示出无迟滞的 I-V 曲线[26]。

5.1.2 离子迁移的证据

对于 PSC，文献［9］提出了电子电导率和离子电导率的详细分析以及它们与上述异常相关性的定量讨论。本章主要参考了这一文献，尽管在之前的文章中已经提到了离子迁移，下文依然将对此进行阐述。

在许多研究中已经报道了离子对具有第ⅣB族阳离子的卤化钙钛矿的总体电传输性质的显著贡献。Yamada 等观察到基于 Ge 和 Sn 的化合物中的卤化物电导率，例如 $CH_3NH_3GeCl_3$、$CsSnI_3$、$CH_3NH_3SnI_3$[27-30]。全无机钙钛矿（$CsPbCl_3$ 和 $CsPbBr_3$）在高温（$T>573K$）下也表现出空位介导的卤化物电导率[31]。这些化合物的电导率在 $T \approx 673K$ 时是 $3 \times 10^{-3}\,S/cm$，离子电导率（即离子迁移数）超过 0.90，活化能在 $0.25 \sim 0.3eV$ 的范围内。值得注意的是，这些值与相应的二元卤化铅（$PbBr_2$、$PbCl_2$）相似[32,33]。

Dualeh 等[34] 对 $CH_3NH_3PbI_3$ 进行了阻抗谱分析，结果表明存在低频贡献，这归因于慢带电物质的迁移。最近，Xiao 等[35] 报道了 PSC 光电流的显著转换取决于所加偏压，这

归因于在施加的电场下的离子漂移。有趣的是，这种效应出现在使用 MAPI、FAPI、$CH_3NH_3PbBr_3$ 和 $CH_3NH_3PbI_{3-x}Cl_x$ 的器件中。通过使用开尔文探针力显微镜，在对器件进行极化后立即观察到可逆 p-i-n 结的形成。特别是由于从阴极侧传输 $V_{Pb}^{\bullet\bullet}$ 和/或 $V_{MA}^{\bullet}$ 而导致钙钛矿材料的损失，阳极变得透明并且富含针孔状结构。温度和施加的偏压，以及薄膜化学计量和形态，似乎极大地影响极化过程。其他独立研究也得出了类似的结论，文献［15］和［36］分别研究了 ITO|PEDOT:PSS|$CH_3NH_3PbI_xCl_{3-x}$|PCBM|Al 和 ITO|PEDOT:PSS|MAPI|MoO_3|Al 两种电池结构的界面电荷。在短暂施加偏压（几秒）后，在短路条件下检测到反向电流（I_{sc}），其大小随时间衰减。作者发现界面电荷（通过将反向电流随时间积分而获得）与所施加的偏压强度成正比，在光下进行的测量也有类似的结果，根据界面处的离子累积来解释这些发现。这与 Chen 等[37] 的研究结果一致，他们对瞬态 I_{sc} 随 cp-TiO_2|MAPI|Spiro-OMeTAD 中施加偏压变化的函数进行了研究。

　　Yuan 等[38] 提供了离子迁移的进一步证据，采用多种不同的技术，如原位光热诱导共振（PTIR，与红外光谱和 AFM 图联用）以及开尔文探针力显微镜（KPFM）。未加偏压的 MAPI 显示红外（IR）信号（在甲基的变形上调谐）和电极之间区域中表面电位的均匀分布。在对装置进行极化之后，检测到负电极处 MA^+ 的累积，导致不对称的 PTIR/KPFM 图。预测离子迁移率为 $1.5\times10^{-9} cm^2 \cdot V/s$。通过测量电池的 V_{oc} 随极化偏差（在不同温度下）变化的函数，可以识别两种不同的快速贡献：归因于 MA^+ 运动（$E_a=0.36eV$）的初始（低偏压）"快离子"以及随后的高偏压"慢离子"。Leijtens 等[39] 还报道使用金电极直接观察到极化 MAPI 薄膜中的极化（二极管状）行为，这被归因于 MA^+ 的传输。通过异丙醇滴的作用，在从钙钛矿分离出的 Ag 膜上使 AgI 形成场依赖性，表明存在极性溶剂诱导的碘化物运动。

　　最近，Bag 等[40] 观察到阻抗谱的低频范围内的第二个半圆（仅在照射下存在），其被归因于半无限离子扩散（类 Warburg 响应）。尽管如此，没有提供移动物种的直接证据。

缺陷与传输的计算研究：

　　很明显，这种离子电导率的存在表明这些材料中存在着明显的离子紊乱。基于结构观察并且考虑到大多数杂化有机-无机钙钛矿所显示的降解速率和前驱体的挥发性，人们期望这些材料表现出大的固有缺陷浓度。尽管对主要离子缺陷的性质几乎没有一致意见，一些计算研究报告了点缺陷的低生成能。Yin 等[41] 对 $CH_3NH_3PbI_3$ 进行了从头算 DFT 计算（VASP 代码），并获得了几种可能的点缺陷的缺陷生成能随成分（I 和 Pb）化学势变化的函数。具体而言，预测得到的显性缺陷是铅空位（在富 I/贫 Pb 条件下）和甲铵间隙（在贫 I/富 Pb 条件下），其形成能量分别为 0.29eV 和 0.20eV。这两种缺陷在价带顶部（导带底部）之上或价带底部（之下）都表现出低于 0.05eV 的能级，使得它们处于非常浅的陷阱状态。一般而言，报道显示低生成能缺陷具有接近价带或导带的能级，而较高生成能缺陷似乎表现出位于带隙内更深的能级。这与 Buin 等[42] 的观点一致，他们得出结论，$CH_3NH_3PbI_3$（$V_I^{\bullet}$、V_{MA}'、V_{Pb}''、I_i'，$MA_i^{\bullet}$、$PB_i^{\bullet\bullet}$）中最常见的点缺陷呈现浅过渡态。Agiorgousis 等[43] 获得了类似的结果，报道了 V_I' 和 PB_i'' 具有深间隙过渡态。Walsh 等[44] 也应用 DFT（VASP 代码）发现 $CH_3NH_3PbI_3$ 中肖特基缺陷的生成焓非常低，更有利的是肖特基反应导致 MAI 损失而不是 PbI_2 损失（表 5-1）。然而，Kim 等[45] 得出了相反的结论，他估计 PbI_2 空位（表 5-1）相对于碘化甲铵空位更可能形成。

表 5-1　$CH_3NH_3PbI_3$ 中肖特基缺陷的生成焓

缺陷反应	$\Delta H_s/eV$	文献
$nil \Longrightarrow V'_{MA} + 3V_I^{\cdot} + V''_{Pb} + MAPI$	0.14	Walsh 等[44]
$nil \Longrightarrow V'_{MA} + V_I^{\cdot} + MAI$	0.08	Walsh 等[44]
	1.803	Kim 等[45]
$nil \Longrightarrow V''_{Pb} + 2V_I^{\cdot} + PbI_2$	0.22	Walsh 等[44]
	0.027～0.073	Kim 等[45]

值得注意的是，对于如此低的 ΔH_s 值（0.08eV），V'_{MA} 和 $V_I^{\cdot}$ 的浓度在室温下应该非常高（4%的可用晶格位置）。

理论研究还解释了离子传输有关的活化能的预测。表 5-2 总结了几个文献中获得的值。例如，Eames 等[46] 使用从头计算 DFT（VASP 代码），得出结论，碘空位的迁移在能量上是最有利的。光电流弛豫时间测量值随温度变化的函数（在偏置器件之后）证实了这一结论，从中提取 0.60～0.68eV 的活化能。Haruyama 等[47] 也估计了对 $V_I^{\cdot}$ 运动更有利的活化能，而 Azpiroz 等[48] 报道了对 $V_I^{\cdot}$ 和 I'_i 同样有利的活化能，虽然远低于之前的两个文献（表 5-1）。

表 5-2　$CH_3NH_3PbI_3$ 中几个点缺陷迁移的活化能

缺陷	E_A/eV	文献
$V_I^{\cdot}$	0.58	Eames 等[46]
	0.08	Azpiroz 等[48]
	0.32～0.45	Haruyama 等[47]
I'_i	0.08	Azpiroz 等[48]
V'_{MA}	0.84	Eames 等[46]
	0.46	Azpiroz 等[48]
	0.55～0.89	Haruyama 等[47]
V''_{Pb}	2.31	Eames 等[46]
	0.80	Azpiroz 等[48]

5.1.3　离子和电子传输特性的实验说明

文献 [9] 中清楚地描述了离子和电子传导率的详细测量方法。低频下的高表观介电常数和扫描实验中的迟滞显示出混合电导率（化学计量极化）的直接结果。本章的以下部分着重描述这些实验的背景及其结论。

5.2　方法：直流极化和交流阻抗谱

在解决这些问题之前，让我们先谈谈混合导体（离子和电子）及其在电流下的行为。图 5-1(a) 显示了当材料与电子可逆而离子不可逆的电极接触时，混合导体（mixed conductor，MC）的电压响应，该电压响应是接通恒定电流（恒电流测量）的时间的函数。注意，在达到稳定状态之后关闭电流的行为是对称的。图 5-1(b) 显示复数阻抗的相应奈奎斯特（Nyquist）图。为了更详细地处理，读者可以阅读参考文献［16，49-52］。

在高频或非常短的极化时间（通常为 1GHz 或 1ns），所有载流子（电子和离子）都有贡献。根据等效电路，时间/频率特性由介电常数确定。在较短的时间（μs）/高频率（MHz）下，可以看到界面极化效应对应于与界面电容（例如耗尽层）平行的电荷转移电阻。这种界面可以是电极接触或垂直晶界。对于多晶材料，各个电阻和反向电容相加，导致时间/频率范围为 ms/kHz 级。在非常长的时间/低频率下，发生相邻相（电极）对样品主体的典型影响。

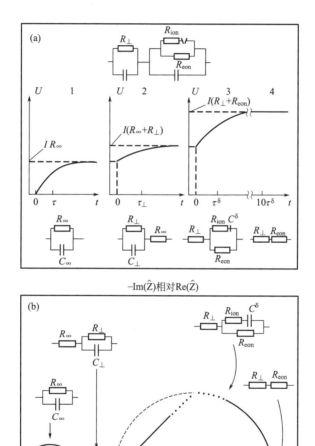

图 5-1 （a）在恒电流实验期间的电压响应，其中混合导体与电子可逆而离子不可逆的电极接触；（b）相应的奈奎斯特复合阻抗图。经 Springer 的许可转载自文献［51］

根据基尔霍夫定律，对于所考虑的情况，对恒定电流 I 的电压响应是[51]：

$$V(t) = IR_\infty(1 - e^{-t/\tau_\infty}) + IR_\perp(1 - e^{-t/\tau_\perp}) + IR_{con}t_{ion}(1 - e^{-t/\tau^\delta}) \tag{5-1}$$

式中，$t_{ion} = \dfrac{R_{eon}}{R_{eon} + R_{ion}}$，为离子迁移数。而相应的复合阻抗可写为：

$$\hat{Z} = \frac{R_\infty}{1+\omega^2\tau_\infty^2} + \frac{R_\perp}{1+\omega^2\tau_\perp^2} + \frac{R_{eon}t_{ion}}{1+\omega^2(\tau^\delta)^2} -$$

$$j\omega\left[\frac{\tau_\infty}{1+\omega^2\tau_\infty^2} + \frac{\tau_\perp}{1+\omega^2\tau_\perp^2} + \frac{R_{con}t_{ion}\tau^\delta}{1+\omega^2(\tau^\delta)^2}\right] \tag{5-2}$$

由于 $\tau_\infty, \tau_\perp \ll t < \tau^\delta$ 或者 $\tau_\infty, \tau_\perp \ll \omega^{-1} < \tau^\delta$，式(5-1) [和式(5-2) 中的相应部分] 忽略第三项中的修改。这里，实现了平方根行为或 Warburg 阻抗 [图 5-1(b) 中对应于传输线的线性行为]，以代替指数。

由此可见，化学计量极化是电极不能允许所有载流子通过的自然结果。它只能通过使用特殊的所谓可逆电极来避免，例如 Ag 用于卤化银或硫系化合物，对于 Ag^+ 和 e^- 或 O_2 是可逆的；Pt 用于氧化物，表现出氧离子和电子传导性。

通常电极阻挡电子（$Ag|AgI|\cdots$）但让离子（$Ag|AgI$；O_2，$Pt|YSZ|\cdots$）通过，或阻挡离子但让电子通过（例如 $C|\cdots$ 或 $Au|\cdots$）。在这种情况下，阻塞载流子的浓度梯度被非阻塞载流子的浓度梯度补偿，以保持电中性（见图 5-2）。

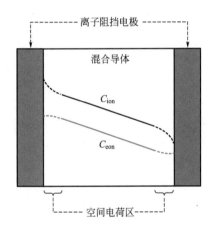

图 5-2　在直流极化实验中达到稳态时，移动电荷载流子浓度分布的化学表示。在空间电荷区内，电荷分布受平衡电位的影响。其中 ion 和 eon 指的是移动主导离子和电子载流子

极化实验的特征在于长时间的指数行为和短时间的平方根行为。这对应于低频下的 Warburg 阻抗和极低频率下的半圆形行为（通常 τ^δ 与时间常数 τ_∞ 和 $\tau_\perp$ 有很大不同，取决于样本厚度）。

注意，对于完整描述，还必须考虑空间电荷极化。在靠近电极的空间电荷区中，出现非零电荷密度。在纯离子导体的情况下也会发生这种现象。空间电荷极化的时间常数与 $\tau_\perp$ 在同一个数量级，与 τ^δ 完全不同[9,46]。如图 5-3 所示，空间电荷极化的夹杂物改变了扩散弧的形状 [参见图 5-1(b)]，这是离子电导率和电子电导率之比的函数。

在这种情况下，中心数量是 τ^δ，即弛豫过程的时间常数。根据化学电阻 R^δ、化学电容 C^δ、样品厚度 L 和化学扩散系数 D^δ，可以得到下式[54]：

$$\tau^\delta \propto \frac{L^2}{D^\delta} \propto R^\delta C^\delta \tag{5-3}$$

其中

$$R^{\delta} = R_{ion} + R_{eon} \propto (\sigma_{ion}^{-1} + \sigma_{eon}^{-1}) \qquad (5\text{-}4)$$

$$\frac{1}{C^{\delta}} = \frac{d\mu}{dc} \propto \left(\frac{\chi_{ion}}{c_{ion}} + \frac{\chi_{eon}}{c_{eon}} \right) \qquad (5\text{-}5)$$

图 5-4 显示了频率行为的另外两个等效表示。图 5-4（a）给出了复数电容 $\hat{K} = (j\omega\hat{Z})^{-1}$ 的高斯图，图 5-4（b）显示了 $\hat{K}$ 的实部 K' 和虚部 K'' 的频率依赖性。将 K' 归一化为电极距离和面积，给出了表观介电常数，其仅与 $\tau_{\infty}^{-1} \sim \omega \gg \tau_{\perp}^{-1}, (\tau^{\delta})^{-1}$ 的体介电常数一致。

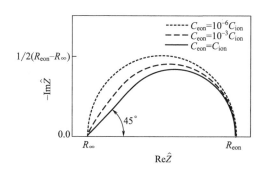

图 5-3　夹在两个离子阻挡电极之间的混合导体的交流阻抗谱，该混合导体具有不同浓度的电子和离子电荷载流子。电子迁移率比离子的大 10 倍，样本长度与德拜长度之间的比率 L/λ 等于 10^4，并且 $z_{ion} = -z_{eon} = 1$。引自文献 [53]

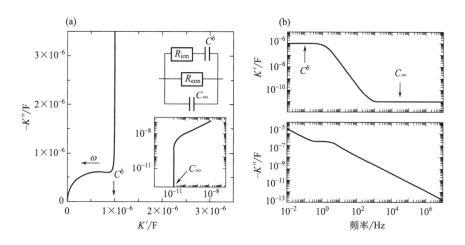

图 5-4　（a）等效电路复数电容 $\hat{K}$ 的高斯图，其中 $R_{ion} = 0.1 \text{M}\Omega$，$R_{eon} = 1 \text{M}\Omega$，$C^{\delta} = 10^{-6} \text{F}$，$C_{\infty} = 10^{-11} \text{F}$，内嵌一个高频（$\omega$）范围详图（对数-对数刻度）；（b）复电容实部和虚部的波德图

到目前为止，我们提到了恒电流极化；去极化行为是类似的[52]。注意，如果时间间隔足够大到可以实现均衡，那么对于一系列这样的脉冲，直流极化/去极化是相同的。如果进行三角扫描实验则不同。由于两者之间没有休息期，出现迟滞现象显然是预料之中的。

这种化学计量极化现象不仅导致了大量电陶瓷降解过程，而且也可以用于分离离子和电

子贡献。

5.3 CH$_3$NH$_3$PbI$_3$ 的电荷传输表征

在下文中，我们讨论了一系列独立实验，提供了 CH$_3$NH$_3$PbI$_3$ 的混合导电（离子和电子）性质的明确证据。请注意，所有的实验都是在氩气环境下进行的，如果没有特别说明，则是在黑暗条件下进行的。通过对冷压 CH$_3$NH$_3$PbI$_3$ 晶粒进行交流阻抗和直流极化测量，研究了离子和电子输运特性，晶粒按照文献 [9] 中所述制备。在"石墨|CH$_3$NH$_3$PbI$_3$|石墨"器件结构中，两层石墨被用作选择性电极，即电子传导和离子阻挡电极。为了在界面处实现良好的电接触，石墨粉和 CH$_3$NH$_3$PbI$_3$ 粉末在 400MPa 下同时被单轴压制。

5.3.1 阻抗光谱

图 5-5 显示了从 1MHz 至 1Hz 获得的典型交流阻抗谱，它由单个畸变的半圆组成。如图 5-5（b）所示，$\nu > 10^4$ Hz 时，复介电常数 ε'_r（在这个频率范围内对应于体积介电常数 $\varepsilon_{r,\infty}$）的实部随着温度的升高略有减小。然而，在较低的频率范围内，ε'_r 与整体情况相比迅速上升了一个数量级以上。有趣的是，在这些频率下，这些高 ε'_r 值表现出不同的温度依赖性，即它们随着温度的升高而增大。这种行为与 Juarez-Perez 等[10] 从含有 MAPI 的太阳能电池中观察到的结果类似。

从电容值可以看出，相对介电常数在 31～34 之间。该值指向所观察到的阻抗谱的单个半圆 [图 5-5（a）]，以对应于材料的体积特性[55]。体积电导率随温度的升高而增加，活化能为 0.43eV（图 5-6），与稍早的文献 [56] 一致。

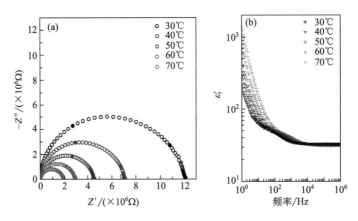

图 5-5　（a）从 1MHz 至 1Hz 获得的交流阻抗谱，实心符号分别对应于 1kHz 和 100Hz 下采集的数据；（b）复介电常数的实部随频率变化的函数。经 John Wiley & Sons, Inc. 许可，引自文献 [9]

我们注意到，无论是绝对数值还是介电常数的温度依赖性都不能说明铁电性。这与先前的研究一致，CH$_3$NH$_3$PbI$_3$ 的铁电行为仅出现在从四方晶系到正交晶系的相变过程中，该过程发生在 161K 以下[19]。

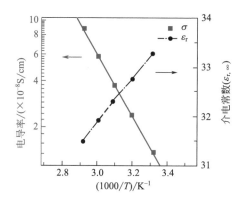

图 5-6　体积相对介电常数的交流电导率的温度依赖性。经 John Wiley & Sons 公司许可引自文献［9］

5.3.2　化学计量极化

　　直流极化测量是确定化合物中最主要的移动电荷载流子的有效工具。如图 5-7 所示，切换到 2nA 直流电流时的电压变化显示出明显的混合导电行为。在这种情况下，利用离子阻

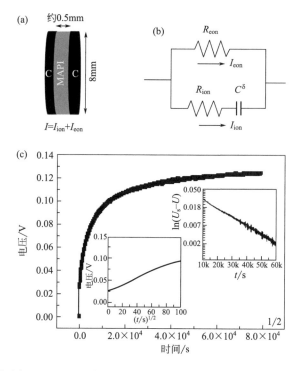

图 5-7　(a) MAPI 钙钛矿板；(b) 用于在很长时间内对（化学计量极化的短程部分的建模需要传输线）直流极化进行建模的等效电路（R_{eon} 为电子阻抗，R_{ion} 为离子阻抗，C^{δ} 为化学电容）；(c) 石墨|$CH_3NH_3PbI_3$|石墨电池恒电流直流极化曲线（30℃下用 Ar 流，在黑暗中通过施加 2nA 的电流测量得到），小图为 $t<10^4$ s 时的电压随时间的平方根变化的曲线、$t>10^4$ s 时电压随时间变化的半对数曲线。经 John Wiley & Sons，Inc. 许可，修改自文献［9］

挡电极（石墨），在接通电流时，电压瞬间达到有限值 V_0（在这种情况下为 25mV），然后逐渐增加到饱和值 V_S。这种瞬态行为是典型的化学计量极化，这是由于石墨电极屏蔽移动离子，以这样的方式形成离子浓度梯度，然后是电子浓度梯度，以满足电中性。可用于模拟这种行为的等效电路。

接通电流的瞬时电压值 V_0 $\left(V_0 = I\,\dfrac{R_{ion}R_{eon}}{R_{ion}+R_{eon}}\right)$，对应于电子和离子传输产生的总电阻（12.5MΩ，也是从交流阻抗测量中获得的）。

在稳定状态下，离子的电化学势梯度消失，只有电子流动（$I = I_{eon}$，$I_{ion} = 0$），其电压为 $V_S = IR_{eon}$。根据 V_S，电子电导率 σ_{eon} 为 1.90×10^{-9} S/cm，因此离子电导率为 7.7×10^{-9} S/cm（$\sigma_{总} = \sigma_{eon} + \sigma_{ion}$）。需要注意的是，在黑暗的条件下，$\sigma_{eon} < \sigma_{ion}$。

正如化学扩散所要求的那样[50,57]，瞬态曲线在短时间内符合 $\sqrt{t}$ 定律（即对于 $t < \tau^\delta$，τ^δ 是极化时间常数），而对于更长的时间（$t > \tau^\delta$），遵循指数函数行为。当实际值 τ^δ 分别为 1.6×10^4 s 和 2.1×10^4 s 时，这两种函数都得到了很好的验证。由 τ^δ，移动离子的化学扩散系数 D^δ $\left(D^\delta = \dfrac{L^2}{\pi^2\tau^\delta}\text{，其中 }L\text{ 为样品厚度，即扩散长度}\right)$ 的值可高达 2.4×10^{-8} cm^2/s。

5.3.3　开路电压测量

开路电压（V_{oc}）测量也是迅速验证大多数移动电荷载流子性质的有用工具。为此，首先将由石墨｜MAPI｜石墨构成的对称电池暴露于适度的电解条件（施加 300nA 的直流电流约 1h）下并测量电压。如图 5-8 所示，在切断直流电源时，由于有限的电子传输，V_{oc} 立即降至 788mV，然后随着时间慢慢减少。这种行为是混合导体的典型特征。

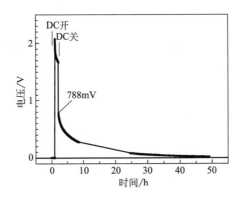

图 5-8　对称电池石墨｜CH$_3$NH$_3$PbI$_3$｜石墨的 V_{oc} 测量。通过施加直流（DC）电流（300nA，持续约 1h）实现电解。关闭电流后，V_{oc} 为 788mV。然后 V_{oc} 在约 50h 内缓慢衰减至零。经 John Wiley & Sons，Inc. 许可，修改自文献 [9]

通过使用不对称原电池(Pb,PbI$_2$)｜MAPI｜(Cu,CuI) 和 (Pb,PbI$_2$)｜MAPI｜(Ag,AgI) 进行了更详细的 V_{oc} 测量。不同的金属/金属碘化物混合物导致不同的碘化学势，从而形成有机-无机钙钛矿中的化学势梯度。由于这类测试要求较高的交换速度，因此在 453K 进行预处理后在 400K 的条件下测量 V_{oc}。从图 5-9 可以看出，电化学平衡时 V_{oc} 值分别为 90mV 和 122mV。需要注意的是，这样一个电池的电动势是由以下等式给出的：

$$V_{oc} = \bar{t}_{ion} \Delta\mu_I / 2F \tag{5-6}$$

式中，$\bar{t}_{ion}$ 是暴露在碘化学势下的样本的平均离子转移数：

$$\Delta\mu_I = \frac{1}{2}\Delta\mu_{I_2} = \frac{1}{2}RT\Delta\ln p_{I_2} \tag{5-7}$$

式中，p_{I_2} 是碘（I_2）的分压。特别是对于纯电子导体，$V_{oc}=0$。

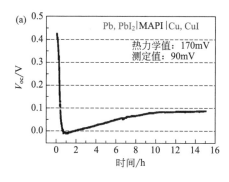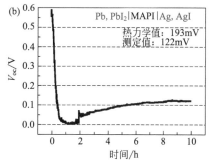

图 5-9　两个不同的原电池上的开路电压（V_{oc}）的测量：（a）（Pb，PbI_2）|MAPI|（Cu，CuI）和（b）（Pb，PbI_2）|MAPI|（Ag，AgI）。测量是在氩气氛围内在 400K 下，待电池达到平衡时测得的。最初的一部分 $V_{oc}(t)$ 曲线是受样本条件的影响。经 John Wiley & Sons，Inc. 许可，修改自文献［9］

通过将这些值与热力学理论值（170mV 和 193mV，由［$\Delta_f G(PbI_2) - 2\Delta_f G$（CuI 或 AgI）］/2F 得到，见表 5-3。其中，$\Delta_f G$ 是摩尔吉普斯自由能；F 是法拉第常数。进行比较而获得的离子迁移数，在 400K 下达到 0.53 和 0.63。这与从相同温度下的偏振数据获得的离子迁移数 0.5 一致。需要注意的是，迁移数是碘电位差的平均值。对于离子无序性占主导地位的材料，电子（而不是离子）电导率随 p_{I_2} 而变化。

表 5-3　用于化学势梯度实验的 PbI_2、CuI 和 AgI 的热力学数据

项目	$\Delta_f G/(kJ/mol)$	$\Delta_f H/(kJ/mol)$
PbI_2	−172.3	−191.9
CuI	−69.7	−75.5
AgI	−67.5	−69.3

5.3.4　决定电导率的离子种类

为了识别大多数移动离子种类，如图 5-10(a) 所示组装了由一个电子（Pb）器件和一个离子电极（AgI|Ag）组成的固态电化学电池（Pb|MAPI|AgI|Ag）。由于这种结构导致电流的化学变化，因此在施加直流电压后，研究了各种界面（图 5-10 和 5-11 中标记为 A、B、C、D、E）。在氩气氛围和黑暗条件下（Pb 电极为正极，Ag 极为负极），电流为 10nA，持续时间为一周。值得注意的是，如果铅离子是 MAPI 中的大多数移动离子，那么 PbI_2 层将在界面 C 处生长。相反，如果碘阴离子是移动速度最快的离子，那么 PbI_2 将在界面

B 处形成。在甲铵是主要的迁移缺陷的情况下，MAI 和 PbI_2 将分别存在于界面 C 和 B 处。

对测试结束时的各种界面进行仔细检查后发现，与原始状态相比，只有界面 B 显示了一个改进的表面 ［参见图 5-10（b）中的界面 A 和界面 B］。SEM 分析 ［图 5-10（c）～（e）］可用于检测 B 表面上的不规则聚集体。X 射线衍射（XRD）获得 PbI_2 的峰（分别在 $2\theta =$ 11.4°和 12.4°处）。能量色散 X 射线能谱（EDX）也证实了这一点，其谱图显示了 Pb 和 I 信号的存在 ［图 5-10（e）］，I/Pb 原子比为 2.2。

这些发现表明碘离子是决定电导率的离子，在恒电流测量期间引起化学计量极化的发生，测量中使用了电子导电电极（石墨）。进行对照实验，测试在相同环境条件下但不施加

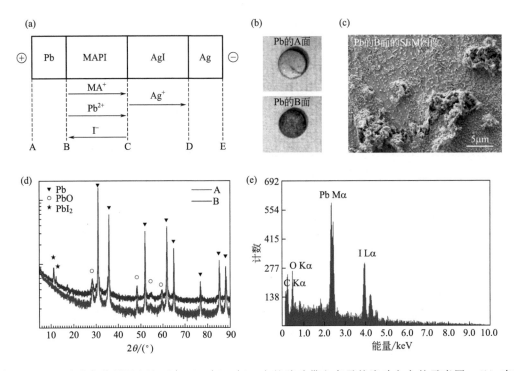

图 5-10 （a）在电气偏压下电池 Pb|MAPI|AgI|Ag 中的移动带电离子的流动方向的示意图；（b）表面 A 和 B 的图像；（c）Pb 颗粒上表面 B 的扫描电子显微镜（SEM）图像；（d）施加 10nA 的直流电流 1 周后，Pb 表面 A 和 B 的 XRD 图案；（e）Pb 表面 B 的 EDX 光谱。经 John Wiley & Sons，Inc. 许可，引自文献 ［9］

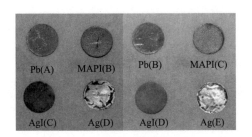

图 5-11 对照实验后每个颗粒的光学图像，实验期间对如图 5-10（a）所示组装的电池进行测试，在 Ar 气氛中在 50℃下老化 1 周，没有施加电流，所有表面都没有受到污染。经 John Wiley & Sons 公司许可，改编自文献 ［9］

任何电流的相同电池结构。如图 5-11 所示，在测试结束时，所有界面均未显示任何改变。这证实了 B 界面处 PbI_2 相的形成仅仅是由于碘迁移，而不是由于局部化学不稳定性。

5.4　化学扩散系数和化学电容

电导率数据显示在 5.3.2 部分，由其可见，电子电导率和离子电导率是可比的（在同一数量级——编辑注），指出 $CH_3NH_3PbI_3$ 主要以离子无序为特征。如果考虑 MAPI 中存在的电荷载流子的典型迁移率值，这一结果是直接的。由于在室温下，固态离子缺陷的迁移率几乎不大于 $10^{-2} cm^2/(V \cdot s)$，并且据报道，电子/空穴的迁移率远大于 3 个数量级[18,58]，移动离子物质的浓度必须超过电子缺陷浓度几个数量级。如果没有捕获，不仅总电导率是电子的，而且它将比观测到的要大几个数量级。

这种延伸的离子障碍的原因很可能与肖特基缺陷的形成有关，这是由于缺乏 MAI 或 PbI_2[44,46]，而显著的弗兰克尔（Frenkel）缺陷的可能性较小，理论研究也表明了这一点[41,59]。除了固有缺陷（例如 V'_{MA}、V''_{Pb}、$V_I^\bullet$、I'_i），不应排除具有外来缺陷，例如氧取代碘 O'_I 并因此充当受体的可能性。

在存在大的离子无序和低温的情况下，电子载流子将被离子缺陷捕获。例如，通过在碘间隙处捕获，孔的浓度可以保持较小[60,61]。在其他情况下，可以通过带负电的阳离子空位或受体捕获。然而，由于以下考虑，这些细节并不是决定性的，我们将最易移动的碘缺陷（$V_I^\bullet$ 或 I'_i）称为"离子"，而最易移动的电子缺陷（$h^\bullet$）称为"eon"。

考虑到这些因素，应考虑化学扩散系数 D^δ，一般表示为[62]：

$$D^\delta = \frac{\sigma_{eon}}{\sigma_{ion}+\sigma_{eon}}D_{ion}\chi_{ion} + \frac{\sigma_{ion}}{\sigma_{ion}+\sigma_{eon}}D_{eon}\chi_{eon} \tag{5-8}$$

式中，χ_{ion} 和 χ_{eon} 分别表示离子和电子载流子的差分捕获因子；D_{ion} 和 D_{eon} 是离子和电子载流子的扩散系数，与各自的迁移率成正比。由于 D_{eon} 通常远大于 D_{ion}，离子电导率超过电子电导率，上式可以简化为：

$$D^\delta = D_{eon}\chi_{eon} \tag{5-9}$$

我们注意到没有缺陷时，即对于 $\chi_{eon}=1$，式（5-9）将偏离实验数据几个数量级，因为 D_{eon} 预计大约为 $10^{-1} cm^2/(V \cdot s)$[18]，相反，D^δ 大约为 $10^{-8} cm^2/(V \cdot s)$。因此，强缺陷在这种材料中起着关键作用[63]。

此时，需要考虑两种不同的情况。

① 首先，我们假设碘空位 $V_I^\bullet$ 是由固有的 V'_{MA}、V''_{Pb} 或外在 O'_I 的多数碘缺陷补偿，这些空穴很大程度上被捕获（通过 $[T']=[V''_{Pb}]$ 或 $[O'_I]$ 等）。只要 $[T']\gg[T^x]\gg[h^\bullet]$，我们可以得到：

$$D^\delta = D_{eon}[h^\bullet]/[T^x] \tag{5-10}$$

同时遵循

$$D^\delta = \frac{1}{F^2} \times \frac{\sigma_{eon}\sigma_{ion}}{\sigma} \times \frac{d\mu_I}{dc_I} \tag{5-11}$$

和

$$\frac{d\mu_I}{dc_I} = \left(-\frac{d\mu_{V_I^\bullet}}{dc_I} - \frac{d\mu_n}{dc_I}\right) = \left(-\frac{d\mu_{V_I^\bullet}}{dc_I} + \frac{d\mu_{T^x} - d\mu_{T'}}{dc_I}\right) \tag{5-12}$$

碘化学计量中的电荷是通过 $[V_I^{\cdot}]$ 的变化和孔浓度实现的，后者是由缺陷预算的变化给出的，我们有

$$dc_I = -dc_{V_I^{\cdot}} = d[T^x] = -d[T'] \tag{5-13}$$

遵循

$$D^{\delta} = \frac{RT}{F^2} \times \frac{\sigma_{eon}\sigma_{ion}}{\sigma}\left(\frac{1}{c_{V_I^{\cdot}}} + \frac{1}{[T']} + \frac{1}{[T^x]}\right) \tag{5-14}$$

因此，式(5-10) 中，$[T^x]$ 是空穴（被占据的缺陷）浓度。这直接解释了一小部分自由空穴的 D^{δ} 的大小。

② 如果碘间隙 I_i' 是碘缺陷的主要原因，则通过在 I_i' 和空穴之间捕获来确定情况，那么如果大多数空穴以 I_i^x 的形式被困，则 $dc_I = dc_{I^x}$。由于 $d\mu_I = d\mu_{I^x}$，我们直接得到：

$$\frac{d\mu_I}{dc_I} = \frac{d\mu_{I^x}}{dc_{I^x}} = \frac{RT}{c_{I^x}} \tag{5-15}$$

因此式(5-10) 中，$[T^x]$ 对应化学计量数 δ，T^x 对应于一个多数载流子[63]：

$$D^{\delta} = D_h[h^{\cdot}]/\delta \tag{5-16}$$

式中，$\delta \simeq [I_i^x] = [T^x]$。

5.4.1 化学计量极化和表观介电常数

从这些结果开始，现在让我们检查与图 5-7 中观察到的化学计量极化相关的化学电容。极化时间常数可以写为化学电阻和化学电容的乘积：

$$\tau^{\delta} = R^{\delta}C^{\delta} \tag{5-17}$$

我们可以用双极电导率（由 $\sigma^{\delta} = \frac{\sigma_{ion}\sigma_{eon}}{\sigma_{ion}+\sigma_{eon}}$ 给出）、几何因子（A 是横截面积，L 是样品的厚度）和化学扩散系数 [即式(5-10)或式(5-16)][64] 来表示 C^{δ}：

$$C^{\delta} = \tau^{\delta}\sigma^{\delta}\frac{A}{L} = \frac{AL}{\pi^2} \times \frac{\sigma^{\delta}}{D^{\delta}} \propto AL[T^x] \tag{5-18}$$

从上式中可以看出，C^{δ} 取决于缺陷空穴的浓度（占据陷阱）。如果我们利用式(5-18)得到的数值及样品的几何性质（直径 8mm，厚度 0.5mm），将会从图 5-7 中得出 $C^{\delta} = 2.3 \times 10^{-4}$ F 及表观介电常数 $\varepsilon_r' = 3.6 \times 10^8$。此结果能清晰地表明低频区如此大的 ε_r' 可以用与化学计量极化相关的大的化学电容来解释，甚至在 Warburg 行为发生之前。

如果我们现在更仔细地考虑图 5-7 （b）的简化等效电路，则可以进一步验证该发现。相应的复合阻抗由式(5-2) 得出，即：

$$\widehat{Z} = \left[\frac{R_{eon}t_{ion}}{1+\omega^2(\tau^{\delta})^2} + \frac{R}{1+\omega^2\tau^2}\right] + j\left[\frac{\omega R_{eon}t_{ion}\tau^{\delta}}{1+\omega^2(\tau^{\delta})^2} - \frac{\omega R\tau}{1+\omega^2\tau^2}\right] \tag{5-19}$$

和

$$R = \frac{R_{ion}R_{eon}}{R_{ion}+R_{eon}} \tag{5-20}$$

相应的，复合电容的实部 $\widehat{K} = (j\varpi\widehat{Z})^{-1}$ 如下：

$$K' = \frac{-\omega Z''}{\omega^2 (Z')^2 + \omega^2 (Z'')^2} = \frac{(R_{ion} + R_{eon})^2 C^\delta}{(R_{ion} + R_{eon})^2 + (R_{ion})^2 \omega^2 (R_{ion} + R_{eon})^2 (C^\delta)^2} \qquad (5\text{-}21)$$

$$= \frac{C^\delta}{1 + (R_{ion} \omega C^\delta)^2}$$

由此得出：

$$\varepsilon_r' = \frac{K' L}{\varepsilon_0 A} \qquad (5\text{-}22)$$

由上述几个公式我们可以发现：K'（以及相应的 ε_r'）值与频率、离子阻抗 R_{ion} 及化学电容 C^δ 相关。值得注意的是，电子传输 R_{eon} 仅在 $\sqrt{t}$ 规则范围内（Warburg 体系）起作用。在 Warburg 情况下（传输线模型）：

$$Z_w' = \frac{R}{1 + \omega^2 \tau^2} + \frac{\sqrt{2} R_{eon} t_{ion}}{\pi \sqrt{\omega \tau^\delta}}; \quad Z_w'' = -\frac{\omega R \tau}{1 + \omega^2 \tau^2} - \frac{\sqrt{2} R_{eon} t_{ion}}{\pi \sqrt{\omega \tau^\delta}} \qquad (5\text{-}23)$$

来自参考文献 [51]，即：

$$K_w' = \frac{\dfrac{\sqrt{2} R_{eon} t_{ion}}{\pi \sqrt{\omega \tau^\delta}} + \dfrac{\omega R \tau}{1 + \omega^2 \tau^2}}{\omega \left(\dfrac{\sqrt{2} R_{eon} t_{ion}}{\pi \sqrt{\omega \tau^\delta}} + \dfrac{\omega R \tau}{1 + \omega^2 \tau^2} \right)^2 + \omega \left(\dfrac{\sqrt{2} R_{eon} \tau_{ion}}{\pi \sqrt{\omega \tau^\delta}} + \dfrac{R}{1 + \omega^2 \tau^2} \right)^2} \qquad (5\text{-}24)$$

此公式证明了 K_w' 对 R_{eon} 的依赖性明显。

上述所有的讨论都是在黑暗的条件下，现在该讨论光照是如何影响表现介观常数 ε_r' 的。由于在光照条件下，电子移动载流子的浓度加强了；但是我们期望占据陷阱的浓度增加，即式(5-18) 来导致大的 C^δ 和大的 K'。这正是实验中所观察到的，如图 5-12 所示。

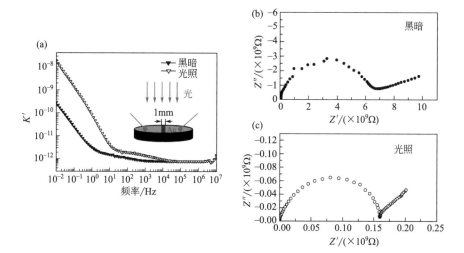

图 5-12　在一个表面上具有金电极的 $CH_3NH_3PbI_3$ 晶体上进行的交流阻抗测试：（b）图是在黑暗条件下，（c）图是在光照条件下，采用的是卤素灯（150W）。（a）图是复合电容的实部随频率变化的函数，在光照条件下相比于黑暗条件下有所提高。经 John Wiley & Sons 公司许可引自参考文献 [9]

5.4.2 *I-V* 扫描过程中的迟滞效应

观察到的化学计量极化的进一步重要结果，与 *I-V* 扫描实验期间产生的迟滞现象有关。如图 5-13 所示，预制的 MAPI 样品（由于存在离子和电子移动而显示出特征极化），当直流电流在－20nA 和 20nA 之间扫描时，表现出非欧姆行为和明显的电压迟滞，如图 5-13(b) 中所示。

暴露在高碘分压气氛下的样品被重复相同的实验。此处 p 型载流子的浓度被增强了（保持离子载流子的浓度处在相同浓度），以便使样品成为电子导电为主的样品，如图 5-13(c)。在电流扫描的情况下，没有发现电压的迟滞效应现象，如图 5-13(d)。在样品暴露在氧气氛围下时也获得了类似的结果，在氧气中，O_I' 的掺入有望通过空穴来补偿。这与高温环境下观察到样品的迟滞效应消失是一致的[26]。

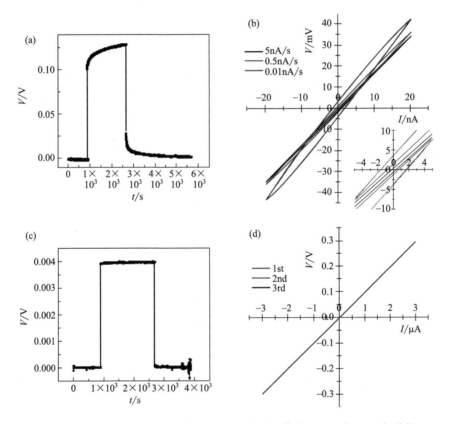

图 5-13 （a）氩气氛围下的恒电流测试显示混合（离子和电子）传导。（b）与（a）相关的 MAPI 的电流-电压曲线。－20nA 到 20nA 范围内不同扫描速率下电流扫描的迟滞循环曲线，能清楚地说明电流扫描速率变化时，开路电压也会随之改变。（c）用氩气作为载流气在碘分压下的恒电流测试（此条件下样品只展现了电子导电性）。（d）与（c）相关的电流-电压曲线。经 John Wiley & Sons 公司许可引自参考文献［9］

从图 5-13(b) 中我们注意到，迟滞现象的范围（$I=0$ 时的 ΔV）取决于扫描速率 α（$I=\alpha t$）。关键的方面是电流反向的时间 t_u 如何与样品典型的极化时间 τ^δ 进行比较［参看图 5-14(e)]。对于 $\tau^\delta \ll t_u$ 时，我们注意到扫描速率 α 越大，迟滞效应越大。另一方面 $\tau^\delta > t_u$ 时，随着扫描速率 α 的增大，迟滞效应减小。此处，只有最后一种情况我们可以看到在 $\alpha =$ 5nA/s(0.01nA/s) 条件下，τ^δ 约为 10^4s 及 $t_u = 4$s(2000s)。然而在文献中报道了钙钛矿太阳能电池在 I-V 扫描期间的各种行为[5,13]，正如 5.4.3 部分所示，我们把这些归因于不同的 τ^δ 值。

值得注意的是，在光照条件下，$\tau^\delta \ll t_u$ 时迟滞效应并不明显，$\sigma_{eon} \gg \sigma_{ion}$ 时迟滞效应将会消失（注意迟滞效应的宽度正比于 $R_{eon}C^\delta$，因此正比于 $1/c_{eon}$）。

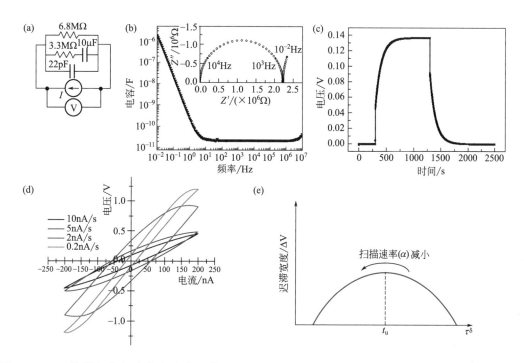

图 5-14 （a）模拟极化行为的电路由对应于 R_{eon} 的电阻器（6.8MΩ）、对应于 R_{ion} 和 C^δ 的电阻器（3.3MΩ）和电容器（10μF），以及对应于 $C_{主体}$ 的电容器（22pF）组成。（b）复电容的实部随从电路中获得频率变化的函数。插图为从 10Hz 到 10MHz 获得的复阻抗的奈奎斯特图。（c）通过施加 2mA 的电流对（a）中所示的模型电路进行恒电流测量而获得的直流极化曲线。（d）通过应用不同的电流扫描速率，在 200nA 和 −200nA 之间通过电流扫描获得的 I-V 迟滞曲线。（e）显示迟滞宽度和电流扫描速率之间关系的示意图。经 John Wiley & Sons, Inc. 许可，修改自参考文献 [9]

最后，我们将上述现象的讨论延伸到薄膜或者钙钛矿渗入介孔 TiO₂ 的情况下，这是实际设备中使用的典型配置[5]。在这种情况下，化学电容和弛豫时间 τ^δ 都会降低，由于 K' 和 τ^δ 都正比于 L^2（L 为样品的厚度，即扩散长度）。因为这个原因，我们希望在低频区具有更快的极化和明显低的 ε'_r。

有趣的是，在光照条件下 τ^δ 进一步减小（因为 R^δ 减小），但是正如之前所展示的，ε'_r 增大了。这就解释了为什么太阳能电池中随着 α（对应于 $\tau^\delta \ll t_u$）的减小迟滞效应减小。由于迟滞效应的宽度正比于 $R^2_{eon}C^\delta$，因此正比于 L^3，对于薄膜来说，迟滞效应减小是可以预期的。

5.4.3 模拟材料性能的电路

为了进一步验证上述的各种因素，下面通过图 5-14(a) 所示的电路来模拟 MAPI 的电子传输性能[52]。为了保证极化时间，常数 τ^δ 大约为 100s，电阻和电容被引入到此电路中。

我们注意到复合电容的实部随频率变化的函数 [图 5-14(b)]，加上特性极化曲线 [图 5-14(c)]，与图 5-12 中的实验数据进行了很好的比较。

$$K' = \frac{C^\delta}{1 + (R_{ion}\varpi C^\delta)^2}$$

通过改变扫描速率，不管是极快的还是极慢的电流扫描速率，都会产生线性的电压响应。反过来，中速扫描会产生迟滞的电压环，其宽度（$t=0$ 时 $\Delta V=0$）取决于具体的扫描速率与电路时间常数 τ^δ 的比较 [参看图 5-14(d)]。我们注意到如果 $\tau^\delta > t_u$，较慢的扫描速率会引起更宽的迟滞效应；然而当 $\tau^\delta < t_u$ 时，随着扫描速率的降低，迟滞效应的范围减小 [参看图 5-14(e)]。

通过考虑电流斜坡上 $I=\alpha t$ 电路的电压 $V(t)$ 响应，可以形式化这些观察结果，其中 α 和 t 分别代表电流扫描速率和时间。为简便起见，我们再次假设 $\tau^\delta \ll t_u$，t_u 表示逆转时间（即达到最大电流的时间）。

$$V(t) = R_{eon}I_{eon} = R_{eon}(I - I_{ion}) = R_{eon}(\alpha t - I_{ion})$$
$$= R_{ion}I_{ion} + \frac{Q}{C^\delta} \tag{5-25}$$

式中，Q 代表电荷。通过区分时间，能得到：

$$(R_{eon} + R_{ion})\frac{dI_{ion}}{dt} + \frac{I_{ion}}{C^\delta} - \alpha R_{eon} = 0 \tag{5-26}$$

因此

$$I_{ion}(t) = \alpha R_{eon}C^\delta(1 - e^{-t/\tau^\delta}) \tag{5-27}$$

$$V(t) = R_{eon}I_{eon} = \alpha R_{eon}[t - \alpha R_{eon}C^\delta(1 - e^{-t/\tau^\delta})] \tag{5-28}$$

一旦达到扫描的反转时间（$t=t_u$，对应于最大电流），根据公式 $I=\alpha(t_u-t')$，I 减小，此处 $t=t_u-t'$❶。在假设 $t_u \gg \tau^\delta$ 的情况下，对于 $t'=0$，同时有：

$$I_{ion}(0) = \alpha R_{eon}C^\delta \tag{5-29}$$

$$V(0) = I_{eon}(0)R_{eon} = \alpha R_{eon}t_u - \alpha R_{eon}^2 C^\delta \tag{5-30}$$

和

$$\frac{Q}{C^\delta} + R_{ion}I_{ion} = R_{eon}I_{eon} = R_{eon}(I - I_{eon}) = R_{eon}[\alpha(t-t') - I_{ion}] \tag{5-31}$$

导致

$$I_{ion} = \alpha R_{eon}C^\delta(2e^{-t'/\tau^\delta} - 1) \tag{5-32}$$

$$V = I_{eon}R_{eon} = \alpha R_{eon}[t_u - t' - R_{eon}C^\delta(2e^{-t'/\tau^\delta} - 1)] \tag{5-33}$$

---

❶ 此处原文为 "$t'=t-t_u$"，但根据上下文逻辑关系和公式推导，应为 "$t=t_u-t'$"。——编辑注

值得注意的是，当 $t' = t_u$ 时（因此 $t = 0$）

$$V(t' = t_u) = \alpha R_{eon}^2 C^\delta \tag{5-34}$$

这意味着在反扫描时，电压在 $t = 0$ 时呈现出有限值［参考图 5-14(d)］，这可被看作是迟滞效应宽度的量度。上述公式导致了更有趣的结果，即 $R_{eon} > R_{ion}$ 时电压在反扫描期间展现出最大值。

5.5　结束语

本章中的结果清楚地表明，由于广泛而显著的离子无序性，有机-无机杂化钙钛矿具有显著的离子电导率。如果使用阻挡离子转移的电极，则在低频下观察到的极化现象是不可避免的。值得注意的是，点缺陷的大量集中导致电荷载流子相当大的捕获，这影响了这种材料的电传输性质。从这些实验证据开始，需要对这些化合物的缺陷化学进行系统研究（电荷载流子浓度对精确成分的依赖性，特别是作为 I_2 分压的函数，以及温度和掺杂的函数），进一步确定、调整这种有前途的钙钛矿的电子特性所需的关键参数。有趣的是，将来研究其是否存在电离感应现象也会影响太阳能电池的效率。

参考文献

［1］ Kojima，A.，Teshima，K.，Shirai，Y.，Miyasaka，T.：Organometal halide perovskites as visible-light sensitizers for photovoltaic cells. J. Am. Chem. Soc. 131 (17)，6050-6051 (2009). doi：10.1021/ja809598r

［2］ Kim，H. S.，Lee，C. R.，Im，J. H.，Lee，K. B.，Moehl，T.，Marchioro，A.，Moon，S. J.，Humphry-Baker，R.，Yum，J. H.，Moser，J. E.，Grätzel，M.，Park，N. G.：Lead iodide perovskite sensitized all-solid-state submicron thin film mesoscopic solar cell with efficiency exceeding 9%. Sci. Rep. 2，591 (2012). doi：10.1038/srep00591

［3］ Burschka，J.，Pellet，N.，Moon，S.-J.，Humphry-Baker，R.，Gao，P.，Nazeeruddin，M. K.，Gratzel，M.：Sequential deposition as a route to high-performance perovskite-sensitized solar cells. Nature 499 (7458)，316-319 (2013). doi：10.1038/nature12340

［4］ Chen，Q.，Zhou，H.，Hong，Z.，Luo，S.，Duan，H.-S.，Wang，H.-H.，Liu，Y.，Li，G.，Yang，Y.：Planar heterojunction perovskite solar cells via vapor assisted solution process. J. Am. Chem. Soc. 136 (2)，622-625 (2013). doi：10.1021/ja411509g

［5］ Jeon，N. J.，Noh，J. H.，Kim，Y. C.，Yang，W. S.，Ryu，S.，Seok，S. I.：Solvent engineering for high-performance inorganic-organic hybrid perovskite solar cells. Nat. Mater. 13 (9)，897-903 (2014). doi：10.1038/nmat4014

［6］ Liu，M.，Johnston，M. B.，Snaith，H. J.：Efficient planar heterojunction perovskite solar cells by vapour deposition. Nature 501 (7467)，395-398 (2013). doi：10.1038/nature12509

［7］ Lee，M. M.，Teuscher，J.，Miyasaka，T.：Efficient hybrid solar cells based on meso-superstructured organometal halide perovskites. Science 643 (2012). doi：10.1126/science. 1228604

［8］ Pellet，N.，Gao，P.，Gregori，G.，Yang，T.-Y.，Nazeeruddin，M. K.，Maier，J.，Grätzel，M.：Mixed-Organic-Cation perovskite photovoltaics for enhanced solar-light harvesting. Angew. Chem. Int. Ed. 53 (12)，3151-3157 (2014). doi：10.1002/anie. 201309361

［9］ Yang，T.-Y.，Gregori，G.，Pellet，N.，Grätzel，M.，Maier，J.：The Significance of ion conduction in a hybrid organic-inorganic lead-iodide-based perovskite photosensitizer. Angew. Chem. Int. Ed. 54 (27)，7905-7910 (2015). doi：10.1002/anie. 201500014

［10］ Juarez-Perez，E. J.，Sanchez，R. S.，Badia，L.，Garcia-Belmonte，G.，Kang，Y. S.，Mora-Sero，I.，Bisquert，J.：Photoinduced giant dielectric constant in lead halide perovskite solar cells. J. Phys. Chem. Lett. 5 (13)，2390-2394 (2014). doi：10.1021/jz5011169

[11] Sanchez, R. S., Gonzalez-Pedro, V., Lee, J.-W., Park, N.-G., Kang, Y. S., Mora-Sero, I., Bisquert, J.: Slow dynamic processes in lead halide perovskite solar cells. characteristic times and hysteresis. J. Phys. Chem. Lett. 5 (13), 2357-2363 (2014). doi: 10.1021/jz5011187

[12] Reenen, S. V., Kemerink, M., Snaith, H. J.: Modeling anomalous hysteresis in perovskite solar cells. J. Phys. Chem. Lett. 6, 3808-3814 (2015). doi: 10.1021/acs. jpclett. 5b01645

[13] Snaith, H. J., Abate, A., Ball, J. M., Eperon, G. E., Leijtens, T., Noel, N. K., Stranks, S. D., Wang, J. T. W., Wojciechowski, K., Zhang, W.: Anomalous hysteresis in perovskite solar cells. J. Phys. Chem. Lett. 5 (9), 1511-1515 (2014). doi: 10.1021/jz500113x

[14] Unger, E. L., Hoke, E. T., Bailie, C. D., Nguyen, W. H., Bowring, A. R., Heumuller, T., Christoforo, M. G., McGehee, M. D.: Hysteresis and transient behavior in current-voltage measurements of hybrid-perovskite absorber solar cells. Energy Environ. Sci. 7, 3690-3698 (2014). doi: 10.1039/C4EE02465F

[15] Zhang, Y., Liu, M., Eperon, G. E., Leijtens, T. C., McMeekin, D., Saliba, M., Zhang, W., de Bastiani, M., Petrozza, A., Herz, L. M., Johnston, M. B., Lin, H., Snaith, H. J.: Charge selective contacts, mobile ions and anomalous hysteresis in organic-inorganic perovskite solar cells. Mater. Horiz. 2, 315-322 (2015). doi: 10.1039/C4MH00238E

[16] Hebb, M. H.: Electrical conductivity of silver sulfide. J. Chem. Phys. 20 (1), 185-190 (1952). doi: 10.1063/1. 1700165

[17] Frost, J. M., Butler, K. T., Brivio, F., Hendon, C. H., van Schilfgaarde, M., Walsh, A.: Atomistic origins of high-performance in hybrid halide perovskite solar cells. Nano Lett. 14 (5), 2584-2590 (2014). doi: 10.1021/nl500390f

[18] Stoumpos, C. C., Malliakas, C. D., Kanatzidis, M. G.: Semiconducting tin and lead iodide perovskites with organic cations: phase transitions, high mobilities, and near-infrared photoluminescent properties. Inorg. Chem. 52 (15), 9019-9038 (2013). doi: 10.1021/ic401215x

[19] Onoda-Yamamuro, N., Matsuo, T., Suga, H.: Dielectric study of $CH_3NH_3PbX_3$ (X = Cl, Br, I). J. Phys. Chem. Solids 53 (7), 935-939 (1992). doi: 10.1016/0022-3697 (92) 90121-S

[20] Poglitsch, A., Weber, D.: Dynamic disorder in methylammoniumtrihalogenoplumbates (II) observed by millimeter-wave spectroscopy. J. Chem. Phys. 87 (11), 6373-6378 (1987). doi: 10.1063/1. 453467

[21] Wasylishen, R. E., Knop, O., Macdonald, J. B.: Cation rotation in methylammonium lead halides. Solid State Commun. 56 (7), 581-582 (1985). doi: 10.1016/0038-1098 (85) 90959-7

[22] Shao, Y., Xiao, Z., Bi, C., Yuan, Y., Huang, J.: Origin and elimination of photocurrent hysteresis by fullerene passivation in $CH_3NH_3PbI_3$ planar heterojunction solar cells. Nat. Commun. 5, 5784 (2014). doi: 10.1038/ncomms6784

[23] Xiao, Z., Bi, C., Shao, Y., Dong, Q., Wang, Q., Yuan, Y., Wang, C., Gao, Y., Huang, J.: Efficient, high yield perovskite photovoltaic devices grown by interdiffusion of solution-processed precursor stacking layers. Energy Environ. Sci. 7 (8), 2619-2623 (2014). doi: 10.1039/C4EE01138D

[24] You, J., Yang, Y., Hong, Z., Song, T.-B., Meng, L., Liu, Y., Jiang, C., Zhou, H., Chang, W.-H., Li, G., Yang, Y.: Moisture assisted perovskite film growth for high performance solar cells. Appl. Phys. Lett. 105 (18), 183902 (2014). doi: 10.1063/1. 4901510

[25] Xu, J., Buin, A., Ip, A. H., Li, W., Voznyy, O., Comin, R., Yuan, M., Jeon, S., Ning, Z., McDowell, J. J., Kanjanaboos, P., Sun, J.-P., Lan, X., Quan, L. N., Kim, D. H., Hill, I. G., Maksymovych, P., Sargent, E. H.: Perovskite-fullerene hybrid materials suppress hysteresis in planar diodes. Nat. Communi. 6 (2015). doi: 10.1038/ncomms8081

[26] Nie, W., Tsai, H., Asadpour, R., Blancon, J. C., Neukirch, A. J., Gupta, G., Crochet, J. J., Chhowalla, M., Tretiak, S., Alam, M. A., Wang, H. L., Mohite, A. D.: High-efficiency solution-processed perovskite solar cells with millimeter-scale grains. Science 347 (6221), 522-525 (2015). doi: 10.1126/science. aaa0472

[27] Yamada, K., Isobe, K., Okuda, T., Furukawa, Y.: Successive Phase Transitions and High Ionic Conductivity of Trichlorogermanate (II) Salts as Studied by 35Cl NQR and Powder X-Ray Diffraction. Z. Naturforsch. A J. Phys. Sci. 49 (1-2), 258-266 (1994). doi: 10.1515/zna-1994-1-238

[28] Yamada, K., Isobe, K., Tsuyama, E., Okuda, T., Furukawa, Y.: Chloride ion conductor $CH_3NH_3GeCl_3$ studied by Rietveld analysis of X-ray diffraction and 35Cl NMR. Solid State Ionics 79, 152-157 (1995). doi: 10.1016/0167-2738 (95) 00055-B

[29] Yamada, K., Kuranaga, Y., Ueda, K., Goto, S.: Phase transition and electric conductivity of $ASnCl_3$ (A = Cs and CH_3NH_3). Bull. Chem. Soc. Japan 71, 127-127 (1998). doi: 10.1246/bcsj. 71. 127

[30] Yamada, K., Matsui, T., Tsuritani, T., Okuda, T., Ichiba, S.: 127I-NQR, 119 Sn Mössbauer effect, and electrical conductivity of $MSnI_3$ (M = K, NH_4, Rb, Cs, and CH_3NH_3). Z. Naturforsch. A 45 (3-4), 307-312 (1990). doi: 10.1515/zna-1990-3-416

[31] Mizusaki, J., Arai, K., Fueki, K.: Ionic conduction of the perovskite-type halides. Solid State Ionics 11, 203-211 (1983). doi: 10. 1016/0167-2738 (83) 90025-5

[32] Hoshino, H., Yamazaki, M., Nakamura, Y., Shimoji, M.: Ionic conductivity of lead chloride crystals. J. Phys. Soc. Jpn. 26 (6), 1422-1426 (1969). doi: 10. 1143/JPSJ. 26. 1422

[33] Hoshino, H., Yokose, S., Shimoji, M.: Ionic conductivity of lead bromide crystals. J. Solid State Chem. 7 (1), 1-6 (1973). doi: 10. 1016/0022-4596 (73) 90113-8

[34] Dualeh, A., Moehl, T., Tétreault, N., Teuscher, J., Gao, P., Nazeeruddin, M. K., Grätzel, M.: Impedance spectroscopic analysis of lead iodide perovskite-sensitized solid-state solar cells. ACS Nano 8 (1), 362-373 (2013). doi: 10. 1021/nn404323g

[35] Xiao, Z., Yuan, Y., Shao, Y., Wang, Q., Dong, Q., Bi, C., Sharma, P., Gruverman, A., Huang, J.: Giant switchable photovoltaic effect in organometal trihalide perovskite devices. Nat. Mater. 14, 193-198 (2014). doi: 10. 1038/nmat4150

[36] Zhao, Y., Liang, C., Zhang, H. M., Li, D., Tian, D., Li, G., Jing, X., Zhang, W., Xiao, W., Liu, Q., Zhang, F., He, Z.: Anomalously large interface charge in polarity-switchable photovoltaic devices: an indication of mobile ions in organic-inorganic halide perovskites. Energy Environ. Sci. 8, 1256-1260 (2015). doi: 10. 1039/C4EE04064C

[37] Chen, B., Yang, M., Zheng, X., Wu, C., Li, W., Yan, Y., Bisquert, J., Garcia-Belmonte, G., Zhu, K., Priya, S.: Impact of capacitive effect and ion migration on the hysteretic behavior of perovskite solar cells. J. Phys. Chem. Lett. 6 (23), 4693-4700 (2015). doi: 10. 1021/acs. jpclett. 5b02229

[38] Yuan, Y., Chae, J., Shao, Y., Wang, Q., Xiao, Z., Centrone, A., Huang, J.: Photovoltaic switching mechanism in lateral structure hybrid perovskite solar cells. Adv. Energy Mater. (JUNE), n/a-n/a (2015). doi: 10. 1002/aenm. 201500615

[39] Leijtens, T., Hoke, E. T., Grancini, G., Slotcavage, D. J., Eperon, G. E., Ball, J. M., De Bastiani, M., Bowring, A. R., Martino, N., Wojciechowski, K., McGehee, M. D., Snaith, H. J., Petrozza, A.: Mapping electric field-induced switchable poling and structural degradation in hybrid lead halide perovskite thin films. Adv. Energy Mater. 5, 1500962 (2015). doi: 10. 1002/aenm. 201500962

[40] Bag, M., Renna, L. a., Adhikari, R., Karak, S., Liu, F., Lahti, P. M., Russell, T. P., Tuominen, M. T., Venkataraman, D.: Kinetics of ion transport in perovskite active layers and its implications for active layer stability. J. Am. Chem. Soc. 137 (40), 13130-13137 (2015). doi: 10. 1021/jacs. 5b08535

[41] Yin, W.-J., Shi, T., Yan, Y.: Unusual defect physics in $CH_3NH_3PbI_3$ perovskite solar cell absorber. Appl. Phys. Lett. 104 (6), 063903 (2014). doi: 10. 1063/1. 4864778

[42] Buin, A., Pietsch, P., Voznyy, O., Comin, R.: Materials processing routes to trap-free halide perovskites. Nano Lett. 14 (11), 6281-6286 (2014). doi: 10. 1021/nl502612m

[43] Agiorgousis, M. L., Sun, Y.-Y., Zeng, H., Zhang, S.: Strong Covalency-induced recombination centers in perovskite solar cell material $CH_3NH_3PbI_3$. J. Am. Chem. Soc. 136 (41), 14570-14575 (2014). doi: 10. 1021/ja5079305

[44] Walsh, A., Scanlon, D. O., Chen, S., Gong, X. G., Wei, S.-H.: Self-Regulation mechanism for charged point defects in hybrid halide perovskites. Angew. Chem. Int. Ed. 54 (6), 1791-1794 (2015). doi: 10. 1002/anie. 201409740

[45] Kim, J., Lee, S.-H., Lee, J. H., Hong, K.-H.: The role of intrinsic defects in methylammonium lead iodide perovskite. J. Phys. Chem. Lett. 5 (8), 1312-1317 (2014). doi: 10. 1021/jz500370k

[46] Eames, C., Frost, J. M., Barnes, P. R. F., Oregan, B. C., Walsh, A., Islam, M. S.: Ionic transport in hybrid lead iodide perovskite solar cells. Nat Commun. 6 (2015). doi: 10. 1038/ncomms8497

[47] Haruyama, J., Sodeyama, K., Han, L., Tateyama, Y.: First-principles study of ion diffusion in perovskite solar cell sensitizers. J. Am. Chem. Soc. 137, 10048-10051 (2015). doi: 10. 1021/jacs. 5b03615

[48] Azpiroz, J. M., Mosconi, E., Bisquert, J., De Angelis, F.: Defect migration in methylammonium lead iodide and its role in perovskite solar cell operation. Energy Environ. Sci. 8 (7), 2118-2127 (2015). doi: 10. 1039/C5EE01265A

[49] Yokota, I.: On the electrical conductivity of cuprous sulfide: a diffusion theory. J. Phys. Soc. Jpn. 8 (5), 595-602 (1953). doi: 10. 1143/JPSJ. 8. 595

[50] Yokota, I.: On the theory of mixed conduction with special reference to conduction in silver sulfide group semiconductors. J. Phys. Soc. Jpn. 16 (11), 2213-2223 (1961). doi: 10. 1143/JPSJ. 16. 2213

[51] Maier, J.: Solid state electrochemistry ii: devices and techniques. In: Vayenas, C., White, R. E., Gambpa-Aldeco, M. E. (eds.) Modern aspects of electrochemistry, vol. 41. pp. 1-128. Springer, New York (2007)

[52] Maier, J.: Evaluation of electrochemical methods in solid state research and their generalization for defects with var-

iable charges. Z. Phys. Chem. Neue Fol. 140，191-215 (1984). doi：10. 1524/zpch. 1984. 140. 2. 191

[53] Jamnik，J.，Maier，J.，Pejovnik，S.：A powerful electrical network model for the impedance of mixed conductors. Electrochim. Acta 44 (24)，4139-4145 (1999). doi：10. 1016/S0013-4686 (99) 00128-0

[54] Jamnik，J.，Maier，J.：Generalised equivalent circuits for mass and charge transport：chemical capacitance and its implications. Phys. Chem. Chem. Phys. 3 (9)，1668-1678 (2001). doi：10. 1039/B100180I

[55] Brivio，F.，Walker，A. B.，Walsh，A.：Structural and electronic properties of hybrid perovskites for high-efficiency thin-film photovoltaics from first-principles. APL Mater. 1 (4)，042111 (2013). doi：10. 1063/1. 4824147

[56] Knop，O.，Wasylishen，R. E.，White，M. A.，Cameron，T. S.：Oort，M. J. v.：Alkylammonium lead halides. Part 2. $CH_3NH_3PbX_3$ (X = Cl，Br，I) perovskites：cuboctahedral halide cages with isotropic cation reorientation. Can. J. Chem. 68 (3)，412-422 (1990). doi：10. 1139/v90-063

[57] Maier，J.：Physical chemistry of ionic materials. WILEY，Chichester (2004)

[58] Mitzi，D. B.：Templating and structural engineering in organic-inorganic perovskites. J. Chem. Soc. Dalton Trans. (1)，1-12 (2001). doi：10. 1039/B007070J

[59] Du，M. H.：Efficient carrier transport in halide perovskites：theoretical perspectives. J. Mater. Chem. A 2 (24)，9091-9098 (2014). doi：10. 1039/C4TA01198H

[60] Duan，H. S.，Zhou，H.，Chen，Q.，Sun，P.，Luo，S.，Song，T. B.，Bob，B.，Yang，Y.：The identification and characterization of defect states in hybrid organic-inorganic perovskite photovoltaics. Phys. Chem. Chem. Phys. 17 (1)，112-116 (2015). doi：10. 1039/c4cp04479g

[61] Samiee，M.，Konduri，S.，Ganapathy，B.，Kottokkaran，R.，Abbas，H. A.，Kitahara，A.，Joshi，P.，Zhang，L.，Noack，M.，Dalal，V.：Defect density and dielectric constant in perovskite solar cells. Appl. Phys. Lett. 105 (15)，153502 (2014). doi：10. 1063/1. 4897329

[62] Maier，J.：Mass transport in the presence of internal defect reactions—concept of conservative ensembles：i，chemical diffusion in pure compounds. J. Am. Ceram. Soc. 76 (5)，1212-1217 (1993). doi：10. 1111/j. 1151-2916. 1993. tb03743. x

[63] Maier，J.，Amin，R.：Defect chemistry of $LiFePO_4$. J. Electrochem. Soc. 155 (4)，A339-A344 (2008). doi：10. 1149/1. 2839626

[64] Maier，J.：Electrochemical investigation methods of ionic transport properties in solids. Solid State Phenom. 39 (40)，35-60 (1994). doi：10. 4028/www. scientific. net/SSP. 39-40. 35

第6章
杂化钙钛矿太阳能电池中的离子迁移

Yongbo Yuan，Qi Wang，Jinsong Huang

6.1 引言

在有机金属三卤化物钙钛矿（organometal trihalide perovskite，OTP）固体薄膜中，除了在外加电场下可移动的电荷载流子外，带电离子是另一种类型的物质。在卤化物钙钛矿材料中的离子迁移现象已经被发现了 30 多年[1]。尽管如此，在广泛的观察到 OTP 太阳能电池的电流密度-电压（J-V）迟滞问题之前，OTP 中相应的离子迁移并没有受到足够的重视。在 2013 年的材料研究学会（Materials Research Society，MRS）秋季会议上，Hoke 等[2]和 Snaith 等[3] 首先报道了他们在介孔结构 OTP 太阳能电池中［图 6-1(a)］观察到的异常的 J-V 迟滞效应（即 J-V 曲线在改变电压扫描方向和速度时不重叠）。J-V 曲线的迟滞问题给器件的表征带来了新的挑战，并且还提出了对钙钛矿太阳能电池长期稳定性的担忧。因此，在考虑 OTP 太阳能电池的实际应用之前，理解 J-V 迟滞现象的起源和消除，已成为一个新兴问题。为了去解释 J-V 迟滞现象的起源，Snaith 等提出了三种解释：电荷诱捕效应、铁电效应及离子迁移效应[2,3]。2014 年，Xiao 等第一次报道了具有平面异质结结构和对称电极的 OTP 太阳能电池中巨大的可切换光伏效应，通过改变电压的扫描方向完全翻转光电流和光电压的方向［图 6-1(b)][4]。除此之外，在延长电极化之后，该横向结构器件的表面形貌和材料成分发生了显著变化。这一发现为 OTP 材料中电场诱导的离子迁移的存在提供了强有力的证据。OTP 材料 MAPI 被认为既是半导体又是离子导体，即在甲铵铅碘（MA-PI）薄膜中测得的电流是电荷载流子流和离子流的混合物［图 6-1(c) 中约 30s 的暗电流峰值是由极化过程中的室温离子迁移引起的］。与其他的离子传导相似，OTP 太阳能电池中的离子迁移能在阻抗谱的低频区产生 Warburg 元件［图 6-1(d)][5]。开尔文探针显微镜（KPFM）表明[4]，基于电极化钙钛矿薄膜的表面功函数变化，证明局部过量离子通过化学掺杂进入 OTP 薄膜中。因此，控制离子迁移方向成为在原始 OTP 薄膜中形成可切换 p-i-n 结的可行方法，且具有相对小的偏差［如接近钙钛矿太阳能电池的开路电压 V_{oc}，图 6-1(e)］。这些发现表明离子迁移在 J-V 的迟滞效应中起着很重要的作用。此外，离子迁移在 OTP 材料中是普遍的和固有的，因为在具有不同结构（例如垂直和横向的结构）的太阳能电池、不同的杂化钙钛矿材料（例如 $CH_3NH_3PbI_3$、$CH_3NH_3PbBr_3$、FAPI），以及不同电极材料（Au、Pt、Ni、Ga、C）中观察到类似的可切换光伏效应。后来，Unger 等[2] 和 Tress[6] 等在没有直接证据证明的情况下，在他们的论文中支持离子迁移说法。因此非常需要全面了解 OTP 材料中的离子迁移。

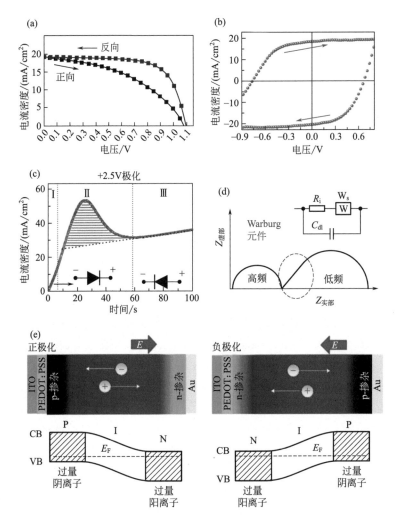

图 6-1　典型的 OTP 太阳能电池的 $J\text{-}V$ 曲线：（a）非对称电极，在自然出版集团（Nature Publishing Group，NPG）的允许下引用自参考文献［48］；（b）对称电极。（c）拥有对称电极的 OTP 太阳能电池在极化过程中的暗电流，其包含了电荷载流子传导和离子传导。（d）混合导体系统的典型奈奎斯特（Nyquist）谱图，包括离子迁移过程，在低频区呈线性（Warburg 元件）。离子传导的等效电路如插图所示，其中 W_s 为 Warburg 元件，R_i 为离子迁移的阻抗，C_{dl} 为电极周围离子累积形成的双层电容。（e）正负极化过程中，OTP 太阳能电池中离子迁移方向的示意图，以及原始 MAPI 薄膜中由于离子过剩引起的 p 型和 n 型掺杂区的示意。（b）和（e）在自然出版集团的允许下引用自参考文献［4］

　　到目前为止，离子迁移由于其对 OTP 太阳能电池的显著影响而受到广泛关注[7]。除了 $J\text{-}V$ 迟滞现象和可切换光伏效应，离子迁移可能是 OTP 薄膜和器件中观察到的许多其他异常现象的起因或重要影响因素，如室温下晶体管行为的减少[8]、低频下巨大的介电常数[9,10]、光诱导相分离[11]、光诱导的自我极化（light-induced self-poling，LISP）效应[12]，以及在电场作用下 MAPI 与碘化铅（PbI$_2$）之间的可逆结构转换[13]。

　　在本章中，我们介绍了目前在混合钙钛矿太阳能电池中离子迁移行为的实验和理论知识，并讨论了它对器件效率和稳定性的影响。6.2 节简要概述了固体材料中离子迁移的普遍理解。在 6.3 节中，我们回顾了 OTP 太阳能电池中在理论和实验方面的离子迁移研究的最新进展。在 6.4 节中，我们讨论了离子的迁移对钙钛矿太阳能电池性能的影响。最后，在 6.5 节中，我们介绍了抑制钙钛矿薄膜中离子迁移的最新研究进展。

6.2　固态材料中的离子迁移

在固态材料中，总的离子迁移通常由缺陷主导，比如肖特基缺陷［图 6-2(a)］、弗兰克尔缺陷［图 6-2(b)］或者杂质。肖特基缺陷是唯一的晶格空位或化学计量空位对，为离子迁移提供空位；弗兰克尔缺陷是晶格空位以及晶格中相应的间隙离子。在晶格位为 N 和可能的间隙位为 N' 的晶体中，热激发缺陷的浓度（n）可通过此公式描述：

$$n = \sqrt{NN'} \exp\left(\frac{-E_I}{2k_BT}\right)$$

式中，E_I 为间隙粒子的生成能；k_BT 为热能；k_B 为玻耳兹曼常数；T 为热力学温度。

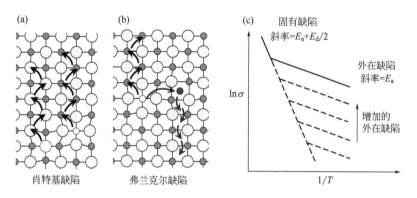

图 6-2　晶体中的肖特基（Schottky）缺陷（a）、弗兰克尔（Frenkel）缺陷（b）及相关的离子移动的图示；（c）含有不同量外在缺陷的固体中离子传导的典型 $\ln \sigma_i$-$1/T$ 曲线，E_a 为离子迁移的活化能，E_d 为热激发点缺陷的生成能。（a）和（b）在美国化学会的允许下引用自参考文献［7］

离子能够迁移的能力（即迁移率 r_m）主要取决于它们的活化能（E_a）：

$$r_m \propto \exp\left(-\frac{E_a}{k_BT}\right)$$

移动离子的浓度（N_i）可以通过与温度无关的缺陷（比如不纯的外在缺陷或非化学计量化合物）确定；或者通过与温度相关的缺陷［如生成能为 E_d 的热激发点缺陷（固有缺陷）］确定，即 $N_i \propto \exp\left(-\frac{E_d}{2k_BT}\right)$。离子迁移的电导率 σ_i 可以被描述为：

对内在情况

$$\sigma_i \propto \exp\left(-\frac{E_a}{k_BT}\right)\exp\left(-\frac{E_d}{2k_BT}\right)$$

对外在情况

$$\sigma_i \propto \exp\left(-\frac{E_a}{k_BT}\right)$$

通常情况下，E_a 的值（外在缺陷区域），或者 $E_a + E_d/2$ 的值（内在缺陷区域）可以从 $\ln \sigma_i$-$1/T$ 曲线的斜率提取出来［图 6-2(c)］。有时候，$\ln \sigma_i$-$1/T$ 曲线的形状可能很复杂，这是由晶相转变或/和形成缺陷簇等许多可能的原因导致的。

对于具有多种离子种类的材料，起主导作用的移动离子是具有最低活化能的离子。当离子分别穿过其最小能量路径（minimum energy path，MEP）时，每种离子的 E_a 由面对的能垒决定。通常，有几个影响 E_a 值的主要因素，例如晶体结构、离子半径和离子的价态。

晶格的结构在离子迁移通道的形成中起着十分重要的作用。每个元件的子晶格确定离子驻留的可能空隙。例如，在 α 相的 AgI 中（典型的超离子化合物），I^- 具有体心立方（bcc）布局且移动的离子是 Ag^+。在每一个晶胞单元中，有 6 个八面体（oct）、12 个四面体（tet）及 24 个三角（tri）空隙作为可用的位点（共计 42 个）供 Ag^+ 落位[14]。Ag^+ 从一个晶胞到另一个晶胞的迁移可以分别通过 oct、tet 和 tri 位点[14,15]。除此之外，晶体结构决定了与相邻离子的距离，这对离子迁移的 E_a 值影响很大。例如在一些具有 ABO_3 钙钛矿结构的无机离子导体中，如 $La_{1-x}Sr_xBO_{3-\delta}$ 系列（B 可以是 Mg、Ga、Co、Fe 或它们的复合物）[16,17]，钙钛矿结构中 O^{2-} 的迁移路径是沿着 $BO_{6-\delta}$ 八面体（$a/\sqrt{2}$）中的 O-O 边缘，这个距离小于 A 位点（a）和 B 位点（a）之间的距离。而且，晶体结构的类型也影响着离子迁移路径之间的连接。例如，在立方钙钛矿型结构（如 $La_{1-x}Sr_xBO_{3-\delta}$ 系[18,19]）和立方萤石型结构（如 $Ce_{1-x}Y_xO_{2-\delta}$[20] 和 $Y_{1-x}Ta_xO_{2-\delta}$[21]）中，它们的迁移路径是三维网络；作为对比，在四方双钙钛矿型结构中（如 $La_{0.64}Ti_{0.92}Nb_{0.08}O_{2.99}$），其迁移路径为二维网络结构。

离子半径是影响其活化能的另一个重要因素。小的离子通常更容易移动。具有更多电荷的离子倾向于被限制在晶格中，这是由于具有相反电荷的相邻离子具有更强的库仑吸引力。因此，尽管一些离子的半径很小，比如立方钙钛矿氧化物中的 Ga^{3+} 和 Co^{3+}，但是由于它们的化合价大于 2，它们也很难移动。

采用第一性原理的方法，根据提出的迁移途径，通过分别计算每种离子的活化能，可以推断出起主导作用的移动离子。计算出的 E_a 值可以和实验得出的 E_a 值进行比较，以便识别，比如来自温度依赖性离子传导的 E_a 值[22]［阿仑尼乌斯法，图 6-2(c)］、阻抗光谱[5]、相关的介电常数[23] 或者瞬态光电流[24]。另一方面，离子移动也可以被 Tubandt 方法[1]（一种测试离子迁移数的方法）测出，此法中离子导体包含在固态电化学电池中并经历长期直流偏压极化（通常在几天内）。极化之后，离子迁移引起的界面反应产物，与固态电化学电池的不同部分的重量和组成变化一起，可以提供离子移动识别的提示。

6.3　有机三卤素钙钛矿薄膜中的离子迁移

6.3.1　OTP 薄膜中的移动离子是什么

此部分中，关于离子迁移的讨论将主要集中在 MAPI 材料上，因为它已被深入研究。对于 OTP 薄膜中离子迁移的研究，主要问题之一是哪种离子在多晶钙钛矿薄膜中移动。

MAPI 晶体中可能的移动离子包括 MA^+ 离子、Pb^{2+} 离子、I^- 离子和其他杂质，如氢相关杂质（H^+、H^0 和 H^-）。虽然 I^- 的半径（206pm）很大，但是先前已在其他 ABX_3 钙钛矿材料（如 $CsPbI_3$ 和 $CsPbBr_3$）中观察到卤离子的迁移[1]。在 MAPI 钙钛矿中，PbI_6 八面体边缘的 I^- 离子与其最近离子的距离最短（约 4.46Å），小于 MA^+ 和 Pb^{2+} 的这一距离（约 6.28Å）[22]。推测 I^- 离子是 MAPI 中最可能的移动离子是非常合理的。事实上，这个假设得到了一些理论工作的支持[22,25]。

基于第一性原理的方法，存在临近空位（肖特基缺陷）的离子迁移已经被几个课题组分别研究[22,25]。简单地说，虽然每种离子的计算活化能存在一些不一致的因素，但所有的理论工作都得出结论，I^- 离子比其他离子更容易在 MAPI 中移动。例如，Eames 等分别计算了 MAPI 薄膜中 I^-、Pb^{2+} 和 MA^+ 离子迁移的活化能[22]。在他们的理论工作中，碘离子迁移沿着 PbI_6 八面体的 I-I 边缘迁移，伴有略微弯曲的路径 ［图 6-3(a) 和（b）中的路径 A］，具有最低的活化能 0.58eV；MA^+ 迁移通过包含四个 I^- 离子的晶胞面，具有 0.84eV 的更高活化能；Pb^{2+} 迁移沿着晶胞的对角线方向 ［$<110>$ 方向，图 6-3(b)］，其拥有一个更高迁移能级壁垒 2.31eV。通过拟合其温度和时间依赖的光电流结果，Eames 等用实验的方法获得了 E_a 的值，为 0.60～0.68eV，这很接近计算的 I^- 迁移的 E_a。因此，I^- 被认为是大多数的迁移离子，它的扩散系数估计在 320K 下为 $10^{-12}cm^2/s$。后来，在另一个理论工作中，Azpiroz 等计算出 I^- ［沿着图 6-3(b)A 路径］、Pb^{2+} ［沿着图 6-3(b)C 路径］ 和 MA^+ ［沿着图 6-3(b)D 路径］ 的 E_a 值分别为 0.08eV、0.80eV 和 0.46eV[25]。尽管采用相似的迁移路径，但在这项工作中得出的 I^- 的 E_a 值为 0.08eV，比 Eames 等得出的 0.58eV 小许多。值得一提的是 Azpiroz 等没有将光电流迟滞归因于 I^- 离子迁移，因为它的 E_a 值极小，为 0.08eV。根据 Azpiroz 的估计，在操作偏压下，I^- 可以在 $1\mu s$ 内迁移通过 MAPI 薄膜，这太快了，无法解释 MAPI 薄膜中的迟滞效应（在 0.01～100s 时间范围内）。可以解释观察到的迟滞作用的大多数离子，被认为是 MA^+ 或 Pb^{2+}。类似地，Haruyama 等计算出 I^- 离子迁移的 E_a 值约为 0.33eV，MA^+ 离子迁移的 E_a 值约为 0.55eV[26]。

Egger 等指出氢杂质（H^+、H^0、H^-）在 MAPI 膜中具有重要的作用[27]。由于吸收的水分或 MAPI 材料分解产生的水分，可以在制造过程中引入氢杂质。已证明移动氢杂质在其他无机薄膜太阳能电池中起重要作用，比如在铜铟镓硒太阳能电池中[28]。在 MAPI 晶体中，根据密度泛函理论（DFT）计算[27]，氢杂质可以捕获或失去电子，因此可以作为填隙剂稳定在不同的位置 ［图 6-3(c)］，这是由于它们的充电状态能够促进氢离子的迁移（即电离增强迁移）[29]。计算出 H^+ 跃迁到 I-I 路径上的活化能大约为 0.17～0.29eV，这取决于晶格的弛豫程度，这意味着氢杂质很容易在 MAPI 膜中移动。

值得注意的是，离子迁移的研究仍然是个新兴的领域。到目前为止，现有的理论工作并没有涵盖离子迁移的所有可能性。例如，现有的计算涉及的是块状晶体中的离子迁移，其重要性通常小于在多晶膜的晶界中发生的离子迁移。仍然需要对在晶界处发生的离子迁移进行进一步的了解。另外，缺乏关于钙钛矿晶体中间隙离子跳跃的研究。通常，间隙离子（弗兰克尔缺陷）的产生面临比肖特基缺陷更大的能垒。然而计算表明 I^-（0.23～0.83eV）和 MA^+（0.20～0.93eV）间隙缺陷的生成能，与 I^-（0.08～0.58eV）和 MA^+（0.46～0.84eV）跃迁到相邻空位的活化能相当[30]。为了评估 OTP 膜中可能的间隙离子迁移，需要更多相关的理论分析。

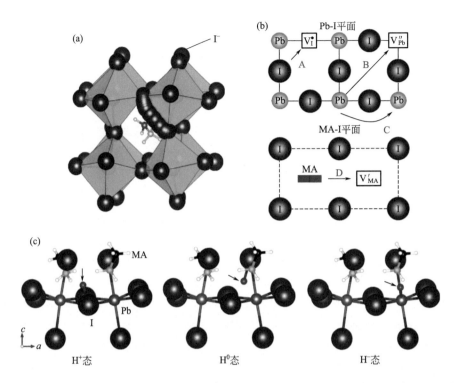

图 6-3 （a）MAPI 单元晶胞中 I^- 沿着八面体 PbI_6^{4-} 的 I^--I^- 边缘的迁移路径的示意图，由密度泛函理论（DFT）方法计算的结果。（b）假设的最可能的迁移路径，以便于用于计算活化能：I^-（路径 A）、Pb-I 平面的 Pb^{2+}（路径 B 或者 C）、MA-I 平面 MA^+（路径 D）。（a）（b）在自然出版集团的允许下引用自参考文献［22］。（c）不同带电形态的氢杂质示意图（H^+、H^0 和 H^-），H^+（左边）、H^0（中间）和 H^-（右边）稳定在碘阴离子周围、间隙 Pb-I 位点及 Pb 位点。在 John Wiley & Sons 公司的许可下引用于参考文献［27］

尽管已预测 I^- 离子或/和氢杂质是 MAPI 膜中的大多数移动离子，但通过直接实验证据首次证明了室温下 MA^+ 离子的迁移。在 Yuan 等的研究中，利用光热诱导共振（photothermal induced resonance，PTIR）显微镜技术，可以在数十纳米的横向空间分辨率下检测 MAPI 膜中的 MA^+ 离子浓度[13]。在横向结构 MAPI 太阳能电池［图 6-4（a）］上施加 $1.6V/\mu m$ 的中等电场 100～200s 后，观察到从阳极到中心区域的 MA^+ 离子耗尽和阴极区域周围的 MA^+ 积累，证明在电场下 MA^+ 离子快速迁移。在这项研究中，根据 MAPI 薄膜的温度依赖性导电率（阿仑尼乌斯图），离子迁移的活化能估计为 0.36eV。此法获得的 E_a 略小于第一性原理法预测的值（0.46eV[25]、0.55eV[26] 或 0.84eV[22]）。结果虽然不一致，但并不令人惊讶，因为计算的活化能仅解释了块状晶体内的离子迁移，而实验测量的活化能很可能由晶界中的离子迁移支配。此外，该研究并未排除在该实验中可能主导离子迁移的 I^- 离子的迁移。然而，Leijtens 等，用俄歇电子能谱法研究了 MAPI 薄膜在环境条件下的离子迁移[31]，发现 MA^+ 离子的迁移比水分存在下的 I^- 离子更重要。仅当 MAPI 膜明显降解时，才观察到 I^- 离子以及 Pb^+ 离子在阴极区域周围的迁移。

由于 MA^+ 离子的迁移已得到充分证实，因此需要更多实验证据来确定 I^- 离子是否可

移动。虽然在室温下钙钛矿器件在操作或测量条件下的 I⁻ 离子迁移尚未通过实验揭示，但 Yang 等，在非常长的极化研究中，提示了在 323K 的高温下可能的 I⁻ 离子迁移[32]。在该研究中，MAPI 薄膜嵌入固态电化学电池中，其结构为 Pb 阳极|MAPI|AgI|Ag 阴极，然后是长期直流（DC）偏振极化（Tubandt 方法[1]）。在 323K 下施加 DC 偏压一周后，观察到在 Pb 阳极/MAPI 界面处形成 PbI_2，这可以解释为移动的 I⁻ 离子到达阳极并与 Pb 原子反应。然而，需要提及的是，由于 MA⁺ 迁移导致的 MAPI 膜的分解也会导致 Pb 阳极/MAPI 界面中 PbI_2 的形成，这在之前的 Xiao 等的研究中已经观察到[4]。因此，需要额外检查固态电化学电池的每个部分的重量变化，以识别 I⁻ 离子迁移。在另一项调查中，Yuan 等观察到在高温下大量的 I⁻ 离子迁移。在该研究中，横向结构 MAPI 太阳能电池在 330K 的高温下电极化。在两个电极之间的区域中形成 PbI_2 线 [参见图 6-4(b)]。在光学显微镜下可见的形成的 PbI_2 线带可以沿施加的电场（$3V/\mu m$）迁移，这可以通过 MAPI 和 PbI_2 相之间的场驱动转换，以及 MA⁺ 离子和 I⁻ 离子的大量迁移来解释[33]。在最近的研究中，已经获得了

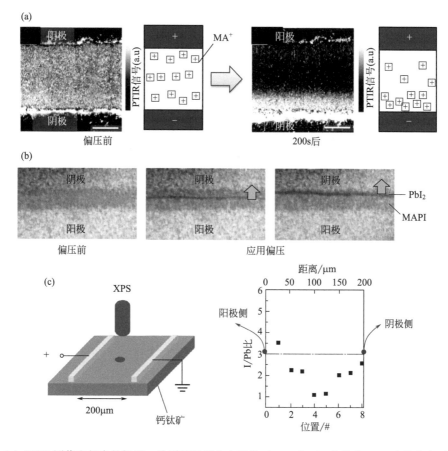

图 6-4　（a）PTIR 图像和相应的插图，分别显示了在电极化（$1.6V/\mu m$）之前和 200s 电极化之后的 MA⁺ 离子分布，其中阳极和阴极之间的间距为 $100\mu m$，在 John Wiley & Sons, Inc. 的许可下从参考文献 [13] 转载而来。（b）具有 PbI_2 线的横向 MAPI 钙钛矿太阳能电池的光学图像，由于在 330K 处施加正偏压而从阳极迁移到阴极，在 John Wiley & Sons, Inc. 的许可下从参考文献 [33] 转载而来。（c）使用 XPS 方法（左）对横向 $CH_3NH_3PbI_{3-x}Cl_x$ 太阳能电池中元素分布的映射和从阳极侧到阴极侧（右）相对位置获得的 I/Pb 比值的示意图，在 John Wiley & Sons, Inc. 的许可下从参考文献 [36] 转载而来

更多关于室温下 I$^-$ 离子迁移的证据。在横向结构中，以 Ag 为电极的 MAPI 装置，Bastiani 等观察到偏压后只有阳极电极受损，这应该是由 MAPI 中 Ag$^+$ 和 I$^-$ 之间的反应引起的[34]。然而，尚不清楚反应是否通过带正电荷的 Ag$^+$ 表面选择性地增强。在另一项工作中，使用俄歇电子能谱图[31] 研究了 I$^-$ 离子分布。在水分存在下 MAPI 膜降解后观察到 I$^-$ 离子的消耗。此外，在逐渐增加的应用偏压下，Zhang 等观察到基于 $CH_3NH_3PbI_{3-x}Br_x$ 的发光电化学电池的电致发光光谱发生蓝移，这与 I$^-$/Br$^-$ 离子迁移引起的发光区 I$^-$ 离子量减少有关[35]。后来 Li 等通过 X 射线光电子能谱（XPS）以 $50\mu m$ 的空间分辨率，再次研究了电极化侧向 $CH_3NH_3PbI_{3-x}Cl_x$ 薄膜中 I/Pb 比的位置[36]。I/Pb 比率从阳极侧约 3.03 增加到约 5.65，中间和阴极区域的 I/Pb 比降低，这证明了 I$^-$ 离子在电偏压下的迁移 ［图 6-4(c)］。累积的 I$^-$ 离子可以逐渐扩散回来，这可以通过在将样品恢复 6h 后 I/Pb 比恢复到约 3 来证明。应当注意，使用横向结构装置的所有研究都依赖于延长极化以获得大量离子的迁移，使得可以使用相对较不敏感的映射技术来观察它们。

到目前为止，实验结果坚定地支持 MA$^+$ 离子和 I$^-$ 离子在 MAPI 薄膜中都是可移动的，而 Pb^{2+} 离子难以移动。所有这些研究都很好地证明了我们的发现，即移动离子是 J-V 迟滞的一个非常重要的原因[4]。

6.3.2　固体钙钛矿薄膜中的流动离子形成及其迁移通道

了解移动离子的起源非常重要，因为它为开发具有更高稳定性的 OTP 材料提供了线索。通常，电场下的离子迁移与固体膜中缺陷的存在密切相关。已知在多晶 OTP 材料中存在大密度的点缺陷或/和晶格畸变，其 X 射线衍射峰比 OTP 单晶宽得多，这不仅仅由晶粒尺寸减小所致。OTP 薄膜的缺陷主要是由于以下原因：

首先，通过低温溶液或热蒸发过程形成 OTP 膜是快速的，因此远离热力学平衡，这在晶粒结晶过程中不可避免地在 OTP 膜中产生大量缺陷。

其次，制造的 OTP 薄膜的化学计量比不理想，因为它主要取决于加工方法和前驱体的选择[37]。例如，在一步制备方法中，PbI$_2$ 到 MAI 的前体摩尔比为（0.6～0.7）∶1，用于形成连续的平面 MAPI 薄膜[38]。较高的 PbI$_2$ 与 MAI 比（例如，超过 0.8∶1）将导致微纤维的形成。在两步制造方法中，过量的 PbI$_2$ 或 MAI 都是可能的，如 Yin 等预测的 OTP 膜中的 n 型或 p 型自掺杂所证明的[30]，并由 Qi❶ 等独立观察到[39]。Yu 等研究了化学计量比对离子迁移的影响，观察到 PbI$_2$ 过量的样品中离子迁移增加，这表明 MA 空位为离子迁移提供了有利途径[40]。

再次，由于化学键合的"柔软性"，OTP 膜易于分解，即缺陷具有低的生成能。理论计算表明 Pb^{2-} 空位（例如，在富 I/贫 Pb 条件下 $E_a=0.29eV$）或 MA$^+$ 填隙（例如，在贫 I/富 Pb 条件下 $E_a=0.20eV$）在 MAPI 薄膜中具有低的生成能，虽然这个预测尚未通过实验验证[30]。Kim 等计算出 MAPI 薄膜中 PbI$_2$ 空位的生成能仅为 27～73meV，这表明在制备过程中会生成大量的 PbI$_2$ 空位[41]。此外，Buin 等计算表明，MAPI 分解为纯 PbI$_2$ 和 MAI 相的能量小至约 0.1eV[42]。同时，Walsh 等的计算表明 MAPI 薄膜中肖特基缺陷的低

---

❶ 原文如此。——编辑注

生成能为约 0.1eV[43]。OTP 材料的"柔软性"也解释了为什么具有大原子的 MAPI 中的离子迁移 E_a（0.36eV），远小于具有较小原子的其他钙钛矿氧化物，例如 LaMnO$_3$（0.73eV）、LiNbO$_3$（0.75eV）和 LaFeO$_3$（0.77eV）。MAPI 易分解的性质导致大量的移动离子，这可能对 OTP 太阳能电池的稳定性有害。

除了块状晶体内的点缺陷之外，晶粒的表面或晶界是移动离子的其他极其重要的来源 [图 6-5（a）]。Xiao 等已经证明了这一点。因为具有大晶粒的器件比具有小晶粒的器件更难以切换[4]。晶界是二维缺陷，广泛存在于 OTP 多晶薄膜中。由于晶界处的缺陷偏析、悬挂键、晶格位错或组分变化，晶界处的空位密度远高于块状晶体中的空位密度。此外，由于相对开放空间、晶粒错误取向、松散边界、错误键合或拉伸应变等，晶界处点缺陷的生成能可远低于块状晶体中点缺陷生成能。此外，由于 OTP 材料在高温（例如大于 150℃）下易于分解，而大多数 OTP 薄膜经历热退火以进行晶粒生长，因此很有可能通过失去有机阳离子在晶界形成非化学计量的钙钛矿[44,45]。在 Yuan 等的沿横向多晶 MAPI 薄膜的研究中，发现一些离子（定义为"快离子"）开始在 0.1V/μm 附近的相对较小的电场移动，而一些离子（定义为"慢电离"）仅在电场超过 0.3V/μm 时开始移动。"快离子"和"慢离子"的起源和差异尚未完全了解，这可能是由块状晶体中和晶界处发生的离子迁移引起的[13]。

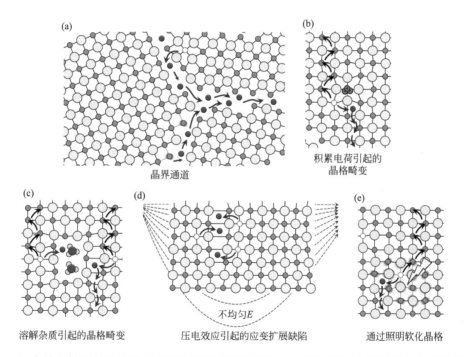

图 6-5　（a）由错误键和晶界空隙引起的离子迁移通道示意图；（b）积累电荷引起的局部晶格畸变；（c）溶解杂质引起的晶格畸变；（d）压电效应引起的不均匀应变（应变扩展缺陷）；（e）光照导致原子间结合减弱（软化晶格）。此图经美国化学会的允许应用自参考文献 [7]

此外，由于局部晶格畸变，缺陷生成能可能减少，这也增加了移动离子的产生。局部晶格畸变可能在某些条件下发生，包括具有介孔支架限制的情况[46]、累积电荷 [图 6-5（b）][47]、吸收分子 [图 6-5（c）][48,49] 等。Choi 等研究发现，由于介孔支架约束作用，介孔 TiO$_2$ 中大部分 MAPI（70%）的晶格顺序较差，导致局部钙钛矿相干长度仅为

$1.4nm^{[46]}$。具有较高晶格无序程度的钙钛矿薄膜倾向于产生更多的移动离子，这可以解释除俘获效应外，具有介孔结构的太阳能电池中更显著的 J-V 迟滞现象；此外，众所周知，OTP 薄膜可以吸收多种化学分子形成固溶体，如水分[50]和极性有机分子，如二甲基亚砜（DMSO）[20,21]、二甲基甲酰胺（DMF）[51]、MA[52] 等。溶解在 OTP 膜中的这些分子可以显著地干扰钙钛矿晶格，其中一些甚至由于中断的电子云重叠而引起 OTP 膜的颜色变化。人们认为晶体结构的开放有助于缺陷形成并因此促进离子迁移；Leijtens 等研究了 MAPI 薄膜在不同环境条件（如水分和 DMF）下的离子迁移效应。他们观察到 MAPI 膜更严重的分解，伴随着水分或 DMF 条件下的离子迁移[53]。Wu 等已经研究了基于 OTP 的太阳能电池中的电荷累积对迟滞效应的影响，其中已经提出了由累积电荷引起的可能的晶格畸变，并且用于解释所测量的光电流迟滞[47]。最近 Dong 等表明 OTP 单晶中的压电效应，可导致电场引起的 OTP 薄膜的晶格应变/畸变。这种晶格畸变也可以促进离子迁移 ［图 6-5(d)］[54]。

光照对移动离子产生的作用是另一个悬而未决的问题，正如多个实验结果所暗示的那样，入射光可以显著地触发离子迁移。Hoke 等表明 $CH_3NH_3PbI_{3-x}Br_x$ 多晶薄膜在 1 倍太阳辐照度条件下照射数十秒后会发生严重的相分离，这是由卤离子迁移和再分布引起的[11]。测得卤化物离子迁移的活化能为约 $0.27eV$，接近于一些其他卤化物钙钛矿材料中的卤离子迁移，如 $CsPbCl_3$、$CsPbBr_3$ 等[1]。当薄膜在黑暗中储存几分钟时，该卤化物分离是可修正的，表明 $CH_3NH_3PbBr_xI_{3-x}$ 薄膜分别在黑暗和光照下具有不同的稳定状态。易离子迁移性质使得这些亚稳态之间的转变成为可能。需要更多的研究来确定这是否是失稳分解。Bag 等利用电化学阻抗谱（electrochemical impedance spectroscopy，EIS）研究了 MAPI 和 FAPI 薄膜在黑暗和光照条件下的离子迁移[5]。从它们的 EIS 结果来看，当在光照条件下测试薄膜时，仅观察到显著的离子迁移 ［在低频部分具有线性 Warburg 元件，见图 6-1(d)］。通过排除 IR 引起的加热效应，已经证实了光照对离子迁移的重要性。另一方面，Juarez-Perez 等报道，当在 1 倍太阳辐照度条件下照射时，$CH_3NH_3PbI_{3-x}Cl_x$ 的介电常数增加了 1000 倍（在 $0.05\sim1Hz$ 的频率范围内，类似于离子迁移的时间尺度)[10]。这种巨大的介电常数变化主要由光致电荷载流子解释，这可能引起晶格畸变。后来证明离子迁移可能是巨介电常数的一个可能起源，因为有 $1/f$ 依赖于静态介电常数[10]。Gottesman 等表明钙钛矿晶格在光照下变得更加柔和[55]。他们的计算表明 MA^+ 离子和无机框架之间的结合减少 ［图 6-5(e)］，这可能是光子增强离子迁移的一个促成因素。此外，需要对光照射的作用有更深刻的理解。

一般而言，已知 OTP 材料（例如 MAPI）是电良性的，这意味着点缺陷或晶界不会在其禁带内形成深陷阱[30]。这一优点使得 OTP 材料优于许多其他光伏材料，如 CdTe[56]、$CuInSe_2$[57] 和 $CuZnSnSe_4$[58]。据信，大的原子尺寸和松散的晶体结构是造成 OTP 材料中良好缺陷耐受性的主要原因之一。例如，晶界处的 I—I 错键之间的弱相互作用，导致它们的反键合 pp σ^* 轨道和 pp σ 轨道之间仅有很小的分裂。因此，两个轨道都留在价带内，不会形成深陷阱[59]。然而，从离子迁移的角度来看，OTP 材料的松散晶体结构是容易离子迁移的主要原因。

6.4 离子迁移对光伏效率和稳定性的影响

已经证明，显著离子可以在非常小的约 $0.3V/\mu m$ 电场下，在 MAPI 薄膜中迁移

[图 6-6(a)]，这约为 OTP 太阳能电池中的内置电场（约 $3V/\mu m$）的 $1/10$[13]。此外，累积的离子在室温下容易以数十秒的时间尺度扩散回来 [图 6-6（b）]。由于移动离子的高迁移率，离子迁移对 OTP 太阳能电池的操作/性能的影响是普遍存在的。

钙钛矿薄膜中带电的过量离子可以吸引来自电极的带有相反电荷的载流子，以保持电中性条件，这实际上导致 OTP 薄膜中的局部化学掺杂。虽然过量离子的掺杂效率尚未定量鉴定，但由原始 MAPI 薄膜中的离子积累引起的费米能级变化为 $0.35eV$，这已通过开尔文探针显微镜 [KPFM，图 6-6(c)] 测量[13]。局部化学掺杂效应可通过调制内置电场和界面能垒，来影响电荷传输和注入。Zhao 等研究了 MAPI 太阳能电池在不同偏压下的暗电流，发现离子迁移可以将 J-V 曲线从幂律变为指数律 [图 6-6(d)]，表明器件从仅有空穴的器件转变为二极管[60]。Shi 等研究了对施加的电偏压（和光脉冲）的慢电荷响应，并建议通过离子累积来补偿内建电场[24]。由于离子迁移可以降低界面能垒并消除接触电阻，因此建议通过在测量前预偏置器件来临时获得 OTP 太阳能电池的最佳性能[61]。

在光照下，如上所述，与 OTP 太阳能电池中离子迁移有关的一个广泛观察到的现象是异常的光电流迟滞效应[2,3,7,62-65]。钙钛矿材料中的 J-V 曲线迟滞增加了 PCE 精确测量的难度，并且引起了对 OTP 太阳能电池稳定性的许多担忧。Xiao 等在 2015 年初报道了 OTP 太阳能电池中巨大的可切换光伏效应，证实了 OTP 材料的离子导电性[4]。Xiao 研究的器件结构是 ITO/PEDOT:PSS/钙钛矿/Au。在通过 $<0.1V/\mu m$ 的弱电场进行电子极化后，这种类型的器件可输出 $18.6\sim-20.1mA/cm^2$ 的可切换短路电流密度（J_{sc}），以及 $0.42\sim-0.73V$ 的可切换开路电压（V_{oc}）。可切换的 J_{sc} 与具有非对称电极的优化 OTP 太阳能电池的 J_{sc}（约 $20mA/cm^2$）一样大，证明离子重新分布对光电流具有压倒性的调谐效应。这种效应足以解释观察到的 J-V 迟滞现象，其性能变化通常小于 50%[2,3,61,66]。当在其垂直结构 OTP 太阳能电池中没有诸如 PCBM 的电荷阻挡层时，V_{oc} 可在正值或负值之间切换。如果使用具有电子收集和空穴阻挡特性的 PCBM 层，则可以忽略负偏压极化后的 V_{oc}（接近零），并且正偏压极化后的 V_{oc} 从约 $0.5V$ 增加到约 $1.0V$ 的范围[13]。在两种情况下，离子迁移对 V_{oc} 的影响都很显著。

J-V 迟滞可以通过一些不同的但伴随的机制受到离子迁移的影响：首先，众所周知，在约 $1s$ 的时间尺度中，每一次步进式施加偏压之后立即出现电流尖峰 [图 6-6(e)][2,55]，由于在照射下存在巨大的介电常数，因此之前被解释为电容充电效应[67]。后来，Almora 等解释说，常见的电容效应是由电极界面周围的离子局部重排引起的[68]。这种解释与人们的关注点是一致的：除了光致结构变化[9,24,69]之外，巨大介电常数也可能源于离子迁移[10,23]。已经广泛观察到在施加偏压之后获得的 OTP 太阳能电池的 J_{sc}、V_{oc} 和 PCE 值 [定义为"瞬态"，参见图 6-6(f) 中的区域"A"和"B"] 是不同的，具有稳定值 [定义为"稳态"，见图 6-6(f) 中的区域"C"和"D"]。"瞬态"变化很大，因为它受到设备操作"历史"的敏感影响。此外，如果具有迟滞的钙钛矿太阳能电池在照射下连续工作，则"稳态"性能可以逐渐漂移到"稳态"，而不管其操作条件和预处理历史[3]。相应的时间尺度，从几秒到几百秒不等[67,70]，与离子迁移的时间尺度一致，但比俘获/去俘获效应慢得多。该过程与由于施加偏压的变化导致的整个钙钛矿膜中离子的重新分布有关，其重建了 OTP 太阳能电池内部的内建电场。在许多其他基于氧化物材料的器件中也观察到类似的效果，例如 TiO_2 忆阻器[71]或 $SrTiO_3$ 忆阻器[72]。在这些情况下，"瞬态"是由氧化物空位迁移引起的。实际上，

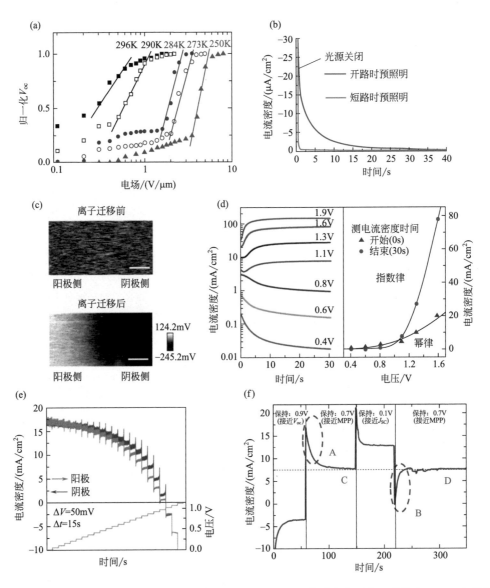

图 6-6　(a) V_{oc} 对极化电场和极化温度的依赖性，反映了 MAPI 薄膜中离子的迁移能力；(b) 由累积离子的反向扩散引起的 0V 偏压下的电流密度（在 John Wiley & Sons, Inc. 的许可下引用自文献 [12]）；(c) 通过 KPFM 测量 MAPI 薄膜从均匀分布（离子迁移前）到逐渐分布（离子迁移后）的表面电位变化，证明了离子累积引起的掺杂效应，(a) 和 (c) 在 John Wiley & Sons, Inc. 的许可下引用自文献 [13]；(d) 由慢离子重分布引起的不同恒定偏压（左）下暗电流的演变，使得 J-V 曲线从幂律变为指数律（在英国皇家学会的许可下转载于文献 [55]）；(e) 在步进式电压偏置下的时间相关电流输出，说明由于电容效应引起电流尖峰（在英国皇家学会的许可下转载于文献 [2]）；(f) 随着时间的推移从平面钙钛矿电池获得电流密度，其中电池保持在不同的电压条件下然后变得稳定[3]

离子诱导的掺杂效应和所产生的可调谐 p-i-n 结，可以在其他类型的光电器件中找到更多应用。例如，Xiao 等用 OTP 材料作为有源层展示了忆阻器，其电阻状态可以通过电脉冲和光脉冲读出[4]。已经报道了具有串联连接的所有形成 p-i-n 结的横向 OTP 太阳能电池阵列，可输出 70V 的非常大的 V_{oc}，并且可能消除透明电极的需求[13]。在另一种情况下，Zhang 等已经证明了基于 OTP 材料的可切换的发光电化学电池[35]。其中，可以通过向前或向后方向的小偏压（约 1.5V）来接通器件。

除了化学掺杂效应和内置电场的重新分布之外，混合卤化物 OTP 薄膜中移动离子的易迁移性质，可通过形成电荷陷阱来降低器件性能。如上所述，由光照引起的离子迁移在 $CH_3NH_3PbBr_xI_{3-x}$ 中引起严重的卤化物偏析［图 6-7（a）（b）][11]。图 6-7（a）显示均相 $CH_3NH_3PbBr_xI_{3-x}$ 薄膜的 XRD 峰在照射后分裂成两个峰，这是由于形成具有不同晶格常数的 I 富集和 Br 富集的钙钛矿结构域。这些域具有不同的电子结构，其中 I 富集区域具有较小的带隙并充当电荷陷阱，导致 PL 峰值偏移至较低能量［图 6-7（b）］。这种光诱导电荷陷阱解释了 $CH_3NH_3PbBr_xI_{3-x}$ 太阳能电池中观察到的不良 V_{oc} 和 PCE。在混合卤化物钙钛矿薄膜中离子迁移更明显。这是因为：①由于卤化物阴离子具有不同的离子半径，晶格中存在应变，而较小的阴离子更容易移动；②由于两种组分之间的混溶问题，合金 $A_{1-x}B_x$ 本身可能不太稳定，这会导致相分离问题并产生移动离子[59,73]。

离子迁移引起的另一个现象是 Deng 等发现的光诱导自极化（light-induced self-poling，LISP）效应[12]。如上所述，MAPI 薄膜中的 MA^+ 或/和 I^- 离子可以在比内置电场小得多的电场下显著迁移，因此那些离子迁移也应该响应由照射引起的附加电场（即光电压产生的电场，与内置电场相当）。在 Deng 的研究中发现，通过简单的光照可以实现利用电极化改善器件性能［图 6-7（c）（d）］。原始太阳能电池在照射前表现出较差的性能（例如初始 V_{oc} 为 0.6V 及 PCE 为 4.3%）。在 1 倍太阳辐照度条件下照射数十秒后，该装置显示出显著改善的性能（即 1.02V 的较高 V_{oc} 和 8.1% 的 PCE）。这归因于由于离子迁移而形成有利的 p-i-n 结构［图 6-7（e）（f）］。由于光诱导离子迁移有助于增加器件输出，因此该观察结果非常有前景。这种 LISP 效应是一般的，但有时被低估或忽略，因为：①通常在 J-V 测量之前，设备在开路状态下被强光无意照射；②当 OTP 薄膜具有适合快速离子迁移的条件时，LISP 快速完成。尽管 LISP 倾向于在几小时的时间范围内提高器件性能，但到目前为止，离子迁移是否有利于 OTP 太阳能电池的长期稳定性仍然不清楚。

除光活性层外，研究者还提出移动离子影响电荷提取层。Bastiani 等提出移动 MA^+ 离子可以特异性地与有机受体层如 PCBM 相互作用并引起 n 型电掺杂，这有利于电荷提取并降低 PCBM 层的费米能级水平，从而形成更高的 V_{oc}[34]。

6.5　抑制稳定 OTP 太阳能电池的离子迁移

到目前为止，虽然尚不清楚离子迁移是否会增强或降低 OTP 太阳能电池的长期稳定性，但已经付出了巨大的努力来消除由离子迁移引起的光电流迟滞现象。如 6.3 节所述，晶粒和晶界的缺陷为离子迁移提供了大量的位置。为了抑制 OTP 中的离子迁移，有必要弄清楚晶界是否是多晶 OTP 膜中离子迁移的主要通道。

最近的一些实验结果表明：晶界很可能是主要的迁移通道，尽管不能完全排除通过块状晶体的迁移。经常观察到的事实是，具有大晶粒尺寸和较小晶界面积的 OTP 太阳能电池，通常具有较小的 J-V 迟滞现象[63]。此外，与具有介孔结构的 OTP 太阳能电池相比，具有覆盖富勒烯电子传输层的"倒置"平面结构的器件，通常显示出明显更小的 J-V 迟滞[38]。

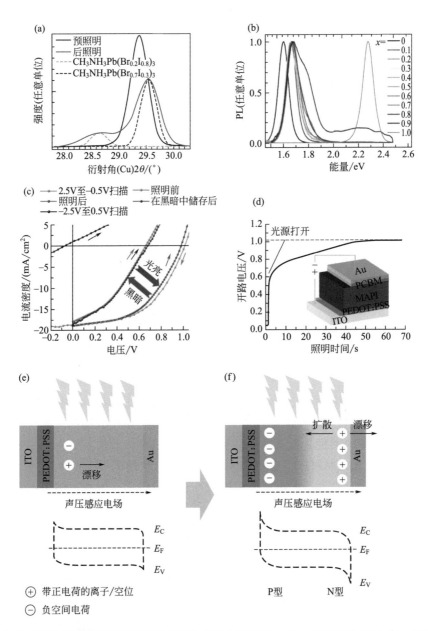

图 6-7　(a) 在 1 倍太阳辐照度条件下照射前后从 $CH_3NH_3PbBr_{0.6}I_{2.4}$ 膜获得的 XRD 峰；(b) 由源自光诱导相分离的光照射产生的 $MAPbBr_{0.6}I_{2.4}$ 薄膜的新光致发光光谱 〔(a)(b) 经英国皇家化学学会的允许下转载自文献 [12]〕；(c)(d) 具有 ITO/PEDOT:PSS/MAPI/Au 结构的钙钛矿太阳能电池的 $J\text{-}V$ 曲线和稳态光电流曲线；(e)(f) 光照条件下太阳能电池中离子迁移方向和能量图变化的示意 〔(c)～(f) 在 John Wiley & Sons, Inc. 的许可下引用自文献 [12]〕

为了解释此现象，Shao 等证明沉积在钙钛矿薄膜上的富勒烯可以扩散到钙钛矿晶界，从而钝化晶界和晶粒表面的电荷陷阱 [图 6-8(a)(b)][62]。后来，Xu 等的计算结果表明，在晶界处存在 Pb-I 反位缺陷 [I 原子占据 Pb 位，图 6-8(c)]，可能形成深陷阱并导致 $J\text{-}V$ 迟滞现象。他们还证明，从 Pb-I 反位缺陷到富勒烯的电荷转移很强 [图 6-8(d)]，它通过将禁带态从禁带中间转移到导带边缘来消除深陷阱 [图 6-8(e)]。据推测，晶界处的富勒烯-缺陷相互作用有助于减少离子迁移，这是由于结合效应的改善和晶界的阻挡。

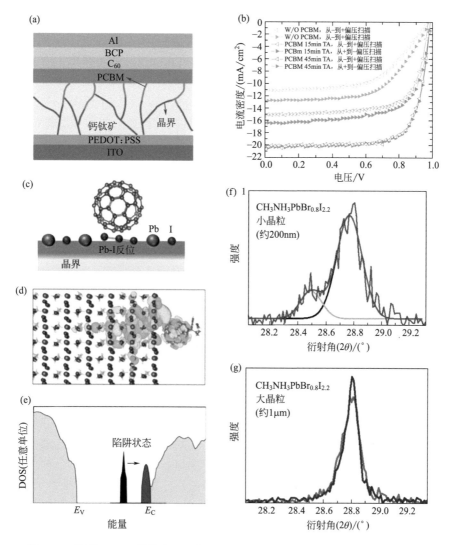

图 6-8　(a) 用 PCBM 覆盖 MAPI 晶粒表面和晶界的钝化示意图；(b) 由 PCBM 钝化引起的 J-V 迟滞消失 {(a)(b)在自然出版集团的允许下引自文献 [62]}；(c) Pb-I 反位缺陷及 PCBM 钝化示意图；(d) 波函数重叠显示 PCBM 和缺陷表面之间的电荷传输；(e) 用 PCBM 钝化 Pb-I 反位的 MAPI 薄膜（红色）与未钝化 Pb-I 反位的 MAPI 薄膜（黑色），其计算的状态密度的比较 {(c)~(e)在自然出版集团的允许下引自文献 [76]}；(f) $CH_3NH_3PbBr_{0.8}I_{2.2}$ 薄膜的分裂（200）XRD 峰，由于光照射而具有小粒径；(g) 在光照前后具有大颗粒尺寸的 $CH_3NH_3PbBr_{0.8}I_{2.2}$ 薄膜的未改变（200）XRD 峰值 {(f)(g)在 John Wiley & Sons, Inc. 的许可下引用自文献 [64]}（BCP 为 2,9-二甲基-4,7-联苯-1,10-邻二氮杂菲）

Hu 等进一步证明了降低的晶界面积在混合卤化物钙钛矿（$CH_3NH_3PbI_{3-x}Br_x$，$x<1$)的光稳定性中的重要性[64]。通过采用 Bi 等开发的聚三芳基胺（PTAA）的非润湿空穴传输层[74]，Hu 等将 $CH_3NH_3PbI_{3-x}Br_x$ 薄膜的晶粒尺寸从约 200nm 增加到＞1μm。然后，当晶粒尺寸增加时，$CH_3NH_3PbI_{3-x}Br_x$ 薄膜中的光致相分离问题被消除，这通过 XRD

和光学表征证实 [图 6-8（f）（g），在具有大晶粒尺寸的 $CH_3NH_3PbI_{3-x}Br_x$ 薄膜中没有观察到 XRD 峰的分裂][64]。同时，由于没有低带隙杂质相和减少的晶界陷阱，$CH_3NH_3PbI_{3-x}Br_x$ 太阳能电池的 PCE 和操作稳定性大大增加。

据报道，离子迁移和相应的 J-V 迟滞在较低温度下受到抑制，在温度低于 160K 时几乎消失[4,36,40]。这一事实表明，在室温下设计没有 J-V 迟滞现象的新型钙钛矿材料时，需要将离子迁移活化能提高一倍。实际上，OTP 材料被称为一种松散的晶体。增加离子的价态是增加离子和晶体框架之间库仑力的方法，这是增加活化能并因此减少离子迁移的一般方式。目前，OTP 族 X 位点的所有阴离子都处于 -1 价状态，这限制了 A 位点和 B 位点的阳离子处于 $+1$ 或 $+2$ 价态。这种限制导致无铅 OTP 材料（例如 $CH_3NH_3SnI_3$）的一些不稳定性问题，因为 Sn^{2+} 离子不如 Sn^{4+} 稳定。因此，开发具有高价态阴离子和阳离子的杂化钙钛矿材料，可能是提高钙钛矿固有稳定性的策略。此外，具有较低和较高价态的共掺杂阳离子可能是另一种有用的策略。现有的例子是基于镓酸镧（$LaGaO_3$）的材料体系，据报道共掺杂 Nb 和 Mg 会阻止氧空位迁移，因为掺杂剂和活动阴离子之间的库仑吸引力增加[75]。然而，钙钛矿晶体的改性也可能破坏其优异的光电性能。因此，对于新型 OTP 材料的设计，需要深入了解为什么杂化钙钛矿材料可以很好地用于光伏应用。

6.6　结论

总之，本章讨论了离子迁移现象及其对 OTP 材料和太阳能电池的影响。过去两年取得了重大进展。绝大多数进展证明离子迁移发生在 OTP 多晶薄膜中，形式多种多样。对钙钛矿太阳能电池中离子迁移的深入研究，有助于了解器件的工作机理，抑制 J-V 迟滞，增加器件的稳定性。到目前为止，正如我们在综述论文[7] 中所建议的，这项研究还处于起步阶段，还有一组待解答的问题，例如：①室温下 OTP 薄膜中有多少种离子迁移？②在光电流迟滞可忽略的优化 OTP 太阳能电池中有多少离子迁移？③多晶 OTP 薄膜的主要迁移通道是什么？④离子迁移如何影响 OTP 太阳能电池的长期稳定性？⑤如何改变 OTP 材料的成分以消除离子迁移，而不损失其优异的光电性能？令人鼓舞的是，OTP 太阳能电池的性能正变得比硅太阳能电池更具竞争力。由此，解决 OTP 材料中的离子迁移效应，成为 OTP 太阳能电业商业化最紧迫的问题之一。

参考文献

[1] Mizusaki, J., Arai, K., Fueki, K.: Ionic conduction of the perovskite-type halides. Solid State Ion. 11, 203-211 (1983)

[2] Unger, E., Hoke, E., Bailie, C., Nguyen, W., Bowring, A., Heumüller, T., Christoforo, M., McGehee, M.: Hysteresis and transient behavior in current-voltage measurements of hybrid-perovskite absorber solar cells. Energy Environ. Sci. 7, 3690-3698 (2014)

[3] Snaith, H. J., Abate, A., Ball, J. M., Eperon, G. E., Leijtens, T., Noel, N. K., Stranks, S. D., Wang, J. T.-W., Wojciechowski, K., Zhang, W.: Anomalous hysteresis in perovskite solar cells. J. Phys. Chem. Lett. 5, 1511-1515 (2014)

[4] Xiao, Z., Yuan, Y., Shao, Y., Wang, Q., Dong, Q., Bi, C., Sharma, P., Gruverman, A., Huang, J.: Giant switchable photovoltaic effect in organometal trihalide perovskite devices. Nat. Mater. 14, 193-198 (2015)

[5] Bag, M., Renna, L. A., Adhikari, R. Y., Karak, S., Liu, F., Lahti, P. M., Russell, T. P., Tuominen, M. T., Venkataraman, D.: Kinetics of in ion transport perovskite active layers and its implications for active layer stability. J. Am. Chem. Soc. 137, 13130-13137 (2015)

[6] Tress, W., Marinova, N., Moehl, T., Zakeeruddin, S., Nazeeruddin, M. K., Grätzel, M.: Understanding the rate-dependent J-V hysteresis, slow time component, and aging in $CH_3NH_3PbI_3$ perovskite solar cells: the role of a compensated electric field. Energy Environ. Sci. 8, 995-1004 (2015)

[7] Yuan, Y.; Huang, J.: Ion migration in organometal trihalide perovskite and its impact on photovoltaic efficiency and stability. Acc. Chem. Res. 2016. doi: 10.1021/acs.accounts.5b00420

[8] Chin, X. Y., Cortecchia, D., Yin, J., Bruno, A., Soci, C.: Lead iodide perovskite light-emitting field-effect transistor. Nat. Commun. 6, 7383 (2015)

[9] Juarez-Perez, E. J., Sanchez, R. S., Badia, L., Garcia-Belmonte, G., Kang, Y. S., Mora-Sero, I., Bisquert, J.: Photoinduced giant dielectric constant in lead halide perovskite solar cells. J. Phys. Chem. Lett. 5, 2390-2394 (2014)

[10] Lin, Q., Armin, A., Nagiri, R. C. R., Burn, P. L., Meredith, P.: Electro-optics of perovskite solar cells. Nat. Photonics 9, 106-112 (2014)

[11] Hoke, E. T., Slotcavage, D. J., Dohner, E. R., Bowring, A. R., Karunadasa, H. I., McGehee, M. D.: Reversible photo-induced trap formation in mixed-halide hybrid perovskites for photovoltaics. Chem. Sci. 6, 613-617 (2015)

[12] Deng, Y., Xiao, Z., Huang, J.: Light induced self-poling effect in organometal trihalide perovskite solar cells for increased device efficiency and stability. Adv. Energy Mater. 5, 1500721 (2015)

[13] Yuan, Y., Chae, J., Shao, Y., Wang, Q., Xiao, Z., Centrone, A., Huang, J.: Photovoltaic switching mechanism in lateral structure hybrid perovskite solar cells. Adv. Energy Mater. 5, 1500615 (2015)

[14] Hull, S.: Superionics: crystal structures and conduction processes. Rep. Prog. Phys. 67, 1233 (2004)

[15] Ilschner, B.: Determination of the electronic conductivity in silver halides by means of polarization measurements. J. Chem. Phys. 28, 1109-1112 (1958)

[16] Yashima, M.: Diffusion pathway of mobile ions and crystal structure of ionic and mixed conductors-a brief review. J. Ceram. Soc. Jpn. 117, 1055-1059 (2009)

[17] Cherry, M., Islam, M. S., Catlow, C.: Oxygen ion migration in perovskite-type oxides. J. Solid State Chem. 118, 125-132 (1995)

[18] Yashima, M., Nomura, K., Kageyama, H., Miyazaki, Y., Chitose, N., Adachi, K.: Conduction path and disorder in the fast oxide-ion conductor $(La_{0.8}Sr_{0.2})(Ga_{0.8}Mg_{0.15}Co_{0.05})O_{2.8}$. Chem. Phys. Lett. 380, 391-396 (2003)

[19] Yashima, M.; Tsuji, T.: Structural investigation of the cubic perovskite-type doped lanthanum cobaltite $La_{0.6}Sr_{0.4}CoO_{3-\delta}$ at 1531 K: possible diffusion path of oxygen ions in an electrode material. J. Appl. Crystal. 40, 1166-1168 (2007)

[20] Yashima, M., Kobayashi, S., Yasui, T.: Positional disorder and diffusion path of oxide ions in the yttria-doped ceria $Ce_{0.93}Y_{0.07}O_{1.96}$. Faraday Discuss. 134, 369-376 (2007)

[21] Yashima, M., Tsuji, T.: Crystal Structure, Disorder, and Diffusion Path of Oxygen Ion CONDUCTORS $Y_{1-x}Ta_xO_{1.5}+x$ (x=0.215 and 0.30). Chem. Mater. 19, 3539-3544 (2007)

[22] Eames, C., Frost, J. M., Barnes, P. R., O'regan, B. C., Walsh, A., Islam, M. S.: Ionic transport in hybrid lead iodide perovskite solar cells. Nat. Commun. 2015, 6, 7497

[23] Almora, O., Zarazua, I., Mas-Marza, E., Mora-Sero, I., Bisquert, J., Garcia-Belmonte, G.: Capacitive dark currents, hysteresis, and electrode polarization in lead halide perovskite solar cells. J. Phys. Chem. Lett. 6, 1645-1652 (2015)

[24] Shi, J., Xu, X., Zhang, H., Luo, Y., Li, D., Meng, Q.: Intrinsic slow charge response in the perovskite solar cells: Electron and ion transport. Appl. Phys. Lett. 107, 163901 (2015)

[25] Azpiroz, J. M., Mosconi, E., Bisquert, J., De Angelis, F.: Defects migration in methylammonium lead iodide and their role in perovskite solar cells operation. Energy Environ. Sci. 8, 2118-2127 (2015)

[26] Haruyama, J., Sodeyama, K., Han, L., Tateyama, Y.: First-principles study of ion diffusion in perovskite solar cell sensitizers. J. Am. Chem. Soc. 137, 10048-10051 (2015)

[27] Egger, D. A., Kronik, L., Rappe, A. M.: Theory of hydrogen migration in organic-inorganic halide perovskites. Angew. Chem. Int. Ed. 54, 12437-12441 (2015)

[28] Guillemoles, J.-F., Rau, U., Kronik, L., Schock, H.-W., Cahen, D.: Cu (In, Ga) Se2 solar cells: device stability based on chemical flexibility. Adv. Mater. 11, 957-961 (1999)

[29] Bourgoin, J., Corbett, J.: A new mechanism for interstistial migration. Phys. Lett. A 38, 135-137 (1972)

[30] Yin, W.-J., Shi, T., Yan, Y.: Unusual defect physics in $CH_3NH_3PbI_3$ perovskite solar cell absorber. Appl. Phys. Lett. 104, 063903 (2014)

[31] Leijtens, T., Hoke, E. T. Grancini, G. . Slotcavage, D. J., Eperon, G. E., Ball, J. M., De Bastiani, M., Bowring,

A. R.；Martino，N.，Wojciechowski，K.：Mapping electric field‐induced switchable poling and structural degradation in hybrid lead halide perovskite thin films. Adv. Energy Mater. 5（2015）

[32] Yang，T. Y.，Gregori，G.，Pellet，N.，Grätzel，M.，Maier，J.：The significance of ion conduction in a hybrid organic-inorganic lead-iodide-based perovskite photosensitizer. Angew. Chem. Int. Ed. 54，7905-7910（2015）

[33] Yuan，Y.，Wang，Q.，Shao，Y.，Lu，H.，Li，T.，Gruverman，A.，Huang，J.：Electric field driven reversible conversion between methylammonium lead triiodide perovskites and lead iodide at elevated temperature. Adv. Energy Mater. 6，1501803（2015）

[34] De Bastiani，M.，Dell'Erba，G.，Gandini，M.，D'Innocenzo，V.，Neutzner，S.，Kandada，A. R. S.，Grancini，G.，Binda，M.，Prato，M.，Ball，J. M.：Ion migration and the role of preconditioning cycles in the stabilization of the j-v characteristics of inverted hybrid perovskite solar cells. Adv. Energy Mater. 6，1501453（2016）

[35] Zhang，H.，Lin，H.，Liang，C.，Liu，H.，Liang，J.，Zhao，Y.，Zhang，W.，Sun，M.，Xiao，W.，Li，H.：Organic-Inorganic perovskite light-emitting electrochemical cells with a large capacitance. Adv. Funct. Mater. 25，7226-7232（2015）

[36] Li，C.，Tscheuschner，S.，Paulus，F.，Hopkinson，P. E.，Kießling，J.，Köhler，A.，Vaynzof，Y.，Huettner，S.：Iodine migration and its effect on hysteresis in perovskite solar cells. Adv. Mater.（2016）. doi：10. 1002/adma. 201503832

[37] Chen，Q.，De Marco，N.，Yang，Y. M.，Song，T. -B.，Chen，C. -C.，Zhao，H.，Hong，Z.，Zhou，H.，Yang，Y.：Under the spotlight：The organic-inorganic hybrid halide perovskite for optoelectronic applications. Nano Today 10，355-396（2015）

[38] Wang，Q.，Shao，Y.，Dong，Q.，Xiao，Z.，Yuan，Y.，Huang，J.：Large fill-factor bilayer iodine perovskite solar cells fabricated by a low-temperature solution-process. Energy Environ. Sci. 7，2359-2365（2014）

[39] Wang，Q.，Shao，Y.，Xie，H.，Lyu，L.，Liu，X.，Gao，Y.，Huang，J.：Qualifying composition dependent p and n self-doping in $CH_3NH_3PbI_3$. Appl. Phys. Lett. 105，163508（2014）

[40] Yu，H.，Lu，H.，Xie，F.，Zhou，S.，Zhao，N.：Native Defect-Induced Hysteresis Behavior in Organolead Iodide Perovskite Solar Cells. Adv. Funct. Mater.（2016）. doi：10. 1002/adfm. 201504997

[41] Kim，J.，Lee，S. -H.，Lee，J. H.，Hong，K. -H.：The role of intrinsic defects in methylammonium lead iodide perovskite. J. Phys. Chem. Lett. 5，1312-1317（2014）

[42] Buin，A.，Pietsch，P.，Xu，J.，Voznyy，O.，Ip，A. H.，Comin，R.，Sargent，E. H.：Materials processing routes to trap-free halide perovskites. Nano Lett. 14，6281-6286（2014）

[43] Walsh，A.，Scanlon，D. O.，Chen，S.，Gong，X.，Wei，S. H.：Self-regulation mechanism for charged point defects in hybrid halide perovskites. Angew. Chem. Int. Ed. 127，1811-1814（2015）

[44] Dong，R.，Fang，Y.，Chae，J.，Dai，J.，Xiao，Z.，Dong，Q.，Yuan，Y.，Centrone，A.，Zeng，X. C.，Huang，J.：High-gain and low-driving-voltage photodetectors based on organolead triiodide perovskites. Adv. Mater. 27，1912-1918（2015）

[45] Chen，Q.，Zhou，H.，Song，T. -B.，Luo，S.，Hong，Z.，Duan，H. -S.，Dou，L.，Liu，Y.，Yang，Y.：Controllable self-induced passivation of hybrid lead iodide perovskites toward high performance solar cells. Nano Lett. 14，4158-4163（2014）

[46] Choi，J. J.，Yang，X.，Norman，Z. M.，Billinge，S. J.，Owen，J. S.：Structure of methylammonium lead iodide within mesoporous titanium dioxide：active material in high-performance perovskite solar cells. Nano Lett. 14，127-133（2013）

[47] Wu，B.，Fu，K.，Yantara，N.，Xing，G.，Sun，S.，Sum，T. C.，Mathews，N.：Charge accumulation and hysteresis in perovskite-based solar cells：an electro-optical analysis. Adv. Energy Mater. 5，1500829（2015）

[48] Jeon，N. J.，Noh，J. H.，Kim，Y. C.，Yang，W. S.，Ryu，S.，Seok，S. I.：Solvent engineering for high-performance inorganic-organic hybrid perovskite solar cells. Nat. Mater. 13，897-903（2014）

[49] Lian，J.，Wang，Q.，Yuan，Y.，Shao，Y.，Huang，J.：Organic solvent vapor sensitive methylammonium lead trihalide film formation for efficient hybrid perovskite solar cells. J. Mater. Chem. A 3，9146-9151（2015）

[50] You，J.，Yang，Y. M.，Hong，Z.，Song，T. -B.，Meng，L.，Liu，Y.，Jiang，C.，Zhou，H.，Chang，W. -H.，Li，G.：Moisture assisted perovskite film growth for high performance solar cells. Appl. Phys. Lett. 105，183902（2014）

[51] Xiao，Z.，Dong，Q.，Bi，C.，Shao，Y.，Yuan，Y.，Huang，J.：Solvent annealing of perovskite-induced crystal growth for photovoltaic-device efficiency enhancement. Adv. Mater. 26，6503-6509（2014）

[52] Zhou，Z.，Wang，Z.，Zhou，Y.，Pang，S.，Wang，D.，Xu，H.，Liu，Z.，Padture，N. P.，Cui，G.：Methylamine-gas-induced defect-healing behavior of $CH_3NH_3PbI_3$ thin films for perovskite solar cells. Angew. Chem. Int. Ed. 54，9705-9709（2015）

[53] Leijtens，T.，Hoke，E. T.，Grancini，G.，Slotcavage，D. J.，Eperon，G. E.，Ball，J. M.，De Bastiani，M.，

Bowring, A. R., Martino, N., Wojciechowski, K.: Mapping electric field-induced switchable poling and structural degradation in hybrid lead halide perovskite thin films. Adv. Energy Mater. 5, 1500962 (2015)

[54] Dong, Q., Song, J., Fang, Y., Shao, Y., Ducharme, S., Huang, J.: Lateral-structure single-crystal hybrid perovskite solar cells through piezoelectric poling (2015). doi: 10. 1002/adma. 201505244

[55] Gottesman, R., Haltzi, E., Gouda, L., Tirosh, S., Bouhadana, Y., Zaban, A., Mosconi, E., De Angelis, F.: Extremely slow photoconductivity response of $CH_3NH_3PbI_3$ perovskites suggesting structural changes under working conditions. J. Phys. Chem. Lett. 5, 2662-2669 (2014)

[56] Feng, C., Yin, W.-J., Nie, J., Zu, X., Huda, M. N., Wei, S.-H., Al-Jassim, M. M., Yan, Y.: Possible effects of oxygen in Te-rich $\Sigma 3$ (112) grain boundaries in CdTe. Solid State Commun. 152, 1744-1747 (2012)

[57] Yin, W.-J., Wu, Y., Noufi, R., Al-Jassim, M., Yan, Y.: Defect segregation at grain boundary and its impact on photovoltaic performance of $CuInSe_2$. Appl. Phys. Lett. 102, 193905 (2013)

[58] Yin, W. J., Wu, Y., Wei, S. H., Noufi, R., Al-Jassim, M. M., Yan, Y.: Engineering grain boundaries in $Cu_2ZnSnSe_4$ for better cell performance: a first-principle study. Adv. Energy Mater. 4, 1300712 (2014)

[59] Yin, W.-J., Yang, J.-H., Kang, J., Yan, Y., Wei, S.-H.: Halide perovskite materials for solar cells: a theoretical review. J. Mater. Chem. A 3, 8926-8942 (2015)

[60] Zhao, Y., Liang, C., Zhang, H., Li, D., Tian, D., Li, G., Jing, X., Zhang, W., Xiao, W., Liu, Q.: Anomalously large interface charge in polarity-switchable photovoltaic devices: an indication of mobile ions in organic-inorganic halide perovskites. Energy Environ. Sci. 8, 1256-1260 (2015)

[61] Zhang, Y., Liu, M., Eperon, G. E., Leijtens, T. C., McMeekin, D., Saliba, M., Zhang, W., De Bastiani, M., Petrozza, A., Herz, L. M.: Charge selective contacts, mobile ions and anomalous hysteresis in organic-inorganic perovskite solar cells. Mater. Horiz. 2, 315-322 (2015)

[62] Shao, Y., Xiao, Z., Bi, C., Yuan, Y., Huang, J.: Origin and elimination of photocurrent hysteresis by fullerene passivation in $CH_3NH_3PbI_3$ planar heterojunction solar cells. Nat. Commun. 5, 5784 (2014)

[63] Kim, H.-S., Park, N.-G.: Parameters affecting I-V hysteresis of $CH_3NH_3PbI_3$ perovskite solar cells: effects of perovskite crystal size and mesoporous TiO_2 layer. J. Phys. Chem. Lett. 5, 2927-2934 (2014)

[64] Hu, M., Bi, C., Yuan, Y., Bai, Y., Huang, J.: Stabilized wide bandgap mapbbrxi3-x perovskite by enhanced grain size and improved crystallinity. Adv. Sci. (2015). doi: 10. 1002/advs. 201500301

[65] Yang, B., Dyck, O., Poplawsky, J., Keum, J., Puretzky, A., Das, S., Ivanov, I., Rouleau, C., Duscher, G., Geohegan, D.: Perovskite solar cells with near 100% internal quantum efficiency based on large single crystalline grains and vertical bulk heterojunctions. J. Am. Chem. Soc. 137, 9210-9213 (2015)

[66] van Reenen, S., Kemerink, M., Snaith, H. J.: Modeling anomalous hysteresis in perovskite solar cells. J. Phys. Chem. Lett. 6, 3808-3814 (2015)

[67] Chen, B., Yang, M., Zheng, X., Wu, C., Li, W., Yan, Y., Bisquert, J., Garcia-Belmonte, G., Zhu, K., Priya, S.: Impact of capacitive effect and ion migration on the hysteretic behavior of perovskite solar cells. J. Phys. Chem. Lett. 6, 4693-4700 (2015)

[68] Almora, O., Guerrero, A., Garcia-Belmonte, G.: Ionic charging by local imbalance at interfaces in hybrid lead halide perovskites. Appl. Phys. Lett. 108, 043903 (2016)

[69] Coll, M., Gomez, A., Mas-Marza, E., Almora, O., Garcia-Belmonte, G., Campoy-Quiles, M., Bisquert, J.: Polarization switching and light-enhanced piezoelectricity in lead halide perovskites. J. Phys. Chem. Lett. 6, 1408-1413 (2015)

[70] Mei, A., Li, X., Liu, L., Ku, Z., Liu, T., Rong, Y., Xu, M., Hu, M., Chen, J., Yang, Y.: A hole-conductor-free, fully printable mesoscopic perovskite solar cell with high stability. Science 345, 295-298 (2014)

[71] Strukov, D. B., Snider, G. S., Stewart, D. R., Williams, R. S.: The missing memristor found. Nature 453, 80-83 (2008)

[72] Wu, S., Xu, L., Xing, X., Chen, S., Yuan, Y., Liu, Y., Yu, Y., Li, X., Li, S.: Reverse-bias-induced bipolar resistance switching in $Pt/TiO_2/SrTi_{0.99}Nb_{0.01}O_3/Pt$ devices. Appl. Phys. Lett. 93, 43502 (2008)

[73] Noh, J. H., Im, S. H., Heo, J. H., Mandal, T. N., Seok, S. I.: Chemical management for colorful, efficient, and stable inorganic-organic hybrid nanostructured solar cells. Nano Lett. 13, 1764-1769 (2013)

[74] Bi, C., Wang, Q., Shao, Y., Yuan, Y., Xiao, Z., Huang, J.: Non-wetting surface-driven high-aspect-ratio crystalline grain growth for efficient hybrid perovskite solar cells. Nat. Commun. 6, 7747 (2015)

[75] Kharton, V., Viskup, A., Yaremchenko, A., Baker, R., Gharbage, B., Mather, G., Figueiredo, F., Naumovich, E., Marques, F.: Ionic conductivity of La (Sr) Ga (Mg, M) $O_{3-\delta}$ (M = Ti, Cr, Fe Co, Ni): effects of transition metal dopants. Solid State Ion. 132, 119-130 (2000)

[76] Xu, J., Buin, A., Ip, A. H., Li, W., Voznyy, O., Comin, R., Yuan, M., Jeon, S., Ning, Z., McDowell, J. J.: Perovskite-fullerene hybrid materials suppress hysteresis in planar diodes. Nat. Commun. 6, 7081 (2015)

第7章
杂化有机金属卤化物钙钛矿太阳能电池的阻抗特性

Juan Bisquert，Germà Garcia-Belmonte，Antonio Guerrero

　　摘要：本章介绍了阻抗谱的应用和一系列相关的实验技术，用于了解卤化铅钙钛矿太阳能电池及其相关材料的工作原理。本章的主要议题是电容的识别及其来源，它与离子累积、电子累积或两者的结合有关。除了阻抗谱之外，我们还研究了许多通过电压步进或连续循环执行的充电或时间瞬态技术，包括电容-电压表征和开尔文探针力显微镜。使用若干改进的实验，例如施加不同接触体、样品厚度和温度来进行解释。还解决了迟滞与电容的关系，以及通过离子累积和反应在接触处的降解。

7.1　引言

　　目前，杂化有机-无机钙钛矿太阳能电池的研究正向多方面迅速发展。这些器件的效率以惊人的速度上升，其认证值超过21％。已经报道了多种制备方法，目的是生产低成本的大规模器件，尤其关注强大的沉积方法和太阳能电池的稳定性应用，例如前驱体的应用和制备路线。这些目标需要充足的表征方法，将器件的结构与其功能相关联。目前，很明显杂化有机-无机钙钛矿材料具有一系列引人注目的特性，可支持其非凡的光伏性能。然而，在钙钛矿光伏器件中，光伏和光物理操作的原理尚不清楚。需要彻底调查和解决阻碍进一步发展的一些关键问题。为了充分理解太阳能电池器件，有必要阐明在低频到中频域中发生的动态过程及其与器件中材料和结构组合的关系。本章将讨论使用阻抗谱及我们在下面描述的各种相关技术来处理钙钛矿太阳能电池器件性能的挑战性。

　　早期的时候，研究者们就意识到钙钛矿太阳能电池存在显著的时间瞬态行为，并且存在需要适当分类的各种复杂现象[1]。在时间瞬态技术中的小扰动衰减与作为阻抗谱的小扰动交流方法之间存在基本对应关系，因此，为了建立钙钛矿太阳能电池内部动力学的连贯图像，结合一系列实验方法是十分重要的，如图7-1所示。

　　当图7-1所示的物理元件 R_1C_1 被步进电压扰动时，电流以特征时间定义的指数形式衰减：

$$\tau = R_1 C_1 \tag{7-1}$$

　　正如图7-1(a) 所示。如果扰动是交流电压，则交流电压与电流的关系是复阻抗，即 Z。对于图7-1中的并联电路，阻抗谱在复平面中的踪迹是一个半圆，如图7-1(b) 所示。此外，图7-1(c) 中电压的连续变化显示了作为电容分量和稳态电流密度-电压（J-V）曲线的重要信息。

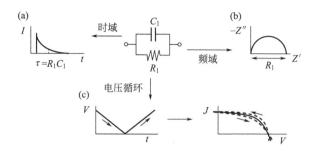

图 7-1　并联 *RC* 等效电路，以及时域和频域的实验信号：（a）步进电压后的电流密度衰减；（b）阻抗谱；（c）电压循环导致的电流密度-电压曲线

在本章中，我们描述了这些技术的应用，以获得基于 $CH_3NH_3PbI_3$（MAPI）及其多种组成变体的钙钛矿太阳能电池运行的详细情况。电池的结构由钙钛矿吸收体和选择性接触层形成，用于提取电子和空穴，如图 7-2(a) 所示。如能带弯曲等附加能量特征将在后面讨论。在钙钛矿太阳能电池的研究中，特别重要的是能够使用各种接触类型，这通常会极大地改变钙钛矿太阳能电池的性能。如图 7-2 所示，可以根据不同的接触方式区分几种典型结构：平面（a）或透明侧有介孔的（b）金属氧化物层，或在透明侧有空穴导体的"倒置"结构体（c）。使用对称装置［图 7-2(d)(e)］在理解方面产生了很大的回报，如 7.7 节所述。

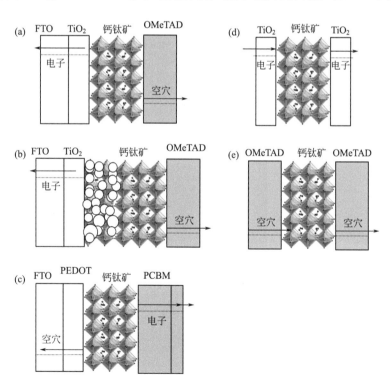

图 7-2　不同类型的样品配置由具有黏结接触点的钙钛矿层组成。触点处的电子和空穴的费米能级以虚线表示。二极管结构（太阳能电池）：平面（a）或在透明侧有介孔的（b）金属氧化物层。（c）在透明侧有空穴导体的倒置结构；（d）电子选择性接触的对称器件；（e）空穴选择性接触的对称器件

7.2 充电电容和迟滞效应

在太阳能电池的分析中，阻抗和时间瞬态小扰动测量已广泛用于确定器件的特性和寿命[2,3]。然而，太阳能电池的核心测量类型是稳态下的 J-V 曲线。从该曲线中提取了表征稳态运行时太阳能-电能转换特性的主要参数：光电流、光电压、填充因子和能量转换效率。该测量需要一个几乎连续的电压扫描，在一定的电压步长下进行，同时测量电流。扫描可以从开路电压 V_{oc} 值开始，朝着 $V=0$ 方向，即从正向到反向偏压；或者方向反过来。如果电压步长 ΔV 需要时间间隔 Δt，则扫描速率为：

$$s = \frac{\Delta V}{\Delta t} \tag{7-2}$$

该方法与电化学循环伏安法的标准方法相同。在这种类型的测量中，记忆电容器的行为是很重要的[4]。对于单个恒流电容器 C，充电电流是通过电容器中电荷的时间导数获得的，

$$J_C = \frac{dQ}{dt} = C\frac{dV}{dt} \tag{7-3}$$

结果是

$$J_C = Cs \tag{7-4}$$

如图 7-3 所示，通过在两点之间循环电压，电容性充电产生与扫描速率 s 成比例的电流，并且当扫描方向改变符号时，电流反向。因此，电容电流的特征是相对于平均值的对称电流。对于单电容器平均值为 0，如图 7-3 所示。但一般来说，电容电流会加到系统中存在的其他直流电流中。对于太阳能电池，稳态直流电流的特征（忽略内阻）是光电流和二极管的曲线形式。

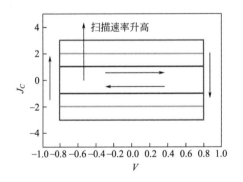

图 7-3 以增加扫描速率循环施加在电容器上的电压所产生的电容电流

$$J = J_{ph} - J_0(e^{qV/mk_BT} - 1) \tag{7-5}$$

式中，J_{ph} 是光电流密度；J_0 是暗电流密度；q 是基本电荷；k_BT 是热能；m 是二极管质量因数。因此，太阳能电池中的总电流欠压扫描将通过增加电流密度［式(7-5)］来给出，电容电流根据正向或反向扫描分别增加或减少，如文献［1］所建议的。结果如图 7-4(d) 所示，在其中观察到，与稳态曲线（中心曲线，以非常慢的速率扫描）的分离随电压速度增加而增加，如图 7-3 所示。这是电容迟滞的标志[5]。

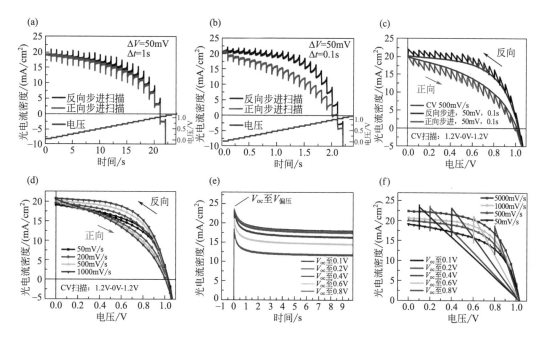

图 7-4 介孔 (mp) 二氧化钛作为电子传输层形成的钙钛矿太阳能电池的时间瞬态, 以 500nm 的 $CH_3NH_3PbI_3$ 薄膜为光吸收层, 以 150nm 的 Spiro-OMeTAD 为空穴选择层。反向和正向步进扫描下的时间依赖性光电流响应: (a) 步进时间为 1s; (b) 步进时间为 0.1s。(c) CV 扫描的 J-V 响应, 500mV/s 和相应的步进扫描。(d) 不同 CV 扫描速率的 PSC 的 J-V 响应。(e) 将施加电压从 V_{oc} 切换到不同偏压时的动态光电流瞬态图。(f) 不同反向扫描速率下的 J-V 和动态光电流瞬态的响应。转载自参考文献 [5]

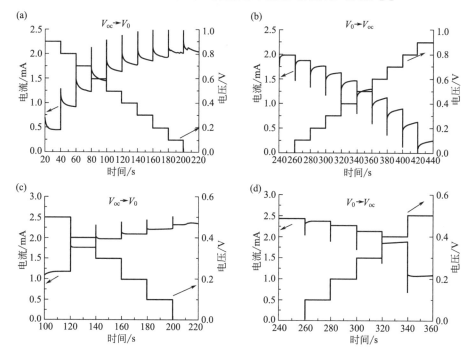

图 7-5 使用正向和反向步进电压扫描的时间瞬变, 用于由 50nm 平面 TiO_2 电子传输层形成的钙钛矿太阳能电池, 具有 $300\sim400$nm $CH_3NH_3PbI_3$ 薄膜作为光吸收层, 以及两种不同的空穴选择接触层: (a) (b) Spiro-OMeTAD 和 (c) (d) CuI。转载自参考文献 [6]

为了更详细地描述太阳能电池的电容充电，需要观察每个电压步进的瞬态电流，如图 7-5 所示。在该图中，比较了两种不同空穴选择接触层（Spiro-OMeTAD 和 CuI）的器件响应[6]。显然，CuI 的瞬态比 Spiro-OMeTAD 短得多，后者与影响衰减时间的较小电容有关，如图 7-1（a）所示。在这些电池中测量的低频电容如图 7-6（b）所示。同样，图 7-4 （a）（b）中的测量说明了电容电流对 *J-V* 曲线的影响。当扫描速率慢（大 Δt）时，如图 7-4（a）所示，电流有足够的时间达到与式（7-5）相对应的稳态值[7,8]。然而，在快速扫描速率下，Δt 在下一个电压步长进来之前将电流保持在瞬态值上，因此总电流保持在静态值以上，如图 7-4（b）所示。正如所预期的，反向扫描中电容电流出现相反的符号，导致关于稳态值的电流断开。这种行为取决于式（7-2）中所示的扫描速率，而不是取决于 Δt 和 ΔV 的单独值，前提是两者都相对较小。因此，图 7-4（c）中应用了两种不同的程序，它们提供相同的电容滞回量。

除了电容迟滞之外，还广泛报道了另一种类型的迟滞现象，这不仅取决于扫描速率，还取决于先前的预处理。示例如图 7-7 所示，其显示在正向偏压下的光浸泡改善了 *J-V* 特性，而在反向偏压下的光浸泡具有相反的效果[8]。这些结果表明，当施加光和电压时，钙钛矿太阳能电池器件发生了巨大的变化[1,5,9]。

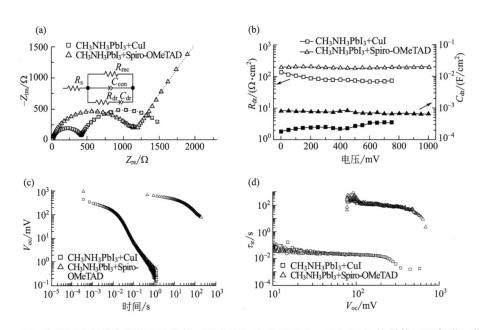

图 7-6 （a）为基于 CuI 的太阳能电池器件（正方形）和基于 Spiro-OMeTAD 的器件（三角形）获得的复平面阻抗图。拟合结果以虚线表示，并且在插图中提供用于拟合阻抗响应的等效电路。（b）电阻和电容随两种器件的电位变化。在恒定照射下进行阻抗测量。（c）基于 CuI 和基于 Spiro-OMeTAD 的设备的 OCVD 测量；（d）它们相应的瞬时弛豫时间常数 τ_{ir} 随 V_{oc} 变化的函数。转载自参考文献 [6]

重要的是，已广泛报道，卤化钙卤化铅是一种良好的离子导体，其中的间隙和空位可以在内力作用下移动[10]。人们认为 I⁻ 和 MA⁺ 的离子运动在施加偏压和/或照射条件下发生[11,12]。离子和/或空位的漂移使得卤化铅钙钛矿变成混合的离子电子导体，这产生了许多复杂的电学测量解释，如图 7-8 所示。当偏置电压施加到非对称器件时，诱导了不同载流

子——离子和电子的位移。然而，虽然任一类型的电子载流子都可以通过太阳能电池传输，

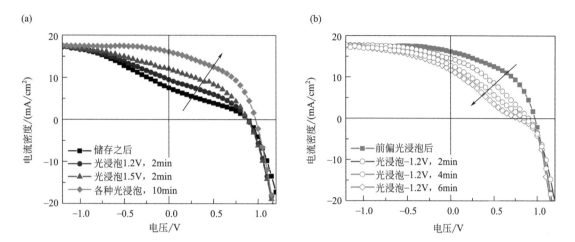

图 7-7　(a) 正向偏压下的光浸泡对电流-电压产生积极影响，从而影响薄膜钙钛矿-吸收体太阳能电池的性能。太阳能电池通过介孔（mp）TiO_2 电子接触形成，其中 350nm $CH_3NH_3PbI_3$ 薄膜作为光吸收层，150nm Spiro-OMeTAD 作为空穴选择层。(b) 在反向偏压条件下光浸泡后观察到相反的效果，J-V 曲线呈 S 形。转载于参考文献 [8]

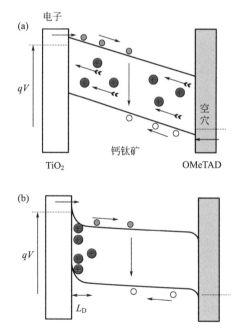

图 7-8　表示黑暗中不对称钙钛矿装置中电流的不同分量的示意图。(a) 从均匀情况开始，正向施加的偏置电压 V 引入漂移场，该漂移场引起带正电的 I^- 空位的位移。通过在各个触点处注入电子和空穴，以及在钙钛矿层内部再结合，来产生电子电流。请注意，离子和电子电流由不同类型的箭头标记。(b) 经过一段时间后，离子漂移会在阴极处产生离子的累积，从而产生空间电荷和对漂移场的扩散电流。最终获得主要在阴极表面的离子的平衡分布，其将由所示的离子德拜长度 L_D 控制。同时，只要施加电压，电子复合电流就会持续存在

但是在接触处，离子载流子被阻挡，因此在直流状态下，离子电流被抑制。这意味着离子的电化学电位必须是恒定的，如文献［13］所解释的：浓度梯度与电场漂移相反。图 7-9 显示了在恒定电流为 2nA 时厚对称样品的恒流充电研究。最初，电流由电子电流和离子电流维持，但随着离子梯度的建立，离子电流被抑制，需要更多的电压来维持电流值，即纯电子电流[12]。Xiao 等提供了离子迁移对接触屏障影响的有力证据[14]，参见图 7-10，他们表明钙钛矿层的短时极化可以确定接触类型为空穴或电子选择层，与金属接触的类型无关。铁电材料文献中广泛报道了这种与接触类型有关的 J-V 特性反转，并且它通常与缺陷的迁移或极化改变相关联，这改变了接触处的注入势垒[15]。这些移动离子和外部接触层之间的反应性可以极大地影响太阳能电池的操作和稳定性，如 7.7 节所述。

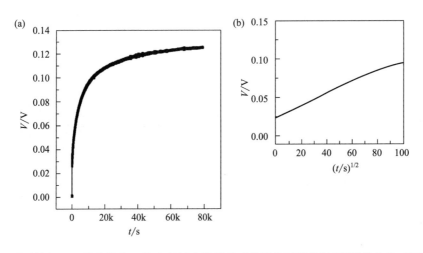

图 7-9　(a) 通过施加 2nA 的电流在 30℃空气流中测量的对称结构石墨/MAPI/石墨电池（厚度 0.6mm）的 DC 极化曲线；(b) 电压相对的平方根时间可达 10^4 s。转载自文献［12］

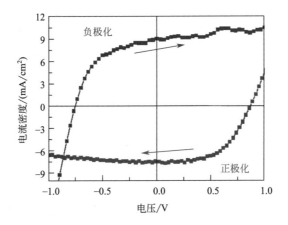

图 7-10　ITO/PEDOT：PSS/钙钛矿（300nm）/Au 垂直结构器件的性能变化。将器件以 6V/μm 极化 20s。在 1 倍太阳辐照度下以 0.14V/s 的扫描速率测量光电流。转载自文献［14］

　　另一个广泛报道的观察结果如图 7-11 中的例子所示，已经观察到迟滞对接触类型具有大的依赖性。这种变化与低频电容强烈相关，如图 7-12 所示[16,17]。

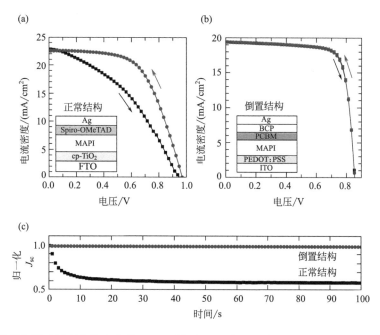

图 7-11　J-V 迟滞和随时间变化的光电流。（a）平面 TiO_2/MAPI/Spiro-OMeTAD（正常）结构和（b）PEDOT:PSS/MAPI/PCBM（倒置）结构的扫描方向依赖性 J-V 曲线。在 J-V 扫描期间，在施加给定电压之后获得电流 100ms。（c）正常和倒置结构的归一化 J_{sc}-时间曲线。在测量 J_{sc} 之前保持在 1 倍太阳辐照度下的开路条件。转载自文献 [16,17]

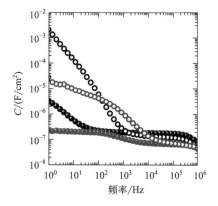

图 7-12　平面 TiO_2/MAPI/Spiro-OMeTAD（正置，黑色）结构（厚度 440nm）和 PEDOT:PSS/MAPI/PCBM（倒置，红色）结构（厚度 380nm），在黑暗（实心曲线）和 1 倍太阳辐照度下（短路条件下，偏置电压＝0V，空心曲线）的 C-f 曲线。转载自文献 [16,17]

7.3　铁电性能

铁电材料的特征在于永久电极化。在宏观极化秩序不能维持的区域，转变为非铁电对称晶相的典型相变发生在居里温度下。相变伴随着介电常数的巨大变化。极化场可以通过施加的外部场切换方向。在具有金属接触的铁电层中，电极中的电荷补偿束缚极化电荷，这消除了内部极化电场。在实际应用中，由于极化电荷的不完全屏蔽，铁电材料可以保持内部电场，从而产生内部去极化场。

由于许多钙钛矿是铁电的，在有机-无机光伏钙钛矿的早期研究中，铁电性质是对一些奇特观察结果的有吸引力的解释，例如非常大的介电常数，这是典型的氧化钙钛矿。在卤化铅钙钛矿中，预计有三种主要的极化机制：MA^+ 阳离子的取向极化（具有显著的偶极矩）；相对于负电荷中心 PbI_3^- 笼，由正电荷中心 MA^+ 的偏移引起的离子极化；以及 PbI_6 八面体内 Pb 的偏心位移引起的离子极化。为了确定这种光伏函数的重要特性，研究者[18]利用了压电力显微镜（piezoelectric force microscopy，PFM），它是 AFM 的一种变体，广泛用于铁电材料中的极化结构和局部开关的成像。对 MAPI 钙钛矿薄膜的研究显示了压电相迟滞回线，如图 7-13（a）所示。原则上，这种观察结果是铁电极化的证据，但与标准材料如 $BiFeO_3$ 相反，卤化铅钙钛矿薄膜中的极化在几秒钟内消失。还观察到在照射下矫顽力显著增强，这表明存在光增强偶极子[19]。

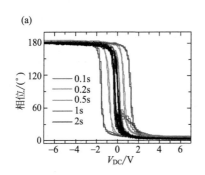
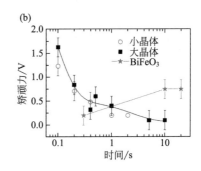

图 7-13　（a）在不同的采集时间下具有小晶体的 MAPI 薄膜的压电相迟滞回线。（b）具有小晶体（红色空心圆）和大晶体（黑色方块）的 MAPI 薄膜和 25nm $BiFeO_3$ 薄膜（绿色星）的矫顽力随时间的变化关系。转载自文献 [18]

另一个能证明产生铁电性的重要作用，是对关于电压（或电场）的极化强度 P 循环中的迟滞现象的观察。由于极化的测量是基于来自电流的积分电荷，因此内部泄漏电流完全掩盖了由于铁电畴的重新排序而引起的位移电流。这种效应困扰了铁电迟滞的观察，并且对于高电导率样品，这种效应预计会很大。实际上测量的极化依赖于外加电场，未能找到铁电回路[20]，而是将结果归因于泄漏电流。在文献 [18] 的样本中，仅观察到电容响应，但在 P-V 图中没有观察到迟滞现象。

作为 MA^+ 主要的极化机制，MAPI 的永久极化是由于 MA 阳离子分子的排列。上面描述的 MAPI 的弱铁电性与几个理论和实验工作一致，这些工作表明该分子在室温下完全活化并自由旋转[20-25]。观察到的极化趋势已经通过计算四方和正交相位中的极化排序来解释[20,26]。低于 160K，当发生从四方到正交的转变时，只有当 MA 的旋转阻挡变得显著时，铁电有序才有效。这就是为什么在室温下极化不能提供明显的图像反演[16,17,27]。因此，铁电性质似乎并未在最广泛使用的有机-无机钙钛矿的电和光电行为中发挥核心作用。然而，尚不知道钙钛矿的强极性特征是否是这些材料的优异光伏性能的核心属性，例如形成极化子[28]。

7.4　钙钛矿太阳能电池的电容性质：黑暗电容

对钙钛矿太阳能电池中电容的解释，由于可能引起电容响应的各种可能现象而变得复杂。文献［29］总结了这些影响的分类。简而言之，电容的主要方面包括：介电电容、化学电容、接触势垒上的耗尽层（或可能的累积或反转电容）以及电极极化，由界面处的离子累积构成。

钙钛矿太阳能电池中测得的电容的主要特征已在前面描述[30,31]，显示在图 7-12 和图 7-14 中。室温下黑暗中电容的特征在于高频平台随着频率降低而上升到非常大的值。根据低频电容的开始，平台或多或少可见，参见图 7-12。在照射下，低频电容的增加非常大，如图 7-12 和图 7-14 所示，这些影响将在本章的单独部分讨论。

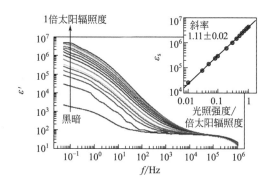

图 7-14　对于 $TiO_2/meso\text{-}Al_2O_3/CH_3NH_3PbI_{3-x}Cl_x/Spiro\text{-}OMeTAD/Au$ 钙钛矿太阳能电池，在从暗到 1 倍太阳辐照度的不同入射光强度（Φ_0）下的实际介电常数随频率变化的曲线图。测量在室温和 0V 外加偏压下进行。内插图，$f=50MHz$ 时介电常数的线性回归与光照强度的关系，观察 ε_s 与光照强度之间的近似线性关系。转载自文献［31］

电容随频率变化的普遍形态由一系列平台组成。在平台之间，我们获得与不同弛豫过程相关的电容增量，这些弛豫过程决定了每个电容的动力学。在低频时，所有电容过程都有所贡献，但在移动到高频时它们会逐渐被消除[29]。因此，电容图的一般形状具有图 7-15(a) 的形式，并且需要对各个步骤进行物理表征。然而，频率分散的存在使这项任务复杂化。在这种情况下恒相位元件（又称常相位角元件，constant phase element，CPE）$[Z=Q(i\omega)^{-n}$，其中 Q 是前因子，$0\leqslant n<1]$ 是常数指数，取代电容器。这种类型的电容阻抗提供了 $C(f)$ 的稳定增量，掩盖了平台[29]。因此，图 7-14 中的光曲线具有稳定的降低，保持非常高的频率，这形成了难以分析的无特征光谱。通过测量改变厚度和温度的样品，已经获得了理解暗电容的主要进展。冷却样品揭示了电容步骤的性质，如图 7-15(b)(c) 所示。因此，可以将与样品的介电弛豫相关的体极化，从低频电容中分离出来。这种大的低频电容主要归因于接触现象，与前一节中描述的迟滞行为一致。

接触界面处的离子累积由于表面空间电荷而产生电容，其在普通离子导体中测量的低频范围内响应[32-34]。该电容在距离触点很短的距离内发生，并且与有源膜厚度 d 无关，如

图 7-8（b）所示。电极极化产生 $10\mu F/cm^2$ 的电容，可以按照经典的 Gouy-Chapman 双层模型建模[35,36]。

$$Q_{\text{diff}} = \frac{2\varepsilon\varepsilon_0 k_B T}{qL_D}\sinh\left(\frac{q\Delta\varphi}{2k_B T}\right) \tag{7-6}$$

式中，Q_{diff} 对应于每单位面积的电荷；$\Delta\varphi$ 是金属接触点和吸收体之间的电位降，并且离子德拜（Debye）长度由下式给出：

$$L_D = \sqrt{\frac{\varepsilon\varepsilon_0 k_B T}{q^2 N}} \tag{7-7}$$

式中，N 代表离子电荷的密度。通过对电势的推导，在 $\Delta\varphi = 0$ 时得到德拜电容 C_D：

$$C_D = \frac{\varepsilon\varepsilon_0}{L_D} \tag{7-8}$$

在平衡（零偏压）和室温下，过量的离子载流子在等于德拜长度的延伸（空间电荷区域）内累积。

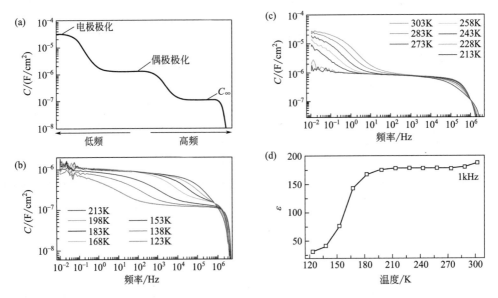

图 7-15 通过平面 TiO_2 电子接触形成的钙钛矿太阳能电池，在不同温度（黑暗）下的电容与频率的关系曲线，其中 400nm $CH_3NH_3PbI_3$ 薄膜作为光吸收层，150nm Spiro-OMeTAD 作为空穴选择层。转载自文献 [30]

除了低频特征外，如图 7-14 所示，在零偏压下的暗处测量，基于 $CH_3NH_3PbI_{3-x}Cl_x$ 的平面器件的电容谱显示出在低温（120～180K）和高温下出现的两步（180～320K），分别以块状钙钛矿极化过程来解释。介电极化有两个主要来源，构成钙钛矿材料的真实介电常数 ε。首先，我们有偶极弛豫机制，这已经在离子过程方面被指出：MA^+ 阳离子旋转、MA^+ 中心相对于 PbI_3^- 笼的偏移，以及 Pb 的偏心位移。此外，当所有原子在较高频率（>1GHz）下冻结时，存在导致低频介电常数的一小部分电子极化现象。

许多论文先前报道了卤化铅钙钛矿的介电性能。文献 [25] 的工作测得 MAPI 在 300K、频率为 90GHz 时的有效介电常数为 33。其他报告提供的频率 1kHz 的有效介电常数

值大约为 $58^{[37]}$。相比之下，在没有分子重新取向的情况下，介电常数从电子结构计算（PBEsol QSGW）预测为 $24.1^{[38]}$，与在 $100\sim300\mathrm{K}$ 通过 Kirkwood-Fröhlich 方程得到的介电常数测量拟合确定的值 23.3 具有很好的一致性。

在图 7-15(b) 中观察到的高频平台（$C=100\mathrm{nF/cm}^2$）可以与在低温下正交相主导的钙钛矿介电常数，以及 Spiro-OMeTAD 和 TiO$_2$ 等接触层的介电贡献相关。图 7-15 还允许我们得出关于介电常数的温度变化的结论。卤化物钙钛矿 CH$_3$NH$_3$PbX$_3$（X＝Cl 或 Br）晶体在正交（γ 相，$\varepsilon\approx24$）和四方（β 相，300K 时 $\varepsilon\approx55$）结构之间，在约 160K 处发生相变[39]。图 7-15(d) 显示，与基于对称样品的文献一致，在测量完整钙钛矿基太阳能电池的电容谱时，相变引起观察到的介电常数的大幅增加。图 7-15(c) 中的低温增量产生了在 300K 时 $\varepsilon=32.5$ 的 β 相介电常数值，与其他报告非常一致[40,41]。应该注意的是，在报告的介电常数值（$\varepsilon=24\sim55$）中发现了相当大的差异。事实上如文献［42］所指出的，钙钛矿薄膜是多晶的，并且 TiO$_2$ 层在某些情况下是介孔的，可以预期粗糙度因子高达 $3\sim5$。或者，当向正偏压（正向）施加电压时，电容增加，并且这种增加与耗尽电容的调制相关，如 7.5 节将描述的那样。

这些观察结果总结在图 7-15(a) 中，标识了卤化铅钙钛矿层中的暗电容特征的一般结构。

7.5 电容-电压，掺杂，缺陷和能级图

光伏器件中收集效率的不同机制取决于载流子电导率、扩散长度和半导体材料内的电场分布，它将扩散传输与漂移传输相结合[43]。在整个准中性区域中的少数载流子的电荷传输，通过半导体本体中的扩散而发生。另一方面，漂移控制了靠近外部触点的能带弯曲区域内的载流子运动。吸收器和每个接触材料的功函数之间的能量偏移产生内建电压 V_{bi} 平衡条件 ［图 7-16(a)］。重要的是，根据掺杂剂的类型、掺杂密度和施加的电压，

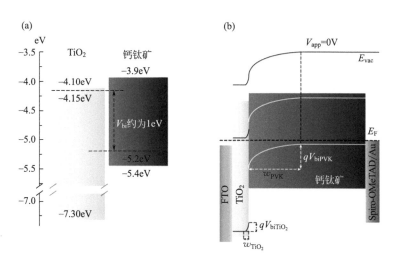

图 7-16 （a）TiO$_2$ 和 PVK（聚 N-乙烯基咔唑）的能级示意图。预计的内建电压约等于 1eV。（b）平衡的能带图，p-n（钙钛矿-TiO$_2$）型异质结的形成。经过文献［44］许可转载

可以形成几种情况。

两种技术对于探测靠近触点的电子剖面特别有用：开尔文探针力显微镜（Kelvin probe force microscopy，KPFM）和电容-电压（C-V）。KPFM 允许直接观察和绘制器件中的电场分布。而 C-V 是一种间接技术，通过测量半导体的电容，可以推断缺陷的掺杂密度和平频带的电压[45]。C-V 测量的操作原理类似于阻抗谱的操作原理，但是在交流扰动期间分析限于单个频率。电容-电压测量是一种有用的非破坏性技术，用于区分在大量有源层发生的效应和在与外部接触层的接口处发生的效应[44,46]。图 7-17 显示了应用于钙钛矿太阳能电池降解实验的 C-V 分析[47]。

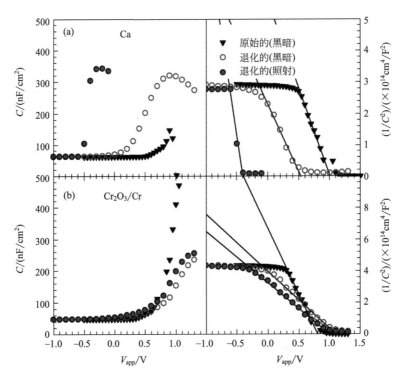

图 7-17　在 ITO/PEDOT：PSS/钙钛矿/PCBM/金属器件结构下研究的电容-电压和 Mott-Schottky 图：（a）Ca 和（b）Cr_2O_3/Cr。经许可引自文献［47］

通过两种技术的耦合，已经显示钙钛矿器件包含 p 型缺陷，并且与 TiO_2 外部接触层形成 p-n 异质结（图 7-16）。在文献［44,48］中，在电子选择性接触处也观察到这种类型的异质结和大耗尽层，这表明尽管普遍报道在钙钛矿层中有较长的扩散长度，但少数载流子的漂移是必要的。

在 7.4 节中已经注意到了，高频区域的电容与钙钛矿介电常数有关。实际上，对于良好性能器件（PCE 约 16%），在负（反向）外加电压和短路条件下发生完全耗尽，如图 7-17 中的文献［47］所示的原始器件。但是，当电压施加到正向偏压（向前）时，观察到电容的增加。这种电容的增加与阴极肖特基势垒的耗尽区的宽度相关，正如开尔文探针测量所支持的[44]。耗尽区在正偏置电压下降低，结果电容增加，并且通过绘制 $C^{-2}(V)$ 曲线可以观察到直线。通过 Mott-Schottky 关系从斜率导出完全电离缺陷态（p 掺杂水平）N

的密度：

$$C^{-2} = \frac{2(V_{fb} - V)}{A^2 q \varepsilon \varepsilon_0 N} \qquad (7\text{-}9)$$

式中，V_{fb} 是平坦频带的电压；A 是器件的活性表面积。

掺杂通过在器件处理期间引入的带电杂质或结构缺陷或化学来源缺陷的存在来改变电场分布。此外，缺陷可能对太阳能电池性能产生不利影响，因为已经通过研究钙钛矿太阳能电池的二极管行为表明，通过电子陷阱的陷阱辅助复合是一种无辐射损耗机制[49]。根据基本理论，仅发生直接自由载流子复合的光伏器件，显示二极管理想因子接近 1[50]。或者，如果存在陷阱辅助复合，则二极管理想因子增加到接近 2 的值，并且对于外加电压在 0.7～1.0V 范围内的钙钛矿太阳能电池确实观察到了这一点[49]。

重要的是，中性空位对缺陷（肖特基缺陷），如 PbI_2 和 CH_3NH_3I 空位，不能解释陷阱态，这会降低载流子寿命[51]。或者，像 Pb、I 和 CH_3NH_3 空穴的元素缺陷（弗兰克尔缺陷）充当掺杂剂，这解释了甲铵铅卤的无意掺杂[52]。还已经证明，通过控制生长过程可以有效地操纵 n-/p-型。例如，文献 [51] 中报道，过量的 MAI 通过产生 Pb^{2+} 空位而产生 p 型特征缺陷。或者，过量的 PbI_2 通过具有 I^- 空位而产生 n 型缺陷。有趣的是，热退火可以通过去除 MAI，将 p 型钙钛矿转化为 n 型。另外，沉积方法也影响缺陷量，因为这将决定结晶度，限制在晶界的缺陷。

使用时间分辨微波电导率测量，已经观察到电荷载流子迁移率与钙钛矿尺寸的明显相关性（图 7-18）[53]。在完整的光伏器件中测量的缺陷代表极浅的陷阱，深度在 10meV，允许实现极高的电荷携带迁移率，最小值高达 $20cm^2/(V \cdot s)$，这归因于在介孔 TiO_2 上使用两步法制备的器件的空穴。在最佳制备条件下，每个 PVK 样品具有 60～75$cm^2/(V \cdot s)$ 的固有迁移率。对于单晶材料，可获得特别低的 $10^9 \sim 10^{10} cm^{-3}$ 的陷阱态密度，其显示较长的长载流子扩散长度（超过 10μm）和较高的迁移率 $[115cm^2/(V \cdot s)]$[54]。

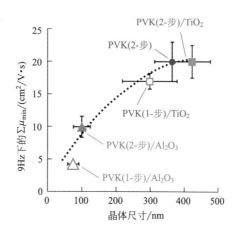

图 7-18　通过 9GHz 时间分辨微波电导率测量的 $\sum \mu_{min}$ 与平均晶体尺寸的关系曲线。经许可引自文献 [53]

为了获得更加完整的能量分布分析，特别是接近接触处的分析，需要考虑先前在图 7-8 中讨论的离子导电效应[53]。因此，在许多情况下，接触处的光生载流子的提取可能受限于能级分布，但它也可能受到外部接触钙钛矿材料的化学反应性的限制。例如，在黑暗条件下器件循环期间，据报道在钙钛矿材料和 TiO_2 之间的界面处发生 Ti—I—Pb 键的可逆生成[55]，这将在 7.7 节讨论。取决于外部接触，这种反应性可能产生绝缘物质，这些物质会对器件产生串联电阻源。

使用 KPFM 显微镜[56] 研究了在不同光照条件下含有介孔 TiO_2 层的器件的接触电位差分布。观察到器件上的电场分布明显取决于照射条件，参见图 7-19。作者表明，在黑暗条件下，介孔 TiO_2/钙钛矿层的电位下降是均匀的。或者，在覆盖的钙钛矿层中，电场相当局限于 TiO_2。在照射时，在覆盖层中观察到剧烈的变化，即在中间均匀的电位降和限制在外部接触层 TiO_2 和 Spiro-OMeTAD 两者附近的电场。作者表明，在光照时，由于器件中的电荷传输不平衡，空穴会积聚在空穴传输层的前面。然而，当时不知道离子向外部接触层的传输，因此接触处的离子累积很可能是造成这种行为的原因。重要的是，在光照射之后，观察到一些永久性变化（在测量的时间范围内），这些变化导致所获得的能级分布的改变。这种观察与离子运动更加一致，而不是空穴的累积，这种沉积倾向于相当快地衰变。

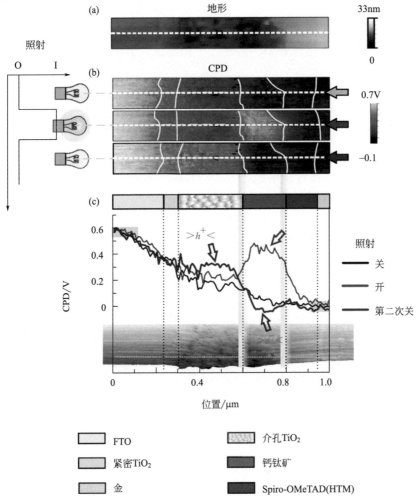

图 7-19　在短路条件下，在暗和光条件下测量的含有介孔 TiO_2 器件的代表性 KPFM 结果的比较。可以观察到，CPD 线轮廓在照射之前、照射期间和刚照射之后是不同的。转载自参考文献 [56]

7.6　瞬态光电压和光电流

在染料敏化太阳能电池和有机太阳能电池等杂化有机-无机太阳能电池中，探测电学或光学性质衰减的时间瞬态实验，被广泛用于获得电荷产生、复合的特性以及电压和电流产生的基本机制[57]。这些瞬态衰减包括对步进变化的响应的测量。根据扰动，可以区分几种方法。开路电压衰减（open-circuit voltage decay，OCVD）是一种大扰动方法[58]，其中消除了光照并监测光电压的衰减。瞬态光电压衰减（transient photovoltage decay，TPD）包括小扰动光照步骤的衰减，再次检测光电压，而在瞬态吸收光谱（transient absorption spectroscopy，TAS）中，探测光学吸收特性。

7.6.1　开路电压衰减

OCVD 的方法已广泛用于确定染料敏化太阳能电池的电子寿命，这是通过电压的倒导数直接获得的[58]。然而，对杂化卤化钙钛矿的衰变的解释，似乎需要一个关于衰变的物理起源的非常不同的框架[59]。钙钛矿太阳能电池中的时间瞬态衰变跨越了非常复杂的现象学，提取衰变时间所需的模型通常是不确定的，从多重指数到拉伸指数[60,61]。与钙钛矿太阳能电池中暗极化的恢复相关的缓慢响应[1,62]，应该与电容光谱和电压扫描方法所做的观察有关，这表明复杂的离子-电子弛豫现象在外部界面上占主导地位。此外，还有更快的组分，这可能与小扰动 TPD 的观测有关[61,63,64]。

由于 OCVD 的缓慢衰减不能直接归因于复合，此外在光电压的瞬态中观察到其他快速衰减成分，我们已经定义了[59] 瞬时弛豫时间 τ_{ir}，其通过以下表达式描述了一般的弛豫现象：

$$\frac{\mathrm{d}V}{\mathrm{d}t} = -\frac{1}{\tau_{ir}}V \tag{7-10}$$

只有当电压衰减服从理想的弛豫指数定律时，特征时间才是常数。否则，τ_{ir} 是电压的函数，通常可以确定为：

$$\tau_{ir}(V) = \left(-\frac{1}{V} \times \frac{\mathrm{d}V}{\mathrm{d}t}\right)^{-1} \tag{7-11}$$

时间 $\tau_{ir}(V)$ 描述了弛豫的瞬时进展，不同于适用于复合寿命的定义[58]。

$\tau_{ir}(V)$ 的表示让我们区分不同类型的弛豫动力学。在图 7-6（c）中，示出了具有不同空穴抽取触点的器件的衰变，具有几乎恒定的衰减时间。有趣的是，如前所述，具有较小电容的样品的弛豫时间要短得多 [图 7-6(d)]。与此相反，具有介孔电极的样品显示出更复杂的长时间衰减特性，如图 7-20 所示。图 7-21 显示氧化物接触层的改变，改变了电压衰减的瞬时弛豫时间。

7.6.2　瞬态电流与充电

如前面部分所讨论的，离子物质在接触点附近的累积会引起电极极化和伴随的电容响

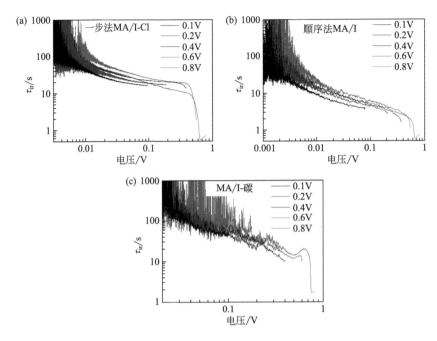

图 7-20　三种不同 $CH_3NH_3PbI_{3-x}Cl_x$ 钙钛矿太阳能电池的瞬时弛豫时间与电压的关系。为每个电池指示电压的起始值。（a）通过一步沉积，使用 $PbCl_2$ 为前驱体，将 $CH_3NH_3PbI_{3-x}Cl_x$ 沉积在致密的 TiO_2/meso-TiO_2 电极上，并使用 Spiro-OMeTAD 作为空穴接触层，制备出一步法 MA/I-Cl。（b）顺序法 MA/I 是通过顺序方法制备的，先通过旋涂使 PbI_2 沉积在致密的 TiO_2/meso-TiO_2 电极上，然后加入 CH_3NH_3I 溶液以形成 $CH_3NH_3PbI_3$，并使用 Spiro-OMeTAD 作为空穴传输层。这两种方法的配置和材料可能是当前 PSC 文献中扩展最为广泛的。（c）MA/I-碳。第三种器件的制备是通过滴涂，将 $CH_3NH_3PbI_3$ 沉积到内消旋 meso-TiO_2/meso-ZrO_2/碳电极上，从而形成无空穴传输器件。转载自参考文献［59］

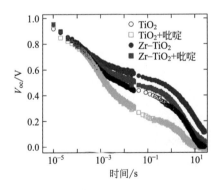

图 7-21　四种不同钙钛矿器件类型的开路电压瞬态 FTO/Zr-TiO_2（或 TiO_2）/$CH_3NH_3PbI_3$（Cl）/Spiro-OMeTAD/Au。氧化物接触层具有不同的组成，如图例中所示。转载自参考文献［65］

应。图 7-20 中观察到的长时间衰变表明复杂的缓慢松弛，但到目前为止尚未根据物理过程进行识别。分析离子充电的另一种方法是测量电荷瞬变而不是电流瞬变，如图 7-1（a）所示。从实验的观点来看，该方法的优点是电荷随时间产生增长的响应，而电流降低到低于通常的检测限。图 7-22 中描绘了对电压步进的电荷响应的示例。夹在惰性 Au 电极之间的厚 $CH_3NH_3PbI_3$ 样品呈现双指数充电形态，对于最慢的部件，典型的响应时间为 10s［图 7-22 (b)］[35]。对这些瞬变的分析提供了关于钙钛矿太阳能电池超低温弛豫的重要信息。

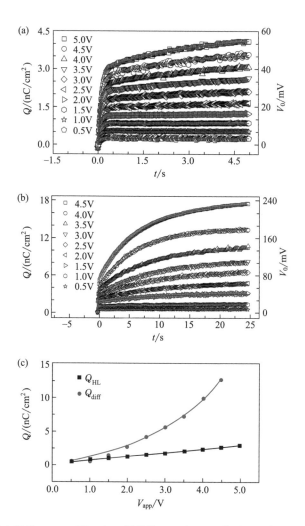

图 7-22　夹在 Au 电极之间的 $800\mu m$ 厚 MAPI 颗粒的 Q（和 V_0）信号的示例，用于（a）短的和（b）长的测量时间。（c）Q_{HL}（亥姆霍兹层）的值，根据平面电容器行为显示线性趋势（实线）。拟合式(7-8)，得到离子电荷 Q_{diff}（扩散层）值（实线）。转载自参考文献［35］

　　充电曲线揭示了由 MAPI/接触层界面处的亥姆霍兹（Helmholtz）层和离子扩散层内电极引起的局部电荷不平衡构成的离子双层结构，如图 7-8(b) 所示。式(7-6) 中充分描述了漫射层内的离子累积。

　　基于与古伊-查普曼（Gouy-Chapman）层相关的这种解释，提出离子充电，其典型响应时间为 10s，是局限于电极附近的局部效应（具有范围 $L_D \ll L$）。在由式(7-7) 所得的接触中，该观察结果需要约 10nm 宽度的稳态离子空间电荷，使用 $N \approx 10^{17} cm^{-3}$，而其他方法认为有不可忽略的净流动离子浓度进入钙钛矿本体。例如，使用更薄的钙钛矿层厚度（500nm）在光照射下获得的计时电流瞬态信号（图 7-23），已经解释了整个吸收体尺寸中离子重排的关系[11,66]。两种模型均预测不同程度的离子累积，从而产生钙钛矿膜内电场的部分屏蔽。用更厚的（0.6mm）样品测量的更长的电压瞬变，也被解释为离子运动引起的（图 7-9）[12]。

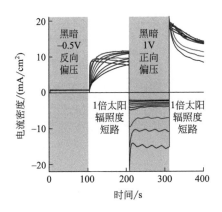

图 7-23　基于钙钛矿电池的计时电流法测量。显示了 d-TiO$_2$/CH$_3$NH$_3$PbI$_3$/Spiro-OMeTAD/Au 电池中的测量顺序；器件的测量温度（精确到 0.5℃）为 −9.5℃（深蓝色）、−5.5℃、0.5℃、5℃、10.5℃、15℃、19.5℃、24.5℃、30℃、40℃和50℃（深红色）。转载自参考文献［11］

7.6.3　小扰动照明方法：瞬态光电压和电荷提取

光诱导时间分辨技术如电荷提取（CE）和 TPV，已广泛应用于染料敏化太阳能电池和有机太阳能电池领域，以确定电容和寿命。结果发现与阻抗谱具有很好的相关性，阻抗谱提供了这些系统中动态载流子现象的连贯和稳健的图像[67]。采用 CE 代替 IS 时的关键问题是 CE 衰减必须比 1 倍太阳辐照度条件下的 TPV 衰减快得多。太阳能电池电荷密度也可以使用差分充电来测量，差分充电是结合使用 TPV 和瞬态光电流（transient photocurrent，TPC）的方法，在先前测量有机或敏化太阳能电池的装置中具有与 IS 或 CE 相同的结果。

然而，相对于前一类器件，已经发现这些方法的结果，在使用介孔 TiO$_2$ 或不作为支架的卤化铅钙钛矿太阳能电池的测量中发现了实质性差异。与钙钛矿太阳能电池中的先前系统相比，CE 衰减的结果远远超过 TPV 衰减[68]，见图 7-24。此外，使用差分充电时测量的电荷密度与 CE 所获得的结果不同，如图 7-25 所示。

CE 和差分充电两种技术之间的主要区别在于采集时间。差分充电方法允许通过下式获得电池电容：

$$C(V_{oc}) = \frac{dQ}{dt}\left(\frac{dV}{dt}\right)^{-1} \tag{7-12}$$

dV/dt 直接从不同光偏压下的 TPV 瞬变获得，并且使用 TPC 测量 dQ/dt。在不同光强度下的 TPC 衰减达到平台，可以将其作为最大电荷产生通量。TPC 是太阳能电池的电压响应，但是在短路时使用与用于 TPV 相同的激光脉冲进行测量。使用小电阻（通常为 40～50Ω）并应用欧姆定律将 TPC 衰减转换为电流瞬变。然而，这个假设只有在以下情况下才有效：①短路时没有临界电荷损失（基本上意味着器件的 J_{sc} 在增加光强度时是线性的）；②dQ 在不同的光照条件下基本上没有变化；③TPV 衰减比 TPC 慢（意味着电荷收集比电

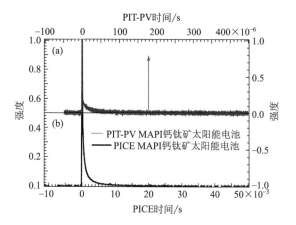

图 7-24　（a）转化效率 12.7% 的钙钛矿太阳能电池在 1 倍太阳辐照度下的电荷提取衰减；（b）同一个电池在相同光照强度下的 TPV 衰减。转载于文献 ［68］

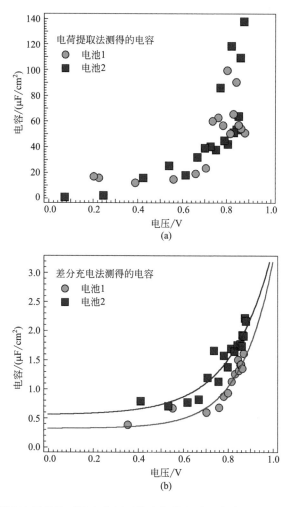

图 7-25　（a）使用电荷提取法测量的不同光偏压下的太阳能电池电荷密度；（b）使用差分充电法在不同光偏压下测量的太阳能电池电荷密度。数据由 Emilio Palomares（ICIQ）提供

荷复合快得多）。尽管对该技术的解释存在不确定性（这与前面提到的其他瞬态方法相同），但根据文献 [69] 的初步建议，使用差分充电的测量电荷与给定的载流子寿命相关，可用于在实验误差内，在给定的光偏压下再现太阳能电池光电流。

7.7 电极上的反应和降解

由离子空位或间隙迁移以及随后在钙钛矿层外边界处累积引起的离子电荷的性质，已经被广泛评论。离子充电可以提供复杂的实验特征，特别是当不能将接触层视为阻挡电极时，即当法拉第电流（非阻挡电极或反应电极）或高外加电压可产生进入层体的大范围空间电荷区域时[70]。在这些情况下，界面极化主要由界面两侧的电子和离子物质之间的复杂相互作用控制[71,72] 而不是式(7-8)中的简单德拜电容。因此，钙钛矿膜与电子或空穴传输接触材料之间界面处的反应性，是主要关注的问题。

最近在平面结构 FTO/TiO$_2$/MAPI/Spiro-OMeTAD/Au 的太阳能电池上进行了实验 [图 7-26(a)]，对称的 FTO/TiO$_2$/MAPI/TiO$_2$/FTO 和 Au/Spiro-OMeTAD/MAPI/Spiro-OMeTAD/Au 器件 [图 7-26(b)(c)] 使接口在电容迟滞和太阳能电池退化方面的作用得以发展[55]。已经确定了两种不同类型的反应源（可逆和不可逆）：

① 在 TiO$_2$/MAPI 界面处形成弱的 Ti—I—Pb 键，促进移动的碘离子的界面调节。这种相互作用产生高度可逆的电容电流 [图 7-26(b)]，而不会改变稳态光伏特性。如在图 7-26(b) 的中心电压窗口中观察到的，电容性电流表现出先前在图 7-3 中描述的预期的方形响应。

② Spiro-OMeTAD$^+$ 与移动 I$^-$ 之间的化学反应，逐渐降低空穴传输材料的导电性，并降低太阳能电池的性能。该反应导致不可逆的氧化还原峰，仅在慢扫描速率下的阳极极化后才能观察到 [图 7-26(c)]。

这些结果突出了夹层用作选择性接触层对钙钛矿太阳能电池稳定性的关键作用，以及钙钛矿材料的固有反应性[73]。作为接触层的显著效果的一个例子，在图 7-27 中示出了使用氧化物和有机化合物的倒置型结构 [图 7-2(c)] 的性能。很明显，氧化物层（NiO$_x$ 和 ZnO）通过保护其免受固有氧和水的反应来改善太阳能电池的稳定性[74]。

最近，在 ITO/PEDOT:PSS/钙钛矿/PCBM/金属这个结构中，使用一系列不同的顶部金属电极来研究了器件的衰减[47]。在手套箱中照射 2h 后很容易发生降解，获得用 Ca、Al、Ag 或 Au 制备的器件的 S 形 J-V 曲线。使用不同的技术来理解降解过程，并且所有技术都指向界面降解，这引入了促进界面复合过程的串联电阻源。特别地，在钙钛矿分解后，在黑暗中测量的显示 S 形 J-V 曲线的器件，没有显著改变掺杂密度，表明器件的整体性质没有显著改变。更有趣的是，降解样品的 V_{fb} 向负值移动，意味着半导体的界面平衡正在被修改，见图 7-18❶。在光照条件下的测量进一步将 V_{fb} 的移向负值，说明在钙钛矿/接触层界面处产生光诱导偶极子。或者，基于 Cr$_2$O$_3$/Cr 的顶部金属增强了抗腐蚀的稳定性，并且没有观察到 S 形曲线。来自 C-V 的结果表明，无论是在黑暗还是光照条件下，新器件和降解器件的 V_{fb} 都没有显著变化，并且最相关的结果是降解器件钙钛矿层的掺杂密度适度增加。

---

❶ 原文如此，疑有误。——编辑注

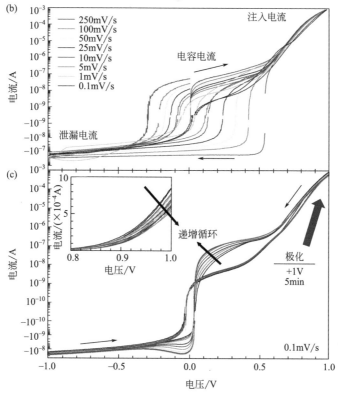

图 7-26　（a）平面太阳能电池的结构（200nm MAPI 层）。（b）在不同扫描速率下的暗电流测试，正反扫描都有。确定了三种不同的机制：在 $V > 0.5V$ 时载流子注入引起的工作电流；$V < -0.5V$ 时的泄漏电流；以及中间电压间隔显示存在扫描速率的独立性电容电流。（c）循环实验包括 5min 内的正极化。正扫描（无极化）重现稳态行为。在连续循环后，负扫描引起增量的氧化还原峰。在插图中：正向偏压下的注入电流随循环而减小。转载于参考文献 [55]

　　最近报道了陷阱诱导的钙钛矿太阳能电池的降解，其中通过连续太阳能照射形成大密度的空穴陷阱，极大地限制了器件的稳定性[75]。在实验中，制备 ITO/PEDOT:PSS/钙钛矿/$PC_{70}BM$/LiF/Al 的器件。钙钛矿层的加工在空气或氮气中进行，初始效率非常相似。虽然在氮气环境中制备的器件的效率仅在前 500h 期间衰减约 10%，但是在空气中制造的器件在

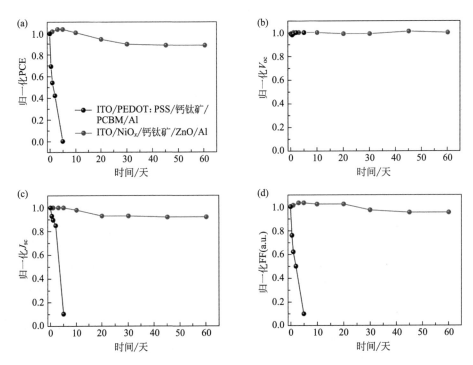

图 7-27　正常环境下没有封装的器件的稳定性。ITO/PEDOT：PSS/钙钛矿/PCBM/Al 结构（黑色线）和 ITO/NiO$_x$/钙钛矿/ZnO/Al 结构（红色线）的器件性能随周围环境中存储时间变化的函数（30%～50%湿度，$T=25℃$）。转载自参考文献［74］

相同的时间段内效率降低高达 90%。为了研究降解起源，使用热激电流（thermally stimulated current，TSC）测量分析载流子陷阱。在该技术中，在小的正向偏压下从电极注入的载流子，在冷却设备中 77K 温度下充满了载流子陷阱。通过在小的反向偏压下以恒定速率逐渐升高温度，释放并收集捕获的载流子。图 7-28 显示了降解之前和在 500h 照射下降解之后，在空气中制造的器件的 TSC 曲线。虽然降解前器件在 TSC 曲线中没有显示任何峰值，但可以清楚地观察到，降解后器件中从陷阱位点释放载流子形成的在 161K 和 213K 温度下

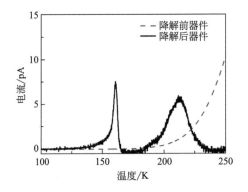

图 7-28　在空气中制造的结构为 ITO/PEDOT：PSS/钙钛矿/PC$_{70}$BM/LiF/Al 的器件，在降解前和在 500h 光照降解后的 TSC 曲线。转载自参考文献［75］

的两个峰值。从低温和高温 TSC 分别计算 0.32eV 和 0.42eV 的空穴陷阱深度。这些陷阱状态的产生充当复合中心，降低了器件效率。作者得出结论，包含在 $CH_3NH_3PbI_3$ 层中的水分子负责 TSC 信号。然而，产生这些陷阱的精确机制仍然不清楚，并且确实可能是接触点的反应性导致的。

7.8　光能力

如之前的图 7-12 和图 7-14 所示，在光照条件下，钙钛矿太阳能电池中的低频电容经历非常大的增加，这与光照呈线性关系[31]。由于已经独立报道了许多电池的测量[12,76,77]，光致电容被确定为卤化铅钙钛矿太阳能电池的正常特性。测量结果表明，无论接触类型如何（对称、非对称、纳米多孔……）都会出现这种特性，然而，接触层会显著改变特定的特征，如图 7-11 所示，其中显示了低频电容与迟滞量之间的联系[16,17]。

在文献中已经给出了不同的解释以使低频下光诱导的巨电容合理化：①电极极化电容的变化，这与由过量电子载流子引起的移动离子浓度增加有关。②体极化率的变化，在该模型中，由光产生的载流子引起钙钛矿八面体笼中的元素偶极子的增强[19]。③化学电容的变化，在块状钙钛矿层中均匀变化[12]。

如上所述，最近使用各种方法（如电压循环和电容光谱）的测量结果表明，黑暗中的低频电容与界面处的离子堆积有关[30]。然而，任何串联电容器都可以防止总测量电容的大幅上升。在离子空间电荷的情况下，电容受到串联的亥姆霍兹电容的限制，因此人们不期望其值显著高于 $\mu F/cm^2$ 数量级。图 7-29 中观察到的低频电容增加，大大超过了所提到的亥姆霍兹电容极限，因此不可能根据漫射离子双层来解释这种大电容。

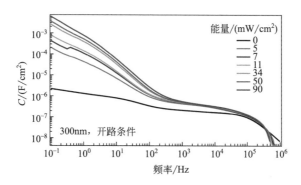

图 7-29　对结构为 $FTO/TiO_2/NH_2CH=NH_2PbI_{3-x}Cl_x/Spiro\text{-}OMeTAD/Au$ 的 300nm 厚的太阳能电池在不同照射强度下，在开路条件下测量的电容光谱，其中 $NH_2CH=NH_2$ 在 100Hz 和 1MHz 之间。还显示了零偏压下的暗响应。转载自参考文献 [77]

因此，假设平行路径是合理的，其中电子光生载流子形成大的界面电容。Li 等假设电容的增强源于原生缺陷及其伴随的缺陷偶极子[76]，这些偶极子需要由光生电荷载流子激活。

Zarazua 等提出了另一种电子界面效应[77]，这得到了一些实验证据的支持。在半导体表面处，在累积和反转的区域中可能存在非常大的电子界面电容，因为在接触层附近的短距离内电子的堆积没有限制。

以 p 型半导体表面为例，导带在表面向上弯曲并穿透费米能级，如图 7-30 所示。每单位表面的电荷为 $Q = q p_b L_D F_s^{[78]}$，式中：p_b 为体载流子密度，对应于掺杂剂密度；$F_s \approx \sqrt{2} e^{qV/2k_BT}$，其中 qV 对应于真空能级（vacuum level，VL）与体积值的局部分离。德拜长度由式(7-7)给出。对于电容，我们找到标准表达式：

$$C_s = \frac{dQ}{dV} = \frac{q p_b^{1/2}}{\sqrt{2}} \left(\frac{\varepsilon_r \varepsilon_0}{k_B T} \right)^{1/2} e^{qV/2k_BT} \tag{7-13}$$

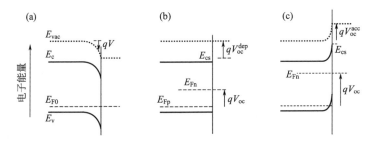

图 7-30　在开路条件下，半导体吸收层电子选择性接触的能级图。（a）耗尽层处于平衡状态；（b）少数载流子产生平带条件；（c）多数载流子的进一步累积。总开路电压是少数载流子费米能级的增加，其对应于表面真空能级的总变化，即 $V_{oc} = V_{oc}^{dep} + V_{oc}^{acc}$。转载自参考文献 [77]

实际上，累积电容在晶体管和金属-绝缘体-半导体器件中非常普遍[79]，尽管测量的电容受到氧化物介电电容的串联连接的限制。在钙钛矿太阳能电池中，积聚区域将通过两个导电区域（钙钛矿和氧化物半导体）连接，因此原则上可以采用非常大的值[77]。据报道，低频电容值与光强度成比例地增加，并且也与钙钛矿层厚度成比例。对这两个比例（光强度和膜厚）的观察直接证明表面电容充电是由来自吸收体的光生载流子构成的。此外，对于具有不同吸收钙钛矿厚度的太阳能电池，电容对电压的依赖性表现出 $1/2k_BT$ 的特征斜率，与累积电容表达式 [式(7-13)] 一致。

7.9　结论

使用阻抗谱、时间瞬态衰减和电压循环对钙钛矿太阳能电池的分析表明，现象学是极其多样和复杂的，但是仍然可以识别太阳能电池器件的等效电路元件的一些趋势。在低频响应中界面处的离子累积具有很大的影响，此外，离子传输产生钙钛矿与电荷提取层的界面的暂时甚至永久性改变，引起迟滞和降解的现象。高频电容表示体松弛现象，但在外加偏压的情况下，它们可能与耗尽电容有关。广泛报道的关于具有照明的极低频电容的观察结果，归因于钙钛矿/接触层界面处的电子累积电容。然后强调，迟滞效应是由接触处的局部充电引起的，在暗响应中观察到离子（图 7-15），或者通过形成光诱导积聚区电子（图 7-29）。这些机制在很大程度上被限制在触点附近（约 10nm），引入电场的局部修改。这些观察为更全面地了解钙钛矿太阳能电池的动态特性铺平了道路，这需要深入了解电阻的含义。

参考文献

[1] Sanchez, R. S., Gonzalez-Pedro, V., Lee, J. -W., Park, N. -G., Kang, Y. S., Mora-Sero, I., Bisquert, J.: Slow dynamic processes in lead halide perovskite solar cells. Characteristic times and hysteresis. J. Phys. Chem. Lett. 5, 2357-2363 (2014)

[2] Bisquert, J., Fabregat-Santiago, F.: Dye-sensitized solar cells. Kalyanasundaram, K. (ed.). CRC Press, Boca Raton (2010)

[3] Fabregat-Santiago, F., Garcia-Belmonte, G., Mora-Seró, I., Bisquert, J.: Characterization of nanostructured hybrid and organic solar cells by impedance spectroscopy. Phys. Chem. Chem. Phys. 13, 9083-9118 (2011)

[4] Fabregat-Santiago, F., Mora-Seró, I., Garcia-Belmonte, G., Bisquert, J.: Cyclic voltammetry studies of nanoporous semiconductor electrodes. Models and application to nanocrystalline TiO_2 in aqueous electrolyte. J. Phys. Chem. B 107, 758-769 (2003)

[5] Chen, B., Yang, M., Zheng, X., Wu, C., Li, W., Yan, Y., Bisquert, J., Garcia-Belmonte, G., Zhu, K., Priya, S.: Impact of capacitive effect and ion migration on the hysteretic behavior of perovskite solar cells. J. Phys. Chem. Lett. 6, 4693-4700 (2015)

[6] Sepalage, G. A., Meyer, S., Pascoe, A., Scully, A. D., Huang, F., Bach, U., Cheng, Y. -B., Spiccia, L.: Copper (I) iodides hole-conductor in planar perovskite solar cells: probing the origin of J-V hysteresis. Adv. Funct. Mater. 25, 5650-5661 (2015)

[7] Kim, H. -S., Park, N. -G.: Parameters affecting I-V hysteresis of $CH_3NH_3PbI_3$ perovskite solar cells: effects of perovskite crystal size and mesoporous TiO_2 layer. J. Phys. Chem. Lett. 5, 2927-2934 (2014)

[8] Unger, E. L., Hoke, E. T., Bailie, C. D., Nguyen, W. H., Bowring, A. R., Heumuller, T., Christoforo, M. G., McGehee, M. D.: Hysteresis and transient behavior in current-voltage measurements of hybrid-perovskite absorber solar cells. Energy Environ. Sci. 7, 3690-3698 (2014)

[9] Gottesman, R., Zaban, A.: Perovskites for photovoltaics in the spotlight: photoinduced physical changes and their implications. Acc. Chem. Res. (2016)

[10] Azpiroz, J. M., Mosconi, E., Bisquert, J., De Angelis, F.: Defect migration in methylammonium lead iodide and its role in perovskite solar cell operation. Energy Environ. Sci. 8, 2118-2127 (2015)

[11] Eames, C., Frost, J. M., Barnes, P. R. F., O/'Regan, B. C., Walsh, A., Islam, M. S.: Ionic transport in hybrid lead iodide perovskite solar cells. Nat. Commun. 6 (2015)

[12] Yang, T. -Y., Gregori, G., Pellet, N., Grätzel, M., Maier, J.: The significance of ion conduction in a hybrid organic-inorganic lead-iodide-based perovskite photosensitizer. Angew. Chem. Int. Ed. 54, 7905-7910 (2015)

[13] Hebb, M. H.: Electrical conductivity of silver sulfide. J. Chem. Phys. 20, 185 (1952)

[14] Xiao, Z., Yuan, Y., Shao, Y., Wang, Q., Dong, Q., Bi, C., Sharma, P., Gruverman, A., Huang, J.: Giant switchable photovoltaic effect in organometal trihalide perovskite devices. Nat. Mater. 14, 193-198 (2015)

[15] Lee, D., Baek, S. H., Kim, T. H., Yoon, J. G., Folkman, C. M., Eom, C. B., Noh, T. W.: Polarity control of carrier injection at ferroelectric/metal interfaces for electrically switchable diode and photovoltaic effects. Phys. Rev. B 84, 125305 (2011)

[16] Kim, H. -S., Jang, I. -H., Ahn, N., Choi, M., Guerrero, A., Bisquert, J., Park, N. -G.: Control of I-V hysteresis in $CH_3NH_3PbI_3$ perovskite solar cell. J. Phys. Chem. Lett. 6, 4633-4639 (2015)

[17] Kim, H. -S., Kim, S. K., Kim, B. J., Shin, K. -S., Gupta, M. K., Jung, H. S., Kim, S. -W., Park, N. -G.: Ferroelectric polarization in $CH_3NH_3PbI_3$ perovskite. J. Phys. Chem. Lett. 6, 1729-1735 (2015)

[18] Coll, M., Gomez, A., Mas-Marza, E., Almora, O., Garcia-Belmonte, G., Campoy-Quiles, M., Bisquert, J.: Polarization switching and light-enhanced piezoelectricity in lead halide perovskites. J. Phys. Chem. Lett. 6, 1408-1413 (2015)

[19] Wu, X., Yu, H., Li, L., Wang, F., Xu, H., Zhao, N.: Composition-dependent light-induced dipole moment change in organometal halide perovskites. J. Phys. Chem. Lett. 119, 1253-1259 (2014)

[20] Fan, Z., Xiao, J., Sun, K., Chen, L., Hu, Y., Ouyang, J., Ong, K. P., Zeng, K., Wang, J.: Ferroelectricity of $CH_3NH_3PbI_3$ perovskite. J. Phys. Chem. Lett. 6, 1155-1161 (2015)

[21] Leguy, A. M. A., Frost, J. M., McMahon, A. P., Sakai, V. G., Kockelmann, W., Law, C., Li, X., Foglia, F., Walsh, A., O/'Regan, B. C., Nelson, J., Cabral, J. T., Barnes, P. R. F.: The dynamics of methylammonium ions in hybrid organic-inorganic perovskite solar cells. Nat. Commun. 6 (2015)

[22] Mattoni, A., Filippetti, A., Saba, M. I., Delugas, P.: Methylammonium rotational dynamics in lead halide

perovskite by classical molecular dynamics: the role of temperature. J. Phys. Chem. C 119, 17421-17428 (2015)

[23] Mosconi, E., Quarti, C., Ivanovska, T., Ruani, G., De Angelis, F.: Structural and electronic properties of organo-halide lead perovskites: a combined IR-spectroscopy and ab initio molecular dynamics investigation. Phys. Chem. Chem. Phys. 16, 16137-16144 (2014)

[24] Onoda-Yamamuro, N., Matsuo, T., Suga, H.: Calorimetric and IR spectroscopic studies of phase transitions in methylammonium trihalogenoplumbates (II). J. Phys. Chem. Solids 51, 1383-1395 (1990)

[25] Poglitsch, A., Weber, D.: Dynamic disorder in methylammoniumtrihalogenoplumbates (II) observed by millimeter wave spectroscopy. J. Chem. Phys. 87, 6373-6378 (1987)

[26] Filippetti, A., Delugas, P., Saba, M. I., Mattoni, A.: Entropy-suppressed ferroelectricity in hybrid lead-iodide perovskites. J. Phys. Chem. Lett. 6, 4909-4915 (2015)

[27] Kutes, Y., Ye, L., Zhou, Y., Pang, S., Huey, B. D., Padture, N. P.: Direct observation of ferroelectric domains in solution-processed $CH_3NH_3PbI_3$ perovskite thin films. J. Phys. Chem. Lett. 5, 3335-3339 (2014)

[28] Zhu, X. Y., Podzorov, V.: Charge carriers in hybrid organic-inorganic lead halide perovskites might be protected as large polarons. J. Phys. Chem. Lett. 6, 4758-4761 (2015)

[29] Bisquert, J., Garcia-Belmonte, G., Mora-Sero, I.: Characterization of capacitance, transport and recombination parameters in hybrid perovskite and organic solar cells. In: Como, E. d., Angelis, F. D., Snaith, H., Walker, A. (eds.) Unconventional Thin Film Photovoltaics: Organic and Perovskite Solar Cells, RSC Energy and Environment Series (2016)

[30] Almora, O., Zarazua, I., Mas-Marza, E., Mora-Sero, I., Bisquert, J., Garcia-Belmonte, G.: Capacitive dark currents, hysteresis, and electrode polarization in lead halide perovskite solar cells. J. Phys. Chem. Lett. 6, 1645-1652 (2015)

[31] Juarez-Perez, E. J., Sanchez, R. S., Badia, L., Garcia-Belmonte, G., Gonzalez-Pedro, V., Kang, Y. S., Mora-Sero, I., Bisquert, J.: Photoinduced giant dielectric constant in lead halide perovskite solar cells. J. Phys. Chem. Lett. 5, 2390-2394 (2014)

[32] Beaumont, J. H., Jacobs, P. W. M.: Polarization in potassium chloride crystals. J. Phys. Chem. Solids 28, 657 (1967)

[33] Lunkenheimer, P., Bobnar, V., Pronin, A. V., Ritus, A. I., Volkov, A. A., Loidl, A.: Origin of apparent colossal dielectric constants. Phys. Rev. B 66, 052105 (2002)

[34] Tomozawa, M., Shin, D.-W.: Charge carrier concentration and mobility of ions in a silica glass. J. Non-Cryst. Solids 241, 140-148 (1998)

[35] Almora, O., Guerrero, A., Garcia-Belmonte, G.: Ionic charging by local imbalance at interfaces in hybrid lead halide perovskites. Appl. Phys. Lett. 108, 043903 (2016)

[36] Kim, C., Tomozawa, M.: Electrode polarization of glasses. J. Am. Chem. Soc. 59, 127-130 (1976)

[37] Onoda-Yamamuro, N., Matsuo, T., Suga, H.: Dielectric study of $CH_3NH_3PBX_3$ (X = CL, BR, I). J. Phys. Chem. Solids 53, 935-939 (1992)

[38] Brivio, F., Butler, K. T., Walsh, A., van Schilfgaarde, M.: Relativistic quasiparticle self-consistent electronic structure of hybrid halide perovskite photovoltaic absorbers. Phys. Rev. B 89, 155204 (2014)

[39] Masaki, M., Hattori, M., Hotta, A., Suzuki, I.: Dielectric studies on $CH_3NH_3PbX_3$ (X = Cl or Br) single crystals. J. Phys. Soc. Jpn. 66, 1508-1511 (1997)

[40] Brivio, F., Walker, A. B., Walsh, A.: Structural and electronic properties of hybrid perovskites for high-efficiency thin-film photovoltaics from first-principles. APL Mater. 1, 042113 (2013)

[41] Frost, J. M., Butler, K. T., Walsh, A.: Molecular ferroelectric contributions to anomalous hysteresis in hybrid perovskite solar cells. APL Mater. 2 (2014)

[42] Pockett, A., Eperon, G. E., Peltola, T., Snaith, H. J., Walker, A. B., Peter, L. M., Cameron, P. J.: Characterization of planar lead halide perovskite solar cells by impedance spectroscopy, open circuit photovoltage decay and intensity-modulated photovoltage/photocurrent spectroscopy. J. Phys. Chem. C 119, 3456-3465 (2015)

[43] Kirchartz, T., Bisquert, J., Mora-Sero, I., Garcia-Belmonte, G.: Classification of solar cells according to mechanisms of charge separation and charge collection. Phys. Chem. Chem. Phys. 17, 4007-4014 (2015)

[44] Guerrero, A., Juarez-Perez, E. J., Bisquert, J., Mora-Sero, I., Garcia-Belmonte, G.: Electrical field profile and doping in planar lead halide perovskite solar cells. Appl. Phys. Lett. 105, 133902 (2014)

[45] Guerrero, A., Marchesi, L. F., Boix, P. P., Ruiz-Raga, S., Ripolles-Sanchis, T., Garcia-Belmonte, G., Bisquert, J.: How the charge-neutrality level of interface states controls energy level alignment in cathode contacts of organic bulk-heterojunction solar cells. ACS Nano 6, 3453-3460 (2012)

[46] Guerrero, A., Dörling, B., Ripolles-Sanchis, T., Aghamohammadi, M., Barrena, E., Campoy-Quiles, M., Garcia-Belmonte, G.: Interplay between fullerene surface coverage and contact selectivity of cathode interfaces in or-

ganic solar cells. ACS Nano 7, 4637-4646 (2013)

[47] Guerrero, A., You, J., Aranda, C., Kang, Y. S., Garcia-Belmonte, G., Zhou, H., Bisquert, J., Yang, Y.: Interfacial degradation of planar lead halide perovskite solar cells. ACS Nano 10, 218-224 (2016)

[48] Jiang, C.-S., Yang, M., Zhou, Y., To, B., Nanayakkara, S. U., Luther, J. M., Zhou, W., Berry, J. J., van de Lagemaat, J., Padture, N. P., Zhu, K., Al-Jassim, M. M.: Carrier separation and transport in perovskite solar cells studied by nanometre-scale profiling of electrical potential. Nat. Commun. 6 (2015)

[49] Wetzelaer, G.-J. A. H., Scheepers, M., Sempere, A. M., Momblona, C., Ávila, J., Bolink, H. J.: Trap-assisted non-radiative recombination in organic-inorganic perovskite solar cells. Adv. Mater. 27, 1837-1841 (2015)

[50] Chih-Tang, S., Noyce, R. N., Shockley, W.: Carrier generation and recombination in P-N junctions and P-N junction characteristics. Proc. IRE 45, 1228-1243 (1957)

[51] Wang, Q., Shao, Y., Xie, H., Lyu, L., Liu, X., Gao, Y., Huang, J.: Qualifying composition dependent p and n self-doping in $CH_3NH_3PbI_3$. Appl. Phys. Lett. 105, 163508 (2014)

[52] Kim, J., Lee, S.-H., Lee, J. H., Hong, K.-H.: The Role of intrinsic defects in methylammonium lead iodide perovskite. J. Phys. Chem. Lett. 5, 1312-1317 (2014)

[53] Oga, H., Saeki, A., Ogomi, Y., Hayase, S., Seki, S.: Improved understanding of the electronic and energetic landscapes of perovskite solar cells: high local charge carrier mobility, reduced recombination, and extremely shallow traps. J. Am. Chem. Soc. 136, 13818-13825 (2014)

[54] Shi, D., Adinolfi, V., Comin, R., Yuan, M., Alarousu, E., Buin, A., Chen, Y., Hoogland, S., Rothenberger, A., Katsiev, K., Losovyj, Y., Zhang, X., Dowben, P. A., Mohammed, O. F., Sargent, E. H., Bakr, O. M.: Low trap-state density and long carrier diffusion in organolead trihalide perovskite single crystals. Science 347, 519-522 (2015)

[55] Carrillo, J., Guerrero, A., Rahimnejad, S., Almora, O., Zarazua, I., Mas-Marza, E., Bisquert, J., Garcia-Belmonte, G.: Ionic reactivity at contacts and aging of methylammonium lead triiodide perovskite solar cell. Adv. Energy Mater. 6, 1502246 (2016)

[56] Bergmann, V. W., Weber, S. A. L., Javier Ramos, F., Nazeeruddin, M. K., Gratzel, M., Li, D., Domanski, A. L., Lieberwirth, I., Ahmad, S., Berger, R.: Real-space observation of unbalanced charge distribution inside a perovskite-sensitized solar cell. Nat. Commun. 5 (2014)

[57] Clifford, J. N., Martinez-Ferrero, E., Palomares, E.: Dye mediated charge recombination dynamics in nanocrystalline TiO_2 dye sensitized solar cells. J. Mater. Chem. 22, 12415-12422 (2012)

[58] Zaban, A., Greenshtein, M., Bisquert, J.: Determination of the electron lifetime in nanocrystalline dye solar cells by open-circuit voltage decay measurements. ChemPhysChem 4, 859-864 (2003)

[59] Bertoluzzi, L., Sanchez, R. S., Liu, L., Lee, J.-W., Mas-Marza, E., Han, H., Park, N.-G., Mora-Sero, I., Bisquert, J.: Cooperative kinetics of depolarization in $CH_3NH_3PbI_3$ perovskite solar cells. Energy Environ. Sci. 8, 910-915 (2015)

[60] Listorti, A., Juarez-Perez, E. J., Frontera, C., Roiati, V., Garcia-Andrade, L., Colella, S., Rizzo, A., Ortiz, P., Mora-Sero, I.: Effect of mesostructured layer upon crystalline properties and device performance on perovskite solar cells. J. Phys. Chem. Lett. 6, 1628-1637 (2015)

[61] Roiati, V., Colella, S., Lerario, G., De Marco, L., Rizzo, A., Listorti, A., Gigli, G.: Investigating charge dynamics in halide perovskite-sensitized mesostructured solar cells. Energy Environ. Sci. 7, 1889-1894 (2014)

[62] Baumann, A., Tvingstedt, K., Heiber, M. C., Vath, S., Momblona, C., Bolink, H. J., Dyakonov, V.: Persistent photovoltage in methylammonium lead iodide perovskite solar cells. APL Mater. 2, 081501 (2014)

[63] Lee, J.-W., Lee, T.-Y., Yoo, P. J., Gratzel, M., Mhaisalkar, S., Park, N.-G.: Rutile TiO_2-based perovskite solar cells. J. Mater. Chem. A 2, 9251-9259 (2014)

[64] Stranks, S. D., Burlakov, V. M., Leijtens, T., Ball, J. M., Goriely, A., Snaith, H. J.: Recombination kinetics in organic-inorganic perovskites: excitons, free charge, and subgap states. Phys. Rev. Appl. 2, 034007 (2014)

[65] Nagaoka, H., Ma, F., deQuilettes, D. W., Vorpahl, S. M., Glaz, M. S., Colbert, A. E., Ziffer, M. E., Ginger, D. S.: Zr incorporation into TiO_2 electrodes reduces hysteresis and improves performance in hybrid perovskite solar cells while increasing carrier lifetimes. J. Phys. Chem. Lett. 6, 669-675 (2015)

[66] Bag, M., Renna, L. A., Adhikari, R. Y., Karak, S., Liu, F., Lahti, P. M., Russell, T. P., Tuominen, M. T., Venkataraman, D.: Kinetics of ion transport in perovskite active layers and its implications for active layer stability. J. Am. Chem. Soc. 137, 13130-13137 (2015)

[67] Etxebarria, I., Guerrero, A., Albero, J., Garcia-Belmonte, G., Palomares, E., Pacios, R.: Inverted vs standard PTB7: PC70BM organic photovoltaic devices. The benefit of highly selective and extracting contacts in device performance. Org. Electron. 15, 2756-2762 (2014)

[68] Marin-Beloqui, J. M., Lanzetta, L., Palomares, E.: Decreasing charge losses in perovskite solar cells through mp-TiO_2/MAPI interface engineering. Chem. Mater. 28, 207-213 (2016)

[69] O'Regan, B. C., Barnes, P. R. F., Li, X., Law, C., Palomares, E., Marin-Beloqui, J. M.: Optoelectronic studies of methylammonium lead iodide perovskite solar cells with mesoporous TiO_2: separation of electronic and chemical charge storage, understanding two recombination lifetimes, and the evolution of band offsets during J-V hysteresis. J. Am. Chem. Soc. 137, 5087-5099 (2015)

[70] Bazant, M. Z., Thornton, K., Ajdari, A.: Diffuse-charge dynamics in electrochemical systems. Phys. Rev. E 70, 021506 (2004)

[71] Kato, Y., Ono, L. K., Lee, M. V., Wang, S., Raga, S. R., Qi, Y.: Silver iodide formation in methyl ammonium lead iodide perovskite solar cells with silver top electrodes. Adv. Mater. Interfaces 2, 1500195 (2015)

[72] Mariappan, C. R., Heins, T. P., Roling, B.: Electrode polarization in glassy electrolytes: large interfacial capacitance values and indication for pseudocapacitive charge storage. Solid State Ionics 181, 859-863 (2010)

[73] Conings, B., Drijkoningen, J., Gauquelin, N., Babayigit, A., D'Haen, J., D'Olieslaeger, L., Ethirajan, A., Verbeeck, J., Manca, J., Mosconi, E., De Angelis, F., Boyen, H.-G.: Intrinsic thermal instability of methylammonium lead trihalide perovskite. Adv. Energy Mater. 5, 1500477 (2015)

[74] You, J., Meng, L., Song, T.-B., Guo, T.-F., Yang, Y. M., Chang, W.-H., Hong, Z., Chen, H., Zhou, H., Chen, Q., Liu, Y., De Marco, N., Yang, Y.: Improved air stability of perovskite solar cells via solution-processed metal oxide transport layers. Nat. Nanotechnol. 11, 75-81 (2016)

[75] Qin, C., Matsushima, T., Fujihara, T., Potscavage, W. J., Adachi, C.: Degradation mechanisms of solution-processed planar perovskite solar cells: thermally stimulated current measurement for analysis of carrier traps. Adv. Mater. 28, 466-471 (2016)

[76] Li, L., Wang, F., Wu, X., Yu, H., Zhou, S., Zhao, N.: Carrier-activated polarization in organometal halide perovskites. J. Phys. Chem. C (2016)

[77] Zarazua, I., Bisquert, J., Garcia-Belmonte, G.: Light-induced space-charge accumulation zone as photovoltaic mechanism in perovskite solar cells. J. Phys. Chem. Lett. 7 (2016)

[78] Mönch, W.: Semiconductor Surfaces and Interfaces. Springer, Berlin (1993)

[79] Sze, S. M.: Physics of Semiconductor Devizes, 2nd edn. Wiley, New York (1981)

第8章
有机金属卤化物钙钛矿中的电子传输

Francesco Maddalena，Pablo P. Boix，Chin Xin Yu，Nripan Mathews，
Cesare Soci，Subodh Mhaisalkaro

8.1 引言

    任何半导体器件中最重要的特征之一是活性材料的电荷传输。电荷传输模式和有效电荷迁移率可以从根本上决定某种材料是否适合于特定应用。一个明显的例子是，与其对应结晶无机物相比，有机半导体具有相对低的迁移率，这使得有机半导体不适合高端电子应用。此外，深入了解特定材料组的电荷传输特性，对于新器件架构的开发和可用技术应用的改进是必不可少的。

    最近，有机金属卤化物钙钛矿，特别是 $CH_3NH_3PbI_3$ 的使用，在制造有效的低成本太阳能电池方面产生了非常有前途的结果。图 8-1 显示了钙钛矿太阳能电池的效率在过去 5 年中如何快速增长，超过其大多数"低成本"竞争对手，效率超过 21%[1]，其优异的电荷传输特性支撑着它们的成功。可溶液加工的杂化钙钛矿在器件制造和可扩展性方面具有与有机半导体类似的优点。此外，杂化钙钛矿通过化学途径在可调性和光电特性效率方面表现出多

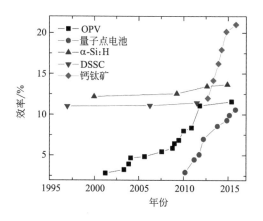

图 8-1　溶液法处理的钙钛矿太阳能电池与有机太阳能电池（OPV）、量子点电池、染料敏化太阳能电池（DSSC）和非晶硅（α-Si:H）太阳能电池的效率演变图。经美国国家光伏中心（NCPV）的许可，改编和印刷美国国家可再生能源实验室（NREL）太阳能电池效率表图。经 NREL 许可，引用自网页 http://www.nrel.gov/ncpv/images/efficiency＿chart.jpg.（2016 年 2 月 12 日）

功能性，使其成为电致发光器件、激光器[2]、光探测器和热电能量转换应用的理想选择。溶液处理的钙钛矿 LED 已经显示出非常高的电致发光效率，甚至已经报道了发光场效应晶体管（FET）[3]。

在本章中，我们回顾了迄今为止可用于杂化钙钛矿中电荷传输的理论模型和实验观察，特别是对于甲铵铅碘和甲铵铅混合卤化物钙钛矿，这是目前这类研究最广泛的材料。我们将首先看一下有机金属钙钛矿的理论从头计算结果，显示出非常高的流动性和有效的电荷传输的潜力。然后，我们将看看有机金属钙钛矿中电荷载体扩散长度的实验测定。在溶液加工的钙钛矿薄膜和单晶中，已经实验推断出超过微米级的非常长的扩散长度，使得它们对于各种半导体应用极具吸引力。然后将讨论场效应电荷载流子迁移率，发现其远低于理论估计值和由霍尔效应测量值确定的实验值。离子运动和可能的铁电效应的影响，似乎是 FET 中的低性能以及大多数有机金属钙钛矿器件的大迟滞和低稳定性的原因。总之，我们将对新兴的二维（2D）钙钛矿以及无铅化合物的传输特性给出一些看法，从商业和环境的角度来看，它们是有吸引力的替代品。

8.2　杂化钙钛矿中电荷传输的理论研究

随着杂化钙钛矿光伏电池的初步研究结果的出现，人们对这类材料的电荷传输特性进行了理论研究。基于密度泛函理论（density functional theory，DFT）和多体微扰理论（many body perturbation theroy，MBPT），对 $CH_3NH_3MI_3$ 钙钛矿（M＝Sn，Pb）模型进行了从头计算，而近似模型用于估算材料中的载流子密度。由从头计算得到的预测的带结构和态密度（DoS）如图 8-2 所示。

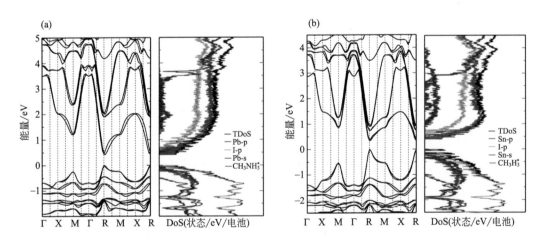

图 8-2　根据密度泛函理论计算的能带结构（左图）和态密度（DoS）（右图）。(a) 甲铵铅碘；(b) 甲铵锡碘。能级结构展示假设的按照（100）方向的 $CH_3NH_3^+$ 偶极。总的 DoS（TDoS，黑色的）沿着部分电子态密度（DoS）来自于金属（Pb 或者 Sn）p 轨道（红色的）、I 的 p 轨道（绿色的）、金属（Pb 或 Sn）的 s 轨道（蓝色）及有机阳离子（紫色的）。经许可改编自文献 [4]

研究三种构型的 $CH_3NH_3PbI_3$，其中甲铵阳离子的偶极子沿三个不同的取向［（100）、

（110）和（111）晶向]，可以帮助模拟多晶钙钛矿膜中的无序。尽管有机阳离子取向的变化对计算的晶格常数具有显著影响，但发现最终计算的能量差在计算的配置之间相对较小，在 40meV 以内。这个事实有助于解释实验研究之间的差异[5,6]，其中样品可能包含有机阳离子的不同取向，导致结果的一些变化，因为实验合成的钙钛矿预期具有晶格常数，其值在所有可能的配置上平均。对于铅和锡变体，$CH_3NH_3MI_3$ 钙钛矿的预测带结构在 Brioullin 区的 R 对称点显示出准直接带隙。对于 Pb 和 Sn，带隙的计算值分别为 1.36eV 和 1.51eV[7]，相对接近实验确定的 Pb 和 Sn 的值，分别为 1.57eV 和 1.20eV[8,9]。

理论计算预测非常高的理论迁移率：在载体浓度为约 $10^{16}cm^{-3}$ 时，铅基钙钛矿的 $\mu_e=1500\sim3100cm^2/(V\cdot s)$，$\mu_h=500\sim800cm^2/(V\cdot s)$；锡基钙钛矿的 $\mu_e=1300\sim2700cm^2/(V\cdot s)$，$\mu_h=1400\sim3100cm^2/(V\cdot s)$。与其他混合或有机半导体相比，这些迁移率的值非常高，与晶体无机半导体（如硅或砷化镓）的数量级相同。

计算表明，大型载流子迁移率主要来源于两个因素的组合。首先，电子和空穴的有效质量 m^* 小（表 8-1），铅基钙钛矿的 DoS 有效质量平均为 $0.2333m_0$ 和 $0.2583m_0$（m_0 为电子的静止质量），锡基钙钛矿为 $0.3040m_0$ 和 $0.1906m_0$。通过磁吸收测量实验证实了这种低有效质量[10]。第二个因素是相对较弱的载流子-声子相互作用，铅基钙钛矿和锡基钙钛矿均在 6.5~10eV 的范围内。弱电子-声子耦合也与电荷载流子实验确定的大扩散长度一致[11-14]。

表 8-1　$CH_3NH_3PbI_3$ 和 $CH_3NH_3SnI_3$ 中电子（e^-）和空穴（h^+）的有效质量的平均值，
纵向值 $m_{\parallel}^*$、横向值 $m_{\perp}^*$、电导率 m_c^*、能带 m_b^* 及态密度 m^*

项目	$CH_3NH_3PbI_3$ 中 e^-	$CH_3NH_3PbI_3$ 中 h^+	$CH_3NH_3SnI_3$ 中 e^-	$CH_3NH_3SnI_3$ 中 h^+
$m_{\parallel}^*$	0.2095	0.3060	0.3332	0.1540
$m_{\perp}^*$	0.0881	0.0840	0.1027	0.0750
m_c^*	0.1081	0.1107	0.1334	0.0904
m_b^*	0.1166	0.1291	0.1520	0.9530
m^*	0.2333	0.2583	0.3040	0.1906

注：经文献 [4] 许可改编并印刷。

Giorgi 等也得到了类似的结果和结论[13]。甲铵铅碘钙钛矿的有效电荷载流子质量（$>0.3m_0$）也显示出相对较低的值。

MAPI 的两种不同晶相——正交相（$T=160K$ 以下）和四方相（$T=160K$ 以上）的有效质量和随温度变化的迁移率表明，电子的导电性比空穴略好，如图 8-3 所示。预测出较低的有效质量，接近上面报告的值，正交相的值略大，空穴有效质量总体较大，与预测的空穴迁移率较低一致（四方相：$m_e^*=0.197m_0$，$m_h^*=0.340m_0$；正交相：$m_e^*=0.239m_0$，$m_h^*=0.357m_0$）。在研究的温度范围内（78~300K），电子迁移率超过空穴迁移率约一倍，并且预计在低于相变温度情况下，电子迁移率和空穴迁移率都将增加近一个数量级 [对于正交相，$\mu_e=2577\sim11\ 249cm^2/(V\cdot s)$，$\mu_h=1060\sim4630cm^2/(V\cdot s)$；对于四方相，$\mu_e=466\sim2046cm^2/(V\cdot s)$ 和 $\mu_h=140\sim614cm^2/(V\cdot s)$]。

通过不同方法实验测定钙钛矿中的迁移率，反映了这些较高的理论值。结合电阻率和霍尔（Hall）效应的测试，测量出 $CH_3NH_3SnI_3$ 中的电子迁移率约为 $2320cm^2/(V\cdot s)$[9]。

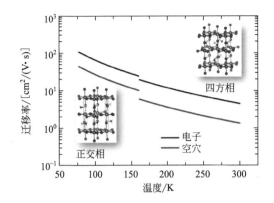

图 8-3　计算出的 $CH_3NH_3PbI_3$ 四方相（$T=160\sim300K$）和正交相（$T=77\sim160K$）在不同温度下空穴和电子的迁移率。内插图为两相的晶体单元。来自参考文献 [15]

然而，对于 $CH_3NH_3PbI_3$，通过霍尔效应测量确定的实验迁移率仅为 $66cm^2/(V\cdot s)$，尽管比其他溶液处理材料高出一个数量级[9,16]，但此结果显著低于理论计算值。

　　通过密度泛函理论研究了阳离子和（卤化物）阴离子对溶液加工钙钛矿带隙能的影响[7]，概述如图 8-4 所示。计算表明，具有正交结构的钙钛矿的带隙明显大于其他结构的钙钛矿（立方、四方结构）的。通常，除了一些例外，增加结构的倾斜，从立方到正交，也会导致带隙增加。阴离子中电负性的增加，从电负性最小的三碘化物变体到电负性最大的三氯化物，对应于带隙能量的准线性增加。这种趋势已通过实验部分证实[8,9,17]。增加阳离子的体积，从最小的铯离子到最大的甲脒阳离子，对增加钙钛矿晶胞体积和晶格常数有效果，对应于材料带隙的增加。这些结果显示了可溶液加工的钙钛矿的可调性和多功能性，特别适用于光电应用。理论计算预测的一般趋势，反映在当前的实验观察中，是新型杂化钙钛矿开发的基础。

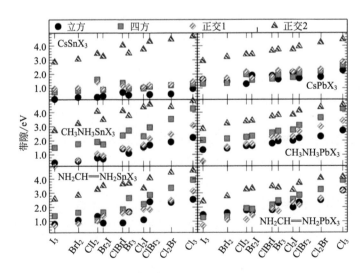

图 8-4　理论计算的带隙随阴离子电负性的变化，用于具有不同阳离子的铅基和锡基钙钛矿的不同晶体结构：铯（Cs）、甲铵（CH_3NH_3）和甲脒阳离子（$NH_2CH=NH_2$）。经许可转载自参考文献 [7]

8.3 杂化钙钛矿中的电荷载流子扩散长度

长的电子扩散长度和空穴扩散长度，最好是大于 100nm，对于高效太阳能电池和异质结器件的开发是至关重要的。长的扩散长度是基于经典无机半导体（如硅）的太阳能电池相对高效率的原因，因为它们有利于电子-空穴分离并减少复合损失。多晶有机三卤化物钙钛矿，例如 $CH_3NH_3PbI_3$，已显示出非常长的扩散长度，这也是溶液处理的太阳能电池具有高效率的部分原因。

一些研究[11-14] 表明，溶液处理的多晶 $CH_3NH_3PbI_3$ 中电子和空穴的扩散长度超过 100nm。这种扩散长度至少比大多数有机溶液处理材料（如 P3HT❶-PCBM 本体异质结，其扩散长度通常低于 $10nm$[18-20]）的扩散长度大一个数量级，并且是高复合率的主要原因。

在一致性方面，用瞬态吸收和光致发光-猝灭测量确定卤化钙钛矿中的电子-空穴扩散长度，结果显示三碘化物钙钛矿中电子和空穴的平衡扩散长度均超过 100nm，特别是，在混合卤化物变体中也报道过超过 $1\mu m$ 的扩散长度[11]。太阳能电池中的测量结果表明，扩散长度的增加与光伏器件效率的提高相关：在用三碘化物和混合卤化物钙钛矿制造的平面异质结太阳能电池中，从 4.2% 增至 12.2%。目前，在制备 $CH_3NH_3PbI_3$ 期间加入少量氯离子导致电子-空穴扩散长度增加，抑制非辐射激子复合的机制尚不完全清楚。然而，它似乎与薄膜结晶直接相关，而不是与掺杂材料有关[21,22]。

$CH_3NH_3PbI_3$ 的大电荷载流子扩散长度，也可以通过对钙钛矿选择性电子或选择性空穴萃取材料形成的双层结构，进行飞秒瞬态光谱测量来获得（图 8-5）[12]。

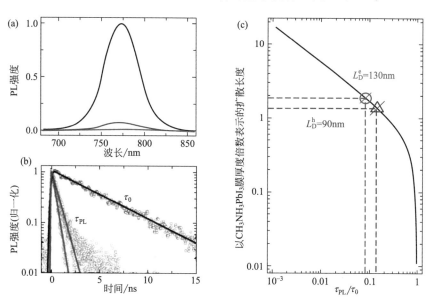

图 8-5 石英/$CH_3NH_3PbI_3$（黑色线）、石英/$CH_3NH_3PbI_3$(65nm)/PCBM（红色线）、石英/$CH_3NH_3PbI_3$ (65nm)/Spiro-OMeTAD（蓝色线）薄膜在 600nm 激发后在真空中的（a）时间积分 PL 光谱和（b）时间分辨 PL 衰变瞬态光谱。(b) 中的实线是 PL 衰变瞬态的单指数拟合。(c) 激子扩散长度与 PL 寿命淬火倍数的关系图。扩散长度以 $CH_3NH_3PbI_3$ 层厚度（$L=65nm$）的倍数表示。引自参考文献 [12]

---

❶ P3HT 即聚 3-己基噻吩。

对单晶甲铵铅碘的研究表明，其扩散长度大大超过溶液处理的钙钛矿薄膜。1倍太阳辐照度下，溶液法生长的 $CH_3NH_3PbI_3$ 单晶体的扩散长度超过 $175\mu m$，在弱光下（0.003% 倍太阳辐照度）扩散长度超过 $3mm$[14]。单晶中增强的扩散长度，被认为是由于单晶体中具有比多晶薄膜中更大的载流子迁移率、更长的寿命和更小的陷阱密度的组合。这是由于多晶薄膜中存在结构和晶界缺陷，这为改善钙钛矿基器件的光电性能提供了一种可能。

8.4 FET 和 LED 器件中的载流子迁移率

尽管杂化钙钛矿中的理论迁移率与结晶无机半导体的理论迁移率相当，并且霍尔效应测量值非常高，但场效应晶体管（FET）和二极管中的有效载流子迁移率远低于预期。对于溶液处理的三维（3D）[15] 和二维（2D）层状钙钛矿[23]，钙钛矿晶体管中场效应迁移率的峰值均约为 $0.5cm^2/(V \cdot s)$。已经在 FET 配置中研究了几种不同的有机金属卤化物钙钛矿组合物，改变了有机阳离子、金属阳离子或卤化物阴离子。饱和度下降时，测量的迁移率介于 $0.01 \sim 0.1cm^2/(V \cdot s)$ 之间，而线性迁移率通常低一个数量级[24]。在熔融加工的锡基有机金属钙钛矿中实现了大于 $1cm^2/(V \cdot s)$ 的迁移率，其中钙钛矿薄膜在熔点以上约 $5℃$ 加热，然后再结晶[25]。当 FET 暴露在白光下（$10mW/cm^2$）时，光电晶体管的迁移率也高于 $0.1cm^2/(V \cdot s)$[26]。

因此，尽管具有潜力，钙钛矿 FET 的最佳有效迁移率仍与最先进的技术——溶液处理的聚合物半导体 FET 的有效迁移率 [例如 N2200 的电子迁移率为 $0.1 \sim 1cm^2/(V \cdot s)$[27]；PBTTT 的空穴迁移率 $>0.1cm^2/(V \cdot s)$[28]] 处在相同范围内。此外，由于 LED 中的电荷载流子浓度通常比 FET 低几个数量级，溶液处理的钙钛矿低的有效电荷载流子迁移率对于实现发光二极管中的有效电荷注入、电荷传输和电致发光提出了更严重的问题。

目前关于溶液处理钙钛矿 FET 的研究表明，在温度高于 200K 时，缺乏晶体管特性[15]。甲铵卤化物 FET 的室温传递特性表明没有门控行为，导致转移曲线与栅极电压无关，如图 8-6(a) 中的转移特性曲线所示。将温度降至约 200K 以下可恢复 FET 中的门控效应，并使电流增加近三个数量级 [图 8-6(b)(c)]。然而，即使在低温下，转移和输出特性也表现出强烈的迟滞行为 [图 8-6(b)(c)]，类似于在太阳能电池中观察到的那种[29]。迟滞的起源是不确定的，它可能是由离子漂移、铁电行为和/或陷阱的存在引起的（见 7.5 节）。对混合钙钛矿 FET 中有效电荷载流子迁移率的实验测量，显示出对温度的强烈依赖性，反映了前一节[15] 中讨论的一些理论预测。在室温下，$CH_3NH_3PbI_3$ 的 FET 表现出非常低的迁移率，在约 $10^{-6}cm^2/(V \cdot s)$ 的数量级，甚至低于大多数无定形有机半导体。另一方面，如图 8-7 所示，将温度降低到约 200K 以下会导致流动性急剧增加，超过五个数量级。Chin 等先前提到的理论计算表明，在 160K 以上钙钛矿具有形态变化（从四方到正交结构），这可能是造成迁移率增加的部分原因。然而，单独的这种相变不足以解释 180K 以上的迁移率下降、计算值和测量值之间的强烈差异以及室温下缺乏门控。在高于约 200K 的温度下，损害正确门控的相同因素（离子漂移、极化和/或陷阱）也可能导致迁移率的突然下降，然而，需要进一步研究以充分理解钙钛矿中的电荷传输。

结果表明，$CH_3NH_3PbI_3$ 的 FET 在室温下工作的开/关比为 10^2，平衡的空穴和电子迁

移率为 $1cm^2/(V \cdot s)$，使用 Cytop [商品名，化学名为全氟(1-丁烯基乙烯基醚)聚合物] 作为栅极绝缘体的顶栅结构，而不是以往的氧化硅作为绝缘体的底栅器件（图 8-8）[30]。这表明钙钛矿-绝缘体界面处的陷阱，可能是限制器件中电荷传输的主要因素。此外，Cytop 的存在可以保护高度吸湿的钙钛矿免受湿气影响，这也可以改善器件的性能。尽管如此，报道的器件稳定性很低并且会快速降解。

以前 Kagan 等[23] 和 Mitzi 等[24]，也报道了基于锡基有机金属钙钛矿的钙钛矿 FET 在

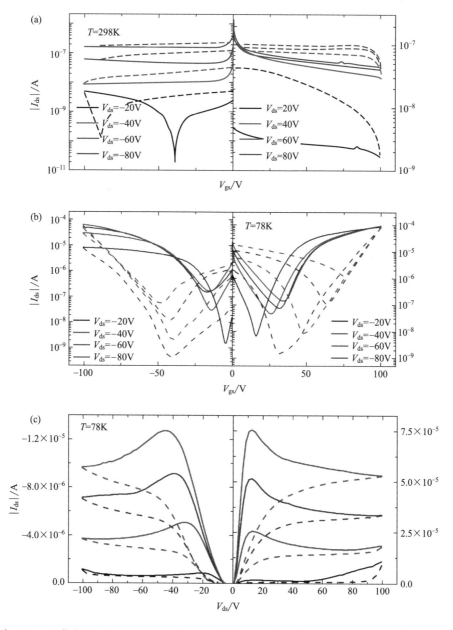

图 8-6　在 298K 下获得的 $CH_3NH_3PbI_3$ 钙钛矿 FET 的转移特性（a）；在 78K 下获得的转移特征（b）和输出特征（c）。n 型（右图）和 p 型（左图）方案。经允许引自文献 [15]

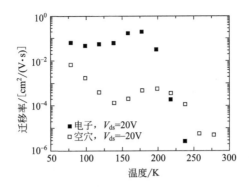

图 8-7　从传输特性的正向扫描中提取的场效应电子和空穴迁移率的温度曲线。引自参考文献 [15]

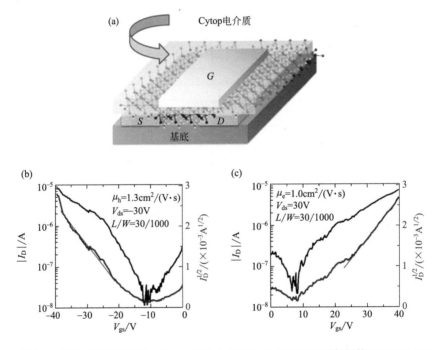

图 8-8　（a）具有 Au 源极和漏极接触点、Cytop 栅极-电介质和 Al 栅电极的顶部门控 $CH_3NH_3PbI_{3-x}Cl_x$ FET 的结构示意图。在室温下，具有 Cytop 栅极-电介质的 $CH_3NH_3PbI_{3-x}Cl_x$ FET 中的 p 型传输（b）和 n 型传输（c）的传输 I-V 特性。相对于栅极电压，漏极电流曲线以黑色绘制，漏极电流值的平方根曲线以蓝色绘制。移动性估测中使用的斜率以红色显示。引自文献 [30]

室温下工作，其 ON/OFF 比率高于 10^4。然而，锡基钙钛矿以其相对低的环境稳定性而闻名。此外，Kagan 等报道的器件和 Mitzi 及其同事似乎主要以 p 型传导模式工作，而不是用 $CH_3NH_3PbI_3$ 实现的双极性行为。这可能是由于 Sn-钙钛矿的退化导致高 p 型电荷载流子密度，如本章相应部分所述。

　　尽管最近在有机金属钙钛矿 FET 的制造方面取得了进展，但与理论预期相比，这些器件的迁移率非常低，其起源仍需进一步澄清。一些现象，例如离子漂移、极化和陷阱的存在显著影响这些材料中的电荷传输，这将在下面讨论。

8.5　离子漂移、极化和缺陷的作用

有机金属钙钛矿转移最有趣的特征之一是在 I-V 曲线中观察到的异常迟滞[31]，其原因暂时归因于三种因素：离子漂移、极化/铁电性和陷阱的存在。解开这些现象对于理解电荷载流子特性和这类材料中的确切传输机制具有重要意义。目前，科学界一直在争论这些影响的重要性，以及它们是否对杂化钙钛矿的电学特性起到了作用。

离子漂移可以在 $CH_3NH_3PbI_3$ 钙钛矿的电荷传输特性中起主导作用[29]。报道的巨场可切换光伏效应，最好通过钙钛矿层中离子漂移引起的 p-i-n 结的形成来解释。离子朝向相反的带电电极的运动，导致钙钛矿层中的 p 型和 n 型掺杂区域以及相应的能带弯曲，如图 8-9 所示。这种自掺杂导致钙钛矿层的总电阻和内部电场的变化。理论计算预测带负电的 Pb^{2+} 和 MA^+ 空位可能导致 p 型掺杂，而带正电的 I^- 空位导致 $CH_3NH_3PbI_3$ 中的 n 型掺杂[32,33]。在 $CH_3NH_3PbI_3$ 的组成依赖性研究中也观察到了这种行为，显示了材料自掺杂的证据[34]。此外，$CH_3NH_3PbI_3$ 太阳能电池的计算模型显示迟滞的来源与空位辅助的碘离子迁移一致[35]，并且发现离子漂移所需的活化能与实验动力学测量结果非常一致。

另一方面，从头算分子动力学蒙特卡罗模拟[36] 表明，$CH_3NH_3PbI_3$ 内的微观极化相关的内部电场有助于杂化钙钛矿器件中的迟滞异常。钙钛矿中存在的离子，在外加电场的影

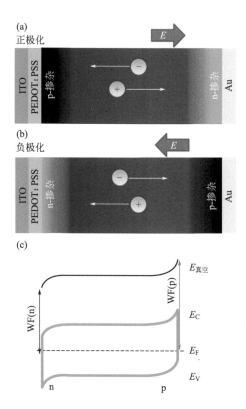

图 8-9　分别在正极化 (a) 和负极化 (b) 期间钙钛矿中离子漂移的示意图，表明在电极附近的钙钛矿中累积的离子诱导了 p 型和 n 型掺杂。(c) 极化后 p-i-n 结构的能量图（WF，功函数）。经许可引自文献 [29]

响下，可以具有高旋转迁移率，缓慢形成有序极化畴。最终结果是结构化的局部势场，它是迟滞的来源。这种极化假设似乎得到了杂化钙钛矿器件在不同 $J\text{-}V$ 扫描速率下的不同响应的证实（图 8-10）[31]，其中较慢的扫描允许更多的区域极化时间，导致更高的迟滞效应。

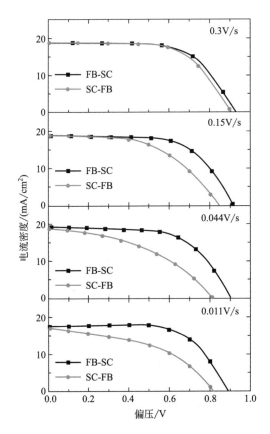

图 8-10　扫描条件对平面异质结钙钛矿太阳能电池电流-电压特性的影响。单一溶液处理的平面异质结钙钛矿太阳能电池的，从正向偏压到短路（FB-SC，黑色线）和从短路到正向偏压（SC-FB，灰色线）电流密度-电压曲线，在模拟太阳光 AM1.5 100mW/cm² 下测量，在 0.11～0.3V/s 的扫描速率范围内扫描。扫描在正向偏压下开始和结束，并且在扫描之前，在照射下，在正向偏压（1.4V）下具有 60s 的稳定时间。经许可引自文献［31］

　　Stoumpos 等对晶体结构的研究也指出了甲铵铅碘和甲铵锡碘钙钛矿中铁电现象的可能性[9]。他们的研究表明，在室温下，通过 X 射线晶体学观察到的 $CH_3NH_3PbI_3$ 和 $CH_3NH_3SnI_3$ 的不同晶体结构的构型，是非中心对称的。观察到的空间群被归类为"铁电变形"类别，其中某些对称性被废除，包括对称中心。结果导致有机阳离子从单元晶胞中的八面体中心被取代。然而，相同的实验指出，除了铁电失真之外，还应考虑倾斜失真。

　　据报道，太阳能电池的 $J\text{-}V$ 特性中发生的瞬态过程与 $CH_3NH_3PbI_3$ 钙钛矿对外加电场的极化响应一致[37]。偏置预处理对 $J\text{-}V$ 测量的强烈影响似乎很明显，这可能表明钙钛矿中的内部极化在观察到的器件的电流和迟滞中起着重要作用。然而，他们还注意到，迟滞行为对偏压和光照射的依赖性也表明光致离子迁移也可能在钙钛矿转移中起重要作用，特别是在偏压预处理期间器件中较慢的过程方面。

最后，已经证明通过沉积富勒烯层来钝化 $CH_3NH_3PbI_3$ 钙钛矿界面处的电荷陷阱态，可以消除钙钛矿太阳能电池中的光电流迟滞现象[38]。按照这种方法，钙钛矿太阳能电池中迟滞的主要来源是钙钛矿纳米晶体晶界处的陷阱状态，和钙钛矿与其他层之间的界面。陷阱和钝化对电荷复合的影响的示意如图 8-11 所示。这些陷阱的形成由这些材料的低热稳定性决定，这导致材料在较高温度下分解（例如在退火过程中），引入了 n-掺杂的 I^- 空位，并通过非降解钙钛矿薄膜中的 p-掺杂进行补偿。这种迟滞效应与有机半导体中出现大量陷阱的情况非常相似[39]。

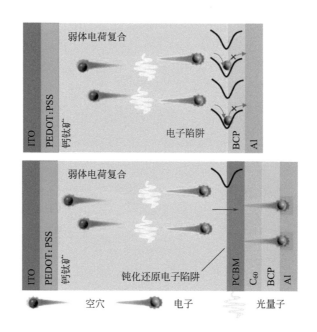

图 8-11　通过钝化杂化钙钛矿界面处的陷阱态来减少界面复合的示意图。经许可引自文献 [38]

虽然不同的理论和实验结果似乎表明迟滞效应具有不同的原因，但似乎这些现象之间也存在相关性。离子位移既可以是材料内的极化源，也可以是陷阱的起源。极化很容易诱发能量紊乱和 DoS 扩大，从而诱发陷阱[40]。关于有机金属钙钛矿中迟滞行为的起源和解决方案的争论仍然是开放的，然而，这里回顾的文献表明，同时发生了不止一种单一现象。

8.6　极化的电荷载流子

上面讨论的有机金属卤化物钙钛矿的显著电荷传输特征，例如大的扩散长度和电荷载流子的低复合率、高迁移率和低载流子散射[12,41,42]，似乎表明电荷载流子起源于散射缺陷、纵向光学声子和其他载体。最近，Zhu 等[43] 已经提出，这些显著特征的起源可归因于杂化钙钛矿中电荷载流子的极化性质。作者假设包含大（离域）极化子作为电荷载流子的模型，可以解释金属有机钙钛矿的许多不同特征。然而，最引人注目的特征是在 FET 中发现的非常大的预测迁移率和相对低的迁移率之间的差异。虽然理论上通过磁吸收测量已经证明空穴和电子的有效质量非常小[10]，但是没有可靠传输测量的有效载流子质量测量。然而，Zhu

等指出，由于 Miyata 等报道的激子的寿命非常短，这种吸收测量仅在纳米尺度范围内提供关于新生电子-空穴对的信息，即在核极化开始有效地作用于电荷载流子之前。因此，二极管、太阳能电池和 FET 中有效传输的有效质量，可能大于理论预期和当前测量值，并且与极化子中预期的大电子-声子耦合一致。

此外，光谱[44] 和电荷传输测量[15] 观测到的载流子迁移率的逆温度依赖性 $(\partial\mu/\partial T<0)$ 与大极化子的相干带状传输一致，其中极化子尺寸和平均自由程远大于晶体的晶格常数。

Zhu 等还估计混合钙钛矿在室温下电子和空穴的有效质量比理论给定值大 100～1000 倍，在 $10m_0$ 和 $300m_0$ 之间。如此大的数值可以部分解释 FET 中的低迁移率，尤其是 180K 以上的迁移率下降[15]。

在 2D 杂化钙钛矿中，Cortecchia 等[45] 已经表明，由层状结构中的电荷限制引起的强电荷-声子耦合，导致电荷在无机晶格的特定位置自定位。发现所得到的强定位极化子，是在整个可见光谱范围内在各种二维钙钛矿中，例如 (EDBE)PbX$_4$（X＝Cl，Br）[EDBE 为 2,2′-(亚乙二氧基)双(乙基铵)]，观察到的宽带光发射的原因，因此，预期它们将在这些材料的电荷传输性能中起主导作用。

值得注意的是，极化子通常是描述导电材料中电子和空穴的最准确方式，因为自由电荷载流子通常伴随着（局部）晶格畸变、耦合声子和自由电子或空穴[46]。然而，只有当电子-声子耦合变得足够强时，即在高极性或离子导电固体中，极化子在电荷传输中的作用才占主导地位[46,47]，例如许多 ⅡB-ⅥA 族半导体，实际上，杂化钙钛矿就是这样的。与极性较小的材料（例如Ⅳ族半导体和金属）相比，主要电子/空穴-声子耦合的原因是自由电荷载体和晶格离子之间更强的库仑相互作用。更强的耦合导致晶格更强的极化，最终导致电荷载流子的有效质量增加[48]。根据它们的大小，极化子可以被分类为"小"或"大"[49]。小极化子通常参与跳跃运输，例如在有机半导体中，并且具有非常短的扩散长度；而大极化子表现出带状传输并且具有非常长的扩散长度，例如在杂化钙钛矿中观察到的扩散长度。这与 Zhu 等人提供的模型非常一致。并且在 FET 中测量的电荷载流子迁移率相对较低。总之，随着离子漂移、铁电极化和陷阱，主要的极化电荷传输可能是理论上的高迁移率与 FET 中观察到的低得多的迁移率之间差异的主要原因之一。

8.7　新型钙钛矿材料的传输

尽管有许多新的进展，有机金属卤化物钙钛矿仍然是材料科学中一个相对较新的领域，除了一些例外，过去研究的主要焦点主要是针对块状铅基钙钛矿。然而，最近两种特殊类型的杂化钙钛矿正在成为研究的目标。第一类是 2D 混合钙钛矿。与石墨烯或其他传统 2D 体系不同，这些材料可以从溶液中生长，可以形成 2D 层状结构，例如 $(C_6H_5C_2H_4NH_3)_2SnI_4$[23]，或其至单原子薄片[50]。低维系统提供了新的有趣挑战，并开辟了新的物理特征的可能性，也开启了电荷传输的可能性，因此 2D 钙钛矿目前在该领域受到关注。第二类材料是无铅有机金属卤化物钙钛矿，其目标是当前杂化钙钛矿技术的主要问题之一：设备中存在铅。由于铅的毒性引起的担忧可能限制铅基太阳能电池和发光器件的广泛实施。尽管对铅基器件的适当封装和处理可以最小化任何可能的风险，但这也将增加太阳能电池板或 LED 的生产所涉及的成本。这些挑战导致人们越来越重视无铅钙钛矿材料的研究。

　　低维度（<3D）钙钛矿的概念在于材料层之间的距离。例如，通过用较大尺寸的对应物替换"A"位置的阳离子，可以实现 3D 结构中这些层间的分离（参见图 8-12）。当较大（有机）阳离子层之间存在单个无机层时，较大阳离子层之间的堆叠层的减少降低了材料的维数，达到典型的 2D 钙钛矿结构。2D 有机金属钙钛矿的理论研究[51] 预测，在对应于层的堆叠轴的倒易空间方向上具有非常低的色散的能带结构。理论计算还表明，虽然三维杂化钙钛矿中的万尼尔（Wannier）激子受到集体分子旋转和无机晶格振动的强烈筛选，但这种筛选不会发生在 2D 钙钛矿中[53]。此外，还预测了更大的带隙和更强的激子结合能。

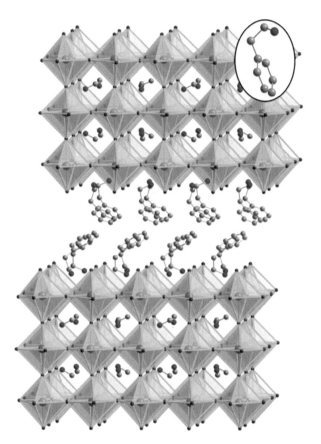

图 8-12　2D 层状混合钙钛矿的示意图。钙钛矿具有层状结构，其中几层钙钛矿 2D 晶体彼此堆叠并由双层有机分子构成的间隔物隔开。经允许引自文献［52］

　　实验上，已经实现了溶液处理的 2D 层状钙钛矿[52]。已经表明，降低无机组分的维度，从 3D 层结构到 2D 层结构，引起钙钛矿带隙的增加和激子结合能的增加，这证实了理论预测。

　　尽管激子束结合能的增加可以达到 100 meV，但激子波函数的离域仍然覆盖了层平面中的几个晶胞单元，因此它不必完全牺牲已经观察到的在 3D 钙钛矿中大的扩散长度[54]。

　　最近，原子级薄（$C_4H_9NH_3$）$_2PbBr_4$ 2D 钙钛矿晶体也通过溶液相生长制备出来[50]。这些 2D 结构，只有几个单层厚，显示出有效的光致发光（图 8-13），并能够通过改变钙钛矿本身的厚度或化学成分来调整发射光谱。剥离工艺也可用于制造类似的 2D 钙钛矿[55]。

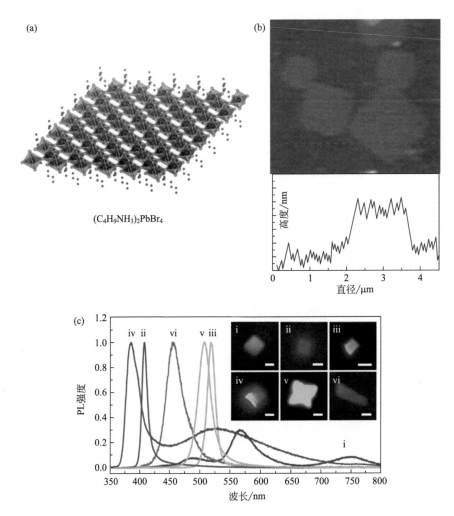

图 8-13 （a）单层（$C_4H_9NH_3$）$_2PbBr_4$ 的结构图。（b）AFM 图像和几个单层的高度轮廓图。厚度约为 1.6nm（±0.2nm）。（c）不同 2D 杂化钙钛矿的光致发光图。（$C_4H_9NH_3$）$_2PbCl_4$（ⅰ）、（$C_4H_9NH_3$）$_2PbBr_4$（ⅱ）、（$C_4H_9NH_3$）$_2PbI_4$（ⅲ）、（$C_4H_9NH_3$）$_2PbCl_2Br_2$（ⅳ）、（$C_4H_9NH_3$）$_2PbBr_2I_2$（ⅴ）和（$C_4H_9NH_3$）$_2$（CH_3NH_3）Pb_2Br_7（ⅵ）2D 片材表明溶液相直接生长方法是可推广的。相应的光学 PL 图像显示在内插图中。比例尺，（ⅰ）～（ⅴ）为 2mm，（ⅵ）为 10mm。经允许引自文献［50］

在 2D 杂化钙钛矿中预测和观察到的增加带隙的一个有趣的优点是白光发射的可能性。Dohner 等[56] 报道了发白光的 N-甲基乙烷-1,2-二铵卤化铅（含溴和氯化物混合物）2D 钙钛矿。观察到的光致发光强度随紫外激发能量密度线性增加而没有饱和迹象，表明白光发射不依赖于材料内陷阱的存在，但它相当于 2D 层结构钙钛矿的整体性质。

如前所述，Kagan 等在 FET 中展示了基于锡的 2D 层状混合钙钛矿，即使在室温下也显示出良好的门控特性和流动性。同时，2D 层状钙钛矿太阳能电池还显示出更高的 V_{oc} 和更高的水分和环境稳定性，这对商业化非常重要。

总之，2D 混合钙钛矿结构为不同的应用提供了新的可能性：包括更稳定的光伏器件、

FET 和电致发光应用。

目前，人们已经提出了几种替代铅作为杂化钙钛矿中金属阳离子的方法。一些研究[57-59] 已经显示，除了在 FET 中提到的锡基钙钛矿外，锡基甲铵卤化物钙钛矿的太阳能电池达到了高达 5.73％ 的效率。然而，锡基钙钛矿非常不稳定，主要是由于通过 Sn^{2+} 氧化的 p 型掺杂，特别是当暴露于环境条件时，导致器件的寿命非常短。这对于这些材料的电荷传输性质具有很强的影响，从几乎本征的半导体模型（$CH_3NH_3PbI_3$ 的情况）到重 p 掺杂的模型（Sn 基钙钛矿）。

20 多年前，人们从晶体学角度研究了铜基有机金属钙钛矿[60]，主要是在磁性材料领域。到目前为止进行的大多数研究都涉及稳定的铜基钙钛矿的合成，然而，直到最近，文献中还没有报道铜基钙钛矿器件，当时首次应用铜基杂化钙钛矿（CH_3NH_3)$_2CuCl_xBr_{4-x}$ 在太阳能电池中作为光吸收层[45]。这些层状铜钙钛矿中的强电荷传输各向异性，结合低吸收系数和高空穴有效质量，极大地限制了器件效率。应使用在钙钛矿支架中掺入光电活性有机阳离子来改善性能。

最近还报道了具有良好光伏应用特性的锗基无铅钙钛矿[61]。

总之，尽管在无铅高效混合钙钛矿器件方面取得了进展，但只有锡基替代品已经显示出一些有希望的结果。

与电荷传输相关的几个问题阻碍了 2D 和无铅钙钛矿的完全扩展。低维数钙钛矿中电荷传输的各向异性和锡基中的强 p 掺杂是这方面的明显例子。因此，对电性能的充分理解和控制将是寻找 2D 和无铅替代品的关键方面。为了获得性能与铅基钙钛矿相当的材料，仍然需要进行大量的理论和实验工作。

8.8 总结和结论

有机金属卤化物钙钛矿领域在过去的 5 年中取得了很大的进展，无论是技术应用还是对这类相对较新材料的基础研究。本章重点介绍了这种材料的载流子传输和行为。理论研究已经显示出结果，表明杂化钙钛矿的特征在许多方面类似于晶体半导体的特征，例如电荷载体的低有效质量、长扩散长度和 $10^3 cm^2/(V \cdot s)$ 量级的迁移率。这些结果中的一些也已经通过实验证实，例如高霍尔效应迁移率和电荷载流子的扩散长度在几百微米的量级。然而，诸如场效应晶体管之类的器件中的有效迁移率远低于理论预测值，并且通过霍尔效应等技术测量的值大约为 $1cm^2/(V \cdot s)$ 或更小。理论和有效迁移率的差异以及杂化钙钛矿器件中强烈的迟滞行为的存在，使得产生了几种理论来解释这些异常存在。在过去几年中，已经彻底研究了离子漂移、铁电极化和陷阱态的可能性。虽然尚未达成共识，但很可能不止一种或甚至所有这些现象，在杂化钙钛矿中的电荷传输中起作用。最近的数据还表明，杂化钙钛矿中电荷载流子的性质在本质上是极化的，有效质量高于理论预测，这也可能解释了低于预期的迁移率。最后，我们还研究了新兴钙钛矿材料的运输：2D（层状）钙钛矿和无铅钙钛矿，用于环保应用。$CH_3NH_3PbI_3$ 太阳能电池的惊人进展为有机金属卤化物钙钛矿的研究创造了新的紧迫性。然而，许多问题尚未得到完全解答，毫无疑问，新的开发和应用源于对这些多维钙钛矿中电荷传输现象的更好理解。

参考文献

［1］ Shen, Q., et al.：J. Mater. Chem. A 3，9308-9316（2015）

［2］ Xing, G., et al.：Nat. Mater. 13，476-480（2014）

［3］ Tan, Z.-K., et al.：Nat. Nanotechnol. 9，687-692（2014）

［4］ He, Y., Galli, G.：Chem. Mater. 26，5394-5400（2014）

［5］ Brivio, F., et al.：APL Mater. 1，042111（2013）

［6］ Brivio, F., et al.：Phys. Rev. B 89，155204（2014）

［7］ Castelli, et al.：APL Mater. 2，081514（2014）

［8］ Eperon, et al.：Energy Environ. Sci. 7，982（2014）

［9］ Stoumpos, et al.：Inorg. Chem. 52，9019-9038（2013）

［10］ Miyata, et al.：Nat. Phys. 11，582-587（2015）

［11］ Stranks, et al.：Science 342，341-344（2013）

［12］ Xing, et al.：Science 342，344-347（2013）

［13］ Giorgi, et al.：J. Phys. Chem. Lett. 4，4213-4216（2013）

［14］ Dong, et al.：Science 347，967-970（2015）

［15］ Chin, X. Y., et al.：Nat. Comm. 6，7383（2015）

［16］ Chung, et al.：J. Am. Chem. Soc. 134，8579（2012）

［17］ Papavassiliou and Koutselas：Synth. Met. 71，1713（1995）

［18］ Beaujuge, et al.：J. Am. Chem. Soc. 133，20009-20029（2011）

［19］ Facchetti, Chem：Mater. 23，733-758（2011）

［20］ Selinsky, et al.：Chem. Soc. Rev. 42，2963-2985（2013）

［21］ Dharani, et al.：Nanoscale 6，13854-13860（2014）

［22］ Yantara, et al.：Chem. Mater. 27，2309-2314（2015）

［23］ Kagan, et al.：Science 286，945（1999）

［24］ Mitzi, et al.：Chem. Mater. 13，3728-3740（2001）

［25］ Mitzi, et al.：Adv. Mater. 14，1772-1776（2002）

［26］ Li, et al.：Nat. Comm. 6，8238（2015）

［27］ Luzo, et al.：Sci. Rep. 3，3425（2013）

［28］ McCulloch, et al.：Nat. Mater. 5，328-333（2006）

［29］ Xiao, et al.：Nat. Mater. 14，193-198（2015）

［30］ Mei, et al.：MRS Commun. 5，297-301（2015）

［31］ Snaith, et al.：J. Phys. Chem. Lett. 5，1511-1515（2014）

［32］ Yin, et al.：Appl. Phys. Lett. 104，063903（2014）

［33］ Kim, et al.：J. Phys. Chem. Lett. 5，1312-1317（2014）

［34］ Wang, et al.：Appl. Phys. Lett. 105，163508（2014）

［35］ Eames, et al.：Nat. Comm. 6，7497（2015）

［36］ Frost, et al.：APL Mater. 2，081506（2014）

［37］ Unger, et al.：Energy Environ. Sci. 7，3690-3698（2014）

［38］ Shao, et al.：Nat. Comm. 5，5784（2014）

［39］ Lindner, et al.：J. Appl. Phys. 98，114505（2005）

［40］ Richards, et al.：J. Chem. Phys. 128，234905（2008）

［41］ Trinnh, et al.：J. Mater. Chem. A 3，9285-9290（2015）

［42］ Price, et al.：Nat. Comm. 6，8420（2015）

［43］ Zhu, Podzorov：J. Phys. Chem. Lett. 6，4758-4761（2015）

［44］ Milot, et al.：Adv. Funct. Mater. 25，6218-6227（2015）

［45］ Cortecchia, et al.：Inorg. Chem. (accepted manuscript)（2016）

［46］ Devreese, Encycl：Appl. Phys. 14，383-409（1996）

［47］ Grundmann, M.：The Physics of Semiconductors：An Introduction Including Nanophysics and Applications. Springer（2010）

［48］ Emin, D.：Polarons. Cambridge University Press, Cambridge（2013）

［49］ Appel：Solid State Phys. 21，193-391（1968）

［50］ Dou，et al.：Science 349，1518-1521（2015）

［51］ Pedesseau，et al.：Opt. Quant. Electron. 46，1225-1232（2014）

［52］ Smith，et al.：Angew. Chem. Int. Ed. 53，11232-11235（2014）

［53］ Even，et al.：J. Phys. Chem. C 119，10161-10177（2015）

［54］ Lanty，et al.：J. Phys. Chem. Lett. 5，3958-3963（2014）

［55］ Niu，et al.：Appl. Phys. Lett. 104，171111（2014）

［56］ Dohner，et al.：J. Am. Chem. Soc. 136（38），13154-13157（2014）

［57］ Hao，et al.：Nat. Photonics 8，489-494（2014）

［58］ Kumar，et al.：Adv. Mater. 26，7122（2014）

［59］ Noel，et al.：Energy Environ. Sci. 7，3061-3068（2014）

［60］ Willett，et al.：J. Am. Chem. Soc. 110，8639-8650（1988）

［61］ Krishnamoorthy，et al.：J. Mater. Chem. A（accepted manuscript）（2016）

第9章
甲铵铅碘和甲脒铅碘太阳能电池：从敏化到平面异质结

Jin-Wook Lee，Hui-Seon Kim，Nam-Gyu Park

　　摘要：自 2012 年首次报道长期稳定、基于甲铵铅碘的钙钛矿太阳能电池，其能量转换效率（PCE）为 9.7％之后，2015 年又证明 PCE 达到了 21％。2009 年，在基于液态电解质的染料敏化太阳能电池结构中，首先尝试甲铵铅碘（$CH_3NH_3PbI_3$，MAPI）钙钛矿材料作为敏化剂，其 PCE 大约为 4％。2011 年在较薄的 TiO_2 薄膜中增强钙钛矿的吸附浓度，性能几乎翻了一倍。有机铵阳离子如甲铵和甲脒阳离子的卤化物钙钛矿材料，无疑是具有前途的光电材料。本章中介绍了钙钛矿的突变及结构演变。钙钛矿材料的基本原理描述了吸收系数、折射率、介电常数和载流子迁移率。由于钙钛矿薄膜质量与光伏性能直接相关，因此基于两步旋涂和加合物方法，描述了获得高效 PCE 太阳能电池的有效方法。具有较低带隙的甲脒钙钛矿是有希望的材料之一，因为与甲铵相比，光电流更高而不损失光电压。高品质甲脒铅碘（$NH_2CH=NH_2PbI_3$，FAPI）薄膜可以通过两步法或加合物法制备，这与光伏性能有关。文中提出了稳定性问题，如光、水分和热稳定性，并提出了解决这些不稳定性问题的方法。

9.1　引言

　　有机金属卤化物钙钛矿作为光吸收材料，在 2009 年被应用于染料敏化太阳能电池（DSSC）[1]。Miyasaka 等制备了 $CH_3NH_3PbI_3$ 和 $CH_3NH_3PbBr_3$ 钙钛矿的 DSSC，其能量转化效率（PCE）分别为 3.8％和 3.1％[1]。然而，由于它们的 PCE 较低以及液体电解质的不稳定性，钙钛矿在此种环境下容易分解，这项工作不能引起注意。2011 年，通过优化钙钛矿前体溶液和电解质组成，MAPI 的 PCE 显著提高至 6.5％[2]。尽管 PCE 基于其极高的吸收系数（$1.5 \times 10^4 cm^{-1}$ 在 550nm 处）与常规染料（$1.5 \times 10^3 cm^{-1}$ 的钌基有机染料 N719，在 540nm 处）相比显著增加，但 MAPI 的不稳定性仍然存在，被认为是抑制 MAPI 敏化太阳能电池重现性和可靠性的明显缺点[2]。

　　2012 年，使用液体电解质的钙钛矿敏化太阳能电池的主要问题，通过用 $2,2',7,7'$-四[N,N-二(4-甲氧基苯基)氨基]-$9,9'$-螺二芴（Spiro-OMeTAD）代替液体电解质作为空穴传输材料（HTM），简单地解决了[3,4]。Park 等提出了一种类似于固态 DSSC 的结构，其中 MAPI 纳米晶体沉积在介孔 TiO_2（mp-TiO_2）上而不是染料[3] 上。值得注意的是，基于仅仅 0.6μm 厚的 mp-TiO_2 薄膜，MAPI 敏化的固态太阳能电池达到了 9.7％的 PCE。当 mp-

TiO_2 薄膜接近 $10\mu m$ 时，才可以从 N719 敏化太阳能电池获得类似的 PCE。利用亚微米厚层获得的可比效率是由于 MAPI 高达 10 倍的吸收系数[3]。根据瞬态吸收光谱（TAS），钙钛矿/Spiro-OMeTAD 异质结清楚地显示出电荷分离，但 mp-TiO_2/钙钛矿结并不明显[3]。mp-Al_2O_3/钙钛矿结的 TAS 结果（其中 Al_2O_3 不是电子接受层），很类似 mp-TiO_2 的情况，这表明用于钙钛矿沉积的氧化物层可用作支架。据报道有机金属混合卤化物钙钛矿 $CH_3NH_3PbI_{3-x}Cl_x$ 沉积在介孔 Al_2O_3 膜上，此薄膜在致密的 TiO_2（cp-TiO_2）层上形成，钙钛矿上层与 Spiro-OMeTAD 接触时表现出 10.9％的 PCE，这意味着在没有相邻的电子传输材料的时候，钙钛矿材料可以自行传输电子[4]。这两种配置及其潜在的光电特性成为当前演变的钙钛矿太阳能电池的基础，最近证实其 PCE 可达到 21.0％[5]。MAPI 在开发之初被简单地视为敏化剂；然而，更好地理解 MAPI 的光电基础已经促使我们通过优化器件结构来改善钙钛矿太阳能电池的光伏性能，以便充分利用其有益的光电性能。图 9-1 显示了从敏化到平面异质结的器件结构的发展，这在前面已有描述。

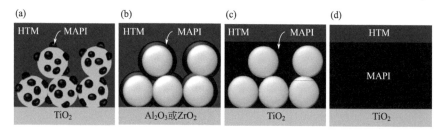

图 9-1　钙钛矿太阳能电池中器件结构的演变过程。(a) 敏化概念；(b) 极薄的钙钛矿层沉积在介孔支架层上；(c) 钙钛矿渗透到介孔膜中；(d) 平面异质结结构

已经进行了几次尝试，用 Sn 阳离子（$CH_3NH_3SnI_3$）代替 MAPI 中的 Pb 阳离子，以解决潜在的毒性[6-10]。然而，Sn^{2+} 具有强烈的被氧化成为 Sn^{4+} 的趋势，会严重降低有机锡卤化物钙钛矿在环境空气中的稳定性[6-8]。相反，据报道用溴化物取代碘化物形成 $CH_3NH_3PbBr_3$ 可增强对水分的稳定性[9]。钙钛矿材料的导带的最小值主要决定于金属阳离子，而价带的最大值主要取决于卤素阴离子[11]。结果，金属阳离子或卤素阴离子的取代导致光学带隙的显著变化。例如，测量 $CH_3NH_3SnI_3$ 带隙为 1.3eV，测量 $CH_3NH_3PbBr_3$ 带隙为 2.3eV[6,9]。与金属阳离子和卤化物阴离子相比，有机阳离子受到的关注较少，因为它可能不会直接影响带隙结构。然而，对有机阳离子的研究证明了其在块状钙钛矿的光电性能和稳定性中的重要性[12-14]。

从容忍因子的定义，可以预测钙钛矿材料结构对有机阳离子的依赖性。ABX_3 钙钛矿的稳定性和晶体结构（A＝有机阳离子，B＝金属阳离子，X＝卤化物阴离子）可以基于容忍因子（t）估算[15]。通过考虑离子半径之间与形成理想立方钙钛矿的关系，简单地发明了容忍因子[15]。根据钙钛矿结构，如图 9-2 所示，离子半径之间的关系可以通过假设 A 和 B 阳离子与 X 阴离子而得到。

为了形成理想的立方钙钛矿，晶格常数 a、b 和 c 应该相同。因此，图 9-2(a)～(c) 中黄色线长度应该相同，因此 (b) 中的黄线和 (c) 中的蓝线之间的关系可以如下导出：

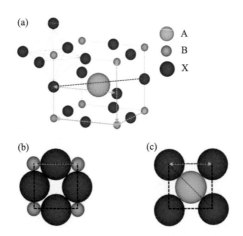

图 9-2　(a) ABX_3 钙钛矿结构的球棒模型。(001) 平面横截面图：(b) B 和 X 离子；(c) A 和 X 离子

$$\frac{r_X + r_A}{\sqrt{2}} = r_X + r_B \tag{9-1}$$

式中，r_A 和 r_B 分别是立方八面体 A 和八面体 B 位点中阳离子的有效离子半径；r_X 是 X 阴离子的离子半径。戈尔德施密特（Goldschmidt）容忍因子（t）只是式(9-1)等号左侧和右侧的比率，如下式所示[15]：

$$t = \frac{r_A + r_X}{\sqrt{2}(r_B + r_X)} \tag{9-2}$$

报道的三维钙钛矿的离子半径总结在表 9-1 中。无机离子的离子半径取自香农（Shannon）的晶体离子半径，然而有机阳离子的离子半径取自离散傅里叶变换（discrete Fourier transform，DFT）计算的结果[14,16]。当 t 为 0.9~1.0 时，理想的立方钙钛矿是可预期的；而当 t 变大或变小时，扭曲结构可能形成正交、菱形、四边形或六边形[14]。对于 $APbI_3$ 钙钛矿，阳离子半径在 2.12Å（$t=0.9$）至 2.60Å（$t=1.0$）之间。在迄今为止研究最多的 MAPI 钙钛矿光吸收剂中，$CH_3NH_3^+$（MA^+）的离子半径计算值为 2.70Å，因此形成四方几何型结构[17]。此外，A 阳离子的晶体结构的扭曲，可能导致 Pb—I 键长和/或键角的改变，这可能导致光电性质如能带结构和带隙的变化[12,18]。最近，针对有机-无机卤化物钙钛矿提出了一种扩展的容忍因子计算方法，其计算结果预计可包含 600 多种候选物，包括碱土金属和镧系元素材料[19]。

表 9-1　钙钛矿太阳能电池中的吸光层 ABX_3 中，A、B 和 X 位点的离子半径

A 位点	离子半径/nm	B 位点	离子半径/nm	X 位点	离子半径/nm
Cs^+	0.181	Pb^{2+}	0.119	Cl^-	0.181
$CH_3NH_3^+$（MA^+）	0.270	Sn^{2+}	0.069	Br^-	0.196
$NH_2CH=NH_2^+$（FA^+）	0.279			I^-	0.220

注：无机离子的离子半径取自香农的晶体离子半径，而有机阳离子离子半径取自离散傅里叶变换（DFT）计算的结果[14,16]。

除了有机阳离子的离子半径的结构依赖性之外，发现有机 A 阳离子和周围的 PbI_6 八面

体之间的相互作用，在热力学和物理化学稳定性中是至关重要的[14,20]。据报道，MA^+ 显示出与温度有关的动态运动（或方向），这导致 MAPI 的温度依赖性结构变化[21,22]。钙钛矿光吸收剂的结构依赖性最终会对热稳定性产生不良影响[23]。此外，有机金属卤化物钙钛矿在光和湿度下的降解，与 Pb-I 骨架中有机阳离子的不希望的逸出有关，或与有机阳离子与外部如氧气或湿度的反应有关[24-27]。

由于关于 MAPI 钙钛矿存在的问题，例如温度诱导的相变[17,23]、光稳定性[20] 和带隙调整，已经提出了具有不同有机阳离子的替代钙钛矿光吸收剂[28-30]。其中，包含甲脒阳离子的钙钛矿（$NH_2CH=NH_2PbI_3$，FAPI），被认为是替代 MAPI 的有希望的候选材料。本章在后面的部分中，描述了制备高效 FAPI 钙钛矿太阳能电池的方法和关于稳定性的相关问题。

9.2 $CH_3NH_3PbI_3$ 的光学性质和能带结构

卤化钙钛矿的光学性质在光伏电池中是很重要的。吸收系数、折射率和介电常数将是判断其是否为高效光伏材料的重要标准。最初从钙钛矿薄膜的透射率估计 MAPI 在 550nm 处的吸收系数为 $1.5\times10^4\,cm^{-1}$ [2]，这与在 600nm 处的吸收系数 $5.7\times10^4\,cm^{-1}$ 一致[31]。MAPI 和 MAPI:Cl 的吸收系数由若干研究组进行评估，使用吸收数据结合反射效应，采用椭圆偏振光谱仪（spectroscopic ellipsometry，SE）测量偏振反射和光热偏转光谱（photothermal deflection spectroscopy，PDS），如图 9-3 所示[32]。在 2.0eV（=620nm），吸收系数范围为 $2.5\mu m^{-1}$（$=2.5\times10^4\,cm^{-1}$）至 $8.9\mu m^{-1}$（$=8.9\times10^4\,cm^{-1}$）。吸收曲线在吸收边缘为 1.6eV 时基本相同。然而，尽管在高能量下具有合理的值，但是通过椭圆光度法测量的高吸收系数甚至在带边缘下方显示，这表明椭圆偏光法对于低吸收系数可能是不准确的。

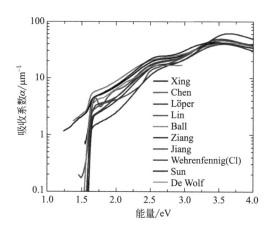

图 9-3　MAPI 和 $CH_3NH_3PbI_{3-x}Cl_x$ 的室温吸收系数数据。经许可引自文献[32]

最近几个研究组报道了对折射率和介电常数的测量，其中折射率的实部（n）和虚部（k）与介电常数的实部（$\varepsilon_1=n^2-k^2$）和虚部（$\varepsilon_2=2nk$）有关。图 9-4 显示了折射率和介电常数的实部和虚部[32]。测量值显示出相当大的偏差，这可能是由于不同的 MAPI 层的厚度、形态、化学组成和材料各向异性等，可能是由溶液处理的沉积过程引起的。在图 9-4(a) 中，除了具有大于 3 的较大值的样品之外，对于大多数样品，折射率的实部在 2.3 和 2.6 之间。基于折射率和化学品之间的相关性，提出了估算折射率的简单方法，如下式所示[33]：

$$n^2 - 1 = E_d E_0 / (E_0^2 - E^2) \tag{9-3}$$

$$E_d = \beta N_c Z_a N_e$$

式中，E_d 为单个振荡器能量；E_0 为色散能量；E 为光能；β 为经验常数；N_c 为阳离子配位数；Z_a 为阴离子的化学价；N_e 为每个阴离子的有效电子数。对于离子化合物，β 的值为 $0.26\text{eV} \pm 0.04\text{eV}$。$E_0$ 与直接带隙能量（E_t）有关，$E_0 = 1.5E_t$。因此，对长波长折射率 $n(0)$ 有[33]：

$$n(0)^2 - 1 = \beta N_c Z_a N_e / E_0^2$$

对于 MAPI，可以计算出 n 的值为 2.5（$N_c = 6$，$Z_a = 1$，$N_e = 8$，$E_t = 1.6\text{eV}$），这与实验

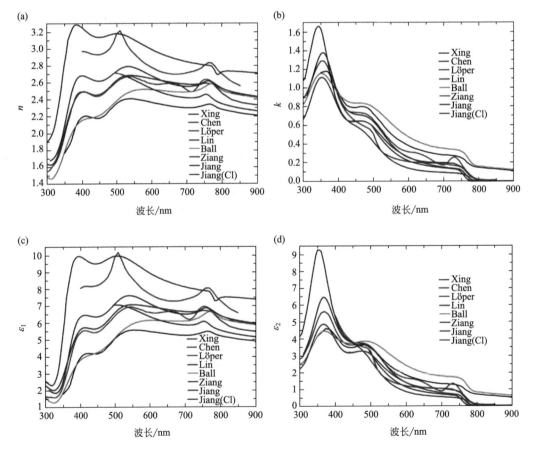

图 9-4　室温下 MAPI 折射率的 (a) 实部（n）和 (b) 虚部（k）；介电常数的 (c) 实部（ε_1）和 (d) 虚部（ε_2）。经许可引自文献 [32]

获得的数据非常一致。对于 $CH_3NH_3PbBr_3$，由于比碘化物情况下的带隙更大，因此计算出更低的 n 值，为 2.1。

MAPI 是一种直接带隙材料，像 GaAs、InP 和 InGaAs 等，其中导带的底部（导带最小值，CBM）与价带的顶部（价带最大值，VBM）在相同的有效动量下对齐（$k=0$）。直接带隙材料显示出与光的强烈相互作用，这使得 MAPI 在制造光伏器件和光发射二极管等光学器件方面具有巨大吸引力。当价带和导带中的带边对齐发生在 $k=0$ 时，可以通过式（9-4）简单地获得带隙结构[34]：

$$E(k) = \frac{\hbar^2 k^2}{2m^*} \qquad (9-4)$$

式中，$\hbar(=h/2\pi)$、k 和 m^* 分别代表普朗克常量、有效动量和有效质量。相反，间接带隙材料（例如 Si），由于横向光的能量而具有与电子的相对弱的相互作用，如式（9-5）所示[34]：

$$E(k) = \frac{\hbar^2 k_x^2}{2m_l^*} + \frac{\hbar^2 (k_y^2 + k_z^2)}{2m_t^*} \qquad (9-5)$$

式中，m_l^* 和 m_t^* 分别代表纵向和横向有效质量。众所周知，有效质量由根据上述等式的能带结构确定。图 9-5 显示了三维立方 ABX_3（A=Cs^+、$CH_3NH_3^+$；B=Pb^{2+}、Sn^{2+}；X=I、Br、Cl）的带结构和第一布里渊区（Brillouin zones，BZ）[35]。对于 MAPI，价带与碘原子的 5p 轨道相关，导带与 Pb 6p 轨道相关。与众所周知的 GaAs 光伏材料相比[36]，MAPI 的直接带隙位于高对称点 R 而不是 Γ。在 R 处，光学上允许一系列其他跃迁，能量最低对应于两个次级跃迁：$F_{3/2g} \rightarrow E_{1/2u}$ 和 $E_{1/2g} \rightarrow F_{3/2u}$。在 M 处，双简并的 $E_{1/2g}$ VB 与 $E_{1/2u}$ CB 之间的跃迁，在光学上是允许的。在 E-k 图中，电子的二阶导数为 $(1/\hbar^2)dE^2/d^2k = 2C_1/\hbar^2 = 1/m_e^*$，而空穴的二阶导数为 $-2C_2/\hbar^2 = 1/m_h^*$，表明电子的 CBM 和空穴的 VBM 的近似抛物线中的常数 C_1 和 C_2，分别与有效质量成反比[37]。如图 9-5 所示，由于类似的 E-k 抛物线特征，预计电子和空穴的有效质量是相似的。在 MAPI 中，电子和空穴的有效质量分别估计为 0.23 和 0.29[38]。电子和空穴的有效质量相当，意味着 MAPI 具有双极性特征，这与实验测量的电子扩散系数（$0.036cm^2/s$）和空穴扩散系数（$0.022cm^2/s$）完全一致[31]。最近，基于简单的双能带 $k \cdot p$ 微扰理论[39]，估算了 $APbX_3$ 钙钛矿（A=CH_3NH_3 或 $NH_2CH=NH_2$）的载流子有效质量以及光电子参数，如激子结合能和介电常数等（表 9-2）。

表 9-2　$APbX_3$ 的高温四方相的带隙（E_g），激子结合能（R^*），折合有效质量（μ），有效介电常数（ε_{eff}）

化合物	E_g/meV	R^*/meV	$\mu(m_e)$	ε_{eff}	温度/K
$NH_2CH=NH_2PbI_3$	1521	10	0.095	11.4	140~160
$CH_3NH_3PbI_{3-x}Cl_x$	1600	10	0.105	11.9	190~200
$CH_3NH_3PbI_3$	1608	12	0.104	10.9	155~190
$NH_2CH=NH_2PbBr_3$	2294	24	0.13	8.6	160~170

注：引自参考文献 [39]。

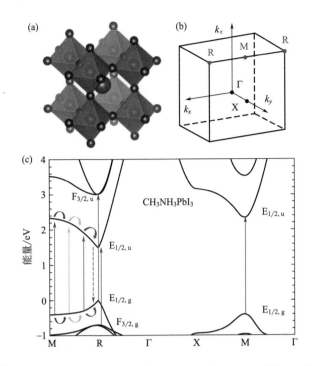

图 9-5　（a）具有 $Pm\bar{3}m$ 空间群的 ABX$_3$（A＝Cs$^+$、CH$_3$NH$_3^+$；B＝Pb^{2+}、Sn^{2+}；X＝I、Br、Cl）的三维立方晶体结构的视图。CH$_3$NH$_3^+$ 阳离子（红球）位于立方体的中心。（b）倒易空间 3D 视图，显示 $Pm\bar{3}m$ 空间组的第一个 BZ。立方 BZ 中的高对称点：Γ表示 BZ 的起源；X 是 BZ 边界的正方形面的中心；M 是立方体边缘的中心；R 是立方体的顶点。（c）在局部密度近似（LDA）理论水平，具有自旋轨道耦合（SOC）的 CH$_3$NH$_3$PbI$_3$ 高温立方 $Pm\bar{3}m$ 相的电子能带结构。已经应用了 1.4eV 的向上能量偏移，以匹配 R 处的实验带隙值。对于接近带隙的电子态，在 R 和 M 点处给出了从 $Pm\bar{3}m$ 双组分析获得的不可约表示。垂直箭头示出了接近带隙能量的各种可能的光学过渡。沿着 M 和 R 点之间连线的光学跃迁，产生了容易朝向 R 点松弛的载流子。经允许引自文献［36］

9.3　液态电解质中的敏化钙钛矿量子点

9.3.1　前驱体浓度对光电流的影响

　　为了克服有机敏化剂的低吸收系数，在 DSSC 中以量子点形式寻找无机敏化剂，尝试将 CH$_3$NH$_3$PbI$_3$ 和 CH$_3$NH$_3$PbBr$_3$ 作为无机量子点。通过快速旋转速率下旋涂 MAI 和 PbI$_2$ 的 γ-丁内酯溶液，获得吸附在锐钛矿型 TiO$_2$ 表面的 MAPI 纳米晶体，在碘化物氧化还原电解质存在下产生光电流。但是这种方法由于 MAPI 的吸收量不足并迅速溶解在极性液体电解质中，导致非常低的 PCE（3.1％～3.8％）而没有引起人们的注意[1]。因为通过优化涂层溶液的浓度，研究者成功地将足够剂量的 MAPI 纳米晶体引入到 TiO$_2$ 表面，使 PCE 倍增至 6.5％[2]。光电流密度（J_{sc}）随着前体溶液浓度的增加而增加，如图 9-6 所示，当溶液浓度从 10.05％增加到 20.13％、30.18％和 40.26％时，PCE 从 0.32％增加到 1.38％、2.96％和 4.13％，主要是由于 J_{sc} 的增加，与吸光度的增加有关。

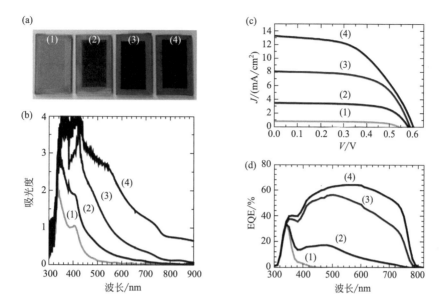

图 9-6　（a）MAPI 敏化的 5.5μm 厚的介孔 TiO_2 薄膜，前驱体的质量分数为：（1）10.05％；（2）20.13％；（3）30.18％；（4）40.26％。（b）MAPI 敏化的 1.4μm 厚介孔 TiO_2 薄膜的紫外-可见吸收光谱。MAPI 敏化的 5.5μm 厚的介孔 TiO_2 薄膜的（c）光电流密度-电压曲线和（d）外量子效率（EQE）光谱。经许可引自文献 [2]

9.3.2　由乙铵阳离子调整带隙

众所周知，元素的离子半径确定钙钛矿晶体结构，可以通过 Goldschmidt 容忍因子（t）进行简单的估计，如前所述。如果 t 接近 1，则三维（3D）钙钛矿结构稳定且具有高对称性（立方）。在 $t>1$ 的情况下，BX_6 八面体笼变得不稳定，这导致二维（2D）层状结构具有对称较差的四方相和正交相[40]。$CH_3CH_2NH_3^+$（EA^+）、$CH_3NH_3^+$（MA^+）、Pb^{2+} 和 I^- 的离子半径分别为 0.23nm、0.18nm、0.119nm 和 0.220nm[40]。因此，在相同的八面体因子（μ，$\mu=R_B/R_X$）下，用 EA^+ 替代有机铅碘化物钙钛矿中的 MA^+，将会使 t 从 0.83 增加到 0.93，这是假设钙钛矿相稳定在 0.442～0.895 之间的另一个要素[41]。当 $a=8.7419Å$，$b=8.14745Å$，$c=30.3096Å$ 时，$CH_3CH_2NH_3PbI_3$（EAPI）钙钛矿被确定为正交相。从原子结构的角度来看，带隙能量主要由 B 和 X 离子决定，而不是 ABX_3 结构中的 A 位阳离子，其中 VBM 是由 Pb 的单对 ns^2 轨道和卤素 p 轨道之间的反键耦合形成的。CBM 主要取决于 Pb 的未被占用的 p 轨道[42]。然而，A 位阳离子可以通过改变 ABX_3 的晶格常数间接影响带隙。大尺寸的 EA^+ 诱导大的晶格常数，同时由于原子之间的距离较长，因此弱化了 Pb s 轨道的杂化和 I p 轨道的杂化。由于弱杂化导致大的带隙，VBM 向下移动。在图 9-7 中，使用 Kubella-Munk 方程获得的 EAPI 的光学带隙为 2.2eV。EAPI 的价带最大值也显示为 5.6eV，与 MAPI 的 5.43eV 相比能级向下移动[43]，这与根据阳离子大小的估计非常一致。

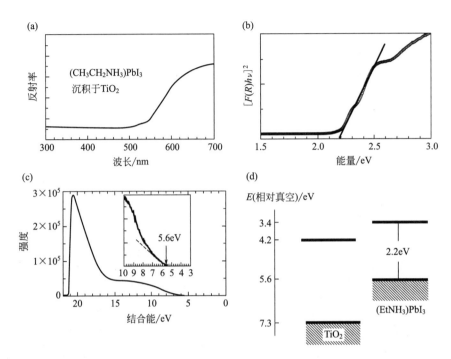

图 9-7　$CH_3CH_2NH_3PbI_3$（EAPI）的漫反射光谱（a）；转换后的 Kubella-Munk 函数（b）；UPS 光谱（c）；示意能量分布图（d）。经许可引自文献［43］

EAPI 也适用于带有液体电解质的太阳电池[43]。EAPI 敏化的 $5.4\mu m$ 厚介孔 TiO_2 薄膜太阳能电池，显示出 $5.2mA/cm^2$ 的光电流密度（J_{sc}），开路电压（V_{oc}）为 0.660V，填充因子 0.704，转化效率为 2.4%。如前所述，EAPI 与 MAPI 相比降低的 PCE 主要归因于其较大的带隙而导致的光电流减小。

9.4　固态 $CH_3NH_3PbI_3$ 钙钛矿太阳能电池的第一种形式

对于常规的液体电解质，有机铅卤化物钙钛矿易被极性溶剂分解，这阻碍了钙钛矿的进一步发展和深入研究。在这方面，用空穴传输材料（hole transport material，HTM）代替液体电解质成为研究的一个方向。Park 等首次对固态钙钛矿太阳能电池进行研究[3]，如图 9-8 所示，MAPI 钙钛矿被用作敏化剂。通过旋涂法在 MAPI 敏化的 TiO_2 基底上制备了 Spiro-OMeTAD 作为 HTM，然后蒸发 Au 作为顶部电极。HTM 渗透到介孔 TiO_2 薄膜的孔隙中。第一批器件显示，在 1 倍太阳辐照度 AM1.5G 下，J_{sc} 为 $17.6mA/cm^2$、V_{oc} 为 0.888V、FF 为 0.62，使得 PCE 为 9.7%。采用 HTM 的钙钛矿不仅表现出令人惊讶的高 PCE，而且在没有封装的情况下，显著改善了 500h（非原位测量）的器件稳定性。

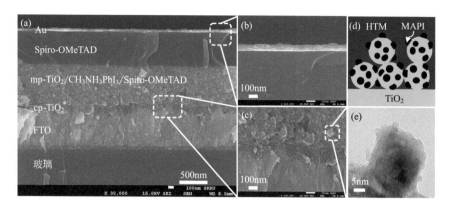

图 9-8　MAPI 敏化太阳能电池的横截面扫描电子显微镜（SEM）图像（a～c）和示意图（d）。MAPI 敏化介孔 TiO$_2$ 薄膜的透射电子显微镜（TEM）图像（e）。引自文献［3］

在 MAPI 敏化太阳能电池中发现了一些独特的特征。在传统的 DSSC 或量子点敏化太阳能电池中，无论是否存在敏化剂，在 $10^2 \sim 10^3$ Hz 中都没有观察到电容的变化。然而，在 MAPI 敏化的太阳能电池中，在存在 MAPI 的情况下，$10^2 \sim 10^3$ Hz 的电容增加是明显的，如图 9-9 所示［44］。

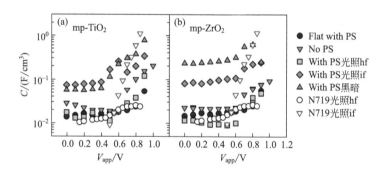

图 9-9　与使用 N719 染料的固态 DSSC 相比，（a）介孔 TiO$_2$ 和（b）介孔 ZrO$_2$ 的电容分析。"Flat with PS"指 MAPI 敏化的致密 TiO$_2$/Spiro-OMeTAD 结构；"No PS"表示致密 TiO$_2$/350nm 厚介孔 TiO$_2$/Spiro-OMeTAD 结构；"With PS"表示致密 TiO$_2$/MAPI 敏化 550nm 厚介孔 TiO$_2$/Spiro-OMeTAD 结构；"N719"表示致密 TiO$_2$/N719 敏化 2.2μm 厚介孔 TiO$_2$/Spiro-OMeTAD 结构；"hf"和"if"分别代表高频范围（$10^5 \sim 10^6$ Hz）和中频范围（$10^2 \sim 10^3$ Hz）。经许可引自文献［44］

半导体中电子载流子密度的变化与电子费米能级的变化密切相关，在 $10^2 \sim 10^3$ Hz 处引起电容变化。受材料中电子密度影响的电容定义为化学电容（C_μ），如下式所示［45］：

$$C_\mu = q^2 \frac{\partial n}{\partial E_{Fn}} \tag{9-6}$$

式中，q、n 和 E_{Fn} 分别是基本电荷、电子载流子密度和费米能级。因此，C_μ 的变化表明 MAPI 预计会影响费米能级，从而充分确定 V_{oc}。

此外，人们注意到，飞秒瞬态吸收光谱（TAS）暗示了 MAPI 的异常电荷分离。图 9-10

显示了关于选择性接触的 TAS 光谱[3]。通常，从 MAPI 到 TiO_2 的电子注入是预料之中的，因为 TiO_2 导带边缘有利地排列于 MAPI 导带边缘下方。同时，由于 Al_2O_3 的导带边缘比 MAPI 的高，导致光电子注入 Al_2O_3。当 Al_2O_3 被 TiO_2 取代时，Al_2O_3/MAPI 在 483nm 处观察到的光漂白带没有明显的再生，这表明在开路条件下，光生电子倾向于留在 MAPI 本体中，而不是随后注入 TiO_2。然而，当附着了 Spiro-OMeTAD 后，由于 MAPI 的激发态的还原猝灭，光漂白带明显减少。

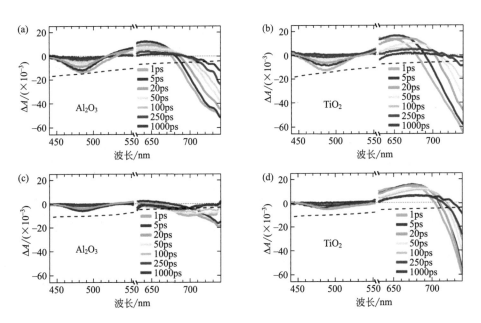

图 9-10　Al_2O_3/MAPI（a）、TiO_2/MAPI（b）、Spiro-OMeTAD/Al_2O_3/MAPI（c）和 Spiro-OMeTAD/TiO_2/MAPI（d）的飞秒瞬态吸收光谱。经许可引自文献［3］

　　结果表明，使用 Al_2O_3 作为支架的器件可能与使用 TiO_2 的器件相似，这与第二次关于固态钙钛矿太阳能电池的报告密切相关，Snaith 等几乎巧合地报道了这种情况，即在介孔 Al_2O_3 上沉积了一层极薄的有机铅混合卤化物 $CH_3NH_3PbI_{3-x}Cl_x$ 钙钛矿，其 PCE 高达 10.2%[4]。对有机铅卤化物钙钛矿中电荷传输的重要见解，促使我们将钙钛矿太阳能电池视为一个完全独立的系统，导致从 DSSC 向钙钛矿太阳能电池的范式转变，进而衍生出各种配置。

9.5　钙钛矿薄膜制备的可控方法

　　在前一部分中，发现有机铅卤化物钙钛矿可产生光生电荷，且在钙钛矿本体中累积，导致费米能级和 C_μ 的变化。因此，器件的结构可以从敏化变为异质结，例如钙钛矿/p 型 HTM 结，或钙钛矿/n 型 ETM（电子传输材料）结，或 ETM/钙钛矿/HTM 结。在这种情况下，需要薄膜形式的钙钛矿代替纳米量子点形态。在这里，我们介绍了有效的方法来制备 MAPI 薄膜，即两步旋涂法和路易斯酸-碱加合物法。

两步法，先沉积 PbI_2，然后旋涂 CH_3NH_3I（MAI）溶液，以产生 MAPI，使得钙钛矿能够成功地渗透到 TiO_2 膜中，同时顶部的介孔 TiO_2 中仍然存在 MAPI 类化合物（图 9-11）[46]。MAPI 晶体生长显著依赖于 MAI 溶液的浓度，其中：低浓度如 0.038mol/L，导致在成核开始时晶种的稀疏分布［图 9-11（a）］；另一方面，0.063mol/L 的相对高浓度导致密集填充的晶种抑制了核的进一步生长［图 9-11（b）］。基于热力学吉布斯自由能变化研究晶体生长机制[47]，发现长方体大小（Y）与 MAI 浓度和温度相关，可以用下式表示：

$$\ln Y = \frac{32\bar{\sigma}_{sl}^3}{3kT\left\{\frac{kT}{V_m}[\ln X - \ln C_0(T)]\right\}^2} + C \tag{9-7}$$

式中，X 是 MAI 的浓度；C_0 是 MAI 的平衡浓度；$\bar{\sigma}_{sl}$ 是平均表面张力（等于表面张力下吉布斯自由能的变化）；V_m 是溶质颗粒的体积。观察到的 MAI 浓度依赖的长方体大小，与式（9-7）很好地吻合。

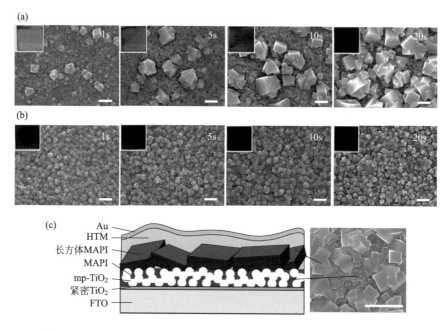

图 9-11　MAI 溶液浓度为 0.038mol/L（a）和 0.063mol/L（b）时获得的 MAPI 晶体生长图。基于两步法和沉积在介孔 TiO_2 薄膜上的钙钛矿的器件结构及表面 SEM 图像示意图（c）。经许可引自文献［46］

从 0.038mol/L 的 MAI 溶液获得了 700nm 尺寸的 MAPI 钙钛矿长方晶体，被观察到具有最佳光伏性能。由于增强的内部散射效应，大晶体显示出更高的电荷提取和光捕获能力，与较小的长方晶体相比，其导致最高的 J_{sc}，为 21.64mA/cm²。然而，由于其低的电荷提取速率，700nm 尺寸的钙钛矿没有显示出最高的 V_{oc} 值，而约 200nm 的中等尺寸晶体显示出最快的 V_{oc} 移动速度。因此，通过改变 MAI 浓度，使用两步旋涂法可获得 17.01% 的 PCE。由于 J_{sc} 随着长方晶体尺寸的增加而增加，人们预期更大的晶体尺寸可能获得更高的 J_{sc}。然而，使用 0.032mol/L MAI 制备尺寸大于 $1\mu m$ 的长方晶体时，得到的 J_{sc} 低至约 17mA/cm²，其 V_{oc} 低至 0.92V，这与通过微观的 PL 映射证实的非辐射复合有关[48]。

作为一种有效的方法，提出了加合物方法来制备高质量的 MAPI 钙钛矿薄膜[49]。作为路易斯碱的 N,N-二甲基亚砜（DMSO）和作为路易斯酸的 PbI_2 之间的相互作用产生透明的加合物膜，通过除去 DMSO 而转化为 MAPI。图 9-12(a) 中所示的透明薄膜直接指示加合物的形成，其在加热过程中变成深棕色［图 9-12(b)］。在图 9-12(c)(d) 中，对于 DMSO 溶剂，在 1045cm^{-1} 处观察到 S＝O 的伸缩振动，其通过 DMSO 和 PbI_2 的相互作用转移至 1020cm^{-1}。当 DMSO 与 MAI 和 PbI_2 相互作用（MAI·PbI_2·DMSO）时，振动进一步降低至 1015cm^{-1} 的波数。

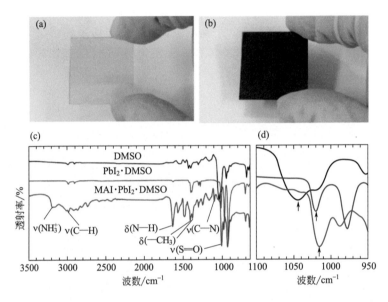

图 9-12　(a) 加合物诱导的 MAPI 膜退火之前外观；(b) 加合物诱导的 MAPI 膜退火之后外观；(c) DMSO（溶液）、PbI_2·DMSO（粉末）、MAI·PbI_2·DMSO（粉末）的傅里叶变换红外（Fourier transform infrared，FTIR）光谱；(d) S＝O 振动指纹区域的放大。经许可引自文献［49］

　　加合物诱导的 MAPI 层显示出平面结构，如图 9-13(a) 所示，其中介孔 TiO_2 薄膜通过钙钛矿本体层与 Spiro-OMeTAD 层完全分离［图 9-13(b)］。采用加合物诱导的 MAPI 器件显示出较高的载流子迁移率，为 $3.9 \times 10^{-3} cm^2/(V \cdot s)$，这比简单一步涂覆 CH_3NH_3Cl 方法制备的 MAPI 的迁移率 $3.2 \times 10^{-4} cm^2/(V \cdot s)$ 高出一个数量级[50]。由于

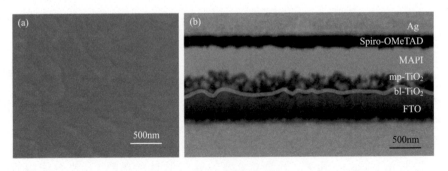

图 9-13　基于加合物方法的表面钙钛矿层和器件的横截面 FIB 辅助 SEM 图像。经许可引自参考文献［49］

有效延迟复合，加合物诱导的 MAPI 提取电荷的数量明显增加。因此，加合物诱导的 MAPI 显著改善了整体光电参数，得到的 J_{sc} 为 23.83mA/cm^2，V_{oc} 为 1.086V，FF 为 0.762，PCE 为 19.71%。

9.6　基于甲脒铅碘的钙钛矿太阳能电池

9.6.1　加合物法制备 FAPI 钙钛矿薄膜

合成甲脒碘化物（FAI）并用 PbI$_2$ 作为前驱体来形成甲脒铅碘（FAPI）。高纯度的 FAI 对于制备高质量的 FAPI 层非常重要。首先，使 NH$_2$CH=NH$_2$Cl 与甲醇钠（MeONa）在甲醇中反应制备 NH$_2$CH=NH，用含水 HI[51] 与 NH$_2$CH=NH 的乙醇溶液反应合成 FAI。在该过程中，去除沉淀物 NaCl 并不容易。因此，该方法不可能保证 FAI 的纯度。Lee 等通过考虑 NaCl 在乙醇（0.65g NaCl/kg 乙醇）和甲醇（14g NaCl/kg 甲醇）中的溶解度，将制备 NH$_2$CH=NH 的溶剂替换为乙醇，以完全去除 NaCl 杂质，结果证实产生高纯度的 NH$_2$CH=NH$_2$I[30]。现在，比 NH$_2$CH=NH$_2$Cl 便宜的乙酸甲脒常用于合成 FAI[29]。FAPI 钙钛矿层可以通过一步法或两步法制备，如图 9-14 所示[28-30]。

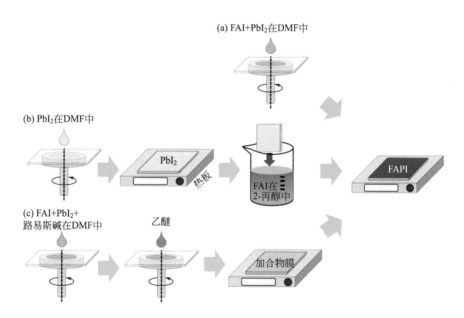

图 9-14　FAPI 薄膜形成的沉积过程：(a) 一步旋涂法；(b) 两步顺法；(c) 加合物法

一步法溶液过程是在旋涂的基础上进行的，该溶液含有等物质的量的 FAI 和 PbI$_2$，溶剂为 N,N-二甲基甲酰胺（DMF）[图 9-14(a)][29,52]。如图 9-15(a) 所示，由于难以控制钙钛矿层的形成速率常数，一步旋涂法通常遇到膜的覆盖不全问题[29,52]。Snaith 等通过添加氢碘酸来增加 FAPI 层的覆盖率，以增加前驱体在溶液中的溶解度，这导致 FAPI 层的形成速率较慢 [图 9-15(b)][29]，进而增强了 FAPI 层在底物上的高覆盖率。Wang 等使用

HPbI$_3$ 作为 FAPI 形成的新前体[52]，如图 9-15(d) 所示，利用 HPbI$_3$ 前体代替 PbI$_2$ 可以减缓 FAPI 的结晶过程，从而发生 H$^+$ 与 FA$^+$ 交换的反应，产生具有（110）取向的高度结晶和均匀的 FAPI 层 [图 9-15(c)]。

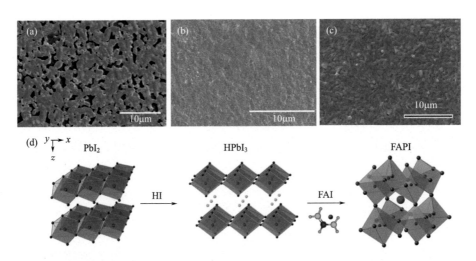

图 9-15　通过一步旋涂法形成的 FAPI 钙钛矿层：(a) 由 DMF 中等物质的量的 PbI$_2$ 和 FAI 形成的 FAPI 薄膜；(b) 由含有氢碘酸的前驱体形成的 FAPI 薄膜；(c) HPbI$_3$ 代替 PbI$_2$ 形成的 FAPI 薄膜；(d) PbI$_2$、HPbI$_3$ 和 FAPI 的结构示意图。引自文献 [29]

两步法即将第一步沉积的 PbI$_2$ 层浸入 FAI 的 2-丙醇溶液中，与 FAI 发生反应[30]，在室温下形成非钙钛矿结构的黄色相，在 150℃加热后变成黑色钙钛矿相 [图 9-14(b)]。与一步法相比，两步法具有相对更好的 FAPI 覆盖率。而且，在将 PbI$_2$ 薄膜浸入 FAI 溶液中时，可通过改变 FAI 浓度来控制晶粒尺寸[53]。如图 9-16 所示，随着 FAI 浓度从 40.7mmol/L 升高到 58.2mmol/L，FAPI 的晶粒尺寸变小，表面粗糙度随着 FAI 浓度的升高而减小。通过 FAI 浓度控制晶粒的尺寸，可以使用如前所述的浓度依赖性热力学过程类似地解释。

加合物方法也被扩展到 FAPI 层的制备[20] [图 9-14(c)]。如图 9-17 所示，与不使用硫脲的情况（10nm～1μm）相比，使用硫脲可以得到高度均匀的 FAPI 层，具有更大的晶粒（1～4μm）[54]，这可能与加合物中的硫脲比 DMSO 具有更强的相互作用有关，从而产生动力学控制的生长。XRD 测试证实，当 20% 的 DMSO 被硫脲代替时，FAPI 的微晶尺寸显著增大，由约 50nm 增大到约 120nm。

9.6.2　FAPI 基钙钛矿太阳能电池的光伏性能

据报道，单晶 FAPI 的光学带隙为 1.41eV，小于 MAPI 的带隙（约 1.5eV）[55]。另一方面，测得的溶液处理方法得到的 FAPI 的带隙为 1.47～1.55eV[20,28-30]。图 9-18(a) 比较了 MAPI 和 FAPI 的吸光系数[30]。FAPI 薄膜在 500nm 的吸光系数确定为 1.53×10^5 cm^{-1}，与 MAPI 相似或稍高一点。扩散系数和扩散长度由时间分辨光致发光测量确定 [图 9-18(b)][29]，其中空穴扩散系数（0.091cm^2/s±0.009cm^2/s）高于电子扩散系数（0.004cm^2/s±0.001cm^2/s），导致空穴扩散长度（813nm±72nm）比电子扩散长度（177nm±20nm）更长。

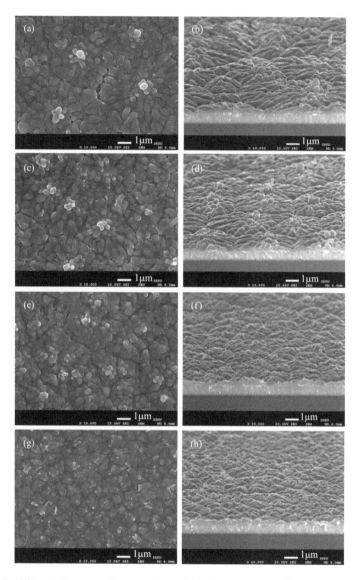

图 9-16　采用两步顺序法所得 FAPI 的 SEM 平面视图和倾斜侧视图，其中 FAI 溶液的浓度被控制为：(a)(b) 40.7mmol/L；(c)(d) 46.5mmol/L；(e)(f) 52.4mmol/L；(g)(h) 58.2mmol/L。比例尺代表 1μm。经许可引自文献 [53]

　　根据 DFT 计算，FAPI 的 CBM 略低于 MAPI 的，但 FAPI 的 VBM 略高于 MAPI[14]。Koh 等证明由于 FAPI 的 CBM 几乎与 TiO$_2$ 的 CBM 相同，因此 FAPI 向钙钛矿电子注入的驱动力较弱，可能导致 FAPI 钙钛矿太阳能电池的低电荷收集效率[28]。但是，Lee 等报道加入介孔 TiO$_2$ 层有利于 FAPI 钙钛矿太阳能电池的电荷收集[30]。随着介孔 TiO$_2$ 厚度的增加，电荷收集得到改善，如图 9-19(a)～(c) 所示，结果，J_{sc} 从 0nm 时的 13mA/cm^2（无 mp-TiO$_2$），提高到 320nm 厚的 mp-TiO$_2$ 层时的 19mA/cm^2 [图 9-19(d)]。有趣的是，由于降低了串联电阻和增加了分流电阻，引入 mp-TiO$_2$ 层改善了器件的填充因子（FF），这

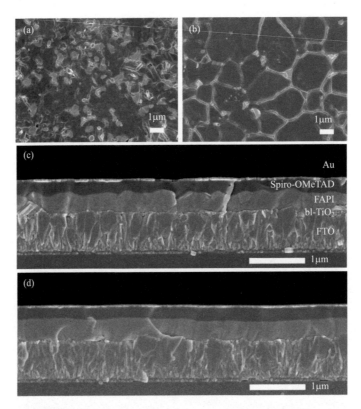

图 9-17　通过加合物方法所得 FAPI 钙钛矿层以及钙钛矿型太阳能电池的表面和横截面 SEM 图像：(a)
(c) 不使用硫脲（仅含有 DMSO）；(b)(d) 使用硫脲（20%DMSO 被硫脲代替）。经许可引自文献 [54]

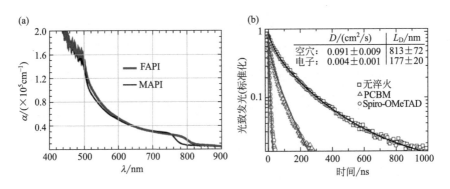

图 9-18　(a) FAPI 和 MAPI 的吸光系数；(b) 纯的 FAPI（黑色线）、FAPI/PCBM（蓝色线）和 FAPI/
Spiro-OMeTAD（红色线）的标准化时间分辨光致发光光谱。数据通过拉伸指数衰减拟合而来。从拟合
中提取的扩散系数（D）和扩散长度（L_D）显示在内插图中。误差主要来自膜厚度的变化。经许可引自
文献 [29,30]

与通过 TiO$_2$ 去除 FAPI 中的下层电阻组分有关［图 9-19(e)］。

在基于螺旋 TiO$_2$ 的 FAPI 钙钛矿太阳能电池中，研究了从 FAPI 到 TiO$_2$ 的电子注入
（图 9-20）[56]。使用电子束蒸发器通过倾斜角沉积技术生长高度结晶的 TiO$_2$ 纳米螺旋体，

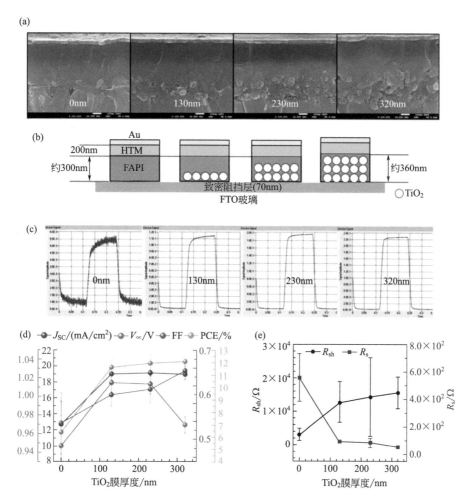

图 9-19　（a）横截面 SEM 图像；（b）沉积在 0nm（有致密阻挡 TiO_2 层，没有介孔 TiO_2 膜）、130nm、230nm 和 320nm 厚介孔 TiO_2 膜上的 FAPI 层的结构示意图；（c）作为介孔 TiO_2 膜厚度函数的限时光电流响应；（d）J_{sc}、V_{oc}、FF 和 PCE 对介孔 TiO_2 薄膜厚度的依赖关系；（e）介孔 TiO_2 薄膜厚度对 FAPI 钙钛矿太阳能电池的并联电阻（R_{sh}）和串联电阻（R_s）的影响。每种情况都制备了 9 个以上的器件。经许可引自文献［30］

用于 FAPI 钙钛矿太阳能电池。具有相同的长度和直径，通过改变螺旋的螺距（p）、转角和半径（r）来控制纳米螺旋形态［图 9-20（a）］。改变了 FAPI 钙钛矿与 TiO_2 纳米螺旋体之间的接触面积，即 TiO_2 纳米螺旋体的表面积［图 9-20（b）～（d）］，其中 FAPI 与 TiO_2 之间的接触面积增加导致更高的电子注入量，导致 TiO_2 螺旋中更快的电子扩散［图 9-20（e）～（g）］。这表明界面电子注入在异质结钙钛矿太阳能电池构造中占主导地位。

利用两步沉积 FAPI 层的介观结构，能量转换效率达到 16.01%（$J_{sc}=20.97\text{mA/cm}^2$，$V_{oc}=1.032$，FF=0.74），其中一层薄的 MAPI 层形成在 FAPI 层的顶部，以改善带边缘区域的外量子效率[30]。最近，使用 $(\text{NH}_2\text{CH}=\text{NH}_2\text{PbI}_3)_{0.85}(\text{CH}_3\text{NH}_3\text{PbBr}_3)_{0.15}$ 可以获得

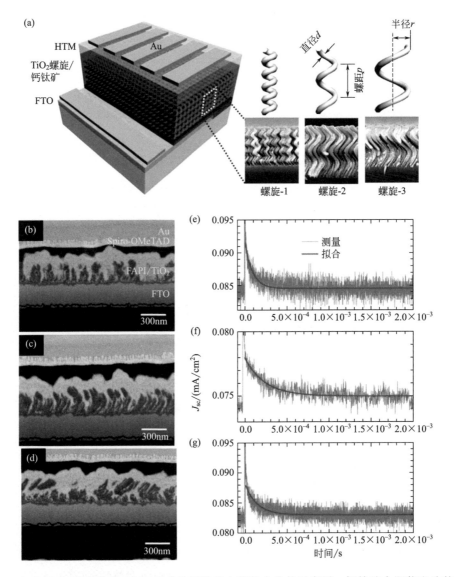

图 9-20 （a）由 TiO_2 螺旋体和 FAPI 组成的钙钛矿太阳能电池的示意图。钙钛矿太阳能电池的 FIB 辅助 SEM 图像，包含螺旋体-1(b)、螺旋体-2(c) 和螺旋体-3(d)。基于螺旋-1(e)、螺旋-2(f) 和螺旋-3(g) 的 FAPI 钙钛矿太阳能电池的瞬态光电流衰减测试。使用 670nm 单色光束作为偏振光，叠加在 532nm 单色激光脉冲上。引自参考文献 [56]

20.1% 和 21% 的 PCE 已得到了证实[57,58]。对于平面异质结体系的情况，使用氢碘酸为添加剂的沉积 FAPI 吸光层报告了 14.2% 的 PCE，而使用 $(NH_2CH=NH_2)_{0.9}Cs_{0.1}PbI_3$ 报道的 PCE 为 16.5%[20,29]。

9.6.3　FAPI 基钙钛矿的稳定性

由于离子晶体钙钛矿对水分敏感，因此稳定性已成为钙钛矿太阳能电池研究焦点。MAPI

在光和湿度下会严重降解[24-27]。在潮湿的空气或存在光的情况下，它会分解为 CH_3NH_2、HI 和 PbI_2[24-27]。尽管降解过程的机理尚未明确，但降解可能与 MA^+ 和 PbI_6 八面体通过氢键的弱相互作用有关[20,59,60]。MA^+ 阳离子在室温下显示出围绕 PbI_6 八面体的动态无序，这表明 MA^+ 和 PbI_6 八面体之间的相互作用较弱[21,22]。据报道，由于 MAPI 带隙的电荷转移性质，光触发后相互作用变得更弱，这可能是 MAPI 在光照下加速降解的原因[59,61]。由 H_2O 降解 MAPI，可能是由于 H_2O 和 PbI_6 八面体之间的氢键强度高于 MA^+ 的[59]。

据报道，由于形成氢键的可能性较高，FA^+ 阳离子与周围 PbI_6 八面体的相互作用强于 MA^+ 阳离子[14]。此外，据报道，光照下 MAPI 降解的机制是由于 MA^+ 阳离子释放的质子产生的氢碘酸（HI）[20,21]。然而，与 MA^+ 阳离子相比，预期 FA^+ 阳离子的质子释放程度不太明显，因为 FA^+ 阳离子通过 C—N 键的共振特性更稳定[20]。因此，相比于 MAPI，FAPI 的光稳定性更好。在图 9-21 中，比较了 FAPI 和 MAPI 的光稳定性[20]，其中钙钛矿膜被硫黄灯（100mW/cm²）连续照射。MAPI 在 600nm 处的紫外-可见吸光度迅速下降，而 FAPI 在较长时间内保持其吸光度，这表明 FAPI 钙钛矿太阳能电池比 MAPI 相对更稳定。

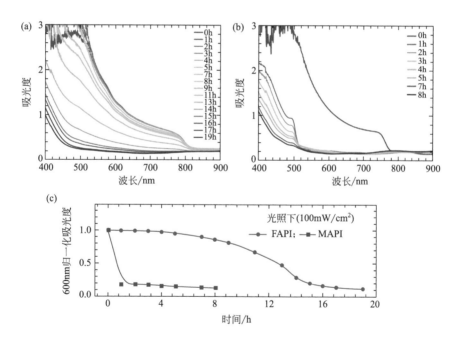

图 9-21 连续 1 倍太阳辐照度（100mW/cm²，相对湿度 RH＜50%，温度 T＜65℃）下 FAPI（a）和 MAPI（b）的吸收光谱的变化；作为时间函数的 FAPI 和 MAPI 膜在 600nm 处的归一化吸收曲线（c）。经许可引自文献 [20]

尽管光稳定性较好，但与 MAPI 相比，FAPI 的湿度稳定性较差（图 9-22）[20]。据报道，在液相界面存在下，黑色 FAPI 钙钛矿相（α-相）在室温下转化为黄色非钙钛矿相（δ-相），这可能是 FAPI 水分稳定性差的原因[51]。此外，FA^+ 阳离子倾向于离解成氨和对称的三嗪，这进一步降低了 FAPI 的水分稳定性[51]。室温下用 MA^+ 阳离子部分取代 FA^+ 阳离子可以稳定黑相，然而，由于包含挥发性较强的 MA^+ 阳离子，会降低 FAPI 的光稳定性[20,62]。

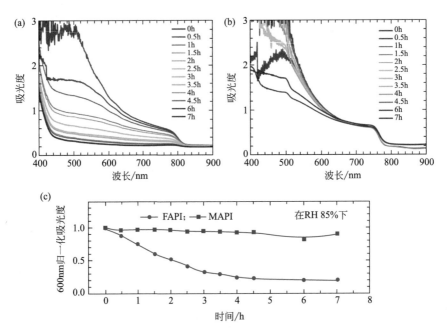

图 9-22 在相对湿度（RH）为 85％（黑暗，$T=25℃$）下 FAPI（a）和 MAPI（b）的吸收光谱的变化。（c）FAPI 和 MAPI 膜在 600nm 处的作为时间函数的归一化吸光度。经许可引自参考文献 [20]

在 FAPI 的 FA 位点用部分无机铯（Cs）阳离子取代，被认为是稳定 FAPI 三角黑相的有效方法之一[20]。研究发现，用 Cs 离子代替 10％FA [$(NH_2CH=NH_2)_{0.9}Cs_{0.1}PbI_3$] 是单相的最佳组成。X 射线衍射（XRD）测试证实，含有在室温下制备的 10％Cs 的 FAPI 黑相，其晶格常数减小，导致晶胞单元体积从 $761.2263Å^3$ 降至 $749.4836Å^3$，这是由于 Cs 阳离子的离子半径（$1.81Å$）小于 FA 阳离子的离子半径（$2.79Å$）。由于晶胞元体积的这种减小将加强有机阳离子和 PbI_6 八面体之间的相互作用，因此 $(NH_2CH=NH_2)_{0.9}Cs_{0.1}PbI_3$ 的光和水分稳定性得到改善是可以预期的。图 9-23（a）比较了 $NH_2CH=NH_2PbI_3$ 与 $(NH_2CH=NH_2)_{0.9}Cs_{0.1}PbI_3$ 的光稳定性和水分稳定性[20]。当 $NH_2CH=NH_2PbI_3$ 和 $(NH_2CH=NH_2)_{0.9}Cs_{0.1}PbI_3$ 暴露于连续照射（$100mW/cm^2$）下时，$NH_2CH=NH_2PbI_3$ 薄膜的降解程度（85.9％）比 19h 后的 $(NH_2CH=NH_2)_{0.9}Cs_{0.1}PbI_3$ 薄膜的（65.0％）更严重，这表明通过掺入 Cs 离子改善了光稳定性。在 25％相对湿度、25℃的温度下，黑暗条件下的湿度稳定性测试结果表明，$(NH_2CH=NH_2)_{0.9}Cs_{0.1}PbI_3$ 薄膜比原始 $NH_2CH=NH_2PbI_3$ 薄膜更稳定 [图 9-23（b）]，这可能是由于更稳定的 $NH_2CH=NH_2^+$ 离子位于立方八面体笼中。

在稳定性的问题中，热稳定性是钙钛矿太阳能电池需要解决的关键问题之一。当薄膜在 150℃下储存时，发现 FAPI 比 MAPI 具有更好的热稳定性[29]。MAPI 薄膜变为黄色的 PbI_2 薄膜，而 FAPI 薄膜保持黑色[29]。FAPI 比 MAPI 的热稳定性更好，也与 FA 阳离子与 PbI_6 八面体的相互作用强于 MA 阳离子有关[14]。由于 MA 阳离子的动态运动，MAPI 在温度高于 65℃时会发生从四方到立方的结构变化，这可能对光伏性能产生不良影响[17,23]。如图 9-24 所示，FAPI 的黑色 α 相在约 200K（$-73.15℃$）时转变为 β 相，低于约 130K（$-143.15℃$）时转变为 γ 相[51]。因此，FAPI 钙钛矿可以在太阳能电池工作温度范围内逃脱相变，因而在 25～200℃的温度范围内未检测到相变。

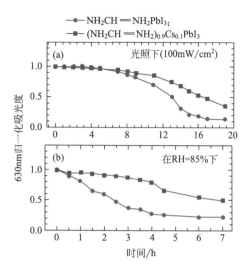

图 9-23　$NH_2CH=NH_2PbI_3$ 和放置后 $(NH_2CH=NH_2)_{0.9}Cs_{0.1}PbI_3$ 薄膜的归一化吸光度：（a）在硫灯下（$100mW/cm^2$，相对湿度 RH<50%，温度 $T<65℃$）；（b）在恒定湿度 RH 85% 下（黑暗条件下，$T=25℃$）随时间的变化。每小时测量吸收光谱用于光稳定性测量，并且每半小时测量吸收光谱以测量对湿度的稳定性。经许可引自文献 [20]

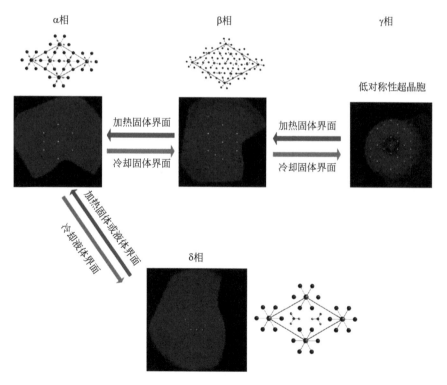

图 9-24　观察到的 FAPI 相变的演变图。从 α 相开始出现两种可能性：在存在液体界面（即在母液内）时，在降低温度（低于 360K）时转化为 δ 相。然而，当冷却 α 相的干燥晶体时，发生不同的相变序列，转变为 β 相（低于约 200K）和 γ 相（低于约 130K）。在 [006] 面的视图下绘制进动图像。经许可引自参考文献 [51]

9.7 总结

在本章中，阐述了有机卤化物钙钛矿太阳能电池从敏化到平面异质结构架演化。在物理化学键合特性方面阐明了钙钛矿光吸收剂的潜在有益光电特性，例如高吸收系数和双极传输特性可以改变器件结构和快速增强 PCE。由于直接带隙，以及钙钛矿中可比的、较小电子和空穴的有效质量，发现了高吸收系数和双极输运性质。同时，介绍了从传统的两步技术到最先进的加合物方法制备钙钛矿薄膜的各种技术，其中发现加合物方法对于制备高度均匀、结晶性好的甲铵和甲脒阳离子类钙钛矿薄膜的制备是有效的。最后，讨论了钙钛矿光吸收剂的稳定性问题，其中比较了基于甲铵和甲脒阳离子的钙钛矿的光稳定性和湿度稳定性。从甲铵和甲脒阳离子钙钛矿的不同稳定性来看，发现有机阳离子与周围 PbI_6 八面体之间的相互作用，在光稳定性和湿度稳定性中都起着至关重要的作用。

致谢：感谢韩国国家研究基金会（NRF）对这项工作的支持，由韩国科学、信息和通信技术及未来规划部（MSIP）根据 NRF-2012M3A6A7054861 号合同（多尺度能源系统中心全球前沿研发计划）、NRF-2015M1A2A205304 号合同（气候变化管理计划）以及 NRF-2012M3A7B4049986 号合同（纳米材料技术开发计划）资助赠款。

参考文献

[1] Kojima, A., Teshima, K., Shirai, Y., Miyasaka, T.: Organometal halide perovskites as visible-light sensitizers for photovoltaic cells. J. Am. Chem. Soc. 131, 6050-6051 (2009)

[2] Im, J. H., Lee, C. R., Lee, J. W., Park, S. W., Park, N. G.: 6.5% efficient perovskite quantum-dot-sensitized solar cell. Nanoscale 3, 4088-4093 (2011)

[3] Kim, H. S., Lee, C. R., Im, J. H., Lee, K. B., Moehl, T., Marchioro, A., Moon, S. J., Humphry-Baker, R., Yum, J. H., Grätzel, M., Park, N. G.: Lead iodide perovskite sensitized all-solid-state submicron thin film mesoscopic solar cell with efficiency exceeding 9%. Sci. Rep. 2, 591 (2012)

[4] Lee, M. M., Teuscher, J., Miyasaka, T., Murakami, T. N., Snaith, H. J.: Efficient hybrid solar cells based on meso-superstructured organometal halide perovskites. Science 338, 643-647 (2012)

[5] Best Research-Cell Efficiencies. National Renewable Energy Laboratory, Golden. http://www.nrel.gov/ncpv/images/efficiency_chart.jpg (2016). Accessed 02 Mar 2016

[6] Noel, N. K., Stranks, S. D., Abate, A., Wehrenfennig, C., Guarnera, S., Haghighirad, A. A., Sadhanala, A., Eperon, G. E., Pathak, S. K., Johnston, M. B., Petrozza, A., Herz, L. M., Snaith, H. J.: Lead-free organic-inorganic tin halide perovskites for photovoltaic applications. Energy Environ. Sci. 7, 3061-3068 (2014)

[7] Hao, F., Stoumpos, C. C., Cao, D. H., Chang, R. P. H., Kanatzidis, M. G.: Lead-free solid-state organic-inorganic halide perovskite solar cells. Nat. Photonics 8, 489-494 (2014)

[8] Hao, F., Stoumpos, C. C., Chang, R. P. H., Kanatzidis, M. G.: Anomalous band gap behavior in mixed Sn and Pb perovskites enables broadening of absorption spectrum in solar cells. J. Am. Chem. Soc. 136, 8094-8099 (2014)

[9] Noh, J. H., Im, S. H., Heo, J. G., Mandal, T. N., Seok, S. I.: Chemical management for colorful, efficient, and stable inorganic-organic hybrid nanostructured solar cells. Nano Lett. 13, 1764-1769 (2013)

[10] Heo, J. H., Song, D. H., Im, S. H.: Planar $CH_3NH_3PbBr_3$ hybrid solar cells with 10.4% power conversion efficiency, fabricated by controlled crystallization in the spin-coating process. Adv. Mater. 26, 8179-8183 (2014)

[11] Yin, W. J., Yang, J. H., Kang, J., Yan, Y., Wei, S. H.: Halide perovskite materials for solar cells: a theoretical review. J. Mater. Chem. A 3, 8926-8942 (2015)

[12] Geng, W., Zhang, L., Zhang, Y. N., Lau, W. M., Liu, L. M.: First-principles study of lead iodide perovskite tetragonal and orthorhombic phases for photovoltaics. J. Phys. Chem. C 118, 19565-19571 (2014)

[13] Motta, C., El-Mellouhi, F., Kais, S., Tabet, N., Alharbi, F., Sanvito, S.: Revealing the role of organic cations in hybrid halide perovskite $CH_3NH_3PbI_3$. Nat. Commun. 6, 7026 (2014)

[14] Amat, A., Mosconi, E., Ronca, E., Quarti, C., Umari, P., Nazeeruddin, M. K., Grätzel, M., Angelis, F. D.: Cation-induced band-gap tuning in organohalide perovskites: interplay of spin-orbit coupling and octahedra tilting. NanoLett. 14, 3608-3616 (2014)

[15] Goldschmidt, V. V. M.: Die gesetze der krystallochemie. Naturwissenschaften 21, 477-485 (1926)

[16] Shannon, R. D.: Revised effective ionic radii and systematic studies of interatomic distances in halides and chalcogenides. Acta Cryst. A32, 751-767 (1976)

[17] Baikie, T., Fang, Y., Kadro, J. M., Schreyer, M., Wei, F., Mhaisalkar, S. G., Grätzel, M., White, T. J.: Synthesis and crystal chemistry of the hybrid perovskite (CH_3NH_3) PbI_3 for solid-state sensitised solar cell applications. J. Mater. Chem. A 1, 5628-5641 (2013)

[18] Jung, H. S., Park, N. G.: Perovskite solar cells: from materials to devices. Small 11, 10-25 (2015)

[19] Kieslich, G., Sun, S., Cheetham, A. K.: An extended tolerance factor approach for organic-inorganic perovskites. Chem. Sci. 6, 3430-3433 (2015)

[20] Lee, J. W., Kim, D. H., Kim, H. S., Seo, S. W., Cho, S. M., Park, N. G.: Formamidinium and cesium hybridization for photo-and moisture-stable perovskite solar cell. Adv. Energy Mater. 5, 1501310 (2015)

[21] Poglitsch, A., Weber, D.: Dynamic disorder in methylammoniumtrihalogenoplumbates (II) observed by millimeter-wave spectroscopy. J Chem Phys 87, 6373-6378 (1987)

[22] Leguy, A. M. A., Frost, J. M., McMahon, A. P., Sakai, V. G., Kockelmann, W., Law, C., Li, X., Foglia, F., Walsh, A., O'Regan, B. C., Nelson, J., Cabral, J. T., Barnes, P. R. F.: The dynamics of methylammonium ions in hybrid organic-inorganic perovskite solar cells. Nat. Commun. 6, 7124 (2015)

[23] Cojocaru, L., Uchida, S., Sanehira, Y., Gonzalez-Pedro, V., Bisquert, J., Nakazaki, J., Kubo, T., Segawa, H.: Temperature effects on the photovoltaic performance of planar structure perovskite solar cells. Chem. Lett. (2015). doi: 10.1246/cl.150781

[24] Niu, G., Li, W., Meng, F., Wang, L., Dong, H., Qiu, Y.: Study on the stability of $CH_3NH_3PbI_3$ films and the effect of post-modification by aluminum oxide in all-solid-state hybrid solar cells. J. Mater. Chem. A 2, 705-710 (2014)

[25] Ito, S., Tanaka, S., Manabe, K., Nishino, H.: Effects of surface blocking layer of Sb2S3 on nanocrystalline TiO_2 for $CH_3NH_3PbI_3$ perovskite solar cells. J. Phys. Chem. C 118, 16995-17000 (2014)

[26] Yang, J., Siempelkamp, B. D., Liu, D., Kelly, T. L.: Investigation of $CH_3NH_3PbI_3$ degradation rates and mechanisms in controlled humidity environments using in situ techniques. ACS Nano 9, 1955-1963 (2015)

[27] Misra, R. K., Aharon, S., Li, B., Mogilyansky, D., Visoly-Fisher, I., Etgar, L., Katz, E. A.: Temperature-and component-dependent degradation of perovskite photovoltaic materials under concentrated sunlight. J. Phys. Chem. Lett. 6, 326-330 (2015)

[28] Koh, T. M., Fu, K., Fang, Y., Chen, S., Sum, T. C.: Formamidinium-containing metal-halide: an alternative material for near-IR absorption perovskite solar cells. J. Phys. Chem. C 118, 16458-16462 (2014)

[29] Eperon, G. E., Stranks, S. D., Menelaou, C., Johnston, M. B., Herz, L. M., Snaith, H. J.: Formamidinium lead trihalide: a broadly tunable perovskite for efficient planar heterojunction solar cells. Energy Environ. Sci. 7, 982-988 (2014)

[30] Lee, J. W., Seol, D. J., Cho, A. N., Park, N. G.: High-efficiency perovskite solar cells based on the black polymorph of HC (NH_2)$_2PbI_3$. Adv. Mater. 26, 4991-4998 (2014)

[31] Xing, G., Mathews, N., Sun, S., Lim, S. S., Lam, Y. M., Grätzel, M., Mhaisalkar, S., Sum, T. C.: Long-range balanced electron-and hole-transport lengths in organic-inorganic $CH_3NH_3PbI_3$. Science 342, 344-347 (2013)

[32] Green, M. A., Jiang, Y., Soufiani, A. M., Ho-Baillie, A.: Optical properties of photovoltaic organic-inorganic lead halide perovskites. J. Phys. Chem. Lett. 6, 4774-4785 (2015)

[33] Wemple, S. H., DiDomenico, M.: Behavior of the electronic dielectric constant in covalent and ionic materials. Phys. Rev. B 3, 1338-1351 (1971)

[34] Singh, J.: Smart Electronic Materials. Cambridge University Press, Cambridge (2005)

[35] Even, J., Pedesseau, L., Katan, C., Kepenekian, M., Lauret, J. S., Sapori, D., Deleporte, E.: Solid-state physics perspective on hybrid perovskite semiconductors. J. Phys. Chem. C 119, 10161-10177 (2015)

[36] Even, J., Pedesseau, L., Jancu, J.-M., Katan, C.: J. Phys. Chem. Lett. 4, 2999-3005 (2013)

[37] Neamen, D. A.: Semiconductor Physics and Devices, 4th edn. McGraw-Hill, New York (2012)

[38] Giorgi, G., Fujisawa, J. I., Segawa, H., Yamashita, K.: Small photocarrier effective masses featuring ambipolar transport in methylammonium lead iodide perovskite: a density functional analysis. J. Phys. Chem. Lett. 4,

4213-4216 (2013)

[39] Galkowski, K., Mitioglu, A., Miyata, A., Plochocka, P., Portugall, O., Eperon, G. E., Wang, J. T. W., Stergiopoulos, T., Stranks, S. D., Snaith, H. J., Nichola, R. J.: Determination of the exciton binding energy and effective masses for methylammonium and formamidinium lead tri-halide perovskite semiconductors. Energy Environ. Sci. (2016). doi: 10.1039/c5ee03435c

[40] Green, M. A., Ho-Baillie, A., Snaith, H. J.: The emergence of perovskite solar cells. Nat. Photonics 8, 506-514 (2014)

[41] Li, C., Lu, X., Ding, W., Feng, L., Gao, Y., Guo, Z.: Formability of ABX_3 ($X=F,Cl,Br,I$) halide perovskites. Acta Crystallogr. B 64, 702-707 (2008)

[42] Yin, W. J., Shi, T., Yan, Y.: Unique properties of halide perovskites as possible origins of the superior solar cell performance. Adv. Mater. 26, 4653-4658 (2014)

[43] Im, J. H., Chung, J., Kim, S. J., Park, N. G.: Synthesis, structure, and photovoltaic property of a nano-crystalline 2H perovskite-type novel sensitizer $(CH_3CH_2NH_3)$ PbI_3. Nanoscale Res. Lett. 7, 353 (2012)

[44] Kim, H. S., Mora-Sero, I., Gonzalez-Pedro, V., Fabregat-Santiago, F., Juarez-Perez, E. J., Park, N. G., Bisquert, J.: Mechanism of carrier accumulation in perovskite thin-absorber solar cells. Nat. Commun. 4, 2242 (2013)

[45] Bisquert, J.: Chemical capacitance of nanostructured semiconductors: its origin and significance for nanocomposite solar cells. Phys. Chem. Chem. Phys. 5, 5360-5364 (2003)

[46] Im, J. H., Jang, I. H., Pellet, N., Grätzel, M., Park, N. G.: Growth of $CH_3NH_3PbI_3$ cuboids with controlled size for high-efficiency perovskite solar cells. Nat. Nanotechnol. 9, 927-932 (2014)

[47] Ahn, N., Kang, S. M., Lee, J. W., Choi, M., Park, N. G.: Thermodynamic regulation of $CH_3NH_3PbI_3$ crystal growth and its effect on photovoltaic performance of perovskite solar cells. J. Mater. Chem. A 3, 19901-19906 (2015)

[48] Mastroianni, S., Heinz, F. D., Im, J. H., Veurman, W., Padilla, M., Schubert, M. C., Würfel, U., Grätzel, M., Park, N. G., Hinsch, A.: Analysing the effect of crystal size and structure in highly efficient $CH_3NH_3PbI_3$ perovskite solar cells by spatially resolved photo-and electroluminescence imaging. Nanoscale 7, 19653-19662 (2015)

[49] Ahn, N., Son, D. Y., Jang, I. H., Kang, S. M., Choi, M., Park, N. G.: Highly reproducible perovskite solar cells with average efficiency of 18.3% and best efficiency of 19.7% fabricated via Lewis base adduct of lead (II) iodide. J. Am. Chem. Soc. 137, 8696-8699 (2015)

[50] Chen, Y., Peng, J., Su, D., Chen, X., Liang, Z.: Efficient and balanced charge transport revealed in planar perovskite solar cells. ACS Appl. Mater. Interfaces 7, 4471-4475 (2015)

[51] Stoumpos, C. C., Malliakas, C. D., Kanatzidis, M. G.: Semiconducting tin and lead iodide perovskites with organic cations: phase transitions, high mobilities, and near-infrared photoluminescent properties. Inorg. Chem. 52, 9019-9038 (2013)

[52] Wang, F., Yu, H., Xu, H., Zhao, N.: $HPbI_3$: a new precursor compound for highly efficient solution-processed perovskite solar cells. Adv. Funct. Mater. 25, 1120-1126 (2015)

[53] Seol, D. J., Lee, J. W., Park, N. G.: On the role of interfaces in planar-structured $HC(NH_2)_2PbI_3$ perovskite solar cells. ChemSusChem 8, 2414-2419 (2015)

[54] Lee, J. W., Kim, H. S., Park, N. G.: Lewis acid-base adduct approach for high efficiency perovskite solar cells. Acc. Chem. Res. 49, 311-319 (2016)

[55] Dimesso, L., Quintilla, A., Kim, Y. M., Lemmer, U., Jaegermann, W.: Investigation of formamidinium and guanidinium lead tri-iodide powders as precursors for solar cells. Mater. Sci. Eng. B 204, 27-33 (2016)

[56] Lee, J. W., Lee, S. H., Ko, H. S., Kwon, J. K., Park, J. H., Kang, S. M., Ahn, N., Choi, M., Kim, J. K., Park, N. G.: Opto-electronic properties of TiO_2 nanohelices with embedded $HC(NH_2)_2PbI_3$ perovskite solar cells. J. Mater. Chem. A 3, 9179-9186 (2015)

[57] Yang, W. S., Noh, J. H., Jeon, N. J., Kim, Y. C., Ryu, S., Seo, H., Seok, S. I.: High-performance photovoltaic perovskite layers fabricated through intramolecular exchange. Science 348, 1234-1237 (2015)

[58] Bi, D., Tress, W., Dar, M. I., Gao, P., Luo, J., Renevier, C., Schenk, K., Abate, A., Giordano, F., Baena, J. P. C., Decoppet, J. D., Zakeeruddin, S. M., Nazeeruddin, M. K., Grätzel, M., Hagfeldt, A.: Efficient luminescent solar cells based on tailored mixed-cation perovskites. Sci. Adv. 2, 1-7 (2016)

[59] Christians, J. M., Herrera, P. A. M., Kamat, P. V.: Transformation of the excited state and photovoltaic efficiency of $CH_3NH_3PbI_3$ perovskite upon controlled exposure to humidified air. J. Am. Chem. Soc. 137, 1530-1538 (2015)

[60] Aristidou, N., Sanchez-Molina, I., Chotchuangchutchaval, T., Brown, M., Martinez, L., Rath, T., Haque,

S. A.：The role of oxygen in the degradation of methylammonium lead trihalide perovskite photoactive layers. Angew. Chem. Int. Ed. 54，8208-8212（2015）

[61]　Gottesman，R.，Gouda，L.，Kalanoor，B. S.，Haltzi，E.，Tirosh，S.，Rosh-Hodesh，E.，Tischler，Y.，Zaban，A.：Photoinduced reversible structural transformations in free-standing $CH_3NH_3PbI_3$ perovskite films. J. Phys. Chem. Lett. 6，2332-2338（2015）

[62]　Binek，A.，Hanusch，F. C.，Docampo，P.，Bein，T.：Stabilization of the trigonal high-temperature phase of formamidinium lead iodide. J. Phys. Chem. Lett. 6，1249-1253（2015）

第10章
迟滞特性和器件稳定性

Ajay Kumar Jena，Tsutomu Miyasaka

10.1 引言

有机金属卤化物钙钛矿太阳能电池的能量转换效率（PCE）的持续和暴涨上升引起了极大的关注[1-3]。该材料已成为所有从事光伏技术工作者的最大兴趣，因为其具有高吸光系数、长距离载流扩散及最小复合，这是大电流密度和高开路电压的主要因素，从而导致高的PCE。基本上通过器件结构、膜的形态和制备方法等微小的改变，已经实现了电池性能的快速提高。然而，除了效率改进之外还存在几个基本问题。它们是电流和电压曲线的迟滞效应、性能分布广泛性、性能耐久性、结果的可重复性困难等。这些问题需要更深入的科学理解并需要认真关注。在所有上述问题中，迟滞效应显然被认为是一个主要问题。已经广泛观察到，钙钛矿太阳能电池从正向扫描（从短路到开路）和从反向扫描（从开路到短路）测量的电流密度-电压（J-V）曲线之间显示出明显的不匹配。图10-1显示了我们实验室中，由甲苯滴加法[4]（反溶剂法）制备的平面结构钙钛矿太阳能电池 J-V 曲线的迟滞现象的一个例子。本章对太阳能电池研究中，通常使用甲铵铅碘（MAPI）作为钙钛矿和 2,2′,7,7′-四[N,N-二(4-甲氧基苯基)氨基]-9,9′-螺二芴（Spiro-OMeTAD）作为空穴传输材料。在最大功率下的反向扫描测量的电流，高于在正向扫描上收集的电流，导致反向扫描计算的更高的

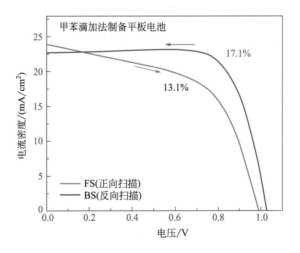

图 10-1　甲苯滴加法制备的平面钙钛矿太阳能电池的 J-V 曲线迟滞效应图。使用的扫描速率为 200mV/s

PCE（17.1%），比从正向扫描计算的更高（13.1%）。当电压扫描速率太快时，在染料敏化太阳能电池（DSSCs）、有机薄膜太阳能电池（OSC）及硅太阳能电池中也发现了 J-V 迟滞现象[5]。这种迟滞现象被解释为电容电荷的影响所致，包括空间电荷和被捕电荷。当扫描速率快于陷阱的释放速率，或者比空间电荷弛豫时间快时，可以看到迟滞现象。在有机-无机钙钛矿太阳能电池中，迟滞行为要慢得多，但更复杂和异常。钙钛矿太阳能电池的这种异常性质造成了实际电池性能的不确定性[6-8]。

迟滞的 J-V 曲线意味着在正向和反向扫描期间，在给定电压下，瞬态载流子收集存在明显差异。众所周知，反向扫描测量的电流高于正向扫描，与扫描序列无关。这证实了在反向扫描期间，载流子收集总是更有效。通常，设备中的载流子收集（或电流）取决于载流子的产生和分离，及其在大部分层中的传输，以及在器件中的不同界面的传输。由于载流子产生和分离被认为是快速过程并且仅依赖于照明（而不是电压扫描），所以初始收集的任何差异必然受到界面处的传输和/或转移的影响。

10.2　影响迟滞的参数

由于载流子收集取决于钙钛矿和其他层状材料的导电性，以及它们界面处的连通性，因此观察到迟滞现象受许多因素的影响，这些因素可以略微改变钙钛矿器件中各层的特性。因此，器件结构和制造方法的多样性，甚至测量条件的变化，导致迟滞趋势的广泛变化。结果，迟滞问题变得太复杂而不能被完全理解。

10.2.1　器件结构和工艺参数

使用相同钙钛矿但不同电子和空穴收集层的不同结构的钙钛矿器件，显示出不同程度的迟滞现象[9]。例如，标准的平面异质结结构——FTO/TiO$_2$ 致密层/钙钛矿/Spiro-OMeTAD/Ag、FTO/PCBM/钙钛矿/Spiro-OMeTAD/Ag 和 FTO/TiO$_2$-PCBM/钙钛矿/Spiro-OMeTAD/Ag（PCBM 为[6,6]-苯基-C$_{61}$-丁酸甲酯）通常显示出较大的迟滞现象；而采用 PCBM 作为电子收集层的倒置结构——ITO/PEDOT:PSS/MAPI/PCBM/Ag 和 ITO/NiO/MAPI/PCBM/Ag 表现出零迟滞现象（如图 10-2 和图 10-3）[9]。

尽管经常观察到倒置钙钛矿太阳能电池显示出较小的迟滞效应[10-13]，但该结构不是消除迟滞的充分条件，因为层状结构的特性强烈地影响该现象。例如，使用 PCBM 可能并不总是导致无迟滞效应，无论其层状结构如何。倒置钙钛矿器件的迟滞情况取决于 PCBM 的厚度。薄的 PCBM 层的表现也可以与 TiO$_2$ 致密层相同，并在倒置的平面钙钛矿电池的 J-V 曲线中产生迟滞现象（图 10-4）[14]。甚至，在某些情况下，取决于制备条件，迟滞的正常趋势变得相反（即，反向扫描显示出比正向扫描更高的性能）；正向扫描显示出比反向扫描更高的 PCE（图 10-5）[15]。

在许多情况下，介孔结构 TiO$_2$ 器件显示出比平面异质结电池更小的迟滞。然而，情况并非总是如此，因为其他层的制备方法和性质起着同样重要的作用。在使用 TiO$_2$ 多孔层的电池中，迟滞现象随着钙钛矿层厚度的变化而变化；较厚的覆盖层显示出更大的迟滞[16]。在介孔二氧化钛器件中，所有其他层都固定不变、介孔 Al$_2$O$_3$ 作为支架的太阳能

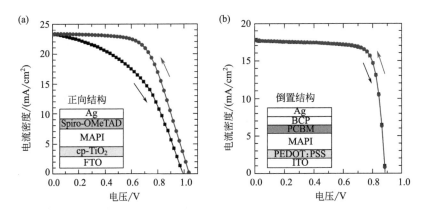

图 10-2　钙钛矿（MAPI）电池的正向和反向扫描 J-V 曲线：（a）正向结构；（b）倒置结构[9]

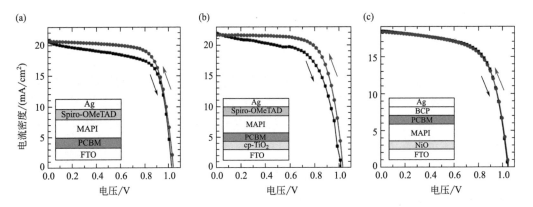

图 10-3　正向结构的平面钙钛矿（MAPI）太阳能电池的正向和反向 J-V 曲线：（a）PCBM；（b）TiO_2-PCBM 作为电子收集层；（c）倒置结构的 NiO 作为空穴传输层[9]

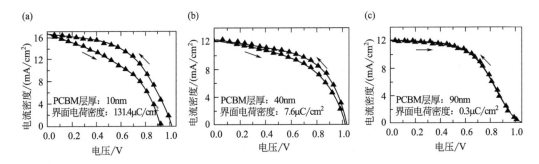

图 10-4　PCBM 薄膜厚度对倒置钙钛矿太阳能电池 J-V 迟滞的影响。倒置结构钙钛矿太阳能电池的正向和反向 J-V 曲线（ITO/PEDOT：PSS/$CH_3NH_3PbI_{3-x}Cl_x$/PCBM/Al），PCBM 层厚度为：（a）10nm；（b）40nm；（c）90nm[14]

电池，表现出比 TiO_2 更大的迟滞效应[16]。图 10-6 显示了随 TiO_2 厚度改变而变化的迟滞效应和观察到更广范围的 Al_2O_3 框架器件中的迟滞现象的例子。在我们之前的一个研究工作中，我们发现在平面结构的钙钛矿器件（FTO/TiO_2 致密层/$CH_3NH_3PbI_{3-x}Cl_x$/

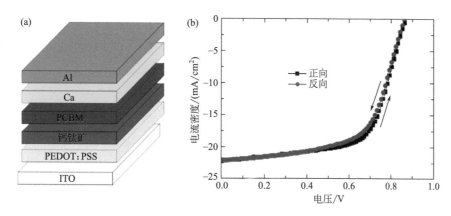

图 10-5　在倒置钙钛矿太阳能电池中观察到的迟滞现象的相反趋势（正向扫描显示比反向扫描更高的性能）：（a）器件示意图；（b）正向和反向扫描的 *J-V* 曲线

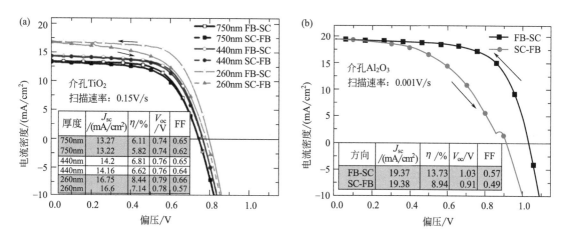

图 10-6　迟滞现象随着器件结构的变化而变化。正向偏置到短路（FB-SC）和短路到正向偏置（SC-FB）钙钛矿电池的 *J-V* 曲线：（a）改变介孔 TiO$_2$ 厚度（钙钛矿覆盖层厚度随着 TiO$_2$ 厚度的降低而增加）；（b）Al$_2$O$_3$ 框架[16]

Spiro-OMeTAD/Au）中，随着钙钛矿膜厚度的增加，迟滞效应越来越严重（图 10-7）。通过工艺条件可以容易地控制覆盖层厚度和形貌（晶粒尺寸），这最终改变了迟滞效应的程度。由具有较好表面覆盖的较大且相互连接的钙钛矿晶粒组成的器件，比具有较差表面覆盖的较小晶粒器件显示出更大的迟滞耐受性[17-19]。图 10-8 给出了迟滞对使用不同浓度 CH$_3$NH$_3$I、通过两步旋涂法生长的钙钛矿（CH$_3$NH$_3$PbI$_3$）的晶粒尺寸的依赖性的实例。

对于处理条件过于敏感的器件结构，其任何小的和大的变化都可以改变电极处的载流子收集，并因此改变钙钛矿太阳能电池的 *J-V* 迟滞程度。尽管有证据表明某些共同特征表现出抑制迟滞现象，但确定消除迟滞的唯一条件肯定变得困难。不幸的是，即使对于在不同实验室制造的相同结构的器件，制备条件略有不同，迟滞程度也会发生很大变化。这一事实意味着迟滞的起源隐藏在分层结构的界面，而不是材料的整体属性。

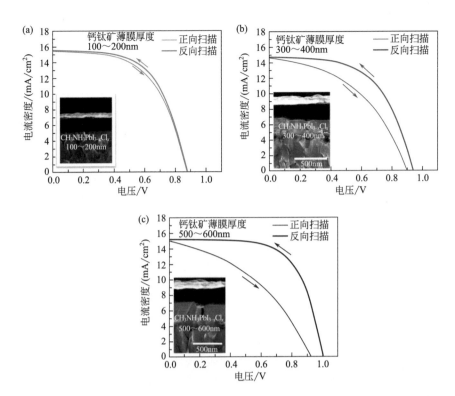

图 10-7　随着钙钛矿膜厚度增加，平面钙钛矿 $CH_3NH_3PbI_{3-x}Cl_x$ 太阳能电池中的迟滞现象。平面结构的钙钛矿器件的正向扫描和反向扫描 J-V 曲线，钙钛矿薄膜厚度为：（a）100～200nm；（b）300～400nm；（c）500～600nm。每幅图中的内插图显示了相应器件的横截面 SEM 图像

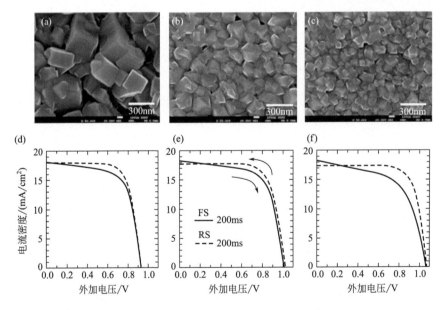

图 10-8　J-V 迟滞情况随钙钛矿晶粒尺寸的变化而变化。通过两步旋涂法生长的 $CH_3NH_3PbI_3$ 的 SEM 图像，其中 CH_3NH_3I 浓度为（a）41.94mmol/L、（b）52.42mmol/L、（c）62.91mmol/L，导致形成尺寸为 440nm、170nm 和 130nm 的颗粒。使用粒度为（d）440nm、（e）170nm、（f）130nm 的钙钛矿薄膜的钙钛矿电池的正反扫的 J-V 曲线[17]

10.2.2　测试和预测试条件

即使对于相同的样品，测量条件的任何变化都可以显著改变电池的迟滞行为。迟滞很大程度上取决于外加偏压的扫描速率。随着快速扫描，这种现象变得更加明显并且非常慢和极快的扫描可以忽略不计[16,20]。在图 10-9 中给出了由偏置电压的扫描速率引起的迟滞变化的示例图。

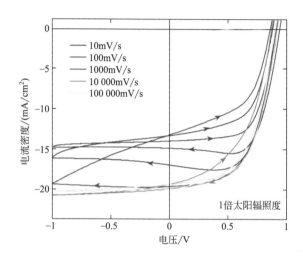

图 10-9　基于 TiO_2 的 $CH_3NH_3PbI_3$ 器件的电流密度-电压曲线，用不同的扫描速率从 1V 到 $-1V$ 测量，然后回到 1V。扫描速率为 $10\sim100\,000mV/s$[20]

J-V 迟滞对扫描速率的依赖性意味着涉及非稳态瞬态过程[21,22]。在不同的步长（ΔV）和步进时间（Δt）下，正向和反向均逐步测量不同的光电流，在每个电压下都会出现非稳态光电流峰值（图 10-10）。当从正向偏压到短路时（即反向），该瞬态光电流总是高于稳态电流。另一方面，对于正向扫描，每个电压下的瞬态光电流值小于稳态值。

非稳态瞬态光电流峰值的高度取决于步长 ［图 10-10(c)］ 和步进时间 ［图 10-10(a) (b)］。对于更大的步长和更小的步进时间（即更快的扫描），瞬态电流峰值高度变得更高，导致两个 J-V 曲线中的更大差异。较小的步长和较长的步进时间（较慢的扫描）使 J-V 曲线更接近，从而减少迟滞。图 10-10(d) 示出了迟滞随着扫描速率降低而减小的趋势。具有不同扫描速率的正向和反向 J-V 曲线的变化，可以根据器件结构、制备条件和预处理参数的不同而不同。在某些情况下，反向扫描对扫描速率更敏感（图 10-10）；而在另一些情况下[23]，正向扫描显示出相对较大迟滞效应随扫描速率的变化（图 10-11）。图 10-11 显示了使用 TiO_2 介孔支架（即 FTO/TiO_2 致密层/TiO_2 介孔层/$CH_3NH_3PbI_{3-x}Cl_x/Au$）的钙钛矿电池的正向（a）和反向（b）J-V 曲线的变化，其中所有反向扫描是在 1.2V 下、在光照射下将电池预偏置 2s 后进行的。

除了扫描速率和方向，温度和光强度也可以显著改变 J-V 迟滞程度。对于平面钙钛矿太阳能电池（FTO/TiO_2 致密层/钙钛矿/Spiro-OMeTAD/Au），如 Ono 等的报道[24]，J-V 迟滞在较低温度（250K）和室温（300K）时较大，而在较高温度（360K）时变弱。在

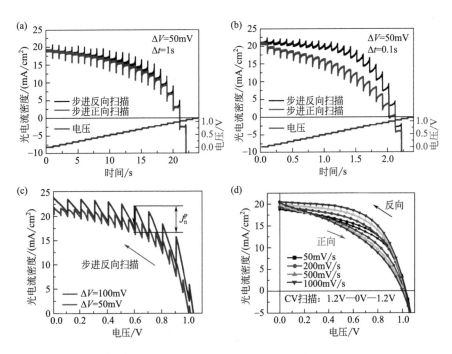

图 10-10　平面 $CH_3NH_3PbI_3$ 钙钛矿太阳能电池（FTO/TiO_2 紧密层/$CH_3NH_3PbI_3$/Spiro-OMeTAD/Au）在反向和正向逐步扫描下的步长依赖性光电流响应。（a）步长为 50mV，步进时间为 1s；（b）步长为 50mV，步进时间为 0.1s；（c）逐步反向扫描的 J-V 响应，从 1.1V 到 0V，步长为 100mV 和 50mV，步进时间为 5s；（d）以不同扫描速率测量的正向和反向 J-V 曲线

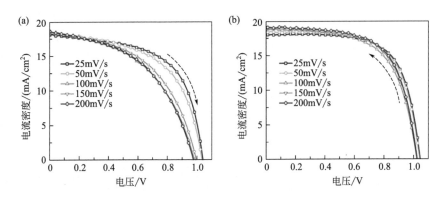

图 10-11　在不同扫描速率下测量的 TiO_2 介孔支架钙钛矿太阳能电池的正向（a）和反向（b）J-V 曲线。在所有反向扫描曲线中，电池在 1.2V 下在光照下预处理 2s[23]

图 10-12 中描绘了对三个不同温度下的样品进行正向和反向的步进光电流测试。在 250K 和 300K 时，相对于稳态光电流，瞬态光电流略微降低，结果在正向和反向 J-V 曲线中出现了更大的偏差。与上述结果一致，Grätzel 等[25] 也见证了基于碘化物的钙钛矿电池的迟滞现象随着温度的降低而增加 [图 10-13（a）]。这里值得注意的另一个有趣的事实是，反向扫描显示出对温度的轻微依赖性，而正向 J-V 曲线受温度影响强烈。即使是倒置结构的无迟滞

钙钛矿电池,当在低温下测量器件时也会出现非常大的迟滞现象[26] [图 10-13(b)]。

　　与其他太阳能电池一样,钙钛矿电池的光电流随光强度线性增加。随着光电流的增加,前后 J-V 曲线之间的间隙成比例增加。对于平面钙钛矿电池(FTO/TiO$_2$ 致密层/CH$_3$NH$_3$PbI$_{3-x}$Cl$_x$/Spiro-OMeTAD/Au),如在我们的研究中所观察到的那样,正扫和反扫的性能差异随着光强度的增加而增加 [图 10-14(a)]。然而,当用光电流归一化时,J-V 迟滞看起来几乎没有变化。对于 TiO$_2$ 介观器件(FTO/TiO$_2$ 致密层/TiO$_2$ 介孔层/Spiro-OMeTAD/Au),如 Grätzel 等的报道,J-V 迟滞的形状和大小与光强度无关 [图 10-14(b)]。迟滞对光强度的这种独立性,拒绝了光生载流子直接参与迟滞现象(图 10-14)。

　　除了测量条件之外,在 J-V 测量之前对钙钛矿电池进行预处理,也对迟滞产生强烈影响。在实际性能表征之前,在黑暗[27,28] 和光照[23] 条件下对具有外加电压的器件进行光浸和预偏置,导致修改的 J-V 曲线和迟滞现象。正如我们实验室所观察到的那样,在不同负

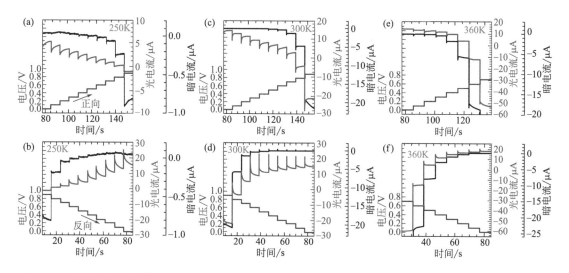

图 10-12　温度对平面结构钙钛矿电池 J-V 曲线迟滞的影响。在 250K、300K 和 360K 的正向(a,c,e)和反向(b,d,f)方向上步进光电流和暗电流测量

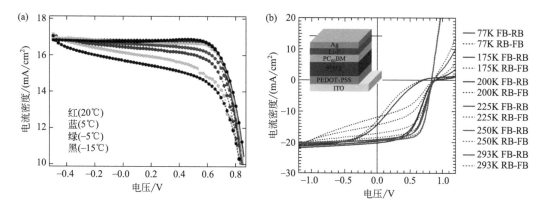

图 10-13　(a)在不同温度(20℃、5℃、−5℃和−15℃)下测量的碘化物基钙钛矿太阳能电池的正向和反向 J-V 曲线;(b)在不同温度(293K、250K、225K、200K、175K 和 77K)下测量的倒置钙钛矿太阳能电池的正向(虚线)和反向(实线)J-V 曲线

电压下，在黑暗中对平面和 Al_2O_3 介观结构钙钛矿电池施加偏压 5min，会大幅增加迟滞现象（图 10-15）。

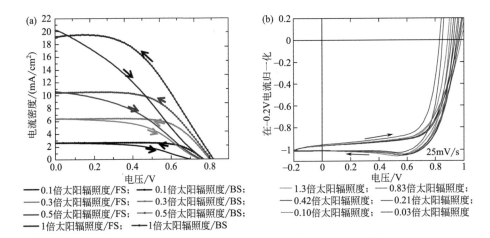

图 10-14 （a）在不同光强度（扫描速度＝200mV/s）下测量的平面钙钛矿电池的迟滞 J-V 曲线；（b）在不同强度的光下测量的钙钛矿电池的 J-V 曲线（在 $-0.2V$ 条件下电流归一化）[20]

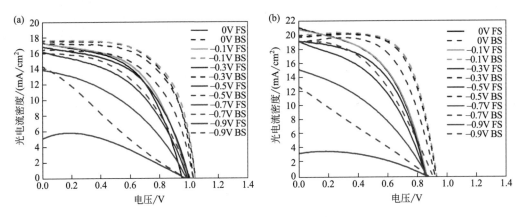

图 10-15 在 1 倍太阳辐照度下 Al_2O_3（a）和平面结构（b）钙钛矿太阳能电池的正向扫描（FS）和反向扫描（BS）J-V 曲线。在 J-V 测量之前，所有电池在黑暗中以各种偏压施加 5min[27]

　　随着处理和测量参数的变化，迟滞发生变化，使得难以确认可以完全消除迟滞效应的实际条件。由于不同的群体遵循不同的制备和测量方法，因此不可能对文献进行定量分析和公平比较。因此，必须尽快采用标准的测量方案，以便更好地理解并从研究中得出正确的结论。此外，需要更多受控实验来确定可以减少迟滞的器件结构和处理条件。然而，回顾相关研究，提供了对载流子运输和收集机制以及迟滞可能起源的见解。

10.3 迟滞现象的起源机制

　　近年来，研究者们已经做了很多努力来了解钙钛矿太阳能电池的 J-V 曲线的迟滞原因。

已经提出了不同的起源机制。但仅提出了几种方法来减少/消除器件中的迟滞现象。有人提出，钙钛矿太阳能电池的 J-V 特性的异常迟滞，是由钙钛矿的铁电极化[16,21,27,29,30]、离子迁移[14,16]、不同界面的载流子动力学或更深陷阱态引起的[16]。虽然目前没有单一的普遍接受的机制能够连贯地解释这一现象，但到目前为止所做的研究无疑为这一主题提供了更深入的见解。遗憾的是，这个问题的复杂性在于以下事实：观察到的迟滞受到几个不同因素的强烈或轻微影响，例如器件结构（平面、介孔和有机基）、钙钛矿膜特性、电子收集层性质等。缺乏完整的理解，直接证据不足，需要进一步调查。

10.3.1　钙钛矿的铁电性质

已经广泛研究了诸如 $BaTiO_3$、$PbTiO_3$ 等金属氧化物钙钛矿的铁电性质。由于在外部偏置电位下的区域极化，这些材料表现出迟滞的偏振电场（P-E）环。2013 年，Stoumpos 等[31] 发现有机锡三卤化物和有机铅三卤化物显示出与金属氧化物钙钛矿相同的结构性质，并且还观察到 $CH_3NH_3PbI_3$ 的铁电行为（图 10-16）。在不同极化（在黑暗中偏置）条件下，$CH_3NH_3PbI_3$ 的压电响应力显微镜（piezoresponse fore microscopy，PFM）显示 $CH_3NH_3PbI_3$ 中的铁电区域（图 10-17）[32-34]。这种钙钛矿薄膜的极化显著改变了电池性能和 J-V 迟滞现象，这归因于铁电区域的极化导致界面处能带结构的改变（图 10-18）。

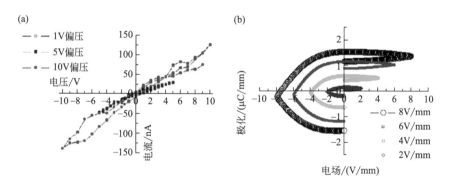

图 10-16　通过溶液法制备的 $CH_3NH_3PbI_3$ 的迟滞回线。电压（a）和极化（b）随外加偏压变化的函数[31]

因此，推测 $CH_3NH_3PbI_3$ 钙钛矿太阳能电池中的迟滞，可能是由 $CH_3NH_3PbI_3$ 中发生的铁电极化引起的[16,27,33]。然而，关于铁电极化需要理解的重要事项是其迟滞变化与电压扫描速率之间的相关性。由于 J-V 曲线中的迟滞实际上是在每个电压下测量的瞬态电流的结果（图 10-10），铁电模型必须解释两次扫描所观察到的瞬态和稳态电流。Wei 等在 $CH_3NH_3PbI_{3-x}Cl_x$ 钙钛矿器件（玻璃/FTO/Au/Ti/钙钛矿/Al_2O_3/Au）结构中提出了一个模型，来解释铁电极化中引起的瞬态效应[29]。观察到的器件的 S 形 E-P 环［图 10-19(a)］，证实了 $CH_3NH_3PbI_{3-x}Cl_x$ 中的铁电极化。根据这里提出的模型［图 10-19(b)］，直接依赖于内部场（E_{in}）的极化（P），分别在正向和反向扫描中减小和增大。由于 P 不能跟随电压扫描的速率，过量极化（ΔP）会产生瞬态。在正向扫描中，与内部场（E_{in}）并联的 ΔP 导致瞬态电流值低于稳态电流。在反向扫描时，极化的变化导致瞬态电流高于稳态电流。因此，反

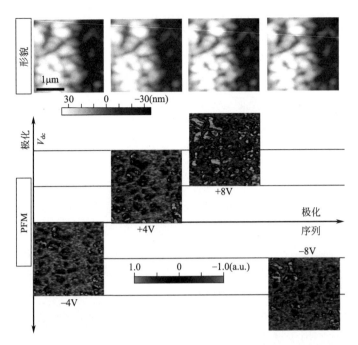

图 10-17　单个 $2.5\mu m \times 2.5\mu m$ 区域的 AFM（原子力显微镜）形貌图像（顶行），同时采集的 PFM 图像，在指示偏差（V_{dc}）的直流极化后扫描，显示在经处理的 β-MAPbI₃ 薄膜中部分可逆铁电区域的转变[32]

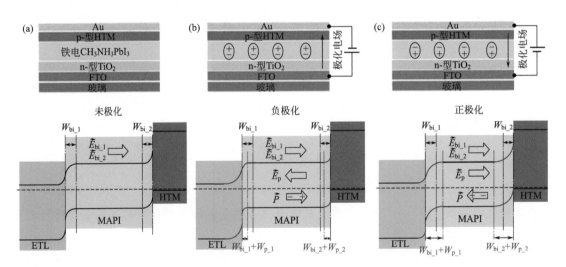

图 10-18　钙钛矿太阳能电池在不同极化条件下的示意图和能带图：（a）未极化；（b）负极化；（c）正极化。E_{bi_1} 和 E_{bi_2} 分别代表接近电子传输层和空穴传输材料的钙钛矿层中的内建电场。W_{bi_1} 和 W_{bi_2} 代表相应耗尽区的宽度[34]

向扫描始终显示更高的电流和更好的填充因子。

　　虽然一些结果证明了钙钛矿的铁电性质，并且支持其对迟滞的强烈影响，但其他一些报

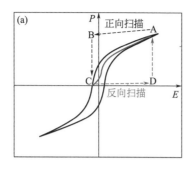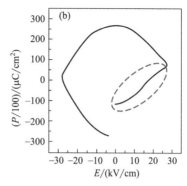

图 10-19 （a）铁电材料中极化 P 与电场 E 之间关系的示意图，路径 A—B—C 表示中等扫描速率下的正向扫描，路径 C—D—A 表示反向扫描；（b）钙钛矿器件（玻璃/FTO/Au/Ti/钙钛矿/Al_2O_3/Au）的 E-P（电场-极化）测量图[29]

道与铁电极化引起迟滞的假设相矛盾[16,17]。Fan 等[35] 报道钙钛矿在室温下不是铁电体，尽管他们的理论计算预测该材料是温和的铁电体。因此，钙钛矿化合物在器件工作条件下的铁电行为表现仍然存在争议。此外，薄层实际器件的影响可能与孤立块状钙钛矿的铁电性质不同。当包含所有不同的界面时，由铁电极化引起的外延效应必须是一致的。因此，界面特性在引起迟滞方面起着同样重要作用的推论是合理的。

10.3.2 界面载流子动力学

虽然发现通过预偏压钙钛矿的极化可以增强迟滞效应，但在一项研究中，我们发现由非铁电 PbI_2 制成的电池也表现出迟滞现象（图 10-20）[36]。该结果表明铁电性能不是迟滞的唯一原因。在 FTO/TiO_2 致密层（compact layer，CL）/Spiro-OMeTAD/Au 和 FTO/TiO_2 致密层等简化结构中检查不同界面的 J-V 特性，发现 FTO 和 TiO_2 之间的界面可能是迟滞的原因之一（图 10-21）。除此之外，它明显提示钙钛矿和 TiO_2 之间的界面可以成为迟滞 J-V 曲线的主要参与者。

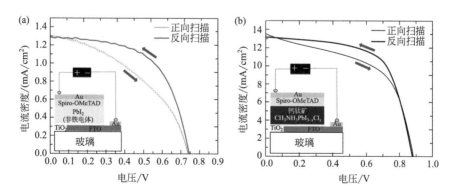

图 10-20 平面异质结 PbI_2（a）和 $CH_3NH_3PbI_{3-x}Cl_x$ 钙钛矿太阳能电池（b）的 J-V 特性曲线。在 1 倍太阳辐照度（$100mW/cm^2$）和 $200mV/s$ 的电压扫描速率下进行测量。内插图代表相应的器件结构[36]

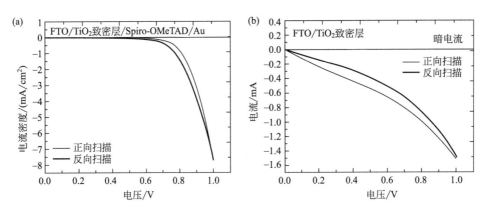

图 10-21　J-V 曲线：（a）Spiro-OMeTAD 夹在 TiO$_2$ 致密层和 Au 之间的结构；（b）在 FTO 上只有 TiO$_2$ 致密层

在由钙钛矿制成的器件中，钙钛矿和电子收集层之间界面的修饰明显影响迟滞。例如，用 C$_{60}$ 修饰 TiO$_2$ 致密层可减少迟滞现象[37]。在 TiO$_2$ 致密层中加入 Zr[38] 和 Au 纳米颗粒[39] 也可以减少迟滞现象。此外，在使用有机电子收集层[14,40,41] 而不是夹在 FTO 和钙钛矿之间的 TiO$_2$ 致密层的钙钛矿电池中观察到没有迟滞或可忽略的迟滞，也支持界面特性对于迟滞是至关重要的事实。由各层性质的不完全匹配引起的不平衡载流子提取（空穴提取率≠电子提取率）被认为导致 J-V 迟滞。Heo 等[40] 发现使用 PCBM 作为电子收集层的倒置结构的钙钛矿电池不显示迟滞现象。根据电导性，PCBM（0.16mS/cm）比广泛使用的 TiO$_2$（6×10^{-6}mS/cm）能够更有效地从钙钛矿（CH$_3$NH$_3$PbI$_3$）中收集/分离电子，从而实现平衡的载流子萃取（空穴提取率＝电子提取率），从而消除了迟滞现象。图 10-22 显示了平面钙钛矿（CH$_3$NH$_3$PbI$_3$）的非迟滞 J-V 曲线（a）和在 TiO$_2$ 致密层情况下基于不平衡载流子所提出的迟滞机制（b）。

在开尔文探针力显微镜的帮助下，真实空间载流子分布测量也显示了，在使用 TiO$_2$ 作

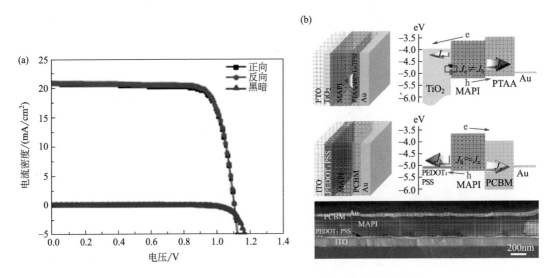

图 10-22　正向和反向扫描 J-V 曲线（a）和基于载流子提出的迟滞机制（b）[40]

为电子传输层和 Spiro-OMeTAD 作为 HTM 的钙钛矿器件中，空穴和电子提取率的不平衡[42]。众所周知，在任何异质界面处的结构缺陷和/或能级不匹配，可以产生作用于载流子提取的潜在障碍，并因此导致这些载流子在界面处的累积。因此，这种界面缺陷导致载流子的提取不平衡。载流子提取很大程度上取决于接口处的物理接触和电子的接触。因此，各层的导电性和它们的形貌以及界面连接性，在引起迟滞现象中都起作用。由于载流子累积，界面处的间隙可以充当电容器，从而显著改变载流子提取[43]。尽管铁电体可能涉及上述界面现象，但它并不仅仅是造成迟滞的原因。界面处的载流子动力学可能受到铁电极化或离子迁移的影响，导致引起迟滞现象。

10.3.3　离子迁移

众所周知，金属卤化物如 AgX、PbX_2（X＝Cl、Br、I），是具有高密度流动卤离子的光敏离子晶体，在光线中或在黑暗中偏压的影响下，在三维晶体中自由扩散[44]。由于有机卤素钙钛矿化合物衍生自 PbX_2，它们也被认为像金属卤化物那样保持高离子传导性。阳离子和阴离子（卤化物）可能通过现有的空位在晶体中自由移动。在卤化银中，移动阳离子是唯一的间隙态 Ag^+，其通过与光激发电子反应扩散到捕获位点以形成潜像（Ag_2）。然而，在卤化钙钛矿中，可能的流动阳离子是铅和有机基团阳离子。与较大的有机阳离子相比，较小的有机阳离子可以更快地扩散，并且与重金属阳离子（Pb^{2+}）相比，卤化物阴离子被认为具有显著高的迁移率。计算出的卤化物空位迁移活化能（碘化物空位）明显低于有机阳离子空位[45,46]。室温下甲铵阳离子（MA^+）和碘阴离子（I^-）在 MAPI 中可自由扩散。甚至，MA^+I^- 是热不稳定的，它可以在升高的温度下从晶体结构中蒸发[47]。与卤化银中的 Ag^+ 不同，卤化钙钛矿中的这些离子不会与光生载流子发生反应，并且在晶体结构形成中有助于静电和几何形状的自组织。然而，钙钛矿中离子的迁移被认为导致载流子定位，从而引起 J-V 迟滞现象。更重要的是，离子运动过程可以通过光伏运行下钙钛矿的化学和物理性质的不断变化来影响钙钛矿器件的稳定性。

当钙钛矿膜通过暴露于直流电场进行极化时，钙钛矿中的离子迁移已经可视化为颜色变化。Huang 等观察到在约 $1.2V/\mu m$ 电场下 MA^+ 和 I^- 的积累（暗红色）和 MA^+ 在负电极和正电极中耗尽（黄色）的迁移。已经讨论了在外加电压下对器件的这种离子迁移与迟滞的产生有关。基于受预偏压影响的钙钛矿电池的光电流行为，Snaith 等提出在正向偏压下，MAPI 由于在电子和空穴集电极界面附近积聚正负空间电荷而极化[48]。假设该电荷累积在界面处引起 n 型和 p 型掺杂（形成 p-i-n 结构），这暂时增强了光电流的产生。在界面处迁移离子的累积可以改变极性[49]（图 10-23），并且假设这些电荷的累积随扫描电压（改变内部场）的动态变化在钙钛矿器件的光电流中产生迟滞[48,49]。

Li 等[50] 通过直流依赖性电吸收（electroabsorption，EA）光谱、温度依赖性电测量和 XPS 表征，最近证实碘离子迁移到正极，在负极留下碘离子空位。根据作者的观点，碘离子在一个界面的累积和相应的空位，在另一个界面产生了载流子提取的障碍。这种界面势垒在 $CH_3NH_3PbI_{3-x}Cl_x$/Spiro-OMeTAD 和 TiO_2/$CH_3NH_3PbI_{3-x}Cl_x$ 上的调制，是由外部电偏压驱动的碘离子迁移引起的，导致平面钙钛矿太阳能电池（FTO/TiO_2 致密层/$CH_3NH_3PbI_{3-x}Cl_x$/Spiro-OMeTAD/Au）的 J-V 迟滞。基于电流密度迟滞变化的温度依赖性，Grätzel 等估计了 MAPI 中不同离子扩散活化能[26]，发现碘离子具有最高的迁移率和

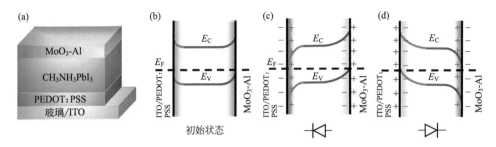

图 10-23　器件结构（ITO/PEDOT:PSS/$CH_3NH_3PbI_3$/MoO_3-Al）和钙钛矿光伏器件中可切换极性的机理：（a）器件结构；（b）~（d）平衡（黑暗和短路）条件下的能带示意图。（b）没有接触电荷，只有空穴的单载流子器件。（c）由于 ITO/PEDOT:PSS 电极附近的正电荷，该器件是正向二极管。（d）由于 MoO_3-Al 电极附近的正电荷，该器件是反向二极管。界面电荷和屏幕电荷分别用红色和黑色表示[49]

最低的活化能。因此，是卤化物阴离子（I^-）而不是 MA^+ 离子在钙钛矿中更容易迁移，在电压扫描下在界面处引起极化和电荷积累并最终产生迟滞[26]。碘化物的迁移可以通过碘化物空位（V_I'）或间质碘化物（I_i^*）发生。空位（V_I'）辅助碘离子迁移需要较低的活化能，并且在能量上是有利的。还发现 MA 空位有助于碘离子的迁移，这是由于晶格中 MA 的空间位阻减小[51]。几项独立的研究证实，缺陷介导了碘离子向界面的缓慢移动，带来了界面特性的变化，导致迟滞现象[52]。然而，它在产生瞬态电流而实际导致迟滞中的作用，还没有一个清晰的认识。需要一个能够解释离子迁移引起的瞬态光电流的综合模型，以得出离子迁移的唯一原因。此外，使用相同钙钛矿晶体（MAPI）（假设表现出离子迁移）但具有不同电子和空穴收集器的无迟滞器件，与离子迁移导致迟滞效应的主张相冲突。尽管需要通过考虑迟滞程度和扫描速率来仔细比较结果，但这一事实意味着涉及的钙钛矿器件的界面结构增强迟滞性。界面离子累积不仅通过能带修饰产生能量障碍，而且还在界面处建立电容[22,53,54]。由于离子累积引起的界面电容效应也被认为能够引起迟滞和导致性能的降低。由于在具有空隙和缺陷的非连续结构（物理带隙）的结界面（触点）处可以增强离子累积，因此可以合理地假设富含缺陷的界面结构增强了由离子迁移引起的迟滞现象。例如，在基于甲脒（FA）的钙钛矿（FAPI）中也观察到迟滞现象，尽管其较高的容忍因子降低了大阳离子（FA^+）的迁移率。只有离子迁移是引起迟滞的原因，这一主张仍然具有争议。到目前为止提出的模型不能仅基于离子迁移来解释迟滞现象，而是包括界面陷阱态以成功解释异常行为[51,52,55]。因此，需要进一步研究离子迁移与迟滞的关系。除迟滞外，离子迁移对电池性能的影响及其在长时间操作下的稳定性也受到更严重的关注。

10.3.4　陷阱态

在所有可能的迟滞原因中，陷阱态也被认为是主要的原因。事实上，尽管有很长一段时间内支持离子迁移引起迟滞现象，但大多数提议的模型都不能排除陷阱态的参与。虽然一些结果部分地同意陷阱状态必然导致迟滞的假设，但其他一些结果肯定地表明它们参与了该过程。已经提出钙钛矿表面和晶界的陷阱态是迟滞的起源[56]。钙钛矿上的沉积富勒烯被认为钝化这些陷阱态,从而消除了光电流中臭名昭著的迟滞现象(图 10-24)。在最近的一份研究报告中,Li 等解释了基于动态电荷俘获-去陷阱过程的迟滞现象[57]。图 10-25 说明浅陷阱和深陷阱态的存在及其在迟滞中的作用。根据他们提出的模型,迟滞是由两个因素引起的:改变偏压的情况下,从浅陷阱释放载流子;由于更深陷阱态引起的电场变化。该模型适用于平面和多孔结构的器件。较深陷阱态和浅陷阱态的比例,在多孔和平面器件中不同,决定了迟滞的程度。

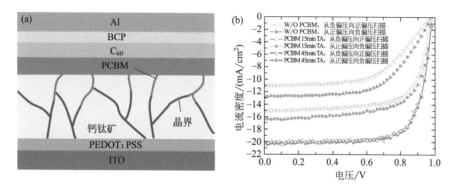

图 10-24 器件结构(a)和有 PCBM 及没有 PCBM 的钙钛矿电池的正、反扫 J-V 曲线(热退火 15min 和 45min)(b)[56]

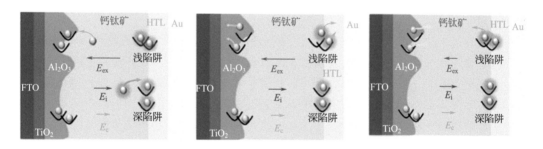

图 10-25 显示浅陷阱和深陷阱态的示意图,以及它们在引起迟滞现象中的作用。电压扫描(从 0V 到 4V)上的迟滞现象,基本上是由于较浅陷阱态的释放和由于较深陷阱态引起的电变化(E_c)引起的。E_{ex} 和 E_i 代表外场(由于外部偏压)和内场(由于分离的电荷载流子)[57]

　　虽然目前关于 J-V 迟滞的离子迁移问题很多,但缺乏更直接的证据和综合模型,使得很难得出离子迁移是迟滞唯一原因的结论。事实上,根据 Snaith 等提出的模型,仅有离子迁移不能解释迟滞现象,但离子迁移和界面陷阱状态共同解释了迟滞现象[55]。在图 10-26 中比较了仅包含离子以及包含离子和陷阱状态的钙钛矿太阳能电池的模拟 J-V 特性。因此,移动离子或陷阱状态的密度的降低可以减少迟滞。

　　然而,很少有事实与陷阱态理论引起迟滞效应相冲突。其中之一是在钙钛矿中观察到的低陷阱态密度[58,59]。如果陷阱态是迟滞的唯一参与者,则钙钛矿中相对较小的陷阱密度预计会导致轻微或无迟滞效应。此外,陷阱密度随照射强度的有效变化必须反映为钙钛矿器件中改变的迟滞现象。由于陷阱态在较高强度的光下被更好地填充,因此在较高强度照射的情

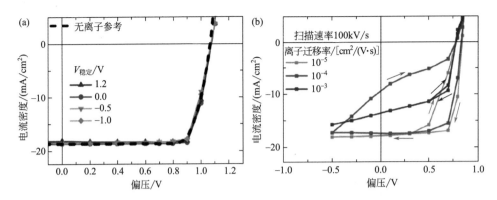

图 10-26　模拟的钙钛矿太阳能电池的 J-V 曲线的比较：（a）仅离子，没有迟滞效应；（b）包含离子（迁移率不同）和缺陷态，有迟滞效应[55]

况下预期迟滞较少。相反，已经观察到迟滞随光强度增加，与光电流成比例。因此，对钙钛矿中现有陷阱态的捕获-去除引起迟滞的假设并不完全令人信服。需要进一步调查，以找到陷阱态积极参与创造迟滞现象的更直接和独特的证据。此外，需要进一步研究在钙钛矿中产生陷阱态的机理及其密度，以支持基于陷阱状态的模型。

10.4　迟滞现象、稳定的功率输出和稳定性

虽然理解迟滞起源机制无疑是寻找钙钛矿太阳能电池这种异常行为解决方案的第一步，但确定迟滞现象如何影响实际电池的性能在商业化方面更为重要。实际上，它与太阳能电池的实际应用更为相关。在恒定电压（或外部负载）下工作的电池的稳态性能，对于任何太阳能电池的实际使用都是重要的。由于迟滞现象是仅在电压扫描中观察到的瞬态现象，因此只要器件在恒定负载下随时间提供稳定且可靠的稳态性能，它就不会被认为是大问题。我们唯一需要知道的是在恒定电压（最大功率点）下工作时显示迟滞的器件的实际性能。如果铁电极化、离子迁移、界面载流子动力学和陷阱态被认为是造成迟滞的原因，那么也会影响电池的稳态性能，太阳能电池的稳定必定与迟滞现象直接相关。换句话说，由于上述过程的影响较大，预计具有更大迟滞的电池具有更差的稳定性。

在大多数情况下，发现在最大功率点（maximum power point，MPP）测得的稳定功率输出略低于反向 J-V 扫描估计的性能[48,60,61]，而很少有报告显示稳态（ss）功率输出匹配反向扫描值。为了验证上述结果，在最近的研究中，我们测量了稳态功率输出的电池，显示出轻微、中等和大的迟滞现象，其基本上由平面异质结钙钛矿电池中的钙钛矿膜厚度控制。所有电池均使用外部负载（600Ω）操作，测量电流密度超过 2min。图 10-27 显示了在平面结构的钙钛矿电池上测量的 J-V 特性和相应的稳态电流密度，显示出不同大小的迟滞现象。发现具有大迟滞的电池的稳态电流密度接近于从正向扫描估计的值，显著低于反向扫描值。此外，在一些 TiO_2 介孔钙钛矿器件中显示出较大的迟滞现象，这可能是由于较厚的覆盖层，在不同的偏置电压（0.5V、0.55V、0.6V 和 0.67V）下测得的稳态性能与正向扫描值密切匹配（图 10-28）。

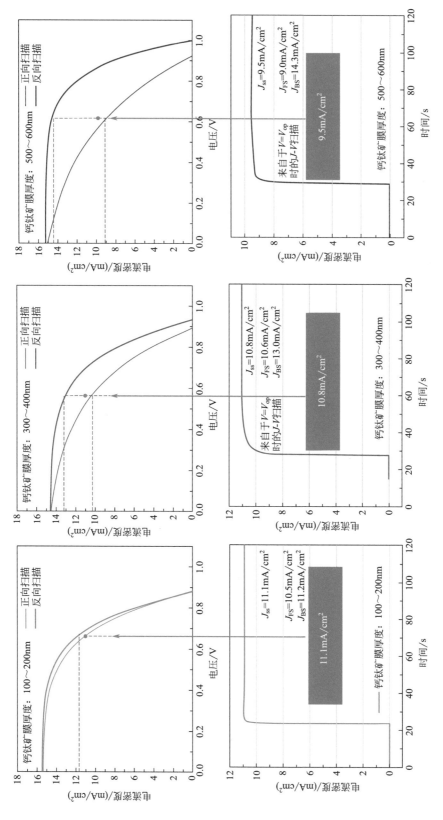

图 10-27 J-V 特性（电压扫描速度＝200mV/s）和三种平面钙钛矿电池的稳态性能（用 600Ω 外部负载测量），显示出不同幅度的迟滞现象

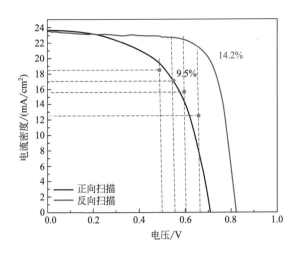

图 10-28　在施加偏压为 0.5V、0.55V、0.6V 和 0.67V 时测得的 J-V 曲线和稳态电流密度

　　虽然我们一直观察到许多样本表明，显示大迟滞器件的稳态功率输出与正向扫描性能紧密匹配，但文献中很少有报告显示稳态性能与反向扫描值匹配。似乎稳态性能与反向或正向扫描性能的匹配还取决于器件结构和制造方法。需要进一步的研究来了解其制备和正确的器件结构的条件，可以在与反向扫描性能匹配的 MPP 上稳定地执行。

　　虽然 2min 足够长以确定稳态电流值，但持续时间太短而无法评估电池的性能稳定性。为了检查性能稳定性，我们测量了电池（未封装）的光电流密度，该电池在整个负载（600Ω）和环形光源（1 倍太阳辐射度）下工作。每个开关周期的时间固定为 3min，所有器件测量 10 个循环，持续近 1h 进行完整测量。从图 10-29 中可以看出，随着平面钙钛矿太阳能电池中钙钛矿膜的厚度增大，迟滞效应增加并且性能稳定性降低，表明迟滞现象可能与这种性能不稳定性直接相关。为了证实这种关系，我们将一组电池的性能与不同厚度的钙钛矿薄膜进行了比较，但显示出类似的迟滞现象。较厚的 TiO_2 致密层（约200nm）和不同厚度的钙钛矿薄膜（在 1500r/min、3000r/min 和 6000r/min 下旋涂）的钙钛矿太阳能电池显示出明显较低的 J_{sc}（被认为受到较厚致密层的限制）和类似的迟滞现象，而对钙钛矿厚度没有太大的依赖性。尽管迟滞差异不显著［图 10-30（a）］，但所有这些器件表现出与钙钛矿厚度相关的性能下降趋势［图 10-30（b）］，对于具有较薄 TiO_2致密层的电池［图 10-29（a）］观察到，随着钙钛矿厚度的增加，迟滞效应增加。这证实了性能不稳定性与迟滞效应没有直接关系；两者肯定都有不同的机制。然而，迟滞和性能稳定性独立地受到钙钛矿膜厚度的影响。有趣的是，当电池在开路下保持在光线下时（没有从器件收集电流），性能不仅仅是在循环测试下降低，而且在连续光照下测量也降低。实际上，这证明了电池性能随着光浸泡而降低，而不管器件在闭合或开路的情况下。无论迟滞如何，所有的器件都表现出相同的光诱导可逆性能降低（图 10-31）。有报道称钙钛矿电池中观察到不同的光诱导效应，如巨介电常数、光诱导陷阱态、可逆结构转变等。然而，迟滞和这种光诱导的可逆效应之间没有相关性证明，迟滞现象不是由引起光诱导变化的相同过程引起的。

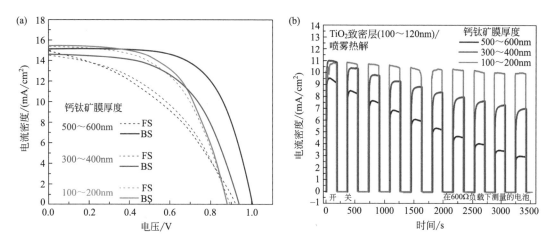

图 10-29　具有不同厚度的钙钛矿薄膜的平面钙钛矿（$CH_3NH_3PbI_{3-x}Cl_x$）太阳能电池的正向扫描（FS）和反向扫描（BS）J-V 曲线（a），以及循环光电流和暗电流（用 600Ω 的外部负载测量）（b）。TiO_2 致密层厚度为 $100\sim120nm$

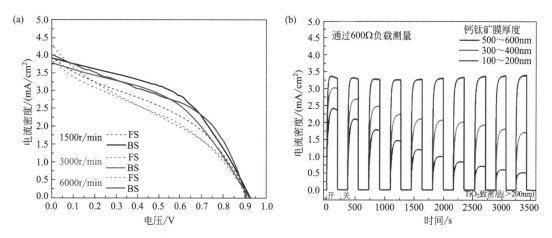

图 10-30　具有不同厚度的钙钛矿薄膜的平面钙钛矿太阳能电池的正向扫描（FS）和反向扫描（BS）J-V 曲线（a），以及循环光电流和暗电流（用 600Ω 的外部负载测量）（b）。TiO_2 致密层的厚度 $>200nm$

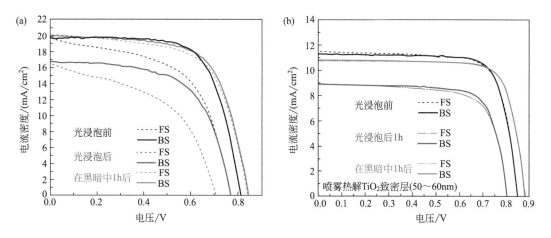

图 10-31　光浸泡对 TiO_2 介孔钙钛矿太阳能电池的 J-V 特性的影响：（a）有迟滞效应和（b）没有迟滞效应

10.5 结论

与其他太阳能电池中使用的材料不同，有机卤化铅钙钛矿通常在正向和反向电压扫描测量的光电流表现出大的不匹配，导致基于钙钛矿的太阳能电池的迟滞 $J\text{-}V$ 曲线。钙钛矿电池中的这种异常迟滞受多种因素的影响，如器件结构、金属氧化物膜的特征、钙钛矿薄膜的厚度和形态、电子和电介质层的特性，以及在测量过程中的处理条件。同时观察到迟滞随着偏压的扫描速率增加。扫描速率越快，正向和反向 $J\text{-}V$ 曲线之间的差异就越大。观察到的迟滞实际上是在每个偏置电压下测量的瞬态光电流的结果。该瞬态电流分别高于和低于反向和正向扫描的稳态值。这种瞬态电流的衰减以及 $J\text{-}V$ 迟滞取决于器件结构。由于器件结构（各层和界面）的广泛变化，迟滞效应的物理特性尚未完全理解，并且仍然缺少对这种不寻常的光伏特性的独特解决方案。然而，尽管如此，科学家们已经做了大量的努力来理解这种现象的科学机理，并且已经或多或少地影响迟滞效应的产生过程，或者对测试参数有了一些了解。在许多情况下，具有介孔 TiO_2 层的器件显示出很小的迟滞或没有迟滞现象。另一方面，具有 Al_2O_3 框架或没有任何介孔支架（具有金属氧化物致密层的平面异质电池）的器件具有大的 $J\text{-}V$ 迟滞。但是，倒置结构的平面钙钛矿器件（即 TCO❶/HTM/钙钛矿/ECL/金或银或铝）通常表现出可忽略的迟滞或零迟滞。然而，TiO_2 介孔结构或倒置器件结构不是消除迟滞的充分条件，因为迟滞的主要决定性因素是分层结构的特性和制备条件。即使在相同结构的器件中，迟滞也随着不同实验室中的制造方法和条件的微小变化而变化，这可以改变各层结构的界面质量。因此，对这一现象进行定量分析并对不同群体的结果进行公平比较是非常困难的。理解迟滞机制变得不可避免地具有挑战性。

虽然到目前为止还没有一个单一的、一致接受的迟滞机理，但不同的研究提供合理的见解，给出了不同的迟滞起源。显然，迟滞特性和器件稳定性会产生不止一种现象，导致迟滞现象并导致性能不稳定。除了触点处的电容效应，铁电极化、离子迁移，界面载流子动力学、电荷载流子的俘获-去除是瞬态迟滞的可能原因。不幸的是，由于器件结构和制备方法的变化，上述假设都没有解释迟滞与其广泛变化的关系。然而，所有提出的机制隐含地指的是在扫描期间改变载流子收集效率。由于载流子收集既取决于层内的传输，也取决于器件中的界面转移，很明显，层状特性（例如，铁电极化、高密度的移动离子和陷阱态等）和界面接触都对迟滞有影响。空位辅助的离子迁移到界面、极化铁电区域、缓慢陷阱态的去除可能是产生迟滞的根源，但界面的物理不连续性或电失配肯定会放大效果。因此，在某些情况下，选择具有给定钙钛矿组成的正确界面层材料可以消除迟滞现象。此外，最小化钙钛矿中的移动离子和陷阱态将有效地减少迟滞现象。最近，在金属氧化物电子传输层上制备了高效率（＞20%）的混合阳离子型钙钛矿电池。在 SnO_2 上制备的甲铵（MA）/甲脒（FA）和 I/Br 混合钙钛矿表现出无迟滞现象[62]。沉积在 TiO_2 上的 Cs/FA/MA 和 I/Br 混合的钙钛矿也表现出很小的迟滞现象[63]。这些具有高度稳定性能的器件被认为是减少离子迁移、最小化陷阱态和无空隙连续界面结构的结

---

❶ 透明导电氧化物。

果，这是通过改善材料和界面接触来实现的。

消除迟滞很重要，但理解迟滞与稳态功率输出和性能稳定性的关系更为重要。由于实际使用的太阳能电池必须随时间在特定电压（MPP）下工作，因此电压扫描观察到的迟滞可能不是问题，只要该现象不影响器件的稳定功率输出即可。换句话说，重要的是要知道任何显示迟滞的电池的实际电池性能及其稳定性。对于显示迟滞的器件，MPP 的稳定功率输出应作为实际性能进行测量。尽管在大多数情况下稳定的功率输出接近于正向扫描期间计算的功率，但它对结构和制备条件敏感。使用外部负载在恒定电压（接近最大功率点）下制备器件（有或没有迟滞），显示迟滞现象和性能稳定性之间没有直接关联。在具有和不具有迟滞的器件中观察到的光致可逆性能劣化，推断出迟滞或引起迟滞的过程可能不直接导致性能降低。

参考文献

[1] Kojima, A., Teshima, K., Shirai, Y., Miyasaka, T.: Organometal halide perovskites as visible-light sensitizers for photovoltaic cells. J. Am. Chem. Soc. 131, 6050-6051 (2009)

[2] Lee, M. M., Teuscher, J., Miyasaka, T., Murakami, T. N., Snaith, H. J.: Efficient hybrid solar cells based on meso-superstructured organometal halide perovskites. Science 338, 643-647 (2012)

[3] Zhou, H., Chen, Q., Li, G., Luo, S., Song, T.-B., Duan, H.-S., Hong, Z., You, J., Liu, Y., Yang, Y.: Interface engineering of highly efficient perovskite solar cells. Science 345, 542-546 (2014)

[4] Jeon, N. J., Noh, J. H., Kim, Y. C., Yang, W. S., Ryu, S., Seok, S. I.: Solvent engineering for high-performance inorganic-organic hybrid perovskite solar cells. Nat. Mater. 13, 897-903 (2014)

[5] Naoki, K., Yasuo, C., Liyuan, H.: Methods of measuring energy conversion efficiency in dye-sensitized solar cells. Jpn. J. Appl. Phys. 44, 4176 (2005)

[6] Editorial, Solar cell woes. Nat. Photon. 8, 665-665 (2014)

[7] Editorial, Bringing solar cell efficiencies into the light. Nat. Nano. 9, 657-657 (2014)

[8] Editorial, Perovskite fever. Nat. Mater. 13, 837-837 (2014)

[9] Kim, H.-S., Jang, I.-H., Ahn, N., Choi, M., Guerrero, A., Bisquert, J., Park, N.-G.: Control of I-V Hysteresis in $CH_3NH_3PbI_3$ Perovskite Solar Cell. J. Phys. Chem. Lett. 6, 4633-4639 (2015)

[10] Heo, J. H., Han, H. J., Kim, D., Ahn, T. K., Im, S. H.: Hysteresis-less inverted $CH_3NH_3PbI_3$ planar perovskite hybrid solar cells with 18.1% power conversion efficiency. Energy Environ. Sci. 8, 1602-1608 (2015)

[11] Wu, C.-G., Chiang, C.-H., Tseng, Z.-L., Nazeeruddin, M. K., Hagfeldt, A., Grätzel, M.: High efficiency stable inverted perovskite solar cells without current hysteresis. Energy Environ. Sci. 8, 2725-2733 (2015)

[12] Yin, X., Que, M., Xing, Y., Que, W.: High efficiency hysteresis-less inverted planar heterojunction perovskite solar cells with a solution-derived NiOx hole contact layer. J. Mater. Chem. A 3, 24495-24503 (2015)

[13] Tripathi, N., Yanagida, M., Shirai, Y., Masuda, T., Han, L., Miyano, K.: Hysteresis-free and highly stable perovskite solar cells produced via a chlorine-mediated interdiffusion method. J. Mater. Chem. A 3, 12081-12088 (2015)

[14] Zhang, H., Liang, C., Zhao, Y., Sun, M., Liu, H., Liang, J., Li, D., Zhang, F., He, Z.: Dynamic interface charge governing the current-voltage hysteresis in perovskite solar cells. Phys. Chem. Chem. Phys. 17, 9613-9618 (2015)

[15] Chen, L.-C., Chen, J.-C., Chen, C.-C., Wu, C.-G.: Fabrication and properties of high-efficiency perovskite/PCBM organic solar cells. Nanoscale Res. Lett. 10, 1-5 (2015)

[16] Snaith, H. J., Abate, A., Ball, J. M., Eperon, G. E., Leijtens, T., Noel, N. K., Stranks, S. D., Wang, J. T.-W., Wojciechowski, K., Zhang, W.: Anomalous hysteresis in perovskite solar cells. J. Phys. Chem. Lett. 5, 1511-1515 (2014)

[17] Kim, H.-S., Park, N.-G.: Parameters affecting I-V hysteresis of $CH_3NH_3PbI_3$ perovskite solar cells: effects of perovskite crystal size and mesoporous TiO_2 layer. J. Phys. Chem. Lett. 5, 2927-2934 (2014)

[18] Chen, S., Lei, L., Yang, S., Liu, Y., Wang, Z.-S.: Characterization of perovskite obtained from two-step deposition on mesoporous titania. ACS Appl. Mater. Interfaces 7, 25770-25776 (2015)

[19] Binglong, L., Vincent Obiozo, E., Tatsuo, M.: High-performance $CH_3NH_3PbI_3$ perovskite solar cells fabrica-

ted under ambient conditions with high relative humidity. Jpn. J. Appl. Phys. 54，100305（2015）

[20] Tress，W.，Marinova，N.，Moehl，T.，Zakeeruddin，S. M.，Nazeeruddin，M. K.，Gratzel，M.：Understanding the rate-dependent J-V hysteresis，slow time component，and aging in $CH_3NH_3PbI_3$ perovskite solar cells：the role of a compensated electric field. Energy Environ. Sci. 8，995-1004（2015）

[21] Unger，E. L.，Hoke，E. T.，Bailie，C. D.，Nguyen，W. H.，Bowring，A. R.，Heumuller，T.，Christoforo，M. G.，McGehee，M. D.：Hysteresis and transient behavior in current-voltage measurements of hybrid-perovskite absorber solar cells. Energy Environ. Sci. 7，3690-3698（2014）

[22] Chen，B.，Yang，M.，Zheng，X.，Wu，C.，Li，W.，Yan，Y.，Bisquert，J.，Garcia-Belmonte，G.，Zhu，K.，Priya，S.：Impact of capacitive effect and ion migration on the hysteretic behavior of perovskite solar cells. J. Phys. Chem. Lett. 6，4693-4700（2015）

[23] Christians，J. A.，Manser，J. S.，Kamat，P. V.：Best practices in perovskite solar cell efficiency measurements. Avoiding the error of making bad cells look good. J. Phys. Chem. Lett. 6，852-857（2015）

[24] Ono，L. K.，Raga，S. R.，Wang，S.，Kato，Y.，Qi，Y.：Temperature-dependent hysteresis effects in perovskite-based solar cells. J. Mater. Chem. A 3，9074-9080（2015）

[25] Meloni，S.，Moehl，T.，Tress，W.，Franckevicius，M.，Saliba，M.，Lee，Y. H.，Gao，P.，Nazeeruddin，M. K.，Zakeeruddin，S. M.，Rothlisberger，U.，Grätzel，M.：Ionic polarization-induced current-voltage hysteresis in $CH_3NH_3PbX_3$ perovskite solar cells. Nat. Commun. 7（2016）

[26] Bryant，D.，Wheeler，S.，O'Regan，B. C.，Watson，T.，Barnes，P. R. F.，Worsley，D.，Durrant，J.：Observable hysteresis at low temperature in "Hysteresis Free" organic-inorganic lead halide perovskite solar cells. J. Phys. Chem. Lett. 6，3190-3194（2015）

[27] Chen，H.-W.，Sakai，N.，Ikegami，M.，Miyasaka，T.：Emergence of hysteresis and transient ferroelectric response in organo-lead halide perovskite solar cells. J. Phys. Chem. Lett. 6，164-169（2014）

[28] Lyu，M.，Yun，J.-H.，Ahmed，R.，Elkington，D.，Wang，Q.，Zhang，M.，Wang，H.，Dastoor，P.，Wang，L.：Bias-dependent effects in planar perovskite solar cells based on $CH_3NH_3PbI_{3-x}Cl_x$ films. J. Colloid Interface Sci. 453，9-14（2015）

[29] Wei，J.，Zhao，Y.，Li，H.，Li，G.，Pan，J.，Xu，D.，Zhao，Q.，Yu，D.：Hysteresis analysis based on the ferroelectric effect in hybrid perovskite solar cells. J. Phys. Chem. Lett. 5，3937-3945（2014）

[30] Frost，J. M.，Butler，K. T.，Walsh，A.：Molecular ferroelectric contributions to anomalous hysteresis in hybrid perovskite solar cells. APL Mater. 2（2014）

[31] Stoumpos，C. C.，Malliakas，C. D.，Kanatzidis，M. G.：Semiconducting tin and lead iodide perovskites with organic cations：phase transitions，high mobilities，and near-infrared photoluminescent properties. Inorg. Chem. 52，9019-9038（2013）

[32] Yasemin Kutes，L. Y.，Zhou，Yuanyuan，Pang，Shuping，Huey，Bryan D.，Padture，Nitin P.：Direct observation of ferroelectric domains in solution-processed $CH_3NH_3PbI_3$ perovskite thin films. J. Phys. Chem. Lett. 5，3335-3339（2014）

[33] Kim，H.-S.，Kim，S. K.，Kim，B. J.，Shin，K.-S.，Gupta，M. K.，Jung，H. S.，Kim，S.-W.，Park，N.-G.：Ferroelectric polarization in $CH_3NH_3PbI_3$ perovskite. J. Phys. Chem. Lett. 6，1729-1735（2015）

[34] Chen，B.，Zheng，X.，Yang，M.，Zhou，Y.，Kundu，S.，Shi，J.，Zhu，K.，Priya，S.：Interface band structure engineering by ferroelectric polarization in perovskite solar cells. Nano Energy 13，582-591（2015）

[35] Fan，Z.，Xiao，J.，Sun，K.，Chen，L.，Hu，Y.，Ouyang，J.，Ong，K. P.，Zeng，K.，Wang，J.：Ferroelectricity of $CH_3NH_3PbI_3$ perovskite. J. Phys. Chem. Lett. 6，1155-1161（2015）

[36] Jena，A. K.，Chen，H.-W.，Kogo，A.，Sanehira，Y.，Ikegami，M.，Miyasaka，T.：The interface between FTO and the TiO_2 compact layer can be one of the origins to hysteresis in planar heterojunction perovskite solar cells. ACS Appl. Mater. Interfaces 7，9817-9823（2015）

[37] Wojciechowski，K.，Stranks，S. D.，Abate，A.，Sadoughi，G.，Sadhanala，A.，Kopidakis，N.，Rumbles，G.，Li，C.-Z.，Friend，R. H.，Jen，A. K. Y.，Snaith，H. J.：Heterojunction modification for highly efficient organic-inorganic perovskite solar cells. ACS Nano 8，12701-12709（2014）

[38] Nagaoka，H.，Ma，F.，deQuilettes，D. W.，Vorpahl，S. M.，Glaz，M. S.，Colbert，A. E.，Ziffer，M. E.，Ginger，D. S.：Zr incorporation into TiO_2 electrodes reduces hysteresis and improves performance in hybrid perovskite solar cells while increasing carrier lifetimes. J. Phys. Chem. Lett. 6，669-675（2015）

[39] Yuan，Z.，Wu，Z.，Bai，S.，Xia，Z.，Xu，W.，Song，T.，Wu，H.，Xu，L.，Si，J.，Jin，Y.，Sun，B.：Hot-electron injection in a sandwiched TiO_x-Au-TiO_x structure for high-performance planar perovskite solar cells. Adv. Energy Mater.（2015）.（n/a-n/a）

[40] Im，S. H.，Heo，J.-H.，Han，H. J.，Kim，D.，Ahn，T.：18.1% hysteresis-less inverted $CH_3NH_3PbI_3$ planar perovskite hybrid solar cells. Energy Environ. Sci.（2015）

[41] Tao, C., Neutzner, S., Colella, L., Marras, S., Srimath Kandada, A. R., Gandini, M., De Bastiani, M., Pace, G., Manna, L., Caironi, M., Bertarelli, C., Petrozza, A.: 17.6% steady state efficiency in low temperature processed planar perovskite solar cells. Energy Environ. Sci. (2015)

[42] Bergmann, V. W., Weber, S. A. L., Javier Ramos, F., Nazeeruddin, M. K., Grätzel, M., Li, D., Domanski, A. L., Lieberwirth, I., Ahmad, S., Berger, R.: Real-space observation of unbalanced charge distribution inside a perovskite-sensitized solar cell. Nat. Commun. 5 (2014)

[43] Cojocaru, L., Uchida, S., Jayaweera, P. V. V., Kaneko, S., Nakazaki, J., Kubo, T., Segawa, H.: Origin of the hysteresis in I-V curves for planar structure perovskite solar cells rationalized with a surface boundary-induced capacitance model. Chem. Lett. 44, 1750-1752 (2015)

[44] Tubbs, M. R.: The optical properties and chemical decomposition of halides with layer structures. II. defects, chemical decomposition, and photographic phenomena. Physica Status Solidi (b), 67, 11-49 (1975)

[45] Haruyama, J., Sodeyama, K., Han, L., Tateyama, Y.: First-principles study of ion diffusion in perovskite solar cell sensitizers. J. Am. Chem. Soc. 137, 10048-10051 (2015)

[46] Eames, C., Frost, J. M., Barnes, P. R. F., O/'Regan, B. C., Walsh, A., Islam, M. S.: Ionic transport in hybrid lead iodide perovskite solar cells. Nat. Commun. 6 (2015)

[47] Alberti, A., Deretzis, I., Pellegrino, G., Bongiorno, C., Smecca, E., Mannino, G., Giannazzo, F., Condorelli, G. G., Sakai, N., Miyasaka, T., Spinella, C., La Magna, A.: Similar structural dynamics for the degradation of $CH_3NH_3PbI_3$ in air and in vacuum. ChemPhysChem 16, 3064-3071 (2015)

[48] Zhang, Y., Liu, M., Eperon, G. E., Leijtens, T. C., McMeekin, D., Saliba, M., Zhang, W., de Bastiani, M., Petrozza, A., Herz, L. M., Johnston, M. B., Lin, H., Snaith, H. J.: Charge selective contacts, mobile ions and anomalous hysteresis in organic-inorganic perovskite solar cells. Mater. Horiz. 2, 315-322 (2015)

[49] Zhao, Y., Liang, C., Zhang, H., Li, D., Tian, D., Li, G., Jing, X., Zhang, W., Xiao, W., Liu, Q., Zhang, F., He, Z.: Anomalously large interface charge in polarity-switchable photovoltaic devices: an indication of mobile ions in organic-inorganic halide perovskites. Energy Environ. Sci. 8, 1256-1260 (2015)

[50] Li, C., Tscheuschner, S., Paulus, F., Hopkinson, P. E., Kießling, J., Köhler, A., Vaynzof, Y., Huettner, S.: Iodine migration and its effect on hysteresis in perovskite solar cells. Adv. Mater. (2016). (n/a-n/a)

[51] Yu, H., Lu, H., Xie, F., Zhou, S., Zhao, N.: Native defect-induced hysteresis behavior in organolead iodide perovskite solar cells. Adv. Funct. Mater. 26, 1411-1419 (2016)

[52] Richardson, G., O'Kane, S. E. J., Niemann, R. G., Peltola, T. A., Foster, J. M., Cameron, P. J., Walker, A. B.: Can slow-moving ions explain hysteresis in the current-voltage curves of perovskite solar cells?. Energy Environ. Sci. (2016)

[53] Almora, O., Zarazua, I., Mas-Marza, E., Mora-Sero, I., Bisquert, J., Garcia-Belmonte, G.: Capacitive dark currents, hysteresis, and electrode polarization in lead halide perovskite solar cells. J. Phys. Chem. Lett. 6, 1645-1652 (2015)

[54] Zhou, Y., Huang, F., Cheng, Y.-B., Gray-Weale, A.: Photovoltaic performance and the energy landscape of $CH_3NH_3PbI_3$. Phys. Chem. Chem. Phys. 17, 22604-22615 (2015)

[55] van Reenen, S., Kemerink, M., Snaith, H. J.: Modeling anomalous hysteresis in perovskite solar cells. J. Phys. Chem. Lett, 6, 3808-3814 (2015)

[56] Shao, Y., Xiao, Z., Bi, C., Yuan, Y., Huang, J.: Origin and elimination of photocurrent hysteresis by fullerene passivation in $CH_3NH_3PbI_3$ planar heterojunction solar cells. Nat. Commun. 5 (2014)

[57] Li, W., Dong, H., Dong, G., Wang, L.: Hystersis mechanism in perovskite photovoltaic devices and its potential application for multi-bit memory devices. Org. Electron. 26, 208-212 (2015)

[58] Shi, D., Adinolfi, V., Comin, R., Yuan, M., Alarousu, E., Buin, A., Chen, Y., Hoogland, S., Rothenberger, A., Katsiev, K., Losovyj, Y., Zhang, X., Dowben, P. A., Mohammed, O. F., Sargent, E. H., Bakr, O. M.: Low trap-state density and long carrier diffusion in organolead trihalide perovskite single crystals. Science 347, 519-522 (2015)

[59] Oga, H., Saeki, A., Ogomi, Y., Hayase, S., Seki, S.: Improved understanding of the electronic and energetic landscapes of perovskite solar cells: high local charge carrier mobility, reduced recombination, and extremely shallow traps. J. Am. Chem. Soc. 136, 13818-13825 (2014)

[60] Xu, J., Buin, A., Ip, A. H., Li, W., Voznyy, O., Comin, R., Yuan, M., Jeon, S., Ning, Z., McDowell, J. J., Kanjanaboos, P., Sun, J.-P., Lan, X., Quan, L. N., Kim, D. H., Hill, I. G., Maksymovych, P., Sargent, E. H.: Perovskite-fullerene hybrid materials suppress hysteresis in planar diodes. Nat. Commun. 6 (2015)

[61] Ryu, S., Seo, J., Shin, S. S., Kim, Y. C., Jeon, N. J., Noh, J. H., Seok, S. I.: Fabrication of

metal-oxide-free $CH_3NH_3PbI_3$ perovskite solar cells processed at low temperature. J. Mater. Chem. A 3，3271-3275（2015）

[62] Bi，D.，Tress，W.，Dar，M. I.，Gao，P.，Luo，J.，Renevier，C.，Schenk，K.，Abate，A.，Giordano，F.，Correa Baena，J.-P.，Decoppet，J.-D.，Zakeeruddin，S. M.，Nazeeruddin，M. K.，Grätzel，M.，Hagfeldt，A.：Efficient luminescent solar cells based on tailored mixed-cation perovskites. Sci. Adv. 2，e1501170（2016）

[63] Saliba，M.，Matsui，T.，Seo，J. Y.，Domanski，K.，Correa-Baena，J.-P.，Nazeeruddin，M. K.，Zakeeruddin，S. M.，Tress，W.，Abate，A.，Hagfeldt，A.，Grätzel，M.：Cesium-containing triple cation perovskite solar cells：improved stability，reproducibility and high efficiency. Energy Environ. Sci.（2016）. doi：10. 1039/c5ee03874j

第11章
从太阳光中产生燃料的钙钛矿太阳能电池

Jingshan Luo，Matthew T. Mayer，Michael Grätzel

11.1 概述

化石燃料是有限的能源资源，它们的燃烧会造成空气污染并释放出大量的二氧化碳，导致全球变暖。这促使人们寻求绿色和可持续的能源。太阳能足以满足人类作为绿色和可再生能源的所有能源需求。事实上，在 1h 内从太阳照射的能量足以为地球供电一整年[1]。然而，其扩散和间歇性质要求有效的收获策略与有效的存储方法相结合，然后才能设想大规模利用。

11.1.1 能源需求、全球变暖和存储需求

人类生活方式的发展推动了对能源需求的不断增长。据估计，2015 年世界总能耗为 16TW，到 2050 年，这一数值将增加到 30TW。目前，大部分能源来自储量有限的化石燃料。虽然不断发现新的石油和天然气储备，使得世界似乎总有 50 年的未来消费作为储备，储存在地下[2]，但这些储量的不均衡分布和不确定的地缘政治关系使能源供应复杂化，并创造了一个波动和脆弱的市场。除了这些问题，化石燃料的消耗对全球环境的影响还需要立即采取行动。例如，由于煤炭燃烧和道路上汽车数量的迅速增加，中国的主要城市面临着严重的空气污染问题。情况非常糟糕，有时烟雾会使天空变暗。根据美国国家气候数据中心的数据，由于大气中二氧化碳的人为释放量大大增加，全球平均温度在过去 40 年增加了 0.75℃，专家认为这已经接近或超出诱导灾难性的变化临界点。根据预测，如果温度继续以当前速度上升，南极和北极的冰山将融化，海边附近的城市将被水浸没。2015 年巴黎气候变化会议的所有参与者（186 个国家）已达到共同目标，即通过减少二氧化碳排放量将温度上升保持在 2℃ 以下。

所有上述问题都促使人们寻求清洁的和可再生的能源。在所有可再生能源中，太阳能是满足我们所有需求的能源。为了有效地收集这种能量，需要具有高效率和低成本的太阳能电池。作为一种新兴的太阳能电池技术，钙钛矿太阳能电池可以通过简便的低成本的溶液工艺流程处理，并且最近表现出效率达到晶体硅的水平[3]，这可能会使太阳能电力的成本达到与电网价格相当。然而，单独的太阳能电池不足以解决能源问题，因为它们不提供存储手

段。在夜晚或阴天，仅太阳能光伏发电无法满足能源需求。这是使用光伏发电的主要挑战之一，风能也是如此。太阳光通量的间歇性会引起电网的大幅波动。因此，必须设计有效的存储策略来克服太阳能的间歇性问题。诸如锂离子电池和超级电容器之类的存储解决方案，对于电网规模的能量存储仍然过于昂贵，并且可能的更便宜的替代品如氧化还原液流电池仍在研究和开发中。实际上，自然界通过光合作用实现了数十亿年的太阳能储存。绿色植物吸收阳光并分解水以产生化学结合形式的氢——NADPH，它反过来将 CO_2 还原为碳水化合物，用作地球上维持生命的燃料和食物库。模仿大自然将太阳能直接转化为化学燃料，是最有希望的收获太阳能的战略之一，并通过太阳能驱动的水分解和二氧化碳减排，将其转化为如氢甲醇或其他高价值化学品燃料。

11.1.2　太阳能燃料的产生和利用

分解水以产生氢气和氧气需要施加至少 1.23V 的电压以提供热力学驱动力。由于与反应动力学相关的实际过电位，通常需要明显更大的电压，商用电解槽通常在 1.8～2.0V 的电压下工作[4]。氢被广泛用作化学工业的原料和清洁燃料运输。例如，氢气是氨合成的关键组分，可以进一步加工成肥料或有用的化学品。此外，随着越来越多的汽车制造商加入燃料电池汽车市场，对氢气燃料的需求将继续增加。由于目前的经济原因，大部分氢气仍然是通过甲烷重整从化石燃料中产生的，这是不可持续的，因为它有助于温室效应。虽然氢气非常有用，但很难储存。氢气在环境压力和温度下是气体，其压缩和储存需要大量能量。因此，更进一步的是通过减少二氧化碳直接制造液体燃料，这可以关闭碳循环并阻止大气中人为二氧化碳水平的上升。最有利的产品之一是甲醇，它可以像汽油一样容易地储存和使用。

与水分解相比，二氧化碳减排具有更大的挑战性，并且由于其对气候变化的影响，它最近才引起关注。可能的二氧化碳还原产物很多，如 CO、CH_4、C_2H_4 和甲醇。这些产品的多电子通路使得 CO_2 还原比水分解更复杂，通常需要更大的过电势。产物选择性仍然是一项重要的研究挑战，特别是与氢析出的竞争会影响在水中运行的体系。关于光驱动水分解和二氧化碳减排的复杂性的更多细节将在以下章节中介绍。

11.1.3　太阳能到燃料（STF）转换的基本原则

太阳能转换过程的效率定义为功率输出与功率输入之比（P_{out}/P_{in}）。P_{in} 指的是入射辐射的功率，通常指标准太阳辐射光谱（例如 AM1.5G）的辐照度。按照惯例，AM1.5 太阳辐射的功率设定为 $1000W/m^2$。对于光伏发电，P_{out} 对应于电功率，通常指最大功率点处的电流和电压的乘积。在这种情况下，由于带隙和光谱响应之间的补偿平衡，可以从具有不同带隙的器件（例如 Si、GaInP、钙钛矿），获得可比较的太阳能到电能的能量转换效率（power conversion efficiency，PCE）[5]。

在定义太阳能到燃料（solar-to-fuels，STF）转换效率时情况不同，因为 P_{out} 是由存储在化学产品中的能量确定的，而不仅仅是电力。因此，以光作为唯一能量输入的独立体系的效率定义如下：

$$STF 效率 = \frac{JE^\circ \eta_F}{P_{in}}$$

式中，J 是器件的工作电流密度，mA/cm^2；$E°$ 是燃料形成反应的热力学势差，V；η_F 是演化产物的法拉第收益率；P_{in} 是入射光的功率，$mW/cm^{2[6]}$。这意味着 STF 效率方程的"电压"项是固定的，只有产生足够 V_{oc} 以驱动完整反应的器件才能达到非零效率。

因此，确定 STF 效率需要使用与标准 AM1.5 太阳光相匹配的光源测量电流密度，并测量产品演变的法拉第效率。对于来自水电解的太阳能到氢能（solar-to-hydrogen，STH）转化，反应产物分别是由水还原和氧化产生的氢气和氧气。

对于水电解产生氢气和氧气，$E°$ 为 1.23V（在标准条件下）。当包括以有意义的速率驱动电解所必需的实际考虑因素（包括但不限于电流密度、依赖于催化剂的过电势、质量传递、产物分离和体系设计）时，该电压需求显著增加。这超过了传统单结光伏电池产生的光电压。因此，驱动诸如水电解的燃料形成反应，需要新的光捕获剂开发高光电压和/或串联配置。

11.1.4　太阳能燃料的产生中，钙钛矿作为光能捕获材料的优点

商用 Si、薄膜 CIGS 和 CdTe 光捕获材料通常在标准 AM1.5G 太阳光下照射时产生接近 0.7V 的开路光电压（V_{oc}），而在最大功率点（V_{mp}）产生的电压为大约 100mV。因此，为了驱动水分解，必须串联三到四个电池，或者必须使用 DC-DC 电源转换器来实现合理的效率[7,8]。在钙钛矿太阳能电池（perovskite solar cell，PSC）出现之前，几乎所有的高效水分解都是通过复杂的多结串联装置或昂贵的基于 ⅢA-ⅤA 族化合物的光捕获材料实现的[9,10]。对于二氧化碳减排，由于较慢的反应动力学，需要更大的过电势，这需要四个或五个串联的传统电池[11]。

用于太阳能燃料生产的钙钛矿光捕获，其独特优势在于其固有的高 V_{oc} 和带隙可调性[12,13]。基于 FAPI 和 $CH_3NH_3PbBr_3$ 混合而形成的具有 1.5eV 带隙的光捕获材料，实现了 1.19V 的 V_{oc}[14]，接近具有该带隙电池的理论极限 1.32V[15]。迄今为止，钙钛矿电池的最高开路电压为 1.61V，即以 $CH_3NH_3PbBr_3$ 为光捕获剂，ICBA 为受体[16]。钙钛矿光伏的高 V_{oc} 使其能够通过各种器件进行有效的水分解，既可使用一个单电池，将两个电池组合在一起，也可以在环境压力和温度下将气体作为另一个光收集器的偏置源。此外，通过组分变化，钙钛矿的可调带隙使其吸收范围和 V_{oc} 的合理调节成为可能。例如，通过以不同的比例混合 $CH_3NH_3PbI_3$ 和 $CH_3NH_3PbBr_3$，可以获得带隙在 1.5eV 和 2.3eV 之间的光捕获器[12,13,17]。最后，使用透明导电氧化物如 Ag 纳米线或其他透明材料作为接触材料，它们可以制成半透明的[18,19]。这些特性对于在叠层器件中制造串联双吸收层是至关重要的。

11.2　钙钛矿光伏驱动的光解水

对于常规意义上的光伏（photovoltaic，PV）驱动电解技术，光伏模块可以通过 DC-DC 转换器连接到电解器单元。DC-DC 转换器用于调制电压，以最佳地匹配电解器的功率要求，因此即使操作电子电路需要最小临界电压，达到高输出 V_{oc} 也不太重要。但是，使用 DC-DC 电源转换时损耗约为 10%。该方法的另一个挑战是商用电解槽的工作电流密度非常

高，除了使用昂贵的电解器外，还需要使用高浓度电解质并限制电催化剂的选择。在这里，我们采用类似于传统光电化学分解水的方法，其中光捕获器和电催化剂用分布式电流密度集成，允许使用地壳含量丰富的材料，并且我们仅限于讨论太阳能燃料生成。

使用光伏或光电化学组件驱动的水电解，可以使用各种装置来完成，从单个光捕获器到双重吸收器。为了简明化，我们将考虑使用两个或三个相同吸收器作为单个带隙吸收系统的设备。由于常规钙钛矿太阳能电池的开路 V_{oc} 通常很大，我们下面讨论的装置仅包括一个或两个光捕获器。在这里，我们详细介绍了一个钙钛矿电池的使用，两个串联的电池，以及实现的双吸收器叠层作为光解水装置。

11.2.1 单电池驱动光解水

对于 PEC 分解水，由于对能带能量和电化学稳定性的严格要求，迄今为止只有大的带隙氧化物在模拟太阳光照射下证明了一个电池的完整水分解[20]。然而，由于有限的太阳光吸收，效率非常低。即使对于光伏电解方法，迄今为止还没有证明任何装置能够仅用一节电池进行有效的水分解。由于单个钙钛矿太阳能电池的开路电压可能大于 1.23V，因此可以想象，对于使用高效电催化剂来最小化过电位的系统，一个电池可以整体驱动光解水。例如，Im 等声称基于 $CH_3NH_3PbBr_3$ 的钙钛矿电池具有 10.4% 的效率、8.4mA/cm^2 的短路电路电流密度（J_{sc}）和 1.51V 的开路电压[21]。最近，Wu 等得到的 V_{oc} 为 1.61V，虽然 J_{sc} 为 6mA/cm^2[16]。基于文献中报道有效的、地壳富含的电催化剂，在低于 1.5V 的电压下，整体水分解的电流密度可以达到 20mA/cm^2[22]，可以想象使用单个钙钛矿电池可以实现太阳能到氢能转换效率超过 10%（图 11-1）。然而，这种单吸收器驱动电解装置的太阳能到氢能（solar to hydrogen，STH）转换效率仍然低于 10%，未达到共同体的目标（原文此处为"the targeted goals of the community"——编辑注）。

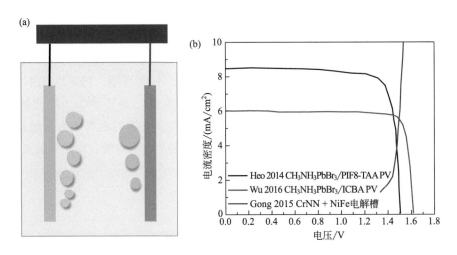

图 11-1　假想的单节光伏光电解装置。(a) 一个光伏电池直接连接到水分解电极的装置原理图。(b) 最近关于 $CH_3NH_3PbBr_3$ 电池的文献中的代表性高压光伏性能（摘自 Heo 等[21] 和 Wu 等[16] 的文章），与高活性的地壳富含的水分解电极进行了比较（摘自 Gong 等[22] 的文章）

11.2.2　两个串联器件的钙钛矿电池驱动光解水

虽然单个钙钛矿太阳能电池能够驱动水分解，但极低的过电位要求限制了合适的地壳储量丰富的电催化剂的选择。另外，通常太阳能电池的 V_{oc} 随着光强的降低而降低。由于真实日光条件的波动，将电催化剂的最佳操作点与单个光伏电池相匹配将是非常困难的。因此，使用串联连接的两个电池提供了更有利的构造设计。

除了光捕获材料，选择合适的电催化剂也非常重要。幸运的是，已经开发出高效的地壳富含的电催化剂，用于传统的 PEC 水分解[23,24]。通常，对于 $10mA/cm^2$ 的电流密度确定过电势，对应于在完全日光下的串联电池的实际 J_{sc} 值。例如，MoS_2 已被开发为酸性电解质中的析氢反应（hydrogen evolution reaction，HER）的有效电催化剂。最近，出现了新的 HER 电催化剂，如 Ni_2P、CoP 和混合的磷化物和硫化物[25,26]。对于析氧反应（oxygen evolution reaction，OER），已经设想了各种金属氧化物、氢氧化物和混合组分，其中 NiFe 层状双氢氧化物（layered double hydroxide，LDH）以其高活性脱颖而出[27]。地壳富含的电催化剂领域的不断进步，将增加设计完全丰富系统的机会，以进行高效的 STF 转换。

通过将两个基于 $CH_3NH_3PbI_3$ 的钙钛矿太阳能电池串联连接，并将它们连接到 NiFe LDH 电极，我们证明了 12.3％ 的 STH 转换效率，如图 11-2 所示[28]。这是第一次用低成本

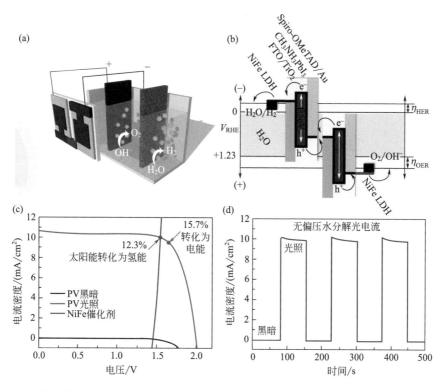

图 11-2　由钙钛矿光伏（PV）电池驱动的 12.3％ 太阳能到氢能转化效率。（a）器件示意图；（b）连接到双功能 NiFe LDH 水分解电极的双串联光伏电池的能级示意图；（c）二电池光伏和二电极催化剂组分器件的电流密度与电压的关系；（d）在短路器件上测量的电流密度，由模拟标准 AM1.5 太阳光驱动，执行无辅助水分解（引自文献［28］）

的光捕获器和地壳富含的电催化剂获得的效率，超过了 10％。我们在这项研究中发现，NiFe LDH 还可以催化析氢，使其成为水分解的双功能电催化剂。在整个水分解体系中使用双功能催化剂简化了设计，提供了降低氢气产生成本的可能性。

11.2.3 独立水分解的两个串联照明吸收体叠层

虽然并排放置的两个电池实现超过 12％的 STH 效率，但是在这种配置中获得的进一步效率，受到这种配置中照明面积加倍并因此电流密度减半的限制。对于 1.5eV 带隙材料，AM1.5G 光谱将理论效率限制在 17.8％[28]。增加钙钛矿带隙以产生更大的 V_{oc}，将导致更窄的光谱响应并因此导致更小的光电流。具有较窄带隙的电池可以实现更高的电流，但输出电压最终将降至低于驱动有效电解的阈值。因此，需要采取其他策略来提高效率。

双吸收层底层的方法为进一步提高光伏驱动电解系统可实现效率提供了明确途径。如上所述，该方法受益于通过连接电子系列中的两个电池而产生的附加 V_{oc}。为了实现更高的光电流密度，选择两个不同带隙的光捕获器，使得它们的吸收是互补的，从而允许收集更宽范围的太阳光谱。在图 11-3 中的能级示意图中绘制了一些可能的配置。在每种情况下，第一个（顶层）吸光层具有更宽的带隙，所以吸收高能量范围内的光子，同时允许较低能量的光子通过，以照射第二个较小的带隙吸收体。

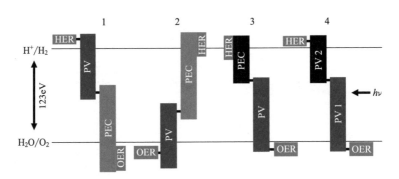

图 11-3 提供光解水的层吸收器串联配置的能级方案。矩形表示光捕获器的相对带隙，顶部和底部边缘分别代表导带和价带。棕色：钙钛矿光伏电池；橙色：金属氧化物光电极；黑色：Si 或 CIGS 光捕获器。水分解催化剂分别标记为 HER 或 OER，用于氢和氧析出反应。催化剂或者连接到 PV 端子，或者直接集成到 PEC 电极的表面上

双吸收材料串联的概念已经在太阳光驱动的水分解研究中得到广泛证明，主要是在使用一个或两个光电化学组件的设备上。近几十年来，已经详细研究了基于半导体光电极和含水电解质之间直接接触的光电化学（photoelectrochemical，PEC）电池[29]。在这些器件中，通常基于相对较大带隙（>2eV）的金属氧化物半导体，光生电荷被空间电荷层内的电场分开，该电场在半导体与电解质接触时自发形成。产生的局部场将少数载流子驱动到电极表面，在那里它们产生相应的水分解半反应。一些有用的报道提供了有关该主题的更多细节[30-35]。PEC 方法的一个目标是将光电阳极与具有互补光谱响应的光电阴极配对。尽管努力开发此类叠层器件，但最佳效率仅达到 1％左右[20,36,37]。

为了探索将 PEC 电极集成到提高效率的完整串联装置的潜力，采用 PEC 和光伏（PV）

组件的混合串联策略最近引起了人们的兴趣，受益于光伏电池提供的 V_{oc}。在这方面，钙钛矿电池代表了一种有吸引力的选择，并且已经在 PEC-PV 串联中实现为底部和顶部吸收体，并且与光电阳极和光电阴极结合。表 11-1 总结了最近的报道，其中钙钛矿电池作为底部吸收器（构型 1 和 2）或顶部吸收器（构型 3）引入。

表 11-1　使用钙钛矿吸收剂组分的完全水分解的实验证明

构型编号	顶部吸收器	底部吸收器	参考文献
1	PEC 光阳极	钙钛矿 PV	
	Mn:Fe_2O_3 纳米线，Co-Pi 催化剂	MAPI	[38]
	Si:Fe_2O_3 纳米花椰菜，FeNiO$_x$ 催化剂	MAPI	[39]
	$BiVO_4$-CoPi	MAPI	[40]
	Mo:$BiVO_4$-CoCi	MAPI	[41]
2	PEC 光阴极	钙钛矿 PV	
	Cu_2O-AZO-TiO_2-RuO_2	$(NH_2CH=NH_2PbI_3)_{1-x}(CH_3NH_3PbBr_3)_x$	[42]
3	钙钛矿 PV	PEC 光电极	
	$CH_3NH_3PbI_3$ 或者 $CH_3NH_3PbBr_3$	$CuIn_xGa_{1-x}Se_2$ 光阴极	[43]
4	钙钛矿 PV	小带隙 PV	没有报道

注：AZO 为 Al 掺杂的氧化锌；Pi 代表无机磷酸盐；Ci 代表无机碳酸盐。

赤铁矿（Fe_2O_3）是研究最广泛的光电极材料之一，因为它显示出理想的性能，如合适的带隙、稳定性和自然丰度[44,45]。最近在提高 Fe_2O_3 光阳极性能方面取得的进展，使人们得以展示完整的水分解串联器件[36]。Morales-Guio 等研究了顶部吸光层的透明度在 Fe_2O_3 与钙钛矿光伏相结合的研究中的关键作用[39]。为了在低过电位下发生析氧反应，需要催化活性高的催化剂。最近的发展表明，基于 Ni 和 Fe 的混合过渡金属氧化物具有巨大的前景，这些化合物是贵金属 Ru 和 Ir 的氧化物的廉价和丰富的替代物[27,28,46]。在光电化学系统中使用这些催化剂的一个主要挑战是它们在可见光中的大量光吸收[47]，当采用高比表面积光电极时，这个问题就复杂化了[48]。使用混合氧化物催化剂层引起的寄生光衰减，降低了 Fe_2O_3 和钙钛矿底部吸收层的光电流。因此，作者试图开发一种合成方法，用于沉积薄的透明催化剂薄膜。使用溶有 Fe 盐和 Ni 盐的水溶液，利用光电化学沉积法，可以很好地控制 FeNiO$_x$ 薄膜的形成。如图 10-4(a) 所示，FeNiO$_x$ 官能化的 Fe_2O_3 光阳极表现出水的光氧化性能，与使用稀有 IrO_2 催化剂的基准结果相当[48]。这使得能够构建 PEC-PV 串联，将光电阳极与 $CH_3NH_3PbI_3$ 基光伏电池和 Ni-Mo 阴极相连接 [图 11-4(b)]。该设备仅使用地壳含量丰富的材料，并且能够独立分解水。如图 11-4(c) 所示，光电阳极对大于 550nm 波长的光具有良好的透射率，使得照射在钙钛矿电池的光强并没有减弱。对每个元件的光电流密度-电压响应的分析 [图 11-4(d)]，预计工作电流密度约为 1.6mA/cm^2，对应于在组装完整器件时得到证实的 1.95% 的 STH 效率。光阳极的迟发光电流和低光电流密度是限制效率的主要因素。因此，接下来的研究将集中于降低起始电压和增加 Fe_2O_3 光阳极的 J_{sc}。

Gurudayal 等在这方面取得了进展，他们采用 Mn 掺杂的 Fe_2O_3 纳米线阵列，当用磷酸钴处理表面催化剂时，可以达到超过 4mA/cm^2 的光电流密度，这是迄今为止报道材料的最佳电流密度[38]。对于光伏部件，通过两步法制备了基于介孔 $CH_3NH_3PbI_3$ 的电池。当将光阳极和光伏与铂阴极结合用于析氢时，实现了 1 倍太阳辐照度下接近 2mA/cm^2 的水分解光电流密度，对应于接近 2.4% 的 STH 效率。

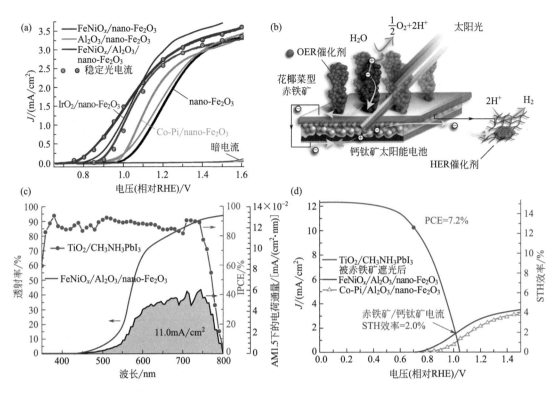

图 11-4 （a）用各种析氧催化剂处理的纳米结构 Fe_2O_3 对光阳极的光电流密度-电压响应；（b）叠层串联组合 Fe_2O_3 光阳极与钙钛矿太阳能电池和 Ni-Mo 阴极的示意图；（c）光阳极透射率（蓝色）和钙钛矿量子效率（红色）的光谱依赖性，其产物在 AM1.5 光谱上的积分表示来自光伏（灰色）的预测光电流密度；（d）光电阳极和光伏组件的电流-电压响应，交叉点为预测串联的工作电流密度（引自文献［40］）

除了 Fe_2O_3 之外，钒酸铋（$BiVO_4$）代表了一种新兴的光电阳极材料，它具有高量子效率和大的 V_{oc}[30]。最近的一些报道通过将 $BiVO_4$ 与钙钛矿光伏电池配对，实现了独立的水分解。Chen 等证明了所有溶液处理的 $BiVO_4$ 与 $CH_3NH_3PbI_3$ 基电池的串联组合[40]，同时 Zhang 等在相似的结构中使用 $TiO_2/BiVO_4$ 光阳极[49]，既实现了独立的光电流，又测量了氢的演变。Kim 等使用钙钛矿电池与掺杂 Mo 的 $BiVO_4$ 光电极配合，并用新型 Co-Ci 催化剂处理，获得了更高的 STH 效率（图 11-5）[41]。他们报告，在无线"人工叶片"配置中，效率达到 3.0%，最高可达 4.3%。

在上述每种情况下，钙钛矿光伏电池的空穴收集层连接到光电阳极导电基板，光电阳极中光生的电子通过欧姆接触传输到光伏，通过第二次光激发来增强它们的能量（图 11-3，结构1）。这种双光子、单电子过程产生具有足够电位差的电子-空穴对，以驱动完全的水分解。

采用 PEC 光电阴极和钙钛矿光伏电池的串联也是可能的（图 11-3，结构 2）。尽管 n 型光捕获器用于光电阳极，但 p 型半导体作为光电阴极用于驱动阴极反应。基于氧化亚铜（Cu_2O）的器件代表性能最佳的金属氧化物光电阴极[50,51]，但通常沉积在不透明的 Au 基板上，从而抑制它们作为串联器件中的顶部吸收层的实施。最近，Dias 等开发了制造半透明 Cu_2O 光电阴极的策略，发现用微小的 Au 颗粒轻微处理导电玻璃表面，可以实现高性能和透明度[42]。如图 11-6 所示，在基于 $(FAPI)_{1-x}(CH_3NH_3PbBr_3)_x$ 的混合钙钛矿电池上

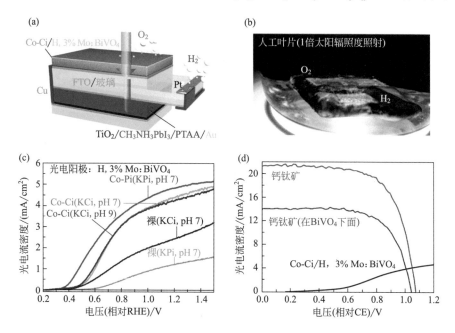

图 11-5　基于 $Mo:BiVO_4$ 光电阳极和钙钛矿光伏电池的无线水分解串联装置的示意图（a）和照片（b）；（c）$BiVO_4$ 光电阳极与各种催化剂的光电流-电压响应；（d）光伏和光电阳极组件的电流-电压响应（引自文献［41］）

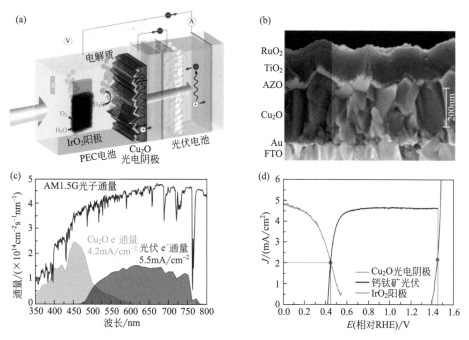

图 11-6　Cu_2O-钙钛矿叠层：（a）采用透明 Cu_2O 光电阴极、混合钙钛矿光伏和 IrO_2 阳极的堆叠串联示意图；（b）扫描电子显微镜横截面图像，详细说明光电阴极组件的各层结构；（c）在 AM1.5G 光谱上整合吸收层的 IPCE 响应以确定预期的光电流，在相对于 RHE+0.3V 的电压下测量 Cu_2O 光电阴极，并且在 0V 下测量光伏；（d）光电阴极和阳极组件的 J-E 图，其中光伏曲线重叠，预测工作电流密度为 $2mA/cm^2$（引自文献［42］）

方，采用透明光电阴极构建堆叠串联结构，这是一种具有均衡光吸收的结构，并且能够以 $2.0 \mathrm{mA/cm^2}$ 的电流密度驱动无偏压水分解，对应于约为 2.5％ 的 STH 效率，同时小心测量 H_2 和 O_2 气体。

11.2.4 理想的双吸收系统

鉴于需要 $1.5 \sim 1.8 \mathrm{V}$ 来驱动高效催化剂的水分解，理论计算表明理想的双吸收器系统可以通过配对 $1.6 \sim 1.8 \mathrm{eV}$ 和 $1.1 \mathrm{eV}$ 带隙吸收器实现堆叠顶部和底部结构[52]。重要的是，这种方法的成功要求每个部件的平衡 V_{oc} 产生与其 Shockley-Quiesser 限制相当，理想的顶部和底部吸收层分别为 $1.0 \mathrm{V}$ 和 $0.6 \mathrm{V}$。只有这样，串联装置才能在高 STH 效率下实现水分解。在上一节中，钙钛矿 PV 电池可用作底部吸收层，其带隙比与之配对的宽带隙金属氧化物光电极更小。然而，$CH_3NH_3PbI_3$ 的标准 1.5eV 带隙，以及钙钛矿带隙在 $1.5 \sim 2.3 \mathrm{eV}$ 范围内的可调性[13]，表明钙钛矿电池应该更适合作为顶部吸收层，配对在较小的带隙吸收剂器上。这表示为图 11-3 中的结构 3 和 4。

我们尝试使用 $CH_3NH_3PbI_3$、$CH_3NH_3PbBr_3$ 及其混合物作为顶部光捕获器。为了使用钙钛矿作为顶部电池，第一个挑战是实现具有高透明度的器件。典型的 PSC 使用 Au 作为空穴收集接触层，使用厚而不透明的 Au 层。另外，在 Au 层之前，通常需要一层空穴传输材料（HTM）来实现高效率。空穴传输材料的透明度将影响顶部电池的透明度。开发半透明钙钛矿太阳能电池不仅对于太阳能燃料的生成很重要，而且对于制造底部具有常规 Si 或 CIGS 电池的串联太阳能电池以提高其 PCE 也是至关重要的。实际上，两个系统的要求非常相似。已经努力使用透明导电金属氧化物和 Ag 纳米线来制造半透明钙钛矿太阳能电池[18,19]。为此，我们使用碳纳米管（carbon nanotube，CNT）网络作为顶电极，具有高导电性、良好的透明性和高化学稳定性。为了进一步提高透明度，在没有 HTM 层的情况下制造器件，并且为了改善器件的填充因子，将金电极沉积在表面上。

对于底部光捕获器，传统的 Si 和 CIGS（$CuIn_xGa_{1-x}Se_2$）半导体的带隙使它们几乎成为串联器件的理想选择。由于它们是商业上可获得的，因此将它们用作底部吸收层是合理的。基于当时仍然没有高效的双端单片串联器件这一事实，我们选择将 CIGS 浸入电解质中作为光电阴极。值得注意的是，需要保护层和催化剂装饰来稳定 CIGS。对于具有 ALD TiO_2 层的 Si 光电阴极，该器件可在 $1 \mathrm{mol/L}$ $HClO_4$ 中稳定超过两周，降解率低于 5％[53]。

通过使用 $CH_3NH_3PbI_3$［图 11-7(b)］或 $CH_3NH_3PbBr_3$［图 11-7(c)］钙钛矿电池作为顶部吸光层，CIGS 光电阴极作为底部吸光层，并且用一个商业的 DSA（尺寸稳定的阳极）作为水氧化的阳极，得到的光电流密度为 $2.1 \mathrm{mA/cm^2}$ 和 $5.1 \mathrm{mA/cm^2}$，分别对应于 STH 转化效率 2.6％ 和 6.3％。使用具有 1.7eV 理想带隙和高效率的混合吸收剂 $CH_3NH_3PbI_xBr_{3-x}$ 的尝试是不成功的。这可能是由于在强光照射下均匀混合的卤化物钙钛矿的相分离，这可能引起可逆的光诱导陷阱形成并降低可实现的 V_{oc}。因此，尽管可以调整钙钛矿光捕获器的吸收范围，但是需要继续研究，以提供完全可调谐的 V_{oc}。

目前的器件性能受到钙钛矿组分非理想性的限制，$CH_3NH_3PbBr_3$ 电池由于其窄的吸光范围而产生较小的光电流，而 $CH_3NH_3PbI_3$ 电池显示出太小的透射率和 V_{oc}。为了深入了解当前设备配置在理想情况下的效率，我们对两个吸光层串联体系进行了详细分析。该分析基于每个吸光层的 Shockley-Queisser 极限、水分解的 0.5V 过电位、子带隙光子的完美透射率以及两个吸光层的电流匹配［图 11-7(d)］。具体而言，对于具有 CIGS（带隙 1.1eV）作为底部吸收体的串联电池，通过改变顶部吸收体的带隙，理想化的 STH 效率可接近 27%。

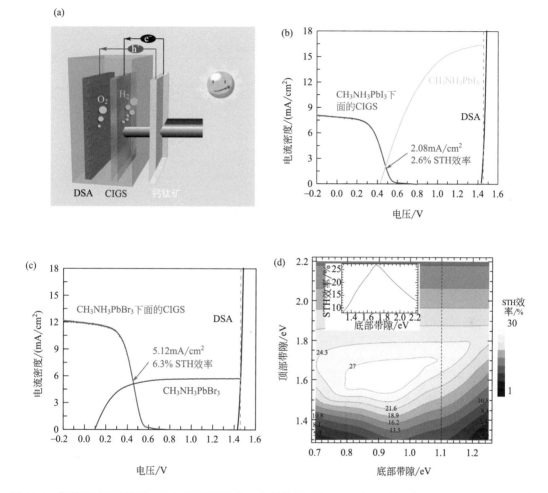

图 11-7　钙钛矿-CIGS 串联：(a) 设备原理图；分别使用 $CH_3NH_3PbI_3$ (b) 和 $CH_3NH_3PbBr_3$ (c) 钙钛矿电池的光电阴极、阳极和 PV 组件的电流密度-电压响应；(d) 通过改变顶部和底部吸收器的带隙可以实现预测的 STH 效率分析（引自文献［43］）

11.3　CO$_2$ 还原

尽管 H_2 是清洁的并且可以用于燃料电池中以提供电力，但是存储和运输氢气具有挑战性，因为氢气在环境压力和温度下处于气相中。例如，在燃料电池车辆中，氢气在压力为约 700bar（70MPa）的罐中被压缩，这一过程消耗大量能量。此外，水箱的高压需要特殊保护，以确保安全。因此，将太阳能转换成液体燃料或其他有用的商品是一个很有吸引力的前景。在这个过程中，二氧化碳可以作为制造碳氢化合物的碳源。此外，二氧化碳的减少有望阻止人为碳循环，避免由于大气中二氧化碳水平的增加而进一步升温。

CO_2 可以通过氢化在气相中还原，或通过电化学或光电化学过程在溶液中还原[54,55]。在本章中，我们通过钙钛矿光伏与电催化剂的耦合，重点关注 CO_2 的电化学还原。与水分解相比，CO_2 还原有许多可能的产物，包括 CO、CH_4、C_2H_2 和 C_2H_4，它们的反应方程式列于表 11-2 中。

表 11-2　几种 CO_2 还原途径的正常电化学势（引自文献 [54]）

反　应	$E°$（相对 SHE）/V
$CO_2 + e^- \longrightarrow CO_2 \cdot^-$	-1.85
$CO_{2(g)} + H_2O_{(l)} + 2e^- \longrightarrow HCOO^-_{(aq)} + OH^-_{(aq)}$	-0.665
$CO_{2(g)} + H_2O_{(l)} + 2e^- \longrightarrow CO_{(g)} + 2OH^-_{(aq)}$	-0.521
$CO_{2(g)} + 3H_2O_{(l)} + 4e^- \longrightarrow HCHO_{(l)} + 4OH^-_{(aq)}$	-0.485
$CO_{2(g)} + 5H_2O_{(l)} + 6e^- \longrightarrow CH_3OH_{(l)} + 6OH^-_{(aq)}$	-0.399
$CO_{2(g)} + 6H_2O_{(l)} + 8e^- \longrightarrow CH_{4(g)} + 8OH^-_{(aq)}$	-0.246
$2H_2O_{(l)} + 2e^- \longrightarrow H_2(g) + 2OH^-_{(aq)}$	-0.414

钙钛矿光伏驱动的 CO_2 生成 CO：

由于钙钛矿太阳能电池的 V_{oc} 较大，串联钙钛矿光伏可驱动完整的 CO_2 还原电池。在这里，我们展示了一个光驱动电化学还原 CO_2 到 CO 的实例[56]。CO 是 CO_2 还原的主要产品之一，它是每分子储存最大能量的产品。CO 是一种有用的产品，可以在费-托工艺中用作化学原料来合成液体烃。

Au 是在低过电势下以高法拉第效率从电化学 CO_2 还原制备 CO 的最佳催化剂之一[57]。最近，Kanan 等研究表明，与原始 Au 电极相比，氧化物衍生催化剂具有更高的性能[58]。我们根据之前的报道，通过电化学阳极氧化制备了多孔 Au 电极。用于可持续 CO_2 还原的完整电池需要水氧化半反应来提供电子。对于析氧阳极，我们使用氧化铱（IrO_2），因为它在中性水中具有高活性，并且在可能会使 Au 阴极中毒的溶液中稳定性强。整个体系的示意图和广义能量图如图 11-8 所示。

即使以 Au 为催化剂，其对二氧化碳还原的法拉第效率仍取决于电极的电位 [图 11-8(c)]。为了最大化整个电池的法拉第效率，我们调整了 Au 电极的面积，以便在由三重光伏电池驱动时实现所需的工作电位 [图 11-8(e)]。我们实现了 6.5% 的太阳能到 CO 转换效率 [图 11-8(f)]，这是当前光驱动的 CO_2 还原效率的记录。

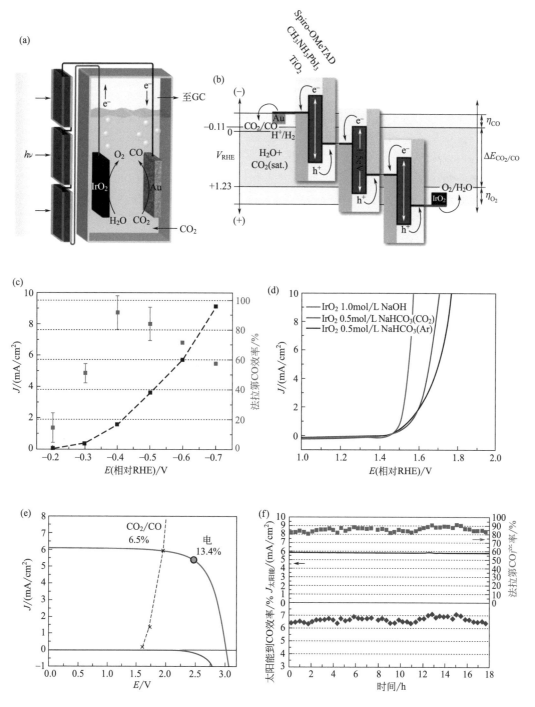

图 11-8　由钙钛矿光伏电池驱动的 CO_2 还原电池：（a）示意图；（b）三个光伏电池驱动的 Au 和 IrO_2 电极进行 CO_2 还原和水氧化的能级图；（c）不同电位下 Au 基 CO_2 还原电催化剂的电流密度和法拉第效率；（d）IrO_2 阳极在不同溶液中的电流密度与电压的关系图；（e）三钙钛矿电池的 J-V 曲线，Au-IrO_2 电池的组合双电极曲线；（f）延长运行期间的电流密度、法拉第 CO 产率和太阳能到 CO 效率（改编自文献［56］）

11.4 讨论与展望

11.4.1 系统设计与工程

传统的光电化学太阳能燃料器件依靠半导体和电解质界面来分离电荷载流子。随着该领域的发展，特别是考虑到对高效率的需求，越来越多的研究小组倾向于将光伏电池放入电解质中并将其用作掩埋结光电极。这些器件以与常规器件相同的电流密度工作，在电极表面上涂覆催化剂。然而，从根本上说，这些装置基本上与光伏驱动电解相同，其中光伏连接到溶液中的催化剂电极，因为 V_{oc} 的来源是来自固态的 p-n 结而不是半导体和电解质界面。将光伏放入电解质中，或是外部连接到电解质中的催化剂电极以驱动有利反应，是合理的还是更好，是一个长期的讨论。我们认为除了前者看起来更优雅之外，与有线系统相比电解槽中的埋入式系统没有真正的优势。然而，这种优雅使得装置遭受电解液中光捕获器的腐蚀，通过在表面涂上保护层和催化剂来阻碍光吸收。

为了满足太瓦级能量需求，体系应满足向上扩展的标准，这包括器件的制造过程和所用材料的丰富程度。从这些观点来看，钙钛矿耦合地壳储量丰富的催化剂体系在大规模生产中没有障碍。尽管需要电线将光伏耦合到催化剂电极，但是它们可以通过智能设计埋入体系中以形成单片集成器件。本章演示的器件均为实验室规模，尺寸为厘米级。今后需要更大的超过 10cm×10cm 的器件，来演示在真实日光条件下的操作，并对效率和长期稳定性进行评估。如果它们符合经济分析目标，可以连接在一起，形成未来的大型面板。

11.4.2 稳定性问题和解决办法

目前，这里描述的太阳能燃料装置的稳定性受到钙钛矿太阳能电池稳定性的限制，这也是钙钛矿太阳能电池商业化的主要障碍。虽然它具有挑战性，但在解决稳定性问题方面已取得了进展。例如，不含 HTM 的碳电池在长期光照[59,60] 和 85℃的热应力下表现出优异的长期稳定性[59]。除了使用结构工程外，还可以通过添加某些添加剂来提高稳定性。有报道显示多功能分子改性后钙钛矿太阳能电池的稳定性得到改善[61]。对于选择的功能分子，它们应该改善钙钛矿吸收层的稳定性，例如热稳定性、耐氧性和耐水性。此外，为了不牺牲效率，功能分子不应引起电荷复合或阻碍电荷传输。最近，通过使用无机 Cs 基钙钛矿作为添加剂，钙钛矿太阳能电池的稳定性得到显著改善[62]。

11.4.3 展望

这里提出的概念表明，通过简单地将钙钛矿光伏电池和电催化剂耦合在一起可以实现高性能，这显示了太阳能燃料发电的良好前景。但是，我们必须承认，尽管实现了显著的效率，但对于实际应用仍然有很长的路要走。

值得注意的是，上述装置均未使用膜来分离产品。为了避免产品的混合，这不仅增加了额外的成本，而且还可能导致产品的交叉还原或氧化，或潜在的爆炸性气体混合物，因此用膜来分离产品十分有必要。这对于 CO_2 还原尤其重要，因为一些有价值的产品如甲醇或乙醇可以在阳极上容易地被氧化。

此外，此处演示的器件均在模拟标准 AM 1.5G 太阳光照射条件下进行测试。在实际情况下，由于照射太阳光的波动，效率可能显著降低。由于钙钛矿光伏和催化剂电极的电流密度与电压曲线的连接点可能并不总是与最优条件匹配，因此在设计实际体系时必须考虑到这一点。特别是对于 CO_2 还原，太阳能波动可能改变催化剂电极的电位，这可能改变产物的选择性。

最后，设想具有钙钛矿串联光伏电池窗口层的集成装置和具有催化剂电极和膜的电化学电池，其具有智能气流设计，以在白天提供电力供应并将多余的能量存储为化学燃料，以保持太阳下山后的持续能量供应。

参考文献

[1] Lewis, N. S., Nocera, D. G.: Proc. Natl. Acad. Sci. U. S. A. 103, 15729-15735 (2006)

[2] Covert, T., Greenstone, M., Knittel, C. R.: J. Econ. Perspect. 30, 117-138 (2016)

[3] NREL. http://www.nrel.gov/ncpv/

[4] Zhang, J. Z., Li, J., Li, Y., Zhao, Y.: Hydrogen Generation, Storage and Utilization. Wiley (2014)

[5] Green, M. A., Emery, K., Hishikawa, Y., Warta, W., Dunlop, E. D.: Prog. Photovoltaics Res. Appl. 24, 3-11 (2016)

[6] Chen, Z., Jaramillo, T. F., Deutsch, T. G., Kleiman-Shwarsctein, A., Forman, A. J., Gaillard, N., Garland, R., Takanabe, K., Heske, C., Sunkara, M., McFarland, E. W., Domen, K., Miller, E. L., Turner, J. A., Dinh, H. N.: J. Mater. Res. 25, 3-16 (2011)

[7] Gibson, T. L., Kelly, N. A.: Int. J. Hydrogen Energy 35, 900-911 (2010)

[8] Nocera, D. G.: Acc. Chem. Res. 45, 767-776 (2012)

[9] Licht, S., Wang, B., Mukerji, S., Soga, T., Umeno, M., Tributsch, H.: J. Phys. Chem. B 104, 8920-8924 (2000)

[10] Khaselev, O., Bansal, A., Turner, J. A.: Int. J. Hydrogen Energy 26, 127-132 (2001)

[11] Jeon, H. S., Koh, J. H., Park, S. J., Jee, M. S., Ko, D. -H., Hwang, Y. J., Min, B. K.: J. Mater. Chem. A 3, 5835-5842 (2014)

[12] Noh, J. H., Im, S. H., Heo, J. H., Mandal, T. N., Il Seok, S.: Nano Lett. 13, 1764-1769 (2013)

[13] McMeekin, D. P., Sadoughi, G., Rehman, W., Eperon, G. E., Saliba, M., Horantner, M. T., Haghighirad, A., Sakai, N., Korte, L., Rech, B., Johnston, M. B., Herz, L. M., Snaith, H. J.: Science (80-.) 351, 151-155 (2016)

[14] Correa Baena, J. P., Steier, L., Tress, W., Saliba, M., Neutzner, S., Matsui, T., Giordano, F., Jacobsson, T. J., Srimath Kandada, A. R., Zakeeruddin, S. M., Petrozza, A., Abate, A., Nazeeruddin, M. K., Grätzel, M., Hagfeldt, A.: Energy Environ. Sci. 8, 2928-2934 (2015)

[15] Tress, W., Marinova, N., Inganäs, O., Nazeeruddin, M. K., Zakeeruddin, S. M., Graetzel, M.: Adv. Energy Mater. 5, n/a-n/a (2015)

[16] Wu, C. -G., Chiang, C. -H., Chang, S. H.: Nanoscale 8, 4077-4085 (2016)

[17] Eperon, G. E., Stranks, S. D., Menelaou, C., Johnston, M. B., Herz, L. M., Snaith, H. J.: Energy Environ. Sci. 7, 982 (2014)

[18] Bailie, C. D., Christoforo, M. G., Mailoa, J. P., Bowring, A. R., Unger, E. L., Nguyen, W. H., Burschka, J., Pellet, N., Lee, J. Z., Grätzel, M., Noufi, R., Buonassisi, T., Salleo, A., McGehee, M. D.: Energy Environ. Sci. 8, 956-963 (2015)

[19] Werner, J., Dubuis, G., Walter, A., Löper, P., Moon, S. -J., Nicolay, S., Morales-Masis, M., De Wolf, S., Niesen, B., Ballif, C.: Sol. Energy Mater. Sol. Cells 141, 407-413 (2015)

[20] Rongé, J., Bosserez, T., Martel, D., Nervi, C., Boarino, L., Taulelle, F., Decher, G., Bordiga, S., Martens, J. A.: Chem. Soc. Rev. 43 (2014)

[21] Heo, J. H., Song, D. H., Im, S. H.: Adv. Mater. 26, 8179-8183 (2014)

[22] Gong, M., Zhou, W., Kenney, M. J., Kapusta, R., Cowley, S., Wu, Y., Lu, B., Lin, M. -C., Wang,

D.-Y., Yang, J., Hwang, B.-J., Dai, H.: Angew. Chemie 127, 12157-12161 (2015)

[23] McCrory, C. C. L., Jung, S., Ferrer, I. M., Chatman, S. M., Peters, J. C., Jaramillo, T. F.: J. Am. Chem. Soc. 137, 4347-4357 (2015)

[24] Vesborg, P. C. K., Seger, B., Chorkendorff, I.: J. Phys. Chem. Lett. 6, 951-957 (2015)

[25] Xiao, P., Chen, W., Wang, X.: Adv. Energy Mater. 5, n/a-n/a (2015)

[26] Kibsgaard, J., Tsai, C., Chan, K., Benck, J. D., Nørskov, J. K., Abild-Pedersen, F., Jaramillo, T. F.: Energy Environ. Sci. 8, 3022-3029 (2015)

[27] Gong, M., Dai, H.: Nano Res. 8, 23-39 (2015)

[28] Luo, J., Im, J.-H., Mayer, M. T., Schreier, M., Nazeeruddin, M. K., Park, N.-G., Tilley, S. D., Fan, H. J., Grätzel, M.: Science 345, 1593-1596 (2014)

[29] Walter, M. G., Warren, E. L., McKone, J. R., Boettcher, S. W., Mi, Q., Santori, E. A., Lewis, N. S.: Chem. Rev. 110, 6446-73 (2010)

[30] Sivula, K., van de Krol, R.: Nat. Rev. Mater. 1, 15010 (2016)

[31] Moniz, S. J. A., Shevlin, S. A., Martin, D. J., Guo, Z., Tang, J.: Energy Environ. Sci. 8, 731 (2015)

[32] McKone, J. R., Lewis, N. S., Gray, H. B.: Chem. Mater. 26, 407-414 (2014)

[33] Prévot, M. S., Sivula, K.: J. Phys. Chem. C 117, 17879-17893 (2013)

[34] Joya, K. S., Joya, Y. F., Ocakoglu, K., van de Krol, R.: Angew. Chem. Int. Ed. 52, 10426-10437 (2013)

[35] Zhang, Z., Yates, J. T.: Chem. Rev. (2012)

[36] Jang, J.-W., Du, C., Ye, Y., Lin, Y., Yao, X., Thorne, J., Liu, E., McMahon, G., Zhu, J., Javey, A., Guo, J., Wang, D.: Nat. Commun. 6, 7447 (2015)

[37] Bornoz, P., Abdi, F. F., Tilley, S. D., Dam, B., van de Krol, R., Grätzel, M., Sivula, K.: J. Phys. Chem. C 118, 16959-16966 (2014)

[38] Gurudayal, D. S., Kumar, M. H., Wong, L. H., Barber, J., Grätzel, M., Mathews, N.: Nano Lett. 15, 3833-3839 (2015)

[39] Morales-Guio, C. G., Mayer, M. T., Yella, A., Tilley, S. D., Grätzel, M., Hu, X.: J. Am. Chem. Soc. 137, 9927-9936 (2015)

[40] Chen, Y.-S., Manser, J. S., Kamat, P. V.: J. Am. Chem. Soc. 137, 974-981 (2015)

[41] Kim, J. H., Jo, Y., Kim, J. H., Jang, J. W., Kang, H. J., Lee, Y. H., Kim, D. S., Jun, Y., Lee, J. S.: ACS Nano 9, 11820-11829 (2015)

[42] Dias, P., Schreier, M., Tilley, S. D., Luo, J., Azevedo, J., Andrade, L., Bi, D., Hagfeldt, A., Mendes, A., Grätzel, M., Mayer, M. T.: Adv. Energy Mater. 5, n/a-n/a (2015)

[43] Luo, J., Li, Z., Nishiwaki, S., Schreier, S., Mayer, M. T., Cendula, P., Lee, Y. H., Fu, K., Cao, A., Nazeeruddin, M. K., Romanyuk, Y. E., Buecheler, S., Tilley, S. D., Wong, L. H., Tiwari, A. N., Grätzel, M.: Adv. Energy Mater. 5, n/a-n/a (2015)

[44] Sivula, K., Le Formal, F., Grätzel, M.: ChemSusChem 4, 432-449 (2011)

[45] Bora, D. K., Braun, A., Constable, E. C.: Energy Environ. Sci. 6, 407 (2013)

[46] Smith, R. D. L., Prévot, M. S., Fagan, R. D., Zhang, Z., Sedach, P. A., Siu, M. K. J., Trudel, S., Berlinguette, C. P.: Science 340, 60-3 (2013)

[47] Trotochaud, L., Mills, T. J., Boettcher, S. W.: J. Phys. Chem. Lett. 4, 931-935 (2013)

[48] Tilley, S. D., Cornuz, M., Sivula, K., Grätzel, M.: Angew. Chemie 122, 6549-6552 (2010)

[49] Zhang, X., Zhang, B., Cao, K., Brillet, J., Chen, J., Wang, M., Shen, Y.: J. Mater. Chem. A 3, 21630-21636 (2015)

[50] Luo, J., Steier, L., Son, M.-K., Schreier, M., Mayer, M. T., Grätzel, M.: Nano Lett. (2016). acs. nanolett. 5b04929

[51] Tilley, S. D., Schreier, M., Azevedo, J., Stefik, M., Grätzel, M.: Adv. Funct. Mater. 24, 303-311 (2014)

[52] Hu, S., Xiang, C., Haussener, S., Berger, A. D., Lewis, N. S.: Energy Environ. Sci. 6, 2984 (2013)

[53] Seger, B., Tilley, S. D., Pedersen, T., Vesborg, P. C. K., Hansen, O., Grätzel, M., Chorkendorff, I.: RSC Adv. 3, 25902 (2013)

[54] White, J. L., Baruch, M. F., Pander III, J. E., Hu, Y., Fortmeyer, I. C., Park, J. E., Zhang, T., Liao, K., Gu, J., Yan, Y., Shaw, T. W., Abelev, E., Bocarsly, A. B.: Chem. Rev. 115, 12888-12935 (2015)

[55] Wang, W. H., Himeda, Y., Muckerman, J. T., Manbeck, G. F., Fujita, E.: Chem. Rev. 115, 12936-12973 (2015)

[56] Schreier, M., Curvat, L., Giordano, F., Steier, L., Abate, A., Zakeeruddin, S. M., Luo, J., Mayer, M. T., Grätzel, M.: Nat. Commun. 6, 7326 (2015)

[57] Hori, Y.: Handbook of Fuel Cells—Fundamentals, Technology and Applications, pp. 1-14. Wiley (2010)

[58] Chen，Y.，Li，C. W.，Kanan，M. W.：J. Am. Chem. Soc. 134，19969-19972（2012）

[59] Li，X.，Tschumi，M.，Han，H.，Babkair，S. S.，Alzubaydi，R. A.，Ansari，A. A.，Habib，S. S.，Nazeeruddin，Md. K.，Zakeeruddin，S. M.，Grätzel，M.：Energy Technol. 3，551-555（2015）

[60] Mei，A.，Li，X.，Liu，L.，Ku，Z.，Liu，T.，Rong，Y.，Xu，M.，Hu，M.，Chen，J.，Yang，Y.，Grätzel，M.，Han，H.：Science 345，295-298（2014）

[61] Li，X.，Ibrahim Dar，M.，Yi，C.，Luo，J.，Tschumi，M.，Zakeeruddin，S. M.，Nazeeruddin，M. K.，Han，H.，Grätzel，M.：Nat. Chem. 7，703-711（2015）

[62] Yi，C.，Luo，J.，Meloni，S.，Boziki，A.，Ashari-Astani，N.，Grätzel，C.，Zakeeruddin，S. M.，Röthlisberger，U.，Grätzel，M.：Energy Environ. Sci. 9，656-662（2016）

第12章
平面倒置结构的钙钛矿太阳能电池

Jingbi You，Lei Meng，Ziruo Hong，Gang Li，Yang Yang

摘要：近来，另一种新兴结构，称为"倒置"平面器件结构（即 p-i-n），分别使用 p 型和 n 型材料作为底部和顶部电荷传输层。这种结构源自有机太阳能电池，有机光伏中使用的电荷传输层已成功转移到钙钛矿太阳能电池中。钙钛矿太阳能电池的 p-i-n 结构显示出高达 18％的效率，可在较低温度下处理，具有柔韧性，并且 J-V 迟滞效应可忽略不计。在本章中，我们将全面比较介孔和平面结构，以及平面结构的规则和倒置。稍后，我们将重点讨论倒置平面结构钙钛矿太阳能电池的发展，包括膜的生长、能带排列、稳定性和迟滞性。未来的发展以及仍需解决的钙钛矿太阳能电池商业化所面临的挑战也将被讨论。

关键词：钙钛矿太阳能电池、平面结构、倒置结构。

12.1　引言

无机-有机杂化钙钛矿太阳能电池，由于其溶液处理性和高性能而备受关注[1,2]。它具有 ABX_3 晶体结构，其中 A、B 和 X 分别是有机阳离子、金属阳离子和卤化物阴离子 [图 12-1(a)]，并且可以通过改变这些成分 [图 12-1(b)][2-4] 将带隙从紫外区调整到红外区。这一系列材料表现出对光伏理想的各种性质，例如双重的高电子和空穴迁移率、由 s-p 反键耦合产生的大的吸收系数、有利的带隙、强的缺陷容限和浅点缺陷、良好的晶界复合效

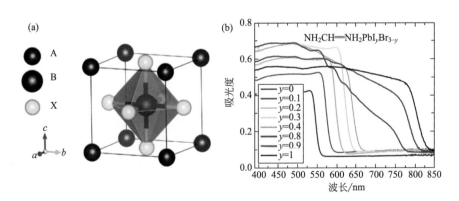

图 12-1　（a）卤化物钙钛矿材料的晶体结构：A 位是典型的 $CH_3NH_3I(MAI)$、$NH_2CH=NH_2I$ （FAI）、Cs；B 位通常是 Pb、Sn；X 位可以是 Cl、Br 或 I。（b）不同比例 Br 和 I 的 $NH_2CH=NH_2PbI_yBr_{3-y}$ 的吸收曲线。经许可引自文献 [4]，版权来自英国皇家化学学会

应和减少表面复合[5]。经过 7 年的努力，钙钛矿太阳能电池的能量转换效率（PCE）已从约 3%提高到 22%以上[1,6-16]。

12.2　平面结构

杂化钙钛矿太阳能电池最初是在液体染料敏化太阳能电池（DSSC）中发现的[1]。宫坂力和同事首先利用钙钛矿（$CH_3NH_3PbI_3$ 和 $CH_3NH_3PbBr_3$）纳米晶体作为 DSSC 结构的光吸收器，在 2009 年实现了 3.8%的效率[1]。后来，在 2011 年，Park 等通过优化工艺获得 6.5%的效率[6]。然而，由于液体电解质分解钙钛矿，这些器件很快就降解了。2012 年，Park 和 Grätzel 等报道了一种使用固体空穴传输层（Spiro-OMeTAD）来提高稳定性的固态钙钛矿太阳能电池[7]。此后，使用 DSSC 结构实现了几个器件性能的里程碑[6-16]。然而，这些介孔器件需要高温烧结，这会增加处理时间和电池生产的成本。

研究发现甲铵基钙钛矿具有长的电荷载流子扩散长度（$CH_3NH_3PbI_3$ 为约 100nm，$CH_3NH_3PbI_{3-x}Cl_x$ 为 1000nm）[17,18]。进一步的研究表明，钙钛矿显示出双极行为，表明钙钛矿材料本身可以在电池端子之间传输电子和空穴[17]。所有这些结果表明，简单的平面结构是可行的。平面结构的首次成功演示可以追溯到 Guo[19] 报道的钙钛矿/富勒烯结构，显示出 3.9%的效率。使用双源气相沉积获得了平面钙钛矿结构的突破，得到了致密的、高质量的钙钛矿薄膜，效率达到了 15.4%[20]。最近，通过钙钛矿薄膜形貌控制和界面工程，平面结构的效率被推到了 19%以上[12]。这些结果表明，平面结构可以实现与介孔结构相似的器件性能。图 12-2 显示了钙钛矿结构的演变。

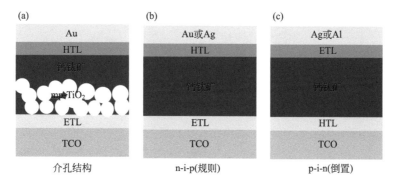

图 12-2　钙钛矿太阳能电池的三种典型器件结构：（a）介孔；（b）规则平面结构；（c）倒置平面结构

根据底部使用的选择性接触，平面结构可分为规则的 n-i-p 结构和倒置 p-i-n 结构 [图 12-2(b)(c)]。规则的 n-i-p 结构已经被广泛研究，并且基于染料敏化的太阳能电池；当去除介孔层时，p-i-n 结构来自有机太阳能电池，并且通常情况下，在有机太阳能电池中使用的几个电荷传输层被成功地转移到钙钛矿太阳能电池中[11]。

钙钛矿太阳能电池的 p-i-n 倒置平面结构显示出高效率、较低温度处理和柔韧性的优点（图 12-3），此外，*J-V* 迟滞效应可以忽略不计。本章中我们将聚焦于平面结构的钙钛矿太阳能电池，包括他们的工作原理、提高转换效率的方法、稳定性和迟滞问题。

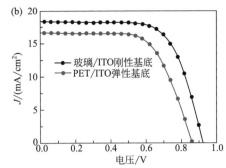

图 12-3 （a）采用 ITO/PEDOT：PSS/CH$_3$NH$_3$PbI$_{3-x}$Cl$_x$/PCBM/Al 结构的弹性钙钛矿太阳能电池照片；（b）分别位于刚性玻璃和弹性 PET 衬底上的钙钛矿器件的 J-V 曲线[21]。经许可引自文献［21］，版权归美国化学学会所有

12.3　倒置的平面结构

　　第一个倒置平面结构的钙钛矿太阳能电池，采用与有机太阳能电池相似的器件结构［图 12-4(a)(b)］[19]。传统的有机传输层聚 3,4-亚乙基二氧噻吩：聚苯乙烯磺酸（PEDOT：PSS）和富勒烯衍生物，被直接作为钙钛矿器件中的空穴传输层和电子传输层。通过选择恰当的富勒烯衍生物和优化钙钛矿的成膜工艺，实现了 3.9% 的 PCE。后来，Sun 等通过在平面器件中引入两步顺序沉积法，成功地制造了更厚、更致密的钙钛矿薄膜，从而将器件性能提高到 7.41%［图 12-4(c)］[22]。2013 年后，人们进行了几次提高效率的尝试，包括薄膜形成和界面工程，这将在下一节中讨论，钙钛矿结构的倒置平面结构的效率达到了 18%。表 12-1 总结了倒置结构钙钛矿太阳能电池的主要发展情况。

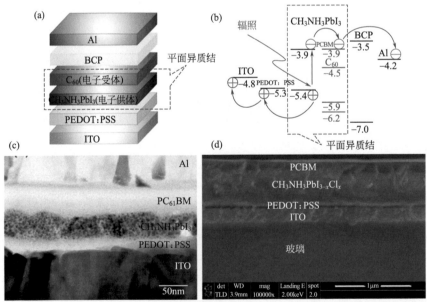

图 12-4　（a）钙钛矿太阳能电池第一倒置平面结构的器件结构。（b）波段对准。经许可引自参考文献［19］，版权归 2013Wiely-VCH 所有。（c）作为吸收体的钙钛矿薄膜（<100nm）。经许可引自参考文献［21］，版权归 2014 英国皇家化学学会所有。（d）较厚的薄膜（约 300nm）作为吸收体[1]。经许可引自参考文献［22］，版权归 2014 美国化学学会所有

表 12-1　几种代表性的倒置平面结构的钙钛矿太阳能电池的性能

钙钛矿的制备	HTL	ETL	V_{oc}/V	J_{sc}/(mA/cm^2)	FF/%	PCE/%	稳定性	参考文献
一步法	PEDOT:PSS	PC$_{61}$BM/BCP	0.60	10.32	63	3.9		[19]
二步法	PEDOT:PSS	PC$_{61}$BM	0.91	10.8	76	7.4		[22]
一步法(Cl)	PEDOT:PSS	PC$_{61}$BM	0.87	18.5	72	11.5		[21]
一步法(Cl)	PEDOT:PSS	PC$_{61}$BM/TiO$_x$	0.94	15.8	66	9.8		[23]
溶剂工程	PEDOT:PSS	PC^{61}BM/LiF	0.87	20.7	78.3	14.1		[24]
一步法(水分,Cl)	PEDOT:PSS	PC$_{61}$BM/PFN	1.05	20.3	80.2	17.1		[11]
一步法(加热,Cl)	PEDOT:PSS	PCBM	0.94	22.4	83	17.4		[25]
一步法(添加剂HI)	PEDOT:PSS	PC$_{61}$BM	1.1	20.9	79	18.2		[26]
共蒸镀法	PEDOT:PSS/Poly-TPD	PC$_{61}$BM	1.05	16.12	67	12.04		[27]
共蒸镀法	PEDOT:PSS/PCDTBT	PC$_{61}$BM/LiF	1.05	21.9	72	16.5		[28]
两步旋涂法	PTAA	PCBM/C$_{60}$/BCP	1.07	22.0	76.8	18.1		[29]
一步溶剂法	PEDOT:PSS	C$_{60}$	0.92	21.07	80	15.44		[30]
一步法(Cl)	PEDOT:PSS	PC$_{61}$BM/ZnO	0.97	20.5	80.1	15.9	140h	[31]
一步法(Cl)	PEDOT:PSS	PC$_{61}$BM/ZnO	1.02	22.0	74.2	16.8	60d	[32]
一步法	NiO$_x$	PC$_{61}$BM/BCP	0.92	12.43	68	7.8		[33]
一步法	NiO$_x$:Cu	PC$_{61}$BM/C$_{60}$-双表面活性剂	1.11	19.01	73	15.4	244h	[34]
溶剂工程	NiO$_x$	PC$_{61}$BM/LiF	1.06	20.2	81.3	17.3		[35]
两步法	NiO$_x$	ZnO	1.01	21.0	76	16.1	>60d	[36]
溶剂工程	NiLiMgO	PCBM/TiO$_2$:Nb	1.07	20.62	74.8	16.2	1000h(封装的)	[37]

12.3.1 提高倒置平面太阳能电池效率的薄膜生长

最初的研究采用了小于 100nm 的薄钙钛矿吸收层，这限制了器件的光收集和短路电流[19,21]。在得知钙钛矿材料具有超过 100nm 的扩散长度后，在不牺牲电荷传输特性的情况下，获得更厚的吸收层成为了可能。Yang 等和 Snaith 等首先独立使用较厚的混合卤化物钙钛矿薄膜（约 300nm）作为吸收层 [图 12-4(d)]，显示效率分别约为 11.5％和 9.8％[21,23]。Bolink 等通过热沉积 285nm 厚的钙钛矿薄膜并采用有机电荷传输层，得到了 12.04％的效率[27]。后来，人们发明了几种用于生长高质量钙钛矿薄膜的加工方法。Huang 等显示了一种形成高质量 $CH_3NH_3PbI_3$ 薄膜的扩散方法，可以被认为是改进的两步过程，其中 PbI_2 首先沉积在 PEDOT:PSS 上，然后在 PbI_2 表面旋涂 MAI 并退火以形成钙钛矿薄膜 [图 12-5(a)][38]。钙钛矿薄膜是通过 CH_3NH_3I 向 PbI_2 的互扩散形成的，产生了 15％的高效器件，具有很高的重现性[38]。Seok 等为了得到无针孔薄膜改变溶剂设计，并将其应用于倒置结构钙钛矿太阳能电池，获得了 14.1％的效率[24]。You 等发现在一定湿度条件下（＜40％湿度）退火钙钛矿前驱体薄膜，可以改善薄膜质量 [图 12-5(b)]，然后促使能量转换效率提高至 17.1％[11]。Nie 等报道通过将热前驱体膜涂覆在热衬底上获得毫米尺寸的钙钛矿，从而获得接近 18％的最高器件效率[25]。最近，Im 等报道了一种在 PEDOT:PSS 基底上使用 HI 作为添加剂提高薄膜质量的高质量钙钛矿薄膜。这产生了没有迟滞的 18.1％的效率[26]。

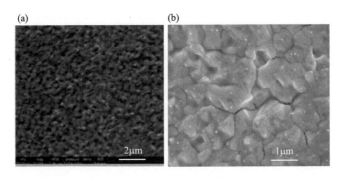

图 12-5 通过各种方法获得的高质量钙钛矿薄膜：（a）相互扩散法，经许可引自文献 [38]，版权归英国皇家化学学会所有；（b）湿气辅助，经许可引自文献 [11]，版权归 AIP 出版社所有

虽然基于 PEDOT:PSS 为空穴传输层的倒置结构钙钛矿太阳能电池显示出有前景的效率，但为了实现更高的效率，仍然有几个需要克服的挑战[3,11]。PEDOT:PSS 上钙钛矿薄膜的生长常常导致针孔的产生和不完全的表面覆盖，导致器件性能低下[3,11]。最近的结果表明，钙钛矿的生长强烈依赖于底部基底[29,36]。我们已经证明，NiO_x 能产生比 PEDOT:PSS 更好的钙钛矿薄膜，并且获得更高的 V_{oc}[36]。Meredith 等也发现，当钙钛矿沉积在不同的聚合物表面时，也观察到不同的晶体质量[28]。当使用结晶度更高的底部衬底时，钙钛矿似乎显示出更好的结晶，表明衬底的结晶度可以有助于钙钛矿层的薄膜质量[28]。人们还发现溶剂与底部衬底之间的润湿性能是影响钙钛矿薄膜生长的另一个问题。研究发现，钙钛矿薄膜的晶体尺寸远大于厚度，并且使用 PTAA 作为空穴传输层显示出更高的效率，这对

于钙钛矿所用溶剂（如 DMF）来说，可能是严重的非润湿表面[29]。

12.3.2　空穴传输层的界面工程

n-i-p 规则结构通常显示 1V 以上的开路电压[12-16]，而倒置结构通常显示轻微的开路电压降（约 0.9V）[19,21-23,25,36,38]。除了如上所述的 PEDOT:PSS 上的结晶膜质量较差外，钙钛矿和传统的空穴传输层 PEDOT:PSS 之间的能带对齐可能是另一个问题。通常使用的空穴传输层 PEODT:PSS 的功函数约为 4.9～5.1eV，比钙钛矿层的价带的功函数（5.4eV）低，这会导致钙钛矿和 p 型传输层之间的不完全欧姆接触和相应的 V_{oc} 损失（图 12-6）。为了解决这个问题，PEDOT:PSS 必须被修饰或被另一种具有高功函数的材料替换。最常见的聚合物如具有深 HOMO 能级（约 −5.4eV）的 poly-TPD[27]（4-丁基-N,N-二苯基苯胺均聚物）、PCDTBT[28] 和 PTAA[29] 已经被用于修饰 PEDOT:PSS 表面，并且基于双层空穴传输层（PEDOT:PSS/聚合物）的器件表现出增强的 V_{oc}（>1V）[27-29]。不幸的是，这些聚合物通常是疏水的，因此钙钛矿前体不能涂覆在这些聚合物表面上。或者，必须采用钙钛矿薄膜的蒸发工艺[27,28]。最近，具有深功函数（>5.2eV）的 p 型水溶性聚电解质在用作空穴传输层时表现出良好的器件性能[39]，如果它是空气稳定的，则可以很好地替代 PEDOT:PSS。

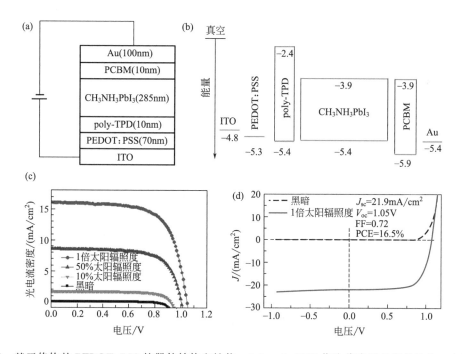

图 12-6　基于修饰的 PEDOT:PSS 的器件结构和性能：（a）poly-TPD 作为代表层的器件结构，也可以使用其他几种 p 型材料；（b）能带对齐示意图；（c）使用 PEDOT:PSS/poly-TPD 双层膜作为空穴传输层在不同光强下的器件性能，经许可引自文献 [27]，版权归自然出版集团所有；（d）使用 PEDOT:PSS/PCDTBT 双层作为空穴传输层的器件性能，经许可引自文献 [28]。版权归自然出版集团所有

无机金属氧化物如 NiO、MoO_3、V_2O_5 和 WO_3，具有比 PEDOT:PSS 更高的功函数，

可以很好地替代 PEDOT：PSS 以获得更大的 V_{oc}。Guo 等首次报道使用溶液处理 NiO_x 作为空穴传输层，显示效率约为 8% ［图 12-7(a)～(c)］[33]。Han 等采用 NiO_x/Al_2O_3 混合界面层将器件效率提高到 13%，并具有高的填充因子[40]。Jen 等使用 Cu 掺杂 NiO_x 作为空穴传输层，获得高达 1.1V 的开路电压，效率为 15.4%[34]。You 和 Chen 等采用溶胶-凝胶工艺制备高质量的 NiO_x 薄膜，效率分别为 16.1% 和 16.2%[36,37]。Seok 等报道了一种使用通过脉冲激光沉积（pulsed laser deposition，PLD）制得的反向结构的 NiO_x 薄膜，并推动器件效率达到 17.13% ［图 12-7(d)］[35]。除了 NiO_x，另一个有潜力的空穴传输层是 CuSCN。CuSCN 在 n-i-p 钙钛矿太阳能电池中取得了重大进展，使用 600～700nm 厚的 CuSCN 层得到了 12.4% 的效率[41]。最近，使用电沉积 CuSCN 作为反置结构中的空穴传输层，已经获得了高达 16.6% 的效率[30]。其他的金属氧化物如 MoO_3、V_2O_5、WO_3，似乎适合于高稳定性空穴传输层，但这些金属氧化物材料似乎不足以抵抗 CH_3NH_3I 的酸性。

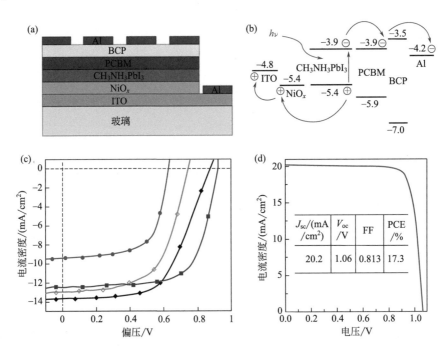

图 12-7 使用 NiO_x 作为空穴传输层的器件结构和性能：（a）器件结构；（b）能级对齐图；（c）第一次使用 NiO_x 作为空穴传输层的器件性能 ［其中 ■ 和 ○ 曲线为（a）中所示结构器件（中间层为在不同转速下制备的钙钛矿薄膜）测量所得］。经许可引自文献 [33]，版权归 Wiley-VCH 所有。（d）提出了使用 NiO_x 作为空穴传输层的效率最高的器件性能图，经许可引自文献 [35]，版权归 Wiley-VCH 所有

12.3.3　电子传输层的界面工程

对于 p-i-n 结构的钙钛矿太阳能电池，富勒烯通常用作电子传输层，而 PCBM 是最常用的 n 型电荷传输层。最近的研究表明，C_{60} 作为电子传输层应该比 PCBM 更有效，因为 C_{60} 具有更高的迁移率和导电性[42]。Jen 等的研究结果表明，富勒烯衍生物的钙钛矿太阳能电

池的 PCE，随着富勒烯层中电子迁移率的增加而提高，这表明富勒烯的主体传输在促进电荷解离/运输中起关键作用［图 12-8(a)］[42]。关于改善富勒烯的电荷输运性质，Li 等尝试使用石墨炔（GD）掺杂 PCBM，以提高 PCBM 的覆盖率和导电性，并将器件性能从 10.8％提高到 13.9％［图 12-8(b)］[43]。此外，还证实了富勒烯本身不能与诸如 Al 或 Ag 等金属完全形成完美的欧姆接触。几种缓冲层，包括 BCP[19]、PFN[11]、LiF[24] 和自组装 C_{60} 衍生物[34]，可以进一步改善欧姆接触。此外，ZnO 和 TiO_2 等金属氧化物与富勒烯作为电子传输层结合，不仅改善了欧姆接触，而且还提高了器件稳定性[23,31,36,43]。

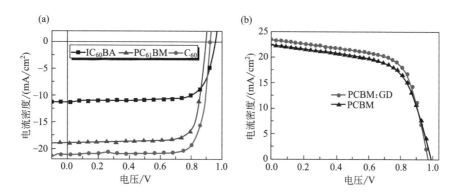

图 12-8　（a）使用不同富勒烯衍生物（$PC_{61}BM$、$IC_{60}BA$ 和 C_{60}）作为电子传输层的倒置平面结构钙钛矿太阳能电池，经许可引自文献［42］，版权归 Wiley-VCH；（b）使用具有和不具有石墨炔掺杂的 PCBM 的器件性能，经许可引自文献［43］，版权归美国化学学会

12.3.4　平面结构的稳定性

对于正向结构和倒置结构，钙钛矿太阳能电池的能量转换效率分别提高到 21％和 18％。在实际应用中，可靠和稳定的性能是迫切需要的。结果表明，钙钛矿的稳定性是一个关键问题，钙钛矿稳定性的主要问题来自于钙钛矿材料本身的不稳定性，MAPI 在高湿度、高温或连续光照下分解为 PbI_2 和 CH_3NH_3I。另一个问题是界面稳定性，在钙钛矿太阳能电池中常用的几种有机电荷传输层可以在光照射时与环境空气中的氧和水反应，从而促进器件退化。此外，Ag 和 Al 等几种电极材料在直接接触时可与钙钛矿发生反应[36]。

12.3.5　电子传输层对稳定性的影响

对于倒置结构，除金属电极外，电子传输层是暴露在环境空气中的最顶层。研究发现，富勒烯可以将氧或水吸收到表面上，导致偶极矩和降解产生的大电阻［图 12-9(c)(d)］[36]。另一方面，由于其导电性低，富勒烯层不能太厚。薄的富勒烯层不能形成连续的膜，且不能完全覆盖钙钛矿表面，这可能导致钙钛矿与电极之间的直接物理接触。研究发现钙钛矿和金属（铝或银）在潮湿的环境中会发生反应[36]。因此，基于 PCBM ETL 的器件显示出较差的稳定性［图 12-9(a)(b)］[36]。为了提高器件的稳定性，在倒置结构中使用了几种金属氧化物[23,31,32,36]。Snaith 等首先报道了 PCBM/TiO_x 双层电子传输层，因为可以填充来自

PCBM 的针孔，改进了电子传输层的覆盖率[23]。同样，PCBM/ZnO 双层结构被发现适合于提高器件性能和稳定性（图 12-10）[31,32]。You 等通过使用 ZnO 作为顶部电子电荷传输层，显著提高了稳定性。研究发现器件在室温光照条件下存储 60d 后，仍保持原始效率（图 12-11）[36]。最近，Chen 等还表明，使用 PCBM/TiO$_2$:Nb 作为电子传输层的大尺寸（1cm^2）钙钛矿太阳能电池（图 12-11）[37]，得到了 15％ 的稳定效率。所有这些结果都证实了金属氧化物电子传输层可以提高器件的稳定性。

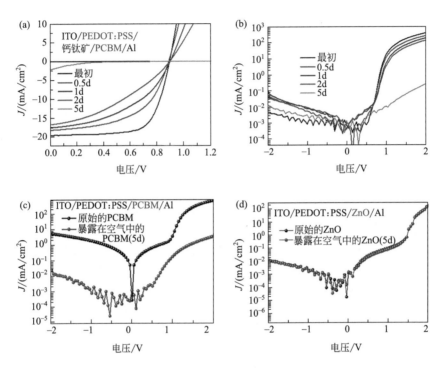

图 12-9　（a）使用 ITO/PEDOT:PSS/钙钛矿/PCBM/Al 倒置平面结构的钙钛矿太阳能电池的衰减曲线；（b）器件在环境空气中存放不同时间后的光照条件 J-V 曲线和暗条件 J-V 曲线；（c）PCBM 和（d）ZnO 界面在环境空气下的稳定性。经许可引自文献［36］，版权归自然出版集团

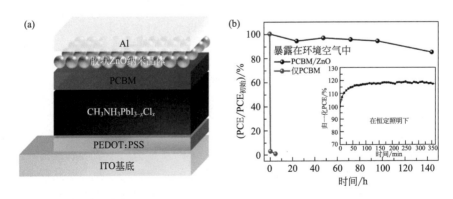

图 12-10　（a）具有双电子传输层（PCBM/ZnO）的倒置平面结构钙钛矿太阳能电池；（b）使用 PCBM/ZnO 双层结构的器件稳定性。经许可引自文献［31］，版权归施普林格（Springer）

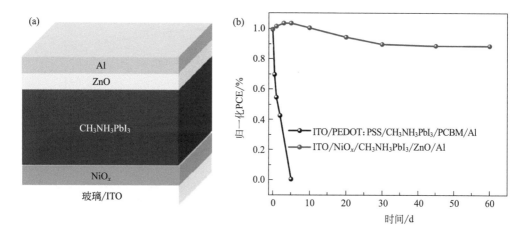

图 12-11　（a）使用无机金属氧化物层作为空穴和电子传输层的倒置平面结构，该结构是 ITO/NiO$_x$/CH$_3$NH$_3$PbI$_3$/ZnO/Al；（b）使用有机和无机电荷传输层的器件稳定性的比较，将未封装的器件在环境空气中保存 60d，仍可以保持其 90％的原始效率。经许可引自文献［36］，版权归自然出版集团所有

12.3.6　空穴传输层对稳定性的影响

PEDOT:PSS 由于具有良好的导电性，被广泛应用于有机太阳能电池中作为有机电荷传输层。然而，PEDOT:PSS 是亲水性的，可以很容易地从周围环境中吸收水分。此外，酸性特性的 PEDOT:PSS 可能与底部透明金属氧化物电极发生反应［44］。这两者都会影响钙钛矿太阳能电池的长期稳定性［34,36］。根据这些关注点，无机电荷传输层（如 NiO$_x$ 和 CuSCN）已被开发出来。Jen 等研究表明，与基于 PEDOT:PSS 的器件相比，使用 Cu:NiO$_x$ 作为空穴传输层显著改善了空气稳定性。即使在空气中储存 240h 后，Cu:NiO$_x$ 基器件的 PCE 仍保持在初始值的 90％ 以上（光照条件没有提到）［34］。You 等还证明了用 NiO$_x$ 代替 PEDOT:PSS 可以提高钙钛矿太阳能电池的空气稳定性［36］。最近，Chen 等报道了使用 Li-Mg 共掺杂 NiO$_x$ 作为器件的空穴传输层，提高了稳定性［37］。

12.3.7　钙钛矿材料的稳定性

虽然界面改性可以提高器件的稳定性，但钙钛矿材料的固有性质决定了长期稳定性。典型的钙钛矿材料 CH$_3$NH$_3$PbI$_3$ 表现出严重的对水分和光不稳定性。钙钛矿材料在高湿度环境中容易分解为 PbI$_2$ 和 CH$_3$NH$_3$I，然后分解为 CH$_3$NH$_2$ 和 HI。研究还发现，钙钛矿在长时间暴露于光下时会发生自分解。探索高稳定的钙钛矿材料是未来钙钛矿太阳能电池研究的方向。Li 等报道了通过引入交联基团提高钙钛矿材料的稳定性［图 12-12（a）（b）］［45］。与 CH$_3$NH$_3$PbI$_3$ 相比，Smith 等引入了钙钛矿的二维结构，稳定性有显著改善［图 12-12（c）（d）］［46］。

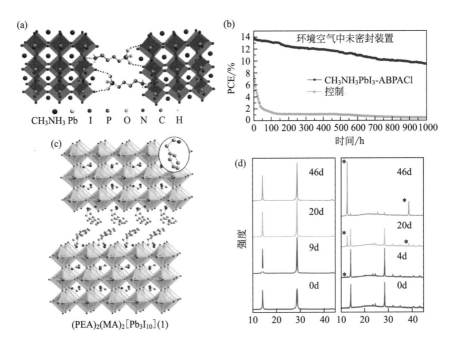

图 12-12　(a) 由 4-氨基丁基膦酸盐酸盐 (4-ABPACl) 氢键相互作用交联的钙钛矿的示意图；(b) 相应钙钛矿薄膜构成的未封装的异质结太阳能电池的 PCE 随时间的变化，存储在黑暗的室温条件下，湿度为约 55%，经许可引自文献 [45]，版权归自然出版集团所有。2D 钙钛矿 (PEA)$_2$(MA)$_2$[Pb$_3$I$_{10}$] 形貌 (c) 及其 PXRD 谱图 (d)，暴露于 52% 相对湿度下，由 PbI$_2$ 形成 (MA)[PbI$_3$]。经许可引自文献 [46]，版权归 Wiely-VCH 所有

12.3.8　倒置平面结构太阳能电池中的迟滞效应

　　J-V 迟滞现象在钙钛矿太阳能电池中仍然是一个有争议的热门话题。这个问题是在 2014 年初首次提出的[12,13]。已经发现，规则平面结构中的迟滞比介孔结构中的情况更严重[12,13]。有趣的是，大多数报道的以富勒烯为电子传输层的倒置平面结构中的迟滞效应可以忽略不计，例如 ITO/HTL/钙钛矿/PCBM/缓冲层/电极[11,21,36,47]。最普遍的解释是离子运动稳定[2,47-49]。在加工过程中（旋涂或退火[2,47]），富勒烯通过针孔或晶界穿透/扩散到钙钛矿层。钙钛矿中的可移动离子与富勒烯相互作用形成富勒烯卤化物自由基[48]，这结构被认为可以稳定静电性能，减少可能会引起迟滞的电场诱导的阴离子迁移，进而导致无迟滞效应[49]。Huang 等还证明了在退火过程中富勒烯渗透到钙钛矿层中，钝化了钙钛矿中的陷阱并减少了迟滞（图 12-13）。我们认为，除了离子运动稳定外，忽略的电荷积累和电容也可能是无迟滞的另一个原因。一方面，当富勒烯扩散到钙钛矿中时，器件显示出与体异质结（BHJ）或介孔结构类似的结构 [图 12-13(c)]，存在有效的电荷提取通道。另一方面，钙钛矿和富勒烯之间的快速电荷转移允许有效的电荷提取[36]。而在规则结构中，金属氧化物与钙钛矿之间的界面接触有限，更重要的是，金属氧化物与钙钛矿之间的电荷转移效率不高[36]，这可能在钙钛矿/金属氧化物界面导致严重电荷积累和形成大的电容。因此，在倒

置结构中不存在迟滞或可忽略迟滞，而在规则结构中则存在明显的迟滞。

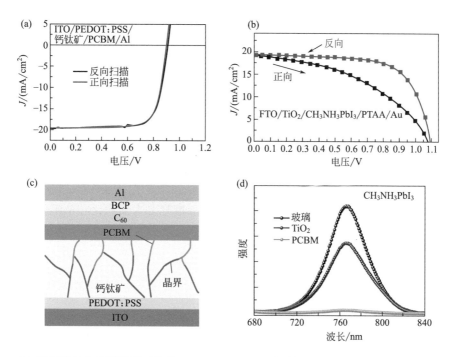

图 12-13　（a）无迟滞效应的倒置平面结构 ITO/PEDOT:PSS/钙钛矿/PCBM/Al，经许可引自文献 [36]，版权归自然出版集团所有；（b）FTO/TiO$_2$/钙钛矿/PTAA/Au 规则平面结构的明显迟滞现象，经许可引自文献 [36]，版权归自然出版集团所有；（c）PCBM 扩散晶界钝化机理的研究，经许可引自文献 [36]，版权归自然出版集团所有[47]；（d）CH$_3$NH$_3$PbI$_3$、CH$_3$NH$_3$PbI$_3$/TiO$_2$ 和 CH$_3$NH$_3$PbI$_3$/PCBM 的光致发光（PL）图，经许可引自文献 [36]，版权归自然出版集团所有

12.4　结论和未来的展望

基于规则的 n-i-p 介孔结构，钙钛矿太阳能电池已经达到了超过 20% 的效率，而对于倒置的 p-i-n 结构，目前的器件效率约为 18%。为了进一步提高倒置结构太阳能电池的效率，有必要对界面进行修饰，特别是钙钛矿与空穴电荷传输层之间的接触。普遍使用的 PEDOT:PSS 表面应被修饰或被另一种具有较高功函数的材料替代，并且也有利于较大的晶体生长。解决了空穴传输层与钙钛矿之间的能级分布，以及在空穴传输层上钙钛矿薄膜的生长之后，其效率应该大大提高，并且应该更好地与规则结构的钙钛矿太阳能电池竞争。

溶剂处理/退火[24,47]、水分辅助生长[11]、添加剂[26]、热旋涂[25] 等几种加工技术已经被证实是获得高质量钙钛矿薄膜的有效途径。探索新的方法或结合这些现有技术，进一步提高薄膜质量，应该是我们下一步的方向。

钙钛矿的稳定性仍然是其商业应用的主要问题。尽管已经证明了在弱室内光照下或 1000h 以上光照下，封装器件的稳定性超过 60d，但仍不足以满足实际应用的需要。进一步探索替代钙钛矿的候选材料和稳定添加剂，可能会在将来提高钙钛矿稳定性。为了提高界面的稳定性，无机电荷传输层表现出更好的效果。至少，最上面的一层应该是坚固的，相对不受水分和氧气的影响。目前，ZnO 和 TiO₂ 胶体等金属氧化物已经被涂覆在富勒烯传输层上，以提高器件的稳定性。但是，这些方法还可以进一步改进。在倒置结构中，富勒烯可以禁止离子运动或增强电荷转移，以减少迟滞效应。金属氧化物似乎引入了迟滞效应，富勒烯/金属氧化物如 PCBM/ZnO（TiO$_x$）双层体系，在降低迟滞效应和提高稳定性方面显示出良好的前景。

　　平面结构显示出简单的器件结构和有希望的效率（接近 20%）。通过进一步改善钙钛矿结晶度和界面，可以预期效率将赶上或超过传统的无机薄膜太阳能电池，如 CIGS 和 CdTe。与需要高真空、高温度处理的无机薄膜太阳电池相比，钙钛矿结构的太阳电池可以在环境空气中或氮气填充的手套箱中低温制备，这将降低制造成本。此外，钙钛矿太阳能电池是基于溶液工艺的，它与几种涂层技术（如手术刀涂层和卷对卷技术）相兼容，以生产大面积和柔性器件。未来基于钙钛矿结构的太阳能电池的研究可能是在大面积化和稳定性方面。

参考文献

[1] Kojima, A., Teshima, K., Shirai, Y., Miyasaka, T.: J. Am. Chem. Soc. 131, 6050 (2009)

[2] Stranks, S. D., Snaith, H. J.: Nat. Nanotech. 10, 391 (2015)

[3] Bai, S., Jin, Y., Gao, F.: Book chapter 13. Advanced Functional Materials. Wiley (Germany) (2015)

[4] Eperon, G. E., Stranks, S. D., Menelaou, C., Johnston, M. B., Herz, L. M., Snaith, H. J.: Energy Environ. Sci. 7, 982 (2014)

[5] Yin, W. J., Yang, J. H., Kang, J., Yan, Y. F., Wei, S. H.: J. Mater. Chem. A 3, 8926 (2015)

[6] Im, J.-H., Lee, C. R., Lee, J. W., Park, S. W., Park, N. G.: Nanoscale 3, 4088 (2011)

[7] Kim, H. S., Lee, C. R., Im, J. H., Lee, K. B., Moehl, T., Marchioro, A., Moon, S., Humphry-Baker, R., Yum, J. H., Moser, J. E., Grätzel, M., Park, N. G.: Sci. Rep. 2, 591 (2012)

[8] Lee, M. M., Teuscher, J., Miyasaka, T., Murakami, T. N., Snaith, H. J.: Science 338, 643 (2012)

[9] Burschka, J., Pellet, N., Moon, S. J., Humphry-Baker, R., Gao, P., Nazeeruddin, M. K., Gratzel, M.: Nature 499, 316 (2013)

[10] Im, J. H., Jang, I. H., Pellet, N., Grätzel, M., Park, N. G.: Nat. Nanotech. 9, 927 (2014)

[11] You, J., Yang, Y., Hong, Z., Song, T. B., Meng, L., Liu, Y., Jiang, C., Zhou, H., Chang, W. H., Li, G., Yang, Y.: Appl. Phys. Lett. 105, 183-902 (2014)

[12] Zhou, H., Chen, Q., Li, G., Luo, S., Song, T. B., Duan, H., Hong, Z., You, J., Liu, Y., Yang, Y.: Science 345, 542 (2014)

[13] Jeon, N. J., Noh, J. H., Kim, Y. C., Yang, W. K., Ryu, S., Seok, S. I.: Nat. Mater. 13, 897 (2014)

[14] Jeon, N. J., Noh, J. H., Yang, W. S., Kim, Y. C., Ryu, S. C., Seo, J., Seok, S. I.: Nature 517, 474 (2015)

[15] Yang, W. S., Noh, J. H., Jeon, N. J., Kim, Y. C., Ryu, S. C., Seo, J., Seok, S. I.: Science 348, 1234 (2015)

[16] http://www.nrel.gov/ncpv/

[17] Xing, G. C., Mathews, N., Sun, S. Y., Lim, S. S., Lam, Y. M., Grätzel, M., Mhaisalkar, S., Sum, T. C.: Science 342, 344 (2013)

[18] Stranks, S. D., Eperon, G. E., Grancini, G., Menelaou, C., Alcocer, M. J. P., Leijtens, T., Herz, L. M., Petrozza, A., Snaith, H. J.: Science 342, 341 (2013)

[19] Jeng, J. Y., Chiang, Y. F., Lee, M. H., Peng, S. R., Guo, T. F., Chen, P., Wen, T. C.: Adv. Mater. 25, 3727 (2013)

[20] Liu, M., Johnston, M. B., Snaith, H. J.: Nature 501, 395 (2013)

[21] You, J., Hong, Z., Yang, Y., Chen, Q., Cai, M., Song, T. B., Chen, C. C., Lu, S., Liu, Y., Zhou, H., Yang, Y.: ACS Nano 8, 1674 (2014)

[22] Sun, S. Y., Salim, T., Mathews, N., Duchamp, M., Boothroyd, C., Xing, G., Sum, T. C., Lam, Y. M.: Energy Environ. Sci. 7, 399 (2014)

[23] Docampo, P., Ball, J. M., Darwich, M., Eperon, G. E., Snaith, H. J.: Nat. Comm. 4, 2761 (2013)

[24] Seo, J., Park, S., Kim, Y. C., Jeon, N. J., Noh, J. H., Yoon, S. C., Seok, S. I.: Energy Environ. Sci. 7, 2642 (2014)

[25] Nie, W., Tsai, H., Asadpour, R., Blancon, J., Neukirch, A. J., Gupta, G., Crochet, J. J., Chhowalla, M., Tretiak, S., Alam, M. A., Wang, H. L., Mohite, A. D.: Science 347, 522 (2015)

[26] Heo, J. H., Han, H. J., Dasom, K., Ahn, T. K., Im, S. H.: Energy Environ. Sci. 8, 1602 (2015)

[27] Malinkiewicz, O., Yella, A., Lee, Y. H., Espallargas, G. M., Gratzel, M., Nazeeruddin, M. K., Bolink, H. J.: Nat. Photon 8, 128 (2014)

[28] Lin, Q., Armin, A., Nagiri, R. C. R., Burn, P. L., Meredith, P.: Nature Photon 9, 106 (2015)

[29] Bi, C., Wang, Q., Shao, Y., Yuan, Y., Xiao, Z., Huang, J.: Nat. Commun. 6, 7747 (2015)

[30] Ye, S., Sun, W., Li, Y., Yan, W., Peng, H., Bian, Z., Liu, Z., Huang, C.: Nano Lett. 15, 3723 (2015)

[31] Bai, S., Wu, Z., Wu, X., Jin, Y., Zhao, N., Chen, Z., Mei, Q., Wang, X., Ye, Z., Song, T., Liu, R., Lee, S. T., Sun, B.: Nano Research. 7, 1749 (2014)

[32] Zhang, L. Q., Zhang, X. W., Yin, Z. G., Jiang, Q., Liu, X., Meng, J. H., Zhao, Y. J., Wang, H. L.: J. Mater. Chem. A 3, 12133 (2015)

[33] Jeng, J. Y., Chen, K. C., Chiang, T. Y., Lin, P. Y., Tsai, T. D., Chang, Y. C., Guo, T. F., Chen, P. T. C., Wen, Y. J., Hsu, T. C.: Adv. Mater. 26, 4107 (2014)

[34] Kim, J. H., Liang, P. W., Williams, S. T., Cho, N., Chueh, C. C., Glaz, M. S., Ginger, D. S., Jen, A. K. -Y.: Adv. Mater. 27, 695 (2015)

[35] Park, J. H., Seo, J., Park, S., Shin, S. S., Kim, Y. C., Jeon, N. J., Shin, H. W., Tae, K. A., Noh, J. H., Yoon, S. C., Hwang, C. S., Seok, S. I.: Adv. Mater. 27, 4013 (2015)

[36] You, J., Meng, L., Song, T. B., Guo, T. F., Yang, Y., Chang, W. H., Hong, Z., Chen, H., Zhou, H., Chen, Q., Liu, Y., Nicholas, D. M., Yang, Y.: Nat. Nanotech. 11, 75 (2016)

[37] Chen, W., Wu, Y. Z., Yue, Y. F., Liu, J., Zhang, W. J., Yang, X. D., Chen, H., Bi, E. B., Ashraful, I., Grätzel, M., Han, L. Y.: Science 350, 944 (2015)

[38] Xiao, Z., Bi, C., Shao, Y., Dong, Q., Wang, Q., Yuan, Y., Wang, C., Gao, Y., Huang, J.: Energy Environ. Sci. 7, 2619 (2014)

[39] Li, X. D., Liu, X. H., Wang, X. Y., Zhao, L. X., Jiu, T. G., Fang, J. F., Mater, J.: Chem. A 3, 15024 (2015)

[40] Chen, W., Wu, Y., Liu, J., Qin, C., Yang, X., Islam, A., Chen, Y., Han, L.: Energy Environ. Sci. 8, 629 (2015)

[41] Qin, P., Tanaka, S., Ito, S., Tetreault, N., Manabe, K., Nishino, H., Nazeeruddin, M. K.: M. Graztel Nat. Commun. 5, 3834 (2014)

[42] Liang, P. W., Chueh, C. C., Williams, S. T., Jen, A. K.-Y.: Adv. Energy Mater. 5, 1402321 (2015)

[43] Kuang, C., Tang, G., Jiu, T., Yang, H., Liu, H., Li, B., Luo, W., Li, X., Zhang, W., Lu, F., Fang, J., Li, Y.: Nano Lett. 15, 2756 (2015)

[44] de Jong, M. P., van IJzendoorn, L. J., de Voigt, M. J. A.: Appl. Phys. Lett. 77, 2255-2257 (2000)

[45] Li, X., Dar, M. I., Yi, C., Luo, J. S., Tschumi, M., Zakeeruddin, S. M., Nazeeruddin, M. K., Han, H. W., Grätzel, M.: Nat. Chem. 7, 703 (2015)

[46] Smith, I. C., Hoke, E. T., Solis-Ibarra, D., McGehee, M. D., Karunadasa, H. I.: Angew. Chem. Int. Ed. 53, 11232 (2014)

[47] Shao, Y., Xiao, Z., Bi, C., Yuan, Y., Huang, J. S.: Nat. Commun. 5, 5784 (2014)

[48] Xu, J., Buin, A., Ip, A. H., Li, W., Voznyy, O., Comin, R., Yuan, M., Jeon, S., Ning, Z., Mcdowell, J., Kanjanaboos, P., Sun, J., Lan, X., Quan, L., Kim, D. H., Hill, I. G., Maksymovych, P., Sargent, E. H.: Nat. Commun. 6, 7081 (2015)

[49] Bastiani, M. D., Binda, M., Gandini, M., Ball, J., Petrozza, A.: In: Proceedings of MRS Spring Meeting C4. 04 (2015)

第13章
柔性钙钛矿太阳能电池

Byeong Jo Kim，Hyun Suk Jung

摘要：近年来，能量转换效率超过 20％ 的高效钙钛矿太阳能电池的出现，引发了新兴光伏器件在有利可图的光伏市场的开发。由于超薄钙钛矿层实现了优异的光伏性能，因此这些太阳能电池适合作为各种柔性电子设备的电源。特别是，基于塑料基板的钙钛矿太阳能电池（PSC）可用于诸如便携式电子充电器、电子纺织品和大规模工业屋顶等应用。与其他柔性太阳能电池技术如 Si、$Cu(In,Ga)Se_2$、染料敏化和有机光伏电池相比，PSC 由于其低温和溶液工艺，更有利于实现柔性太阳能电池。在本章中，我们讨论了用作柔性太阳能电池材料的钙钛矿材料的优越物理性能，其基础是优异的机械耐久性。还讨论了具有高光伏性能的柔性 PSC 的最新进展。此外，新兴的柔韧 PSC，如线型的、超轻型和可伸缩电池，也被认为在未来可能改变市场的游戏规则。

13.1 引言

最近，可穿戴电子设备的普及促进了各种柔性电子技术的开发。特别是，为了操作可穿戴电子设备，柔性电力系统（例如柔性可充电电池和太阳能电池）被认为是具有挑战性的技术问题。对于柔性可充电电池，功率-重量比（或比功率）对于实现具有灵活性的不可察觉的可穿戴设备是非常重要的。同时，由于其方便的集成和多功能性，柔性和轻质的薄膜太阳能电池在诸如便携式电子充电器、电子纺织品、大型工业厂房等应用中受到广泛关注。

为了实现柔性薄膜太阳能电池，已经采用了各种类型的下一代光伏技术，例如化合物半导体、有机和染料敏化太阳能电池。然而，柔性染料敏化和有机光伏器件的能量转换效率（PCE）至多约为 10％[1,2]。据所知，只有使用柔性聚酰亚胺基底的 $Cu(In_{1-x}Ga_x)Se_2$（CIGS）太阳能电池达到了最高 PCE（20.4％）[3]，由 Tiwari 集团公司保持。然而，柔性 CIGS 太阳能电池是在高温（350℃）和超高真空（约 10^{-9} Torr，1Torr＝133.322Pa）条件下制造的。这一工艺与高通量和低成本生产不兼容，因为廉价塑料底物如聚对苯二甲酸乙二醇酯（polyethylenc terephthalate，PET）和聚萘二甲酸乙二醇酯（polyethylene naph-thalate，PEN）的使用受到限制。此外，In、Ga 和 Se 等原材料价格昂贵且储量不丰富，这限制了 CIGS 太阳能电池的经济可行性。

钙钛矿太阳能电池（PSC）采用厚度约 $1\mu m$ 的超薄有机金属卤化物光吸收层，是最有希望制成柔性薄膜太阳能电池的候选材料。世界上刚性基底的光伏器件效率的记录高达 21％，这个效率从 2012 年固态器件的第一份报道开始，在几年内就实现了[4]。最重要的是，低温和基于溶液的制造工艺能够实现基于塑料基底的柔性光伏器件。最近，许多研究小组试图使用低温工艺实现基于塑料衬底的柔性钙钛矿太阳能电池。据报道，使用 $CH_3NH_3PbI_{3-x}Cl_x$ 作为光吸收剂实现的最高效率可达 15.07%[5]。

实现柔性 PSC 的关键挑战是在低温（约 130℃）下制备 TiO_2 致密空穴阻挡层和/或介孔（mp）TiO_2 电子收集层。通常，为了获得优异的空穴阻挡性和电子收集性能，TiO_2 层的制备温度应超过 500℃。通过使用等离子体增强的原子层沉积等新兴技术，可以降低制备几十纳米厚度的 TiO_2 空穴阻挡层的工艺温度[6]。然而，由于难以去除残留的有机黏结剂和颈缩的 TiO_2 纳米粒子，在低温下制备具有几百纳米厚度的介孔 TiO_2 纳米粒子电子收集层是不容易的。为了忽略这些关键问题，采用了具有约 $1\mu m$ 电子扩散长度的 $CH_3NH_3PbI_{3-x}Cl_x$ 光吸收体[7]。与 $CH_3NH_3PbI_3$（约 140nm）相比，更长的电子扩散长度可能导致去除 mp-TiO_2 电子收集层，这适合于制备塑料基柔性 PSC。另一种方法是将 PSC 的结构从 n-i-p 结构改变为 p-i-n 结构，这有时被称为"倒置结构"。在该结构中，可以利用在低温下制备的 PCBM 薄层，代替 TiO_2 电子收集和空穴阻挡层。

在本章中，从太阳能电池结构（n-i-p 和 p-i-n）的角度描述了柔性 PSC 的现状。特别地，在 n-i-p 结构中，讲述了低温制备电荷收集层和空穴阻挡层的研究进展。对于实际应用和商业化也是至关重要的柔性钙钛矿太阳能电池力学性能也被讨论了。此外，还介绍了市场中新兴的柔性 PSC。

13.2 柔性器件中钙钛矿材料的物理性能

13.2.1 钙钛矿材料对塑料基太阳能电池的优势

对于基于塑料的柔性光伏器件，透明的柔性导电塑料基板，例如锡掺杂氧化铟/聚萘二甲酸乙二醇酯（ITO/PEN）和锡掺杂氧化铟/聚对苯二甲酸乙二醇酯（ITO/PET）已被用作基底。为了实现基于塑料基底的柔性太阳能电池，由于塑料基底的较低玻璃化转变温度，制造温度需要低至 150℃ 以下。由于高结晶度的有机-无机钙钛矿型光吸收剂薄膜可以在 150℃ 以下制备，因此这些 PSC 非常适合于实现基于塑料的柔性太阳能电池。

钙钛矿材料的光电性能有利于实现柔性太阳能电池的高转换效率。钙钛矿材料的消光系数相当高（在 550nm 时为 $1.5\times10^4 cm^{-1}$），这使得超薄厚度下（小于 500nm 厚度）能够获得高的光电流密度[8]。由于超薄层提供了比较厚层更高的柔韧性，与含有较厚光吸收层（大于 $1\mu m$）的 CIGS、DSSC 和 Si 太阳电池相比，PSC 具有更高的机械耐受性。

钙钛矿材料具有双极性性质，表明钙钛矿层可以替代电子传输层或空穴传输层。这些特性有利于实现各种类型的柔性太阳能电池[9,10]。例如，由于钙钛矿材料的双极性特性，可以实现 n-i-p 或 p-i-n 结构。

钙钛矿材料优异的机械耐受性为 PSCs 提供了卓越的柔性耐久性，这使得 PSCs 适用于可穿戴设备的电源。最近的研究报告称，PSC 在弯曲半径为 10mm 的情况下进行 1000 次弯曲测试后，具有机械耐久性[6]。细节将在"13.2.2 柔性钙钛矿太阳能电池的机械耐受性"中讨论。

柔性太阳能电池也能够用作建筑集成光伏系统（BIPV），例如太阳能电池板窗口[11]。优良的弯曲性能使柔性太阳能电池板能够安装在建筑物的各种表面上。除了优异的柔韧性外，钙钛矿材料的颜色可调特性对于 BIPV 是非常重要的。颜色可调性质与容易改变的带隙有关，可以通过改变卤化阴离子（I^-、Br^-、Cl^- 及其混合物）或阳离子（Pb^{2+}、Sn^{2+} 及其组合）来简单地调节带隙。钙钛矿材料的颜色可以从深棕色到黄色，对应于 1.57eV 和 2.29eV 的带隙能量，赋予 PSC "美丽的功能"[12,13]。

13.2.2　柔性钙钛矿太阳能电池的机械耐受性

虽然柔性 PSC 显示出超过 15% 的高效率，但应考虑太阳能电池的机械柔性和弯曲耐久性。钙钛矿材料柔韧性的理论预测是基于 Feng 的第一性原理计算的[14]。他揭示了钙钛矿材料的弹性性质由 $CH_3NH_3BX_3$ 中 B—X 键决定（B=Sn、Pb；X=Br、I）（表 13-1）。此外，他还计算了 B/G 比（B 为体积模量；G 为剪切模量），远远高于 2.0。这个比率意味着钙钛矿材料能够在弯曲、拉伸和压缩条件下保持力学性能。此外，钙钛矿材料的较大泊松比（$\tau > 0.26$），介于橡胶的 τ（>0.50）和玻璃的 τ（$0.18 \sim 0.30$）之间，预示着钙钛矿材料可以具有韧性，显示出其用作聚合物基底上的柔性/可伸缩层的潜力。

表 13-1　$CH_3NH_3BX_3$（B=Sn、Pb；X=Br、I）材料的体积模量（B）、剪切模量（G）、杨氏模量（E）、泊松比（τ）、声速（v）和德拜温度（θ_D）

相	B^{2+}	X^-	B_{VRH}/GPa	G_{VRH}/GPa	E/GPa	τ	B/G	v_l/(m/s)	v_t/(m/s)	v_m/(m/s)	θ_D/K
C	Sn	Br	26.2	12.2	37.2	0.26	1.78	3605	2043	2271	272
		I	22.2	12.6	34.5	0.24	1.60	3177	1855	2057	232
	Pb	Br	22.6	10.4	29.1	0.29	1.99	3099	1699	1894	219
		I	16.4	8.7	22.2	0.28	1.89	2612	1455	1620	175
T	Sn	Br	19.5	9.4	26.2	0.28	1.90	3172	1765	1965	230
		I	13.5	6.3	18.2	0.28	1.89	2469	1374	1531	169
	Pb	Br	14.7	5.5	15.1	0.33	2.57	2524	1278	1432	160
		I	12.2	3.7	12.8	0.33	2.52	2135	1087	1218	131
C	Sn	Br	29.2	6.5	24.1	0.36	3.30	3408	1584	1784	213
		I	18.5	4.1	16.7	0.35	2.99	2597	1249	1404	158
	Pb	Br	26.9	9.5	27.9	0.33	2.56	3292	1668	1870	214
		I	18.1	3.6	15.0	0.36	3.30	2494	1159	1305	141

注：经许可引自文献 [14]。VRH 为 Voigt-Reuss-Hill。

Kim 等进行弯曲试验以验证柔性钙钛矿器件对弯曲半径和循环的稳定性 [图 13-1 (a)][6]。在曲率半径 10～400nm 下，具有 PEN/ITO/TiO_x/$CH_3NH_3PbI_{3-x}Cl_x$/Spiro-OMeTAD/Ag 柔性结构的钙钛矿太阳能电池，在 1000 次弯曲循环后仍保持其 PCE。对于曲率半径为 4mm 的太阳能电池，在 1000 次弯曲循环后，PCE 显著降低至初始效率的 50%。由于 PCE 的这些变化与 ITO 电极在机械力作用下的降解行为类似，所以他们使用三种不同的层状结构，即 PEN/ITO、PEN/ITO/TiO_x/$CH_3NH_3PbI_{3-x}Cl_x$/Spiro-OMeTAD/Ag 和 PEN/TiO_x/$CH_3NH_3PbI_{3-x}Cl_x$/Spiro-OMeTAD/Ag，进行了原位压痕电阻测量。在该实验中，具有 ITO 层的柔性光伏器件显示出明显的电阻增加，而没有 ITO 层的柔性器件的电阻没有变化。这表明疲劳的起源不是来自钙钛矿材料,是来自 ITO 电极的部分。

　　Kelly 等对不含无机金属氧化物的柔性 PSC 的弯曲特性进行了另一项研究〔图 13-1(b)～(e)〕[15]。使用高导电性 PEDOT(HC-PEDOT)作为透明电极的无 ITO 柔性钙钛矿太阳能电池在 2000 次弯曲循环后运行良好,而金属化氧化铟(M-In$_2$O$_3$)基钙钛矿太阳能电池的光伏性能显著恶化。从 M-In$_2$O$_3$ 和 HC-PEDOT 衬底上使用钙钛矿器件进行片状电阻测量的结果来看,他们还得出结论:柔性钙钛矿太阳能电池 PCE 劣化的主要原因是 ITO 层形成的裂纹。这些结果表明钙钛矿材料具有优良的抗弯性能。

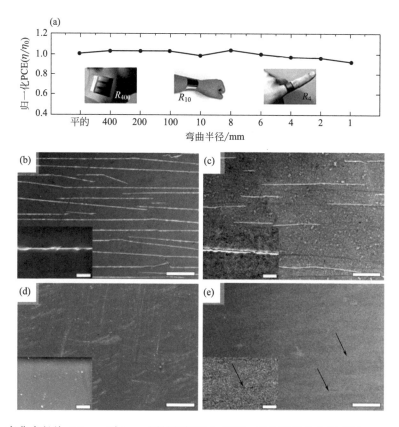

图 13-1　(a) 弯曲半径从 400mm 到 1mm 测量的标准化 PCE,经许可引自文献〔6〕。400mm、10mm 和 4mm 的弯曲半径分别对应于人的颈部、腕部和手指上的器件,弯曲循环后 2000 次的 SEM 图:(b) PET/M-In$_2$O$_3$;(c) PET/M-In$_2$O$_3$/ZnO/CH$_3$NH$_3$PbI$_3$;(d) PET/HC-PEDOT;(e) PET/HC-PEDOT/SC-PEDOT/CH$_3$NH$_3$PbI$_3$(低倍率下的比例尺为 50μm,高倍率下的比例尺为 5μm,经许可引自文献〔15〕)

13.3　柔性钙钛矿太阳能电池的研究进展

　　自 2013 年第一个柔性的 PSC 显示出 2.64% 的效率以来,现在效率已提高到 15% 以上。塑性的 PEN 或 PET 以及钛和不锈钢等金属箔已被用作衬底材料。金属箔衬底对于形成介孔和阻挡空穴金属氧化物层的热处理过程是耐用的。然而，对于塑料基材，由于玻璃化转变温度，热处理过程受到限制。

虽然柔性 PSC 的电池效率低于刚性 PSC，但柔性 PSC 的各种潜在应用促进了其商业化研究。在本节中，将讨论包括 n-i-p、p-i-n 和金属箔衬底在内的 3 种柔性电池（表 13-2）。

表 13-2　各种柔性钙钛矿太阳能电池器件结构效率图

器件结构	PCE/%	文献
2013		
PET/ITO/c-ZnO/ZnO 纳米棒/$CH_3NH_3PbI_3$/Spiro-OMeTAD/Au	2.62	[16]
PET/ITO/PEDOT:PSS/$CH_3NH_3PbI_{3-x}Cl_x$/[60]PCBM/TiO_x/Al	6.40	[17]
2014		
不锈钢/c-TiO_2/mp-TiO_2/$CH_3NH_3PbI_3$/Spiro-OMeTAD/CNT 薄板	3.30	[18]
PET/AZO/Ag/AZO/PEDOT:PSS/poly-TPD/$CH_3NH_3PbI_3$/PCBM/Au	7.00	[19]
PET/ITO/PEDOT:PSS/$CH_3NH_3PbI_{3-x}Cl_x$/PCBM/Al	9.20	[20]
PET/ITO/ZnO/$CH_3NH_3PbI_3$/Spiro-OMeTAD/Ag	10.20	[21]
2015		
Ti/c-TiO_2/mp-TiO_2/$CH_3NH_3PbI_3$/Spiro-OMeTAD/超薄 Ag	6.15	[22]
Ti/c-TiO_2/mp-TiO_2/$CH_3NH_3PbI_3$/Spiro-OMeTAD/ITO	9.65	[23]
Ti 箔/c-TiO_2/mp-Al_2O_3/$CH_3NH_3PbI_{3-x}Cl_x$/Spiro-OMeTAD/PEDOT:PSS/PET 带镍网	10.30	[24]
Ti 线/TiO_2 纳米管/$CH_3NH_3PbI_{3-x}Cl_x$/Spiro-OMeTAD/CNT 薄板	1.12	[25]
Ti 线/韧窝 c-TiO_2/mp-TiO_2/$CH_3NH_3PbI_3$/Spiro-OMeTAD/Ag NW	3.85	[26]
CNT 纤维/c-TiO_2/mp-TiO_2/$CH_3NH_3PbI_{3-x}Cl_x$/P3HT/SWNT/Ag NW	3.03	[27]
PET/ITO/PEDOT:PSS/$CH_3NH_3PbI_{3-x}Cl_x$/PCBM/ZnO/Ag	4.90	[28]
PET/ITO/c-TiO_2(ALD)/mp-TiO_2/$CH_3NH_3PbI_3$/Spiro-OMeTAD/Au	7.10	[29]
PET/M-In_2O_3/c-ZnO/$CH_3NH_3PbI_3$/Spiro-OMeTAD/Ag	7.80	[15]
PET/ITO/c-TiO_2(RF 溅射)/$CH_3NH_3PbI_3$/Spiro-OMeTAD/Au	8.90	[30]
NOA 63/PEDOT:PSS/$CH_3NH_3PbI_{3-x}Cl_x$/PCBM/镓铟共晶	10.20	[31]
PET 薄膜/PEDOT:PSS/$CH_3NH_3PbI_{3-x}Cl_x$/PCBM/Cr_2O_3/Cr/Au/聚氨酯	12.00	[32]
PEN/ITO/c-TiO_x(ALD)/$CH_3NH_3PbI_3$/Spiro-OMeTAD/Ag	12.20	[6]
PET/ITO/$CH(NH_2)_2PbI_3$/Spiro-OMeTAD/Au	12.70	[33]
PET/ITO/c-TiO_2(电子束)/$CH_3NH_3PbI_{3-x}Cl_x$/PTAA/Au	13.50	[34]
PET/ITO/PEDOT:PSS/PEI-HI/$CH_3NH_3PbI_3$/PCBM/LiF/Ag	13.80	[35]
PEN/ITO/Zn_2SnO_4/$CH_3NH_3PbI_3$/PTAA/Au	14.85	[36]
PET/ITO/c-TiO_x(直流溅射)/$CH_3NH_3PbI_{3-x}Cl_x$/Spiro-OMeTAD/Au	15.07	[5]

13.3.1　n-i-p 结构的柔性钙钛矿太阳能电池

含有电子传输材料（electron transport materials，ETM）/钙钛矿/空穴传输材料（HTM）的 n-i-p 结构 PSC，由于形成如 TiO$_2$ 和 ZnO 等电子传输层（也称为致密层）所需的高温而难以制成柔性太阳能电池。特别是，结晶良好的 TiO$_2$ 致密层需要在 400℃ 以上退火后才能获得[37]。

ZnO 具有相似的能级和电学性质，是 TiO$_2$ 电子传输层的一种可行的替代材料。此外，ZnO 纳米材料的低温生长特性也是众所周知的。采用电沉积形成的 ZnO 致密层和化学浴沉积形成的 ZnO 纳米棒分别作为致密层和电子传输层。将它们沉积在 PEN/ITO 上，制备柔性的 PSC。这种器件是 Mathews 等报道的第一代柔性 PSC。尽管它显示出 2.62% 的低效率（刚性 FTO 衬底上为 8.90%），但它标志着柔性 PSC 的开始[16]。Kelly 和 Liu 报道了使用 ZnO 纳米颗粒薄膜作为电子传输层，溶液处理的柔性 PSC［图 13-2(a)(b)］[21]。他们研究了 ZnO 层厚度从 0nm 到 70nm 对光伏性能的影响。没有 ZnO 电子传输层的 PSC，由于 ITO/钙钛矿材料之间的电荷复合，表现出较低的 V$_{oc}$ 和 FF。在优化的 ZnO 厚度为 25nm 时，刚性衬底上的 PCE 为 15.7%，PET/ITO 衬底上的 PCE 为 10.20%。

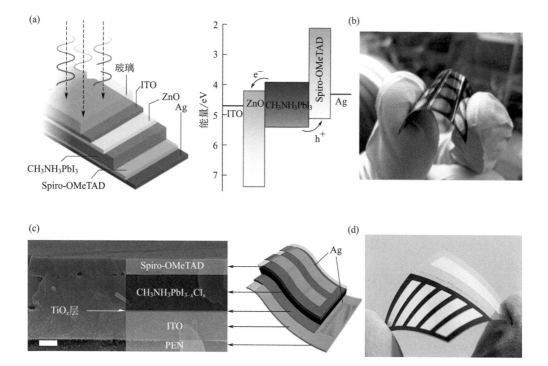

图 13-2　低温 c-ZnO 基柔性钙钛矿器件：(a) 结构、能级示意图；(b) 照片。低温 c-TiO$_x$ 基柔性钙钛矿器件：(c) 截面、原理图；(d) 照片。(a) 和 (b) 经许可引自文献 [21]，(c) 和 (d) 经许可引自文献 [6]

原子层沉积（ALD）是制备致密薄膜的好方法之一，因为它可以精确控制薄膜厚度，并且能够沉积致密的保形薄膜。Jung 等在 PEN/ITO 衬底上使用非晶态 TiO_x 作为致密层，制备了 12.2% 的柔性 PSC[6]。使用等离子体增强 ALD 法（PEALD），在 80℃ 沉积的 20nm 厚的非晶态 TiO_x 致密层显示出优异的空穴阻挡和电子收集性能 ［图 13-2(c)(d)］。他们观察到 PCE 在对应于腕关节的弯曲半径为 10mm 时，经 1000 次弯曲循环后效率仍保持初始值的 95%。研究表明，柔性 PSCs 可以作为可穿戴设备的电源。Brown 等通过 PEALD 制备 TiO_2 致密层，展示了大面积（8cm^2）集成柔性钙钛矿光伏组件。制作的组件由 4 个串联的电池组成，PCE 为 3.1%（V_{oc} 为 3.39V），表明真空沉积法能够制备出大规模柔性钙钛矿太阳能电池组件[29]。另一种致密层的真空技术是溅射系统。Li 等在室温下使用磁控溅射制备了致密的 TiO_x 致密层[5]。结果表明，与退火后的 TiO_2 致密层相比，TiO_x 致密层具有更快的电子输运特性。他们的研究表明，TiO_x 致密层在柔性 PSC 中的优异电性能导致实现了 15% 的 PCE（表 13-3）。

表 13-3　不同电子传输层和衬底的钙钛矿太阳能电池的性能参数

基底/ETL	J_{sc}/(mA/cm^2)	V_{oc}/V	FF	PCE/%
玻璃/ITO/am-TiO$_2$	21.68	1.03	0.72	16.08
PET/ITO/am-TiO$_2$	20.90	1.03	0.70	15.07
玻璃/FTO/an-TiO$_2$	21.67	1.08	0.69	16.10
玻璃/FTO/am-TiO$_2$	21.87	1.03	0.72	16.22

注：1. 经许可的前提下引自参考文献 ［5］。
　　2. ETL 为电子传输层，am-TiO$_2$ 为无定形 TiO$_2$，an-TiO$_2$ 为锐钛矿 TiO$_2$。

探索了一种新的电子传输层组成，用于制备高效率的柔性 PSC。Seok 等在较低温度（<100℃）下合成了均匀分散的 Zn_2SnO_4（ZSO）纳米粒子作为柔性 PEN/ITO 衬底上的电子传输层。与裸露的 PEN/ITO 衬底相比，由于 ZSO 薄膜在整个可见光范围内折射率较低（约 1.37），PEN/ITO/ZSO 薄膜具有较高的透过率。PEN/ITO/ZSO 薄膜上柔性 PSC 的 PCE 为 14.85%[36]。

13.3.2　p-i-n 结构的柔性钙钛矿太阳能电池

p-i-n 结构有时被称为"倒置结构"，它由空穴传输材料（HTM）/钙钛矿/电子传输材料（ETM）组成。由于电子传输层不需要由 TiO$_2$ 层组成，因此这种结构在柔性 PSC 中的结合相对容易。p-i-n 结构来源于有机光伏结构。代替有机光吸收剂，钙钛矿型光吸收剂插入空穴传输层（PEDOT：PSS、NiO$_x$、MoO$_x$ 等）和电子传输层（PCBM、PFN、C$_{60}$/BCP 等）之间。由于传统的制备电子和空穴传输层的工艺不需要高温退火工艺，p-i-n 结构被认为是一种很有前途的柔性 PSC 结构。Snaith 等首次尝试制备 p-i-n 结构的柔性 PSC。他们观察到了夹在不同空穴传输层（NiO、V$_2$O$_5$、PEDOT：PSS 和 Spiro-OMeTAD）和电子传输层（PCBM、PFN 和 TiO$_2$）中的钙钛矿材料的稳态光致发光。从选择性接触来看，PEDOT：PSS/CH$_3$NH$_3$PbI$_{3-x}$Cl$_x$/[60]PCBM/TiO$_x$/Al 在 PEN/ITO 结构上组成的 p-i-n 柔性 PSC，实现了 6.40% 的 PCE ［图 13-3 (a)］[17]。Yang 等制作了高效 p-i-n 结构的柔性 PSC（9.2%）。他们观察了 PCBM/CH$_3$NH$_3$PbI$_{3-x}$Cl$_x$ 和 PEDOT：PSS/CH$_3$NH$_3$PbI$_{3-x}$Cl$_x$ 界面上的 PL 猝灭时间，并发现从 PCBM/CH$_3$NH$_3$PbI$_{3-x}$Cl$_x$ 中提取电荷比从 PEDOT：

PSS/CH$_3$NH$_3$PbI$_{3-x}$Cl$_x$ 中提取电荷快。此外与 CH$_3$NH$_3$PbI$_{3-x}$Cl$_x$ 相比，对 PCBM/CH$_3$NH$_3$PbI$_{3-x}$Cl$_x$/PEDOT:PSS 各界面的 PL 猝灭研究表明，界面上的快速电荷分离机制可获得较高的光伏性能。来自该研究的柔性钙钛矿太阳能电池显示的 PCE 为 9.2% [图 13-3(b)][20]。最近，Li 等发现了原位形成的 (PEI)$_2$[PbI$_4$] 层状钙钛矿对 PEDOT:PSS 的影响。新开发的层能够控制钙钛矿层的形态和晶粒生长，并且减小了势能级差，从而增加了空穴提取。改进的 p-i-n 空穴提取揭示了电荷分离之间的平衡。这项工作使用 p-i-n 结构的柔性 PSC [图 13-3(c)] 得到了 13.8% 的高 PCE[35]。

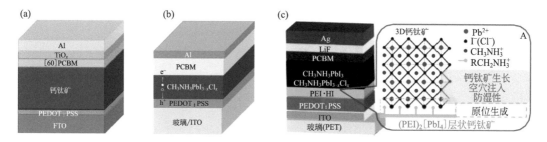

图 13-3　塑料基板上具有代表性的 p-i-n 柔性钙钛矿太阳能电池的原理图和能量转换效率。在倒置柔性钙钛矿中，通过电荷分离研究改善了光伏性能。经许可引自文献[17](a)、[20](b)和[35](c)

13.3.3　金属基柔性钙钛矿太阳能电池

金属基底是另一种可用的柔性 PSC 基底材料。由于优异的力学性能和热稳定性，金属基底可以替代 PET/ITO 或 PEN/ITO 塑料基底。此外，优异的导电性、化学稳定性和成本效益（不在 ITO 中使用铟），有利于金属基底用作柔性 PSC 的潜在衬底材料。然而，金属的不透明性质阻止阳光通过衬底进入钙钛矿材料。因此，开发具有良好导电性和高光透过率的透明对电极具有重要意义。

Jun 等在钛箔基柔性 PSC 上沉积了厚度在 8～20nm 范围内的半透明超薄 Ag 层作为对电极。他们观察到，在 450～750nm 波长下，Ag 层的光学透射率在相应的薄膜厚度下从 45% 下降到 24% [图 13-4(a)]。在光学透过率和电导率之间进行权衡后找到最佳薄膜厚度为 12nm，这产生了 6.15% 的 PCE。[22]

为了补偿银膜电极的透过率损失和 ITO 的脆性，Jun 等还探索了插入 ITO 的不连续超薄 Ag 层。与裸露的 ITO 膜或厚的 Ag 膜电极相比，嵌入 Ag 纳米粒子（1～2nm）的 ITO 显示出更高的透射率和增强的机械柔韧性 [图 13-4(b)]。结果，他们实现了高达 9.65% 的 PCE 和弯曲耐久性。[23]

Watson 等对金属基柔性 PSC 进行了研究。他们开发了一种新的电池结构，由 Ti 箔/c-TiO$_2$/mp-Al$_2$O$_3$/CH$_3$NH$_3$PbI$_{3-x}$Cl$_x$/Spiro-OMeTAD/PEDOT:PSS 镶嵌在 Ni 网中组成 [图 13-4(c)]。在该研究中，镶嵌在 Ni 网格中的 PEDOT:PSS 中间层，由于电导率的提高而增加了电流密度和 FF，从而实现了 10.3% 的 PCE，并且在反复弯曲后效率下降最小。[24]

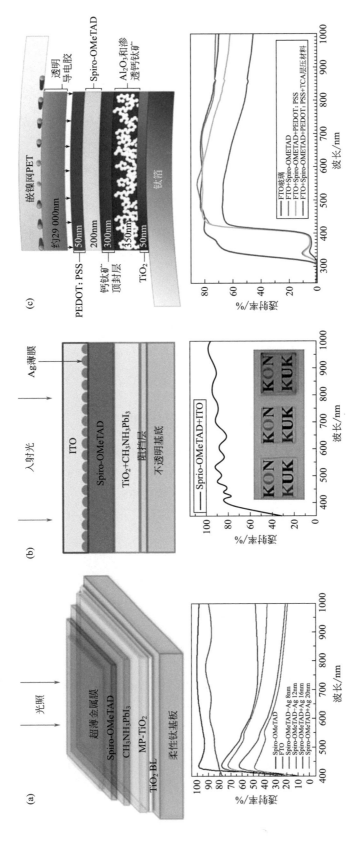

图 13-4　超薄金属透明对电极的透射光谱：(a) 超薄金属；(b) Ag 嵌入的 ITO；(c) 网状 Ni 嵌入的 PET。经许可引自文献[22](a)、[23](b) 和[24](c)

13.4　商业化柔性钙钛矿太阳能电池的新兴技术

13.4.1　纤维状钙钛矿太阳能电池

除了弯曲性能外，未来的可穿戴电子系统还需要可伸缩和可扭转的光伏电源。纤维状 PSC 是一种有潜力的新兴太阳能电池，可应用于可穿戴电子产品（如自供电电子纺织品）。

Peng 等用不锈钢纤维制备了一种新型的同轴纤维形状的 PSC ［图 13-5（a）］。分别用稀释的二异丙醇钛（乙酰丙酮）溶液和商用二氧化钛浆料制备致密层和 mp-TiO₂。通过浸渍钙钛矿前驱体溶液，然后在 100℃ 退火 10min，形成钙钛矿层。将空穴传输层 Spiro-OMeTAD 涂覆在合成的钙钛矿层上，然后碳纳米管（CNT）作为阴极，最终包裹制备太阳能电池。优化后的第一个纤维状 PSC 的 PCE 为 3.3%，高于纤维状 DSSC 或聚合物太阳能电池的 PCE。而且 50 次折弯循环后，PCE 仍能保持其初始效率的 95%[18]。由于金属电极的柔性不足、腐蚀问题及活性面积低，Li 等用 CNT 纤维将其代替，制备出双面弯曲的 PSC。利用可纺丝碳纳米管阵列制备了高柔性碳纳米管光纤。随后，在纤维上形成致密 TiO₂/mp-TiO₂/CH₃NH₃PbI₃₋ₓClₓ/P3HT/SWNT/Ag 纳米线结构 ［图 13-5（b）］。此外，他们还制备了 PMMA 密封层，以保护钙钛矿层免受外部环境的影响。这种基于 CNT 纤维的 PSC 在空气条件下表现出 3.03% 的 PCE 和 96h 的长期稳定性。此外，其机械稳定性在 1000 多个弯曲循环后保持不变[27]。Peng 等开发了可伸缩的 PSC，使用可拉伸的 CNT 基纤维和弹簧状改性钛丝作为两个电极 ［图 13-5（c）］。为了优化可拉伸的纤维状 PSC，在钙钛矿前驱体溶液中加入 1,8-二碘辛烷（DIO），使钙钛矿为均角八面体相，并采用电喷雾法制备了钙钛矿层。PCE 提高到 5.01%，并且在应变力为 30% 的情况下拉伸 250 次后，效率仍保

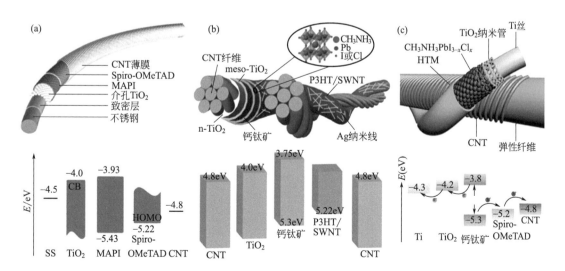

图 13-5　各种结构的纤维状钙钛矿太阳能电池：（a）不锈钢；（b）碳纳米管纤维；（c）带钛丝的弹性纤维。经许可引自文献[18]（a）、[27]（b）和[25]（c）

持在初始 PCE 的 90% [25]。这些纤维状的 PSC 将被用作新兴的可穿戴和电子纺织品以及先进的下一代设备的电源。

13.4.2 超轻柔性钙钛矿太阳能电池

如果利用超轻 PSC，会发生什么情况？这一创新将使太阳能电池的使用范围扩大到各种应用领域。

Kaltenbrunner 等成功地制备了超薄的 $3\mu m$ 柔性 PSC，包括薄的柔性塑料基底、电子传输层、空穴传输层、钙钛矿材料、致密层、电极和封装层。DMSO 处理的 PEDOT:PSS 作为空穴传输层沉积在 $1.4\mu m$ PET 薄膜上，形成无针孔的钙钛矿层。中间层铬/氧化铬 (Cr_2O_3)，提供了 PSC 的长期稳定性，因为 Cr/Cr_2O_3 能够阻止腐蚀反应，比如在金属顶部接触点与钙钛矿层碘之间，金（Au）被腐蚀为 AuI_2^- 或 AuI_3 ［图 13-6(a)］。制作的电池在没有任何封装的情况下，在空气中操作 8h 后，PCE 降低 20%。此外，制作的光伏电池在施加自上到下 44% 的径向压缩后表现出不变的性能。此外，在室外阳光条件下，装有直流电动机的飞机使用连接的柔性太阳能电池板（在 AM 1.5 辐照度下）输出的约 $75mW$ 功率下运行 ［图 13-6(b)］[32]。

形状可恢复 PSC 是另一项新兴技术，Ko 等对此进行了研究。使用诺兰光学黏附剂 63

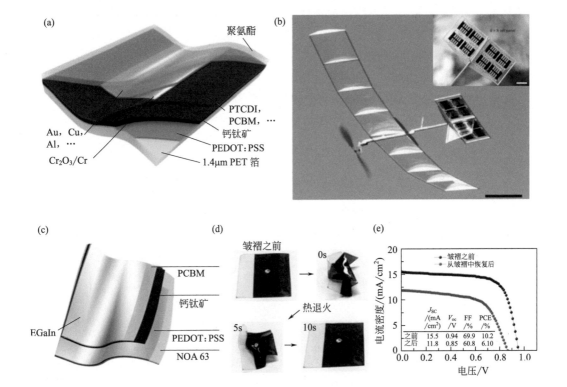

图 13-6 （a）在 $1.4\mu m$ PET 箔上的超薄柔性太阳能电池示意图；（b）户外飞行期间太阳能飞机模型的快照（插图中飞机模型上的集成太阳能电池板的图像）；（c）可恢复形状的钙钛矿太阳能电池示意图；（d）器件在皱缩试验过程中的状态；（e）测量了皱缩试验前后的 J-V 曲线。经许可引自文献［32］(a)(b)和［31］(c)～(e)

（NOA63），一种形状可恢复的聚合物，作为衬底材料［图 13-6(c)］。制作的太阳能电池经过亚毫米半径弯曲后可以恢复其形状。可回收太阳能电池的秘诀是 Ga-In 共晶合金的可拉伸电极，它阻碍了钙钛矿层的断裂［图 13-6(d)(e)］。经过弯曲半径 1mm 的弯曲后，保持 10.75％的最佳 PCE 而不会显著降低效率。此外，制造的太阳能电池在 50 次挤压循环后仍保持初始 PCE 的 60％[31]。

　　超轻和可伸缩的 PSC 的出现将会鼓励 PSC 的商业化。然而，PSC 在低湿度和低氧情况下的短期稳定性是一个很大的负担，这可以通过封装技术来规避。在柔性太阳能电池中，封装与刚性衬底太阳能电池的情况不同。最近，Weerasinghe 等已经为柔性的 PSC 提出了封装体系结构。为了保护钙钛矿层免受水分和氧气的影响，他们采用了被称为"部分"和"完全"的两种封装结构［图 13-7(a)］。透明塑料护栏 ViewBASRARK®（三菱塑料公司），覆盖金属电极的一侧。作为预处理步骤，在真空系统下 12h 去除器件中的水分和氧气。使用 467MP 3M™ 黏合转移胶带，在充满 N_2 的手套箱中完成封装。使用由 PET/IZO❶/c-TiO_2/$CH_3NH_3PbI_3$/Spiro-OMeTAD/Au 结构组成的柔性 PSC，在室温环境条件下验证了封装的效果。与 500h 后的未封装和"部分"封装相比，"完全"封装延长了器件的寿命［图 13-7(b)］。此外，为了了解降解情况，通过上述两种不同的方法封装湿敏和氧敏的 Ca 膜，然后对降解情况进行大约 4 周的监测。钙膜测试的结果表明，部分封装系统不能完全阻断水分和氧气的进入［图 13-7(c)］[38]。

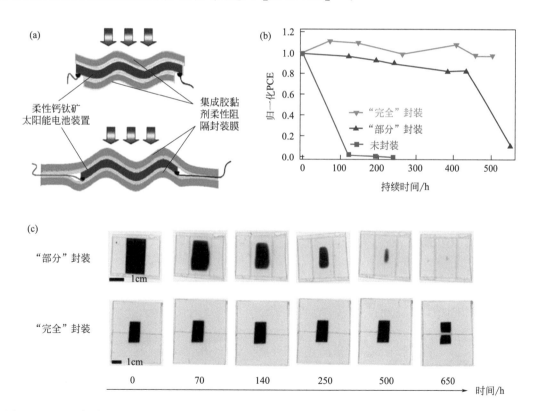

图 13-7　(a)"部分"（上部）和"完全"（下部）封装体系结构的示意图；(b)"完全"封装、"部分"封装和未封装柔性钙钛矿太阳能电池的归一化 PCE 随时间变化的函数；(c) 使用"部分"和"完全"封装的柔性 PSC 在室温条件下封装的湿敏 Ca 膜的图片。经许可引自文献［38］

❶　In 掺杂 ZnO。

13.5 总结

在本章中，我们讨论了钙钛矿型光吸收材料的物理性质，以实现具有持久力学性能的良好柔性太阳能电池。此外，还介绍了塑料基底和金属箔基柔性太阳能电池的最新技术进展。在 n-i-p 结构柔性电池方面，讨论了具有良好电荷输运特性的电子收集和空穴阻挡层的低温过程。p-i-n 结构电池采用了各种电子传输材料和空穴传输材料，许多研究集中在开发新的传输材料和优化电池效率。讨论了用于金属箔基柔性电池的各种透明对电极材料。此外，还提到了新型柔性钙钛矿太阳能电池，如线型、超轻型和可伸缩电池，以促进钙钛矿太阳能电池的商业化。

由于超薄钙钛矿层比铜铟镓硒（CIGS）太阳能电池薄，并且能够表现出优异的光伏性能，因此钙钛矿太阳能电池的最终商业化产品将由基于塑料的柔性模块组成。要实现柔性太阳能电池的商业化，必须解决柔性太阳能电池的长期稳定性问题和高成本制造问题。

参考文献

[1] Yun, H.-G., Bae, B.-S., Kang, M. G.: A simple and highly efficient method for surface treatment of ti substrates for use in dye-sensitized solar cells. Adv. Energy Mater. 1, 337-342 (2011). doi: 10.1002/aenm.201000044

[2] Huang, J., Li, C.-Z., Chueh, C.-C., et al.: 10.4% Power conversion efficiency of ITO-free organic photovoltaics through enhanced light trapping configuration. Adv. Energy. Mater. 5, n/a-n/a (2015). doi: 10.1002/aenm.201500406

[3] Chirilă, A., Reinhard, P., Pianezzi, F., et al.: Potassium-induced surface modification of Cu (In, Ga) Se2 thin films for high-efficiency solar cells. Nat. Mater. 12, 1107-1111 (2013). doi: 10.1038/nmat3789

[4] Research Cell Efficiency Records, National Center for Photovoltaics, Denver. http://www.nrel.gov/ncpv/images/efficiency_chart.jpg (2016). Accessed 09 Mar 2016

[5] Yang, D., Yang, R., Zhang, J., et al.: High efficiency flexible perovskite solar cells using superior low temperature TiO_2. Energy Environ. Sci. 8, 3208-3214 (2015). doi: 10.1039/C5EE02155C

[6] Kim, B. J., Kim, D. H., Lee, Y.-Y., et al.: Highly efficient and bending durable perovskite solar cells: toward a wearable power source. Energy Environ. Sci. 8, 916-921 (2015). doi: 10.1039/C4EE02441A

[7] Stranks, S. D., Eperon, G. E., Grancini, G., et al.: Electron-hole diffusion lengths exceeding 1 micrometer in an organometal trihalide perovskite absorber. Science 342, 341-344 (2013). doi: 10.1126/science.1243982

[8] Im, J.-H., Lee, C.-R., Lee, J.-W., et al.: 6.5% efficient perovskite quantum-dot-sensitized solar cell. Nanoscale 3, 4088-4096 (2011). doi: 10.1039/c1nr10867k

[9] Ke, W., Wan, J., Tao, H., et al.: Efficient hole-blocking layer-free planar halide perovskite thin-film solar cells. Nat. Commun. 6, 1-7 (2015). doi: 10.1038/ncomms7700

[10] Mei, A., Li, X., Liu, L., et al.: A hole-conductor-free, fully printable mesoscopic perovskite solar cell with high stability. Science 345, 295-298 (2014). doi: 10.1126/science.1254763

[11] Eperon, G. E., Burlakov, V. M., Goriely, A., Snaith, H. J.: Neutral color semitransparent microstructured perovskite solar cells. ACS Nano 8, 591-598 (2014). doi: 10.1021/nn4052309

[12] Suarez, B., Gonzalez-Pedro, V., Ripolles, T. S., et al.: Recombination study of combined halides (Cl, Br, I) perovskite solar cells. J. Phys. Chem. Lett. 5, 1628-1635 (2014). doi: 10.1021/jz5006797

[13] Noh, J. H., Im, S. H., Heo, J. H., et al.: Chemical management for colorful, efficient, and stable inorganic-organic hybrid nanostructured solar cells. Nano Lett. 13, 1764-1769 (2013). doi: 10.1021/nl400349b

[14] Feng, J.: Mechanical properties of hybrid organic-inorganic $CH_3NH_3BX_3$ (B=Sn, Pb; X=Br, I) perovskites for solar cell absorbers. APL Mater. 2, 081801-081809 (2014). doi: 10.1063/1.4885256

[15] Poorkazem, K., Liu, D., Kelly, T. L.: Fatigue resistance of a flexible, efficient, and metal oxide-free perovskite solar cell. J. Mater. Chem. A: Mater. Energy Sustain. 3, 9241-9248 (2015). doi: 10.1039/C5TA00084J

[16] Kumar，M. H.，Yantara，N.，Dharani，S.，et al.：Flexible，low-temperature，solution processed ZnO-based perovskite solid state solar cells. Chem. Commun. 49，11089-11093 (2013). doi：10. 1039/c3cc46534a

[17] Docampo，P.，Ball，J. M.，Darwich，M.，et al.：Efficient organometal trihalide perovskite planar-heterojunction solar cells on flexible polymer substrates. Nat. Commun. 4，1-6 (2013). doi：10. 1038/ncomms3761

[18] Qiu，L.，Deng，J.，Lu，X.，et al.：Integrating perovskite solar cells into a flexible fiber. Angew. Chem. Int. Ed. 53，10425-10428 (2014). doi：10. 1002/anie. 201404973

[19] Roldán-Carmona，C.，Malinkiewicz，O.，Soriano，A.，et al.：Flexible high efficiency perovskite solar cells. Energy Environ. Sci. 7，994-1004 (2014). doi：10. 1039/c3ee43619e

[20] You，J.，Hong，Z.，Yang，Y. M.，et al.：Low-temperature solution-processed perovskite solar cells with high efficiency and flexibility. ACS Nano 8，1674-1680 (2014). doi：10. 1021/nn406020d

[21] Liu，D.，Kelly，T. L.：Perovskite solar cells with a planar heterojunction structure prepared using room-temperature solution processing techniques. Nat. Photonics 8，133-138 (2013). doi：10. 1038/nphoton. 2013. 342

[22] Lee，M.，Jo，Y.，Kim，D. S.，Jun，Y.：Flexible organo-metal halide perovskite solar cells on a Ti metal substrate. J. Mater. Chem. A：Mater. Energy Sustain. 3，4129-4133 (2015). doi：10. 1039/C4TA06011C

[23] Lee，M.，Jo，Y.，Kim，D. S.，et al.：Efficient，durable and flexible perovskite photovoltaic devices with Ag-embedded ITO as the top electrode on a metal substrate. J. Mater. Chem. A：Mater. Energy Sustain. 3，14592-14597 (2015). doi：10. 1039/C5TA03240G

[24] Troughton，J.，Bryant，D.，Wojciechowski，K.，et al.：Highly efficient，flexible，indium-free perovskite solar cells employing metallic substrates. J. Mater. Chem. A：Mater. Energy Sustain. 3，9141-9145 (2015). doi：10. 1039/C5TA01755F

[25] Deng，J.，Qiu，L.，Lu，X.，et al.：Elastic perovskite solar cells. J. Mater. Chem. A：Mater. Energy Sustain. 3，21070-21076 (2015). doi：10. 1039/C5TA06156C

[26] Lee，M.，Ko，Y.，Jun，Y.：Efficient fiber-shaped perovskite photovoltaics using silver nanowires as top electrode. J. Mater. Chem. A：Mater. Energy Sustain. 3，19310-19313 (2015). doi：10. 1039/C5TA02779A

[27] Li，R.，Xiang，X.，Tong，X.，et al.：Wearable double-twisted fibrous perovskite solar cell. Adv. Mater. 27，3831-3835 (2015). doi：10. 1002/adma. 201501333

[28] Schmidt，T. M.，Larsen-Olsen，T. T.，Carlé，J. E.，et al.：Upscaling of perovskite solar cells：fully ambient roll processing of flexible perovskite solar cells with printed back electrodes. Adv. Energy Mater. 5，n/a-n/a (2015). doi：10. 1002/aenm. 201500569

[29] Di Giacomo，F.，Zardetto，V.，D'Epifanio，A.，et al.：Flexible perovskite photovoltaic modules and solar cells based on atomic layer deposited compact layers and UV-irradiated TiO_2 scaffolds on plastic substrates. Adv. Energy Mater. 5，n/a-n/a (2015). doi：10. 1002/aenm. 201401808

[30] Chen，C.，Cheng，Y.，Dai，Q.，Song，H.：Radio frequency magnetron sputtering deposition of TiO_2 thin films and their perovskite solar cell applications. Sci. Rep. 1-12 (2015). doi：10. 1038/srep17684

[31] Park，M.，Kim，H. J.，Jeong，I.，et al.：Mechanically recoverable and highly efficient perovskite solar cells：investigation of intrinsic flexibility of organic-inorganic perovskite. Adv. Energy Mater. 5，n/a-n/a (2015). doi：10. 1002/aenm. 201501406

[32] Kaltenbrunner，M.，Adam，G.，Głowacki，E. D.，et al.：Flexible high power-per-weight perovskite solar cells with chromium oxide-metal contacts for improved stability in air. Nat. Mater. 14，1032-1039 (2015). doi：10. 1038/nmat4388

[33] Xu，X.，Chen，Q.，Hong，Z.，et al.：Working mechanism for flexible perovskite solar cells with simplified architecture. Nano Lett. 15，6514-6520 (2015). doi：10. 1021/acs. nanolett. 5b02126

[34] Qiu，W.，Paetzold，U. W.，Gehlhaar，R.，et al.：An electronbeam evaporated TiO_2 layer for high efficiency planar perovskite solar cells on flexible polyethylene terephthalate substrates. J. Mater. Chem. A：Mater. Energy Sustain. 3，22824-22829 (2015). doi：10. 1039/C5TA07515G

[35] Yao，K.，Wang，X.，Xu，Y.-X.，Li，F.：A general fabrication procedure for efficient and stable planar perovskite solar cells：morphological and interfacial control by in-situ-generated layered perovskite. Nano Energy 18，165-175 (2015). doi：10. 1016/j. nanoen. 2015. 10. 010

[36] Shin，S. S.，Yang，W. S.，Noh，J. H.，et al.：High-performance flexible perovskite solar cells exploiting Zn_2SnO_4 prepared in solution below 100 ℃. Nat. Commun. 6，1-8 (2015). doi：10. 1038/ncomms8410

[37] Jung，H. S.，Park，N. -G.：Perovskite solar cells：from materials to devices. Small 11，10-25 (2014). doi：10. 1002/smll. 201402767

[38] Weerasinghe，H. C.，Dkhissi，Y.，Scully，A. D.，et al.：Encapsulation for improving the lifetime of flexible perovskite solar cells. Nano Energy 18，118-125 (2015). doi：10. 1016/j. nanoen. 2015. 10. 006

第14章
钙钛矿太阳能电池的无机空穴传输材料

Seigo Ito

14.1　引言

有机卤化铅钙钛矿材料由于其高效率（超过 20%）和无需真空处理的低成本制造而引起了在太阳能电池应用方面的极大关注[1-4]。主要研究是使用有机空穴导体〔主要是 2,2′,7,7′-四[N,N-二(4-甲氧基苯基)氨基]-9,9′-螺二芴（Spiro-OMeTAD）和聚 3-己基噻吩(P3HT)〕进行的，试图构建高效的杂化钙钛矿太阳能电池。然而，由于复杂的合成过程或高纯度要求，所使用的有机空穴传输材料（HTM）通常非常昂贵。此外，这些有机化合物的不稳定性一直是商业应用的主要问题。因此，取代有机材料，研究稳定、低成本的无机材料对于大规模的工业应用具有非常重要的意义。

在本书的这一章中，综述了钙钛矿太阳能电池中的几种无机 HTM：CuSCN、CuI、Cu_2O、CuO、NiO、MoO_x 和碳材料 [包括石墨烯和碳纳米管（CNT）]。Chen-Guo 研究小组（成功大学，中国台湾）[5] 早在 2015 年就发表了一篇题为"钙钛矿型太阳能电池用无机 p 型接触材料"的好评综述论文。因此，本章在钙钛矿太阳能电池的无机 p 型材料领域提供了与 Chen-Guo 小组的评论论文不同观点的新结果[5]。本章将介绍的每个光伏结果都在表 14-1 中进行了总结。

为了评述这一领域，有必要按半导体沉积顺序对结构进行分类。在 TCO 上附着的半导体类型应该首先被提到。如图 14-1(a) 所示的钙钛矿太阳能电池的"n-i-p"结构，是钙钛矿太阳能电池领域的原始和常规结构[1-4]。对于 n-i-p 结构，基本上使用 n 型无机金属氧化物半导体（TiO_2）和 p 型有机半导体（Spiro-OMeTAD 和 PTAA）。另一方面，图 14-1(b) 涉及"p-i-n"结构，这是在使用无机（金属氧化物）p 型材料和有机 n 型材料的钙钛矿太阳能电池领域中开发的，称为"倒置结构"。n-i-p 或 p-i-n 结构由沉积到基底的过程确定。例如，金属氧化物应该在钙钛矿沉积之前沉积，因为高温退火和/或氧化物前体沉积的溶剂可以溶解钙钛矿层。

另一个分类点是钙钛矿太阳能电池的纳米结构。传统和最初的结构是"介观"结构 [图 14-2(a)]，其利用纳米氧化物支架层来旋涂沉积钙钛矿。这种结构来自固态染料敏化太阳能电池（dye-sensitized solar cell，DSC）[6,7]。没有纳米晶金属氧化物，钙钛矿太阳能电池可以形成"平面"结构 [图 14-2(b)]。作为第三种类型的钙钛矿太阳能电池，描述了

表 14-1　使用无机 HTM 的钙钛矿太阳能电池的光伏性能

文献	HTM	结构	HTM 的沉积	器件结构	V_{oc}/V	$J_{sc}/(mA/cm^2)$	FF	$E_{ff}/\%$
[8]	碳	多层 n-i-p	丝网印刷	FTO/bl-TiO$_2$/mp-TiO$_2$/PVK+mp-ZrO$_2$+PVK/C	0.878	12.4	0.61	6.64
[9]	碳	多层 n-i-p	丝网印刷	FTO/bl-TiO$_2$/mp-TiO$_2$/PVK+mp-ZrO$_2$+PVK/C	0.858	22.8	0.66	12.84
[10]	碳	多层 n-i-p	丝网印刷	FTO/bl-TiO$_2$/mp-TiO$_2$/PVK+mp-ZrO$_2$+PVK/C	0.894	18.06	0.72	11.63
[11]	碳	多层 n-i-p	丝网印刷	FTO/bl-TiO$_2$/mp-TiO$_2$/PVK+mp-ZrO$_2$+PVK/C	0.900	20.45	0.72	13.14
[12]	碳	多层 n-i-p	丝网印刷	FTO/bl-TiO$_2$/mp-TiO$_2$/PVK+mp-ZrO$_2$+PVK/C	0.867	15.24	0.54	7.08
[17]	CuI	介孔 n-i-p	刮涂法	FTO/bl-TiO$_2$/mp-TiO$_2$/PVK/CuI/Au	0.55	17.8	0.62	6.0
[18]	CuI	平面 n-i-p	刮涂法	FTO/bl-TiO$_2$/PVK/CuI/石墨/Au	0.78	16.7	0.57	7.5
[19]	CuI	平面 p-i-n	旋涂法	FTO/CuI/PVK/PCBM/Al	1.04	21.06	0.62	13.58
[20]	CuSCN	介孔 n-i-p	刮涂法	FTO/bl-TiO$_2$/mp-TiO$_2$/PVK/CuSCN/Au	0.63	14.5	0.53	4.85
[21]	CuSCN	平面 n-i-p	滴涂	FTO/bl-TiO$_2$/PVK/CuSCN/Au	0.727	18.53	0.617	6.4
[22]	CuSCN	介孔 n-i-p	刮涂法	FTO/bl-TiO$_2$/mp-TiO$_2$/PVK/CuSCN/Au	1.016	19.7	0.62	12.4
[26]	CuSCN	平面 n-i-p	刮涂法	FTO/bl-TiO$_2$/PVK/CuSCN/Au	0.97	18.42	0.40	7.19
[32]	CuSCN	平面 p-i-n	电沉积	FTO/CuSCN/PVK/PCBM/Ag	0.677	8.7	—	3.8
[33]	CuSCN	平面 p-i-n	电沉积	ITO/CuSCN/PVK/C$_{60}$/BCP/Ag	1.00	21.9	0.758	16.6
[34]	CuSCN	平面 p-i-n	旋涂法	ITO/CuSCN/PVK/PCBM/LiF-Ag	1.06	15.76	0.632	10.5
[35]	CuSCN	平面 p-i-n	旋涂法	ITO/CuSCN/PVK/PCBM/C$_{60}$/Ag(可见光透过率 25%)	1.07	12.2	0.76	10.22
[36]	Cu$_2$O	平面 p-i-n	旋涂法	ITO/Cu$_2$O/PVK/PCBM/Ca-Al	1.07	16.52	0.755	13.35
[36]	CuO	平面 p-i-n	旋涂法	ITO/Cu$_2$O/PVK/PCBM/Ca-Al	1.06	15.82	0.725	12.61
[39]	NiO	平面 p-i-n	旋涂法	ITO/NiO/PVK/PCBM/BCP/Al	0.92	12.43	0.68	7.8
[40]	NiO	介孔 p-i-n	旋涂法	ITO/NiO$_x$/nc-NiO/PVK/PCBM/BCP/Al	1.040	13.24	0.69	9.51

续表

文献	HTM	结构	HTM的沉积	器件结构	V_{oc}/V	J_{sc}/(mA/cm^2)	FF	E_{ff}/%
[41]	NiO	介孔 p-i-n	丝网印刷	FTO/bl-NiO/nc-NiO/PVK/PCBM/Al	0.830	4.94	0.35	1.5
[42]	NiO	平面 p-i-n	旋涂法	ITO/NiO/CH$_3$NH$_3$PbI$_3$/PCBM/Al	1.05	15.4	0.48	7.6
[32]	NiO	平面 p-i-n	电沉积	FTO/NiO/PVK/PCBM/Ag	0.786	14.2	0.65	7.26
[43]	NiO	平面 p-i-n	旋涂法	FTO/NiO/PVK/PCBM/Au	0.882	16.27	0.635	9.11
[44]	NiO	平面 p-i-n	旋涂法	ITO/NiO$_x$/PVK/ZnO/Al	1.01	21.0	0.760	16.1
[45]	NiO	介孔 p-i-n	溅射法	ITO/bl-NiO$_x$/nc-NiO/PVK/PCBM/BCP/Al	0.96	19.8	0.61	11.6
[46]	NiO	平面 p-i-n	溅射法	FTO/NiO/PVK/PCBM/BCP/Au	1.10	15.17	0.59	9.83
[47]	NiO	介孔 p-i-n	脉冲激光沉积	ITO/NiO/PVK/PCBM/LiF-Al	1.06	20.2	0.81	17.3
[48]	NiO	平面 p-i-n	旋涂法	ITO/Cu掺杂NiO/PVK/PCBM/Ag	1.08	17.38	0.66	12.26
[49]	NiO	介孔 p-i-n	喷雾热解沉积	FTO/NiO/介孔AL$_2$O$_3$+PVK/PCBM/BCP/Ag	1.04	18.0	0.72	13.5
[50]	NiO	平面 p-i-n	喷雾热解沉积	FTO/NiMgLiO/PVK/PCBM/Ti(Nb)O$_x$/Ag（认证的电池尺寸1.017cm^2）	1.09	20.96	0.668	15.00
[51]	NiO	平面 p-i-n	旋涂法	ITO/NiO+PEDOT/PVK/PCBM/Ag	1.04	20.1	0.72	15.1
[52]	NiO	多层 n-i-p	丝网印刷法	FTO/bl-TiO$_2$/mp-TiO$_2$+PVK+mp-NiO+PVK/C	0.89	18.2	0.71	11.4
[53]	NiO	多层 n-i-p	丝网印刷法	FTO/bl-TiO$_2$/mp-TiO$_2$+PVK/mp-ZrO$_2$+PVK/mp-NiO+PVK	0.917	21.36	0.76	14.9
[54]	NiO	多层 n-i-p	丝网印刷法	FTO/bl-TiO$_2$/mp-TiO$_2$+PVK/mp-Al$_2$O$_3$+PVK/mp-NiO+PVK	0.915	21.62	0.76	15.03
[55]	MoO$_x$	平面 n-i-p	真空热蒸发	FTO/TiO$_2$/PVK/Spiro-OMeTAD/MoO$_x$/Al	0.990	19.55	0.59	11.42
[56]	MoO$_3$	平面 n-i-p	真空热蒸发	ITO/ZnO/PVK/Spiro-OMeTAD/MoO$_3$/Ag	1.04	22.4	0.574	13.4
[57]	MoO$_3$	平面 p-i-n	旋涂法	ITO/MoO$_3$/PEDOT:PSS/PVK/C$_{60}$/Bphen/Ag	1.00	21.49	0.69	14.87

续表

文献	HTM	结构	HTM 的沉积	器件结构	V_{oc}/V	J_{sc}/(mA/cm²)	FF	E_{ff}/%
[58]	MoO$_x$	平面 n-i-p	介孔 n-i-p	FTO/TiO$_2$/PVK/Spiro-OMeTAD/MoO$_x$/Ag	0.938	18.5	0.67	11.6
[58]	MoO$_x$	平面 p-i-n	介孔 n-i-p	FTO/TiO$_2$/PVK/Spiro-OMeTAD/MoO$_x$/ITO（透明）	0.821	14.5	0.519	6.2
[59]	MO$_3$	平面 p-i-n	真空蒸发	ITO/MoO$_3$/NPB/PVK/C$_{60}$/BCP/Al	1.12	18.1	0.68	13.7
[61]	碳	介孔 n-i-p	刮涂法	FTO/TiO$_2$/PVK/碳	0.80	21.02	0.54	9.08
[62]	碳	平面 n-i-p	刮涂法	FTO/TiO$_2$/PVK/碳	0.77	18.56	0.56	8.07
[63]	碳	平面 n-i-p	喷墨打印	FTO/TiO$_2$/PVK/碳	0.95	17.20	0.71	11.60
[64]	碳	介孔 n-i-p	旋涂法	FTO/TiO$_2$/PVK/碳	1.01	14.20	0.60	8.61
[65]	碳	介孔 n-i-p	滚动转移法	FTO/TiO$_2$/PVK/碳（蜡烛烟尘）	0.90	17.00	0.72	11.02
[66]	碳	介孔 n-i-p	刮涂法	FTO/TiO$_2$/PVK/碳	0.90	16.78	0.55	8.31
[67]	碳	介孔 n-i-p	热压法	FTO/TiO$_2$/PVK/碳/Al	1.002	21.30	0.634	13.53
[68]	碳	介孔 n-i-p	热压法	FTO/TiO$_2$/PVK/碳/石墨板	0.952	18.73	0.572	10.20
[69]	氧化石墨烯	平面 p-i-n	旋涂法	ITO/氧化石墨烯/PVK/PCBM/ZnO/Al	0.99	15.59	0.72	11.11
[70]	CNT 膜	介孔 n-i-p	贴附法	FTO/TiO$_2$/PVK/CNT 膜	0.88	15.46	0.51	6.87
[71]	还原石墨烯	平面 p-i-n	旋涂法	ITO/还原氧化石墨烯/PCBM/PCB/Ag	0.98	15.4	0.716	10.8
[72]	多层石墨烯	介孔 n-i-p	旋涂法	FTO/TiO$_2$/PVK/多层石墨烯	0.943	16.7	0.73	11.5
[73]	硫醇化纳米石墨烯	介孔 n-i-p	旋涂法	FTO/TiO$_2$/PVK/硫醇化纳米石墨烯	0.95	20.56	0.6579	12.81
[74]	氧化石墨烯	介孔 n-i-p	旋涂法	FTO/TiO$_2$/PVK/氧化石墨烯/Spiro-OMeTAD/Au（有机 HTM 堆叠，提高润湿性）	1.04	20.2	0.73	15.1

续表

文献	HTM	结构	HTM的沉积	器件结构	V_{oc}/V	J_{sc}/(mA/cm²)	FF	E_{ff}/%
[70]	CNT膜	介孔 n-i-p	贴附法	FTO/TiO₂/PVK/CNT膜+Spiro OMeTAD(有机 HTM 透明导电材料)	1.00	18.1	0.55	9.9
[75]	石墨烯	平面 n-i-p	化学气相沉积和转移法	FTO/TiO₂/PVK/Spiro-OMeTAD/PEDOT:PSS/石墨烯(有机 HTM 堆叠透明导电层,双向透明)	0.960	19.17	0.672	12.37
[76]	石墨烯	平面 n-i-p	化学气相沉积	FTO/TiO₂/PVK/Spiro-OMeTAD/石墨烯(有机 HTM 堆叠透明导电层,与硅协同)	0.90	12.56	0.55	6.2
[77]	单壁碳纳米管	平面 p-i-n	化学气相沉积和转移法	单壁 CNT/PEDOT:PSS/PVK/PCBM/Al(有机 HTM 堆叠透明导电基层)	0.79	14.9	0.54	6.32
[78]	CNT	介孔 n-i-p	化学气相沉积和转移法	Ti 箔/TiO₂ 纳米管/PVK/Spiro-OMeTAD+CNT(有机 HTM 堆叠透明导电层)	0.99	14.36	0.68	8.31
[79]	氧化石墨烯	平面 p-i-n	旋涂法	ITO/(与有机 HTM 混合)	0.88	19.18	0.705	11.90
[80]	SWCNT	介孔 n-i-p	旋涂法	FTO/TiO₂/mp-Al₂O₃+PVK/SWCNT+/Spiro-OMeTAD/Ag(与有机 HTM 混合)	1.02	21.4	0.71	15.4
[81]	SWCNT	介孔 n-i-p	旋涂法	FTO/TiO₂/mp-Al₂O₃+PVK/SWCNT+P3HT-PMMA/Ag(与有机 HTM 混合,防水)	1.02	22.71	0.66	15.3
[82]	竹结构的 CNT	介孔 n-i-p	旋涂法	FTO/TiO₂/PVK/竹结构 CNT+P3HT/Au(与有机 HTM 混合)	0.86	18.75	0.52	8.3
[83]	MWCNT	平面 n-i-p	旋涂法	FTO/TiO₂/PVK/MWCNT+Spiro-OMeTAD/Au(与有机 HTM 混合)	—	—	—	15.1
[84]	碘还原的氧化石墨烯	介孔 n-i-p	旋涂法	FTO/TiO₂/PVK/碳/石墨板	0.952	18.73	0.572	9.31

注：表中的内容与正文中的顺序一致。Bphen 为 4,7-二苯基-1,10-菲罗啉；NPB 的 CAS 号为 123847-85-8。

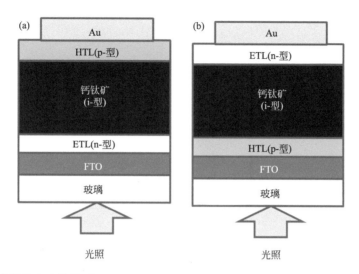

图 14-1　钙钛矿太阳能电池的类型：（a）n-i-p 型和（b）p-i-n 型（HTL—空穴传输层；ETL—电子传输层）

"多孔层"结构 [图 14-2(c)][8-12]，它被称为"全印刷钙钛矿太阳能电池"（图 14-3）。为了制备钙钛矿太阳能电池，可以通过在钙钛矿沉积之前退火来制备这些多孔层 [例如〈FTO/阻挡 TiO_2/多孔 TiO_2/多孔 ZrO_2/（多孔 NiO）/多孔 C〉的堆叠层]。由于碳（−5.1eV）和钙钛矿（−5.4～−3.9eV）的能级（图 14-4）[8-12]，多孔碳电极本身紧挨钙钛矿可作为 HTM。电极中的孔具有从碳电极表面到 TiO_2 阻挡层处孔底部的连续结构。由于多孔碳层已经预先装置在多孔层上，在钙钛矿晶体沉积到多孔层内部之后就可以形成完整的太阳能电池（图 14-3）。

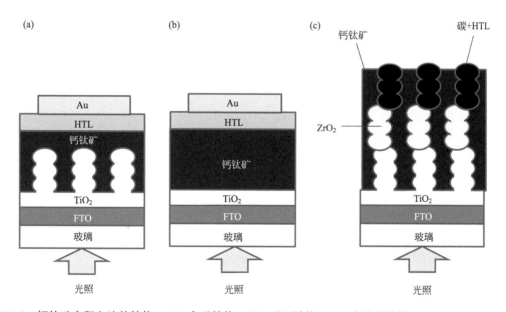

图 14-2　钙钛矿太阳电池的结构：（a）介观结构；（b）平面结构；（c）多孔层结构

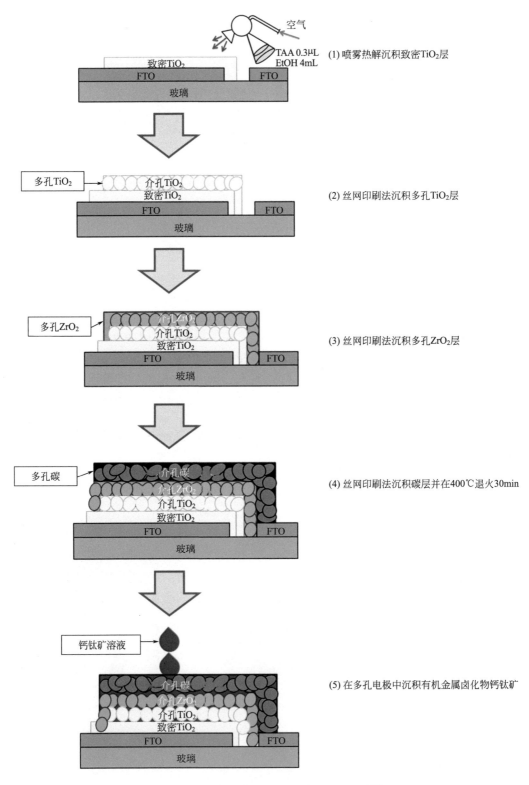

图 14-3 "全印刷钙钛矿太阳能电池"多层结构的制作方案［图 14-2(c)］[9]

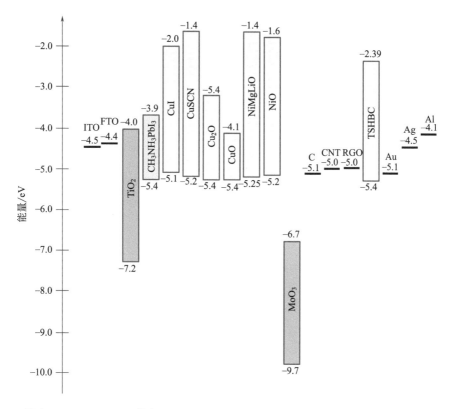

图 14-4 Sn 掺杂 In_2O_3(ITO)、F 掺杂 SnO_2(FTO)、TiO_2、$CH_3NH_3PbI_3$、无机空穴传输材料、Spiro-OMeTAD 和阴极的相应能级（数据来自本章文献）

14.2 CuI 和 CuSCN

在染料敏化太阳能电池（DSC）领域，固体空穴导电（p 型）材料（CuI 和 CuSCN[13-15]）已经作为电解质的替代品被研究，并且这类器件被称为"固态 DSC"。这种铜基 HTM 可以通过简易的刮刀涂布法沉积[16]（图 14-5）。由于在 DSC 领域已经对钙钛矿太阳能电池进行了研究，采用这种无机 p 型材料 CuI 和/或 CuSCN 取代 Spiro-OMeTAD 和 PTAA 是一个非常简单和意料之中的想法。

首先，Kamat 小组（美国圣母大学，University of Notre Dame，USA）采用 CuI 用于钙钛矿太阳能电池（J_{sc} 为 17.8mA/cm^2；V_{oc} 为 0.55V；FF 为 0.62V；PCE 为 6.0%）[17]，这是第一篇介孔 n-i-p 钙钛矿太阳能电池中使用无机空穴导电材料的论文。多孔 TiO_2 电极的转换效率仅为 6%。同样使用 CuI，Bach-Cheng-Spiccia 小组（莫纳希大学，Monashi Univ.）随后利用 CuI HTM 制造了平面 n-i-p 结构的钙钛矿太阳能电池[18]，产生 7.5% 的转换效率。随后，Deng-Xie 小组（厦门大学）发表了一篇使用 CuI 制备平面 p-i-n 倒置结构钙钛矿太阳能电池的论文[19]，其转换效率高达 13.58%。CuI-HTM 钙钛矿太阳能电池表现出比 Spiro-OMeTAD 更高的稳定性[17,19]。

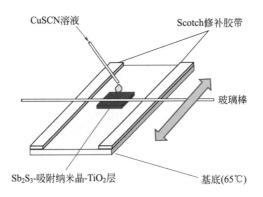

图 14-5　CuSCN 沉积方法示意图[16]

在关于 CuI 的第一篇报道之后[17]，Ito 小组（兵库县立大学，Univ. of Hyogo）发表了一篇关于 CuSCN-HTM 钙钛矿太阳能电池的论文，该电池使用介孔 n-i-p 结构，转换效率为 4.85%[20]。Mora-Seró-Tena-Zaera 小组（海梅一世大学，Parque Tecnológico de San Sebastián，Universitat Jaume Ⅰ）发表了优化退火工艺后的平面 n-i-p 钙钛矿太阳能电池的论文，得到了 6.4% 的能量转换效率[21]。为了获得高质量的钙钛矿层，Ito 小组尝试了顺序沉积[3]、双 PbI₂ 沉积[22] 和预热[22,23] 等特殊技术，制备的 CuSCN-HTM 钙钛矿太阳能电池具有 12.4% 的转换效率[22]。特别是，预热可以产生平滑的钙钛矿层（图 14-6），并有效地改善光伏参数（图 14-7）[23]。

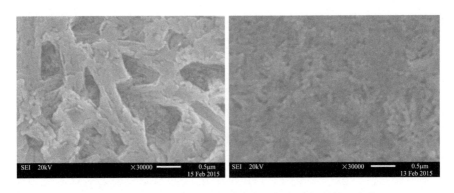

图 14-6　没有预热（左）和预热（右）的 PbI₂ 层的表面图。每个比例尺的尺寸为 0.5μm

研究发现 CuSCN 是比 Spiro-OMeTAD 更稳定的材料，因为 CuSCN-HTM 高效钙钛矿太阳能电池可以在日本多雨的夏季（湿度可以超过 80%）制作，无需手套箱[20]。因此，人们认为 CuSCN 对湿度不像有机空穴传输材料那样敏感。然而，CuSCN-HTM 钙钛矿太阳能电池的转换效率随后不能再提高，因为钙钛矿与 CuSCN 之间强烈的互扩散，这可以通过 SEM-EPMA 图像观察到（图 14-8）[22]。可以确定，在 CuSCN 涂层之前，Pb 位于多孔 TiO₂ 中；但 CuSCN 涂层后，Pb 向上移动。由此可知，CuSCN 能溶解 CH₃NH₃PbI₃。虽然具有介孔结构的 CuSCN-HTM 太阳能电池可以容易地制造，但是由于短路，平面 n-i-p 结构的 CuSCN-HTM 太阳能电池的制造相当困难，短路可以由互扩散引起（图 14-9）[24]。在 DSC 中，介孔 TiO₂ 电极

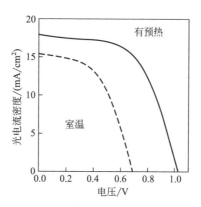

图 14-7　有/无预热的钙钛矿层的光电流密度-电压曲线[23]

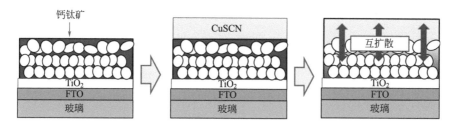

图 14-8　SEM-EPMA 元素分析确认的材料互扩散图[22]

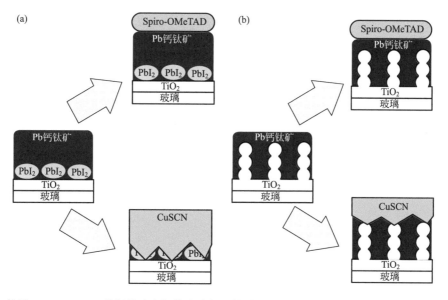

图 14-9　使用 CuSCN-HTM 的钙钛矿太阳能电池的互扩散示意图：平面结构（具有强短路）（a）和介孔结构（防止短路）（b）

可以阻止强短路[25]。除去平面结构钙钛矿层中的针孔，强短路既被消除（图 14-10），但 CuSCN-HTM 电池的 FF 在没有介孔 TiO_2 层的情况下仍然变差（图 14-11）[26]。

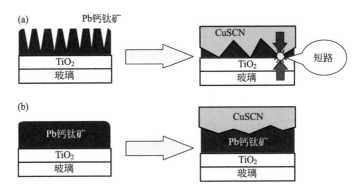

图 14-10 在 CuSCN-HTM 钙钛矿太阳能电池中，MAI 浸泡粗糙钙钛矿层（具有强短路）的互扩散示意图（a）和 MAI 滴涂在光滑钙钛矿层（防止短路）上的互扩散示意图（b）[26]

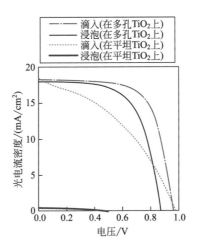

图 14-11 $CH_3NH_3PbI_3$ 钙钛矿太阳能电池在有/无多孔 TiO_2 层上的浸泡（有针孔）和滴入（无针孔）方法的光电流密度-电压曲线[26]

为了检查钙钛矿晶体的变化，用 XRD 测量了 HTM 沉积前后的每个钙钛矿层[27]。当 HTM（包括有机 HTM）用于钙钛矿太阳能电池的 n-i-p 结构时，HTM 必须沉积在钙钛矿层上，并且可以改变钙钛矿晶体。图 14-12 概括了用于沉积溶剂（氯苯和二丙硫醚）的 $CH_3NH_3PbI_3$ 钙钛矿晶体与 HTM（Spiro-OMeTAD 和 CuSCN）之间的反应图像。氯苯沉积可以使钙钛矿的 XRD 主峰向大角度移动，这可能是由于氯苯在钙钛矿层中萃取 DMF 的缘故[28]。相反，二丙硫醚（CuSCN 的溶剂）没有移动峰位，但由于钙钛矿晶体的分解，降低了 XRD 强度。硫氰酸根离子（SCN^-）可以与碘离子（I^-）交换，形成 $CH_3NH_3Pb(SCN)_2I$ 钙钛矿[29]，导致必须防止 CuSCN 晶体在 $CH_3NH_3PbI_3$ 钙钛矿层上形成[27]。Cu^+ 离子可以提高 $CH_3NH_3PbI_3$ 钙钛矿的结晶度[27]。氯离子和溴离子可以分别提高钙钛矿太阳能电池的结晶度和环境稳定性[30,31]，但不能阻止 HTM 和 $CH_3NH_3PbI_3$ 钙钛矿之间的互扩散[27]。这种互扩散会降低钙钛矿太阳能电池的转换效率和稳定性。

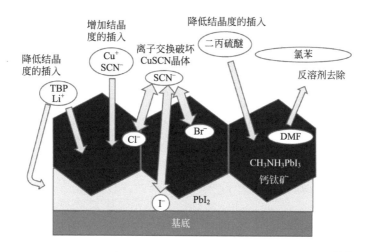

图 14-12　$CH_3NH_3PbX_3$（X：I、Cl 或 Br）的有机卤化铅钙钛矿层的反应概述图[28]

由于 CuSCN 在钙钛矿层上沉积的困难和互扩散的影响，制备了具有平面 p-i-n 结构的 CuSCN-HTM 钙钛矿太阳能电池[32-35]（如 Deng-Xie 小组的 CuI-HTM[19]）。起初，Sarkar 小组（印度理工学院，Indian Institute of Technology Bombay）发表了这样的文章，使用电化学沉积法合成 CuI-HTM，制备的平面结构的 p-i-n 钙钛矿太阳能电池的转换效率为 3.8%[32]。通过优化 CuSCN 的电化学沉积，Bian 组（北京大学）已经制备了具有高光电压和高光电流的平面 p-i-n 钙钛矿太阳能电池，转换效率为 16.6%，其结构为 ITO/CuSCN/$CH_3NH_3PbI_3$/C_{60}/BCP/Ag[33]。另一方面，Amassian 小组（阿卜杜拉国王科技大学，KAUST）通过旋涂 CuSCN-HTM 制备了平面 p-i-n 钙钛矿太阳能电池，获得 10.5% 的转换效率且没有迟滞效应[34]。Jen 小组（华盛顿大学，Univ. of Washington）还通过旋涂 CuSCN 制备了钙钛矿太阳能电池，其可见光透过率为 25%，转换效率为 10%[35]。

14.3　Cu_2O 和 CuO

正如引言中所写的，金属氧化物沉积需要高温才能进行前驱体与氧之间的反应，前驱体中的有机物质分解成 CO_2，并使金属氧化物结晶。此外，前驱体溶液的溶剂会使下面的钙钛矿层变质。当在钙钛矿层上溅射沉积 p 型氧化物时，应该考虑溅射损伤。因此，Ding 组（国家纳米科学中心，中国，National Center for Nanoscience and Technology）利用 Cu_2O 和 CuO-HTM 通过旋涂方法制备了平面 p-i-n 结构的钙钛矿太阳能电池[36]。Cu_2O 和 CuO 先于钙钛矿涂层沉积。由于 Cu_2O 和 CuO 的价带彼此相近（图 14-4），转化效率分别接近 13.35% 和 12.16%。

14.4　NiO

在应用于钙钛矿太阳能电池之前，NiO 已被用作 CdS 敏化太阳能电池的 HTM[37,38]。

目前，NiO 是无机 HTM 钙钛矿太阳能电池领域的主要材料。第一个使用平面 p-i-n 结构的 NiO p 型电极钙钛矿太阳能电池已由 Chen-Guo（成功大学，中国台湾）发表，光电转换效率为 7.8%[39]。采用旋涂法制备了 NiO 层，并对其进行了退火和 UV-O₃ 处理。然后，在平面器件中插入介孔 NiO 层，导致 9.51% 的转换效率[40]。

同时，Boschloo 小组（瑞典皇家理工学院，KTH Royal Institute of Technology, Sweden）[41]、Tang-Ma（华中科技大学，苏州大学）[42] 和 Sarkar（印度理工学院）[32] 小组分别发表了使用具有 p-i-n 结构的 NiO-HTM 的钙钛矿太阳能电池。Boschloo[41] 和 Tang-Ma[42] 组通过旋涂法制备了 NiO-HTM 层。另一方面，Sarkar 小组通过电化学沉积制备了它们[32]。

基本上，NiO 的结晶是非常困难的。因此，很少有文献提供溶胶-凝胶法处理的 NiO 的 XRD 数据结果。尽管如此，Yang 小组（香港）报道了溶胶-凝胶处理后的 NiO 在钙钛矿太阳能电池中用作空穴传输材料的 XRD 和 XPS 数据，使用平面 p-i-n 结构，转换效率为 9.11%[43]。他们在旋涂沉积之前已经合成了 NiO 纳米颗粒。AFM 和 TEM 证实其粒径为 10～20nm。在石英衬底上旋涂 NiO，在 500℃退火后观察到了 NiO 的 XRD 图谱。这样的高效率是通过在优化 NiO 厚度为 40nm 处实现的（表 14-2）。随后，另一个 Yang 小组（加州大学洛杉矶分校，UCLA）发表了用于空穴传输材料（HTM）层的纳米晶体 NiO（$d = 50～100nm$）和用于电子传输材料（ETM）层的纳米 ZnO（$d<10nm$），产生了不含有机物（C=C 双键）、高效率（16.1%）和高稳定性的钙钛矿太阳能电池[44]，与具有有机电荷传输层的器件相比，其提高了抗水和抗氧降解的稳定性。

表 14-2　使用 NiO HTM 的钙钛矿太阳能电池的光伏参数[43]

HTM	$J_{sc}/(mA/cm^2)$	V_{oc}/V	FF	PCE/%
NiO NCs-20nm	13.64	0.704	0.630	6.04
NiO NCs-40nm	16.27	0.882	0.635	9.11
NiO NCs-70nm	10.72	0.851	0.612	5.58
NiO 薄膜	9.82	0.647	0.591	3.75
PEDOT:PSS	8.25	0.613	0.533	2.70

表 14-3　PLD-NiO 基钙钛矿太阳能电池的光伏参数与氧分压和厚度的函数[47]

O₂ 分压	R_{sh} /(Ω/cm²)	R_s /(Ω/cm²)	J_{sc} /(mA/cm²)	V_{oc} /V	FF	PCE /%
10	600	5.5	18.6	0.98	0.65	11.8
200	7800	5.1	17.7	1.07	0.77	14.4
500	4100	5.0	16.1	1.08	0.75	13.0
900	1700	5.0	15.8	1.05	0.74	12.3
PO₂=200mTorr① 时的膜厚度	R_{sh} /(Ω/cm²)	R_s /(Ω/cm²)	J_{sc} /(mA/cm²)	V_{oc} /V	FF	PCE /%
100	3500	3.8	19.2	1.03	0.78	15.3
180	14,500	3.4	17.8	1.08	0.80	15.3

续表

$PO_2 = 200mTorr^①$ 时的膜厚度	R_{sh} /(Ω/cm^2)	R_s /(Ω/cm^2)	J_{sc} /(mA/cm^2)	V_{oc} /V	FF	PCE /%
250	14 200	4.5	15.6	1.05	0.80	13.0
340	5200	4.5	14.3	1.03	0.80	11.8

①1Torr=133.322Pa。

为了提高 NiO 薄层的质量和均匀性，进行了溅射和脉冲激光沉积试验，产生了具有 p-i-n 结构的高效 NiO-HTM 基钙钛矿太阳能电池[45-47]。特别是，Seok 小组通过脉冲激光沉积（表 14-3）控制了 NiO 纳米结构，并将钙钛矿太阳能电池优化为 17.3% 的能量转换效率，J_{sc} 为 $20.2mA/cm^2$，V_{oc} 为 1.06V，FF 为 0.813[47]。

为了获得高性能和环境稳定的钙钛矿太阳能电池，NiO 层已经通过 Cu 掺杂[48]、Al_2O_3 纳米晶涂层[49]、Li 和 Mg 的掺入（$Li_{0.05}Mg_{0.15}Ni_{0.8}O$）[50] 和 PEDOT 旋涂[51] 进行了修饰。特别的，Grätzel-Han 小组［瑞士洛桑联邦理工学院（EPFL）和日本国家材料科学研究所（National Institute for Materials Science，NIMS）］发表了具有大面积（$1.017cm^2$）的 $Li_{0.05}Mg_{0.15}Ni_{0.8}O$-HTM 钙钛矿太阳能电池的最佳结果，显示了 $20.61mA/cm^2$ 的 J_{sc}，0.879V 的 V_{oc}，15.0% 的高能量转换效率（PCE），FF 为 0.668，且效率经 AIST（日本）认证[50]。电池含有有机-无机双层 ETM［FTO/NiMgLiO/PVK/PCBM/Ti(Nb)O_x/Ag］。电流密度-电压特性中的迟滞效应被消除了，并且 PSC 在密封后 1000h 光照条件下（>90%），仍能使 PCE 保持初始效率。使用小孔径和小电池，他们获得了 18.39%（正向偏置扫描，5mV 步宽的扫描条件下无迟滞效应）和 22.35% 的（反向偏置扫描，70mV 步宽的扫描条件下有迟滞效应）PCE（表 14-4）。

表 14-4　不同扫描条件下从 J-V 曲线得到钙钛矿太阳能电池的效率参数

扫描方向	步宽 /mV	J_{sc} /(mA/cm^2)	V_{oc} /V	FF	PCE/%
反向(从 OC 到 SC)	70	20.429	1.273	0.859	22.35
	20	20.427	1.167	0.836	19.92
	10	20.401	1.103	0.825	18.56
	5	20.387	1.096	0.823	18.4
正向(从 SC 到 OC)	70	20.399	1.08	0.823	18.14
	20	20.431	1.084	0.823	18.23
	10	20.411	1.083	0.827	18.29
	5	20.418	1.085	0.83	18.39

对于工业应用来说，从成本和稳定性的角度来看，这种无机 HTM 是非常重要的。同时，应考虑加工方案，因为旋涂不适用于大尺寸器件。然而，用于高效太阳能电池的钙钛矿层是使用旋涂法制备的。为了解决这个问题，Han 小组（华中科技大学）发表了一种新型的钙钛矿太阳能电池，称为"全印刷钙钛矿太阳能电池"（图 14-3）[8-12]。在本文中，它被归类为"多孔层"结构，如图 14-2(c) 所示。在出现"多孔层"结构之后，Wang 小组（华中科技大学）在具有多孔层结构的钙钛矿太阳能电池中采用 NiO-HTM[52-54]。这种钙钛矿

太阳能电池不含有机物（C＝C双键），具有高效率（PCE为15.03%）和高稳定性[54]。

14.5 钼氧化物（MoO_x）

MoO_x是n型半导体，但其导带位于较低的能级（−6.7eV），低于$CH_3NH_3PbI_3$钙钛矿❶（−5.4eV）的价带[55-59]。但是，MoO_x有提取空穴的能力。虽然MoO_x在第一目录中❶通常不附着在钙钛矿表面，但Zhu组（美国国家可再生能源实验室，NREL）提出了MoO_x作为有效对电极的优点，而不使用贵金属（例如，Au或Ag）[55]。从那时起，已经发表了几篇关于MoO_x作为HTM的报告。通过使用MoO_x HTM，Bai-Tian-Fan小组（厦门大学）[56]和Su-Wang-Chu小组（中国科学院，长春）[57]分别将使用Spiro-OMeTAD和PEDOT:PSS的钙钛矿太阳能电池的转换效率提高到13.4%和12.4%。

MoO_x的优点是它可以通过热蒸镀沉积，不需要溅射。因此，MoO_x可以沉积在有机HTM（例如Spiro-OMeTAD和PEDOT:PSS）上，而不会造成溅射损伤。此外，MoO_x是一种透明材料。因此，MoO_x适合于在ITO沉积过程中产生透明的背面接触，以保护有机HTM免受溅射损伤。Wolf-Ballif小组（EPFL）在钙钛矿太阳能电池上制作MoO_x/ITO透明触点，与硅太阳能电池组成叠层的串联器件[58]。

Kim小组（首尔国立大学，Seoul National University）[59]制造了具有和不具有有机HTM的MoO_x前接触式p-i-n结构钙钛矿太阳能电池。使用有机HTM（NPB）的转化效率为13.7%。然而，在没有有机HTM的情况下，转换效率为6.9%（表14-5）。

表14-5 不同扫描方向下无NPB层钙钛矿太阳能电池的光伏特性

扫描方向	J_{sc}/(mA/cm²)	V_{oc}/V	FF	PCE/%
正向(SC到OC)	11.1	0.78	0.74	6.4
反向(OC到SC)	10.6	0.87	0.75	6.9

注：J-V特性扫描步长为0.02V，每一步间隔时间为0.3s，器件结构为ITO(150nm)/MoO_3(5nm)/$CH_3NH_3PbI_3$(320nm)/C_{60}(50nm)/BCP(8nm)/Al(100nm)。引自文献[59]。

14.6 碳材料

根据Batmunkh等的综述文件[60]，碳既可以作为电子受体也可以作为空穴受体。在本章中，我们将只关注它作为空穴受体的功能。如本章引言部分所示，碳可以作为具有"多孔TiO_2/多孔ZrO_2（或Al_2O_3）/多孔碳"结构［图14-2(c)和图14-3］[8-12]的"多孔层"钙钛矿太阳能电池中的空穴提取层[8-12]，因为相对于真空能级，碳的能级是5.0~5.1eV，此位置正好适合提取钙钛矿中的空穴（−5.4eV）（图14-4）[8-12,61-68]。

Ma小组（大连理工大学）[61,62]、Yang小组（香港科技大学）[63-65]和Yang小组（大

---

❶ 此处原文为"at first directory"。——编辑注

连理工大学)[66] 用低温处理在 $CH_3NH_3PbI_3$ 钙钛矿（或 PbI_2）上涂覆的碳墨水（例如，旋涂、刮涂、喷墨打印和滚动传送）。Yang 小组（香港科技大学）提供了一个由碳黑制成的有趣碳层[65]。为了提高钙钛矿太阳能电池的填充因子（FF），Meng 小组（中国科学院，北京）通过热压法在钙钛矿表面使用碳层，将铝或石墨箔附着在上面（图 14-13）[67,68]。

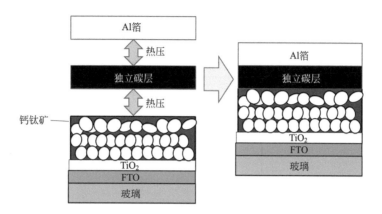

图 14-13　铝导体辅助碳背接触无 HTM 钙钛矿太阳能电池的制作工艺[67]

　　取代碳颗粒，石墨烯和碳纳米管（CNT）也被用作钙钛矿太阳能电池的 HTM[69-73]。由于单层石墨烯（−4.8eV）、多层石墨烯（−5.0eV）和碳纳米管（−5.0eV）的能级分别高于 $CH_3NH_3PbI_3$（−5.4eV），因此石墨烯和碳纳米管可以从钙钛矿中提取空穴。

　　明确定义的硫化纳米层（trisulphur-annulated hexa-peri-hexabenzocoronene，TSHBC）（图 14-14）也可以是很好的 HTM[73]。虽然 TSHBC 的价带能级与 $CH_3NH_3PbI_3$ 钙钛矿的价带能级非常接近，但 TSHBC 导带的高能级可以阻止电子流动，从而可作为良好的 HTM。

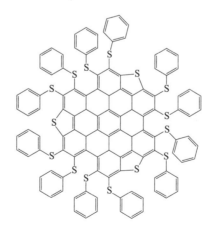

图 14-14　TSHBC 的结构[73]

　　由于石墨烯和碳纳米管具有良好的空穴提取现象，它们可以附着在有机 HTM 上以增强钙钛矿太阳能电池的光伏性能。石墨烯可以改善 Spiro-OMeTAD 在钙钛矿层上的润湿性，导致光伏效应的提高[74]。由于石墨烯和碳纳米管具有良好的空穴提取能力、导电性和透明性，因此可以取代有机 HTM[70,75-78] 上的透明导电氧化物层，生产双面太阳能电池、串联器件、柔性太阳能电池等。

为了增强传统钙钛矿太阳能电池的光伏性能，石墨烯和 CNT 可以混合在有机 HTM[79-84] 中，这是由于石墨烯和 CNT 的空穴提取能力，进而增强有机 HTM 的导电性。特别地，发现碘还原的氧化石墨烯可以消除 Spiro-OMeTAD 中的掺杂物，形成稳定的钙钛矿太阳能电池（表 14-6）[84]。

表 14-6 基于 RGO-1/无掺杂 Spiro-OMeTAD 和 Li-TSFI、吡啶掺杂 Spiro-OMeTAD 的钙钛矿太阳能电池的效率变化

HTM	PCE/%				
	0h	96h	192h	360h	500h
RGO	9.31	9.55	9.24	8.41	7.96
掺杂的 Spiro-OMeTAD	12.56	12.01	10.55	6.12	4.53

14.7 结论

本章介绍了无机 HTM（CuI、CuSCN、Cu_2O、CuO、NiO、MoO_x 和碳）在钙钛矿太阳能电池中的研究进展。无机 HTM 可以代替有机 HTM。然而，在某些情况下，无机 HTM 可以与有机 HTM 一起使用（堆叠和/或混合）。人们认为，与有机 HTM 相比，无机 HTM 只能提高钙钛矿太阳能电池的稳定性，而不能提高转换效率。然而，Grätzel-Han 组研制了使用无机 HTM，面积超过 $1cm^2$ 的大面积太阳能电池，并获得了较高的转化效率，这在光伏领域具有重要意义，因为面积非常小的太阳能电池不适用于工业应用。因此，我们了解到无机 HTM 对于钙钛矿太阳能电池 PCE 的提高和稳定性是非常重要的。尽管如此，钙钛矿太阳能电池的研究还是相当活跃的。从现在开始，无机 HTM 将成为该领域的重要一部分。

参考文献

[1] Lee, M. M., Teuscher, J., Miyasaka, T., Murakami, T. N., Snaith, H. J.: Science, efficient hybrid solar cells based on meso-superstructured organometal halide perovskites. Science 338, 643-z647（2012）

[2] Kim, H.-S., Lee, C.-R., Im, J.-H., Lee, K.-B., Moehl, T., Marchioro, A., Moon, S.-J., Humphry-Baker, J.-H., Yum, J. E., Moser, M., Grátzel, N.-G.: Park, lead iodide perovskite sensitized all-solid-state submicron thin film mesoscopic solar cell with efficiency exceeding 9%. Sci. Rep. 2, 591（2012）

[3] Burschka, J., Pellet, N., Moon, S.-J., Humphry-Baker, R., Gao, P., Nazeeruddin, M. K., Grátzel, M.: Sequential deposition as a route to high-performance perovskite-sensitized solar cells. Nature 499, 316-319（2013）

[4] Yang, W. S., Noh, J. H., Jeon, N. J., Kim, Y. C., Ryu, S., Seo, J., Seok, S. I.: High-performance photovoltaic perovskite layers fabricated through intramolecular exchange. Science 348, 1234-1237（2015）

[5] Li, M.-H., Shen, a P.-S., Wang, K.-C., Guo, T.-F., Chen, P.: Inorganic p-type contact materials for perovskite basedsolar cells. J. Mater. Chem. A 3, 9011-9019（2015）

[6] Schmidt-Mende, L., Bach, U., Humphry-Baker, R., Horiuchi, T., Miura, H., Ito, S., Uchida, S., Grätzel, M.: Organic dye for highly efficient solid state dye sensitized solar cells. Adv. Mater. 17, 813-815（2005）

[7] Burschka, J., Dualeh, A., Kessler, F., Barano, E., Cevey-Ha, N.-L., Yi, C., Nazeeruddin, M. K., Grätzel, M.: Tris(2-(1H-pyrazol-1-yl)pyridine)cobalt(III) as p-Type dopant for organic semiconductors and its ap-

plication in highly efficient solid-state dye-sensitized solar cells. J. Am. Chem. Soc. 133，18042-18045（2011）

[8] Ku，Z.，Rong，Y.，Xu，M.，Liu，T.，Han，H.：Full printable processed mesoscopic $CH_3NH_3PbI_3/TiO_2$ heterojunction solar cells with carbon counter electrode. Sci. Rep. 3，3132（2013）

[9] Mei，A.，Li，X.，Liu，L.，Ku，Z.，Liu，T.，Rong，Y.，Xu，M.，Hu，M.，Chen，J.，Yang，Y.，Grätzel，M.，Han，H.：A hole-conductor-free，fully printable mesoscopic perovskite solar cell with high stability. Science 345，295-298（2014）

[10] Zhang，L.，Liu，T.，Liu，L.，Hu，M.，Yang，Y.，Mei，A.，Han，H.：The effect of carbon counter electrode on fully printable mesoscopic perovskite solar cell. J. Mater. Chem. A 3，9165-9170（2015）

[11] Liu，T.，Liu，L.，Hu，M.，Yang，Y.，Zhang，L.，Mei，A.，Han，H.：Critical parameters in $TiO_2/ZrO_2/$ Carbon-based mesoscopic perovskite solar cell. J. Power Sources 293，533-538（2015）

[12] Wang，H.，Hu，X.，Chen，H.：The effect of carbon black in carbon counter electrode for $CH_3NH_3PbI_3/TiO_2$ heterojunction solar cells. RSC Adv. 5，30192-30196（2015）

[13] Yang，L.，Zhang，Z.，Fang，S.，Gao，X.，Obata，M.：Influence of the preparation conditions of TiO_2 electrodes on the performance of solid-state dye-sensitized solar cells with CuI as a hole collector. Sol. Energy 81，717-722（2007）

[14] Kumara，G. R. R. A.，Konno，A.，Senadeera，G. K. R.，Jayaweera，P. V. V.，De Silva，D. B. R. A.，Tennakone，K.：Dye-sensitized solar cell with the hole collector p-CuSCN deposited from a solution in n-propyl sulphide. Sol. Energy Mater. Sol. Cells 69，195-199（2001）

[15] O'Regan，B.，Schwartz，D. T.，Zakeeruddin，S. M.，Grätzel，M.：Electrodeposited nanocomposite n-p heterojunctions for solid-state dye-sensitized photovoltaics. Adv. Mater. 12，1263-1267（2000）

[16] Tsujimoto，K.，Nguyen，D.-C.，Ito，S.，Nishino，H.，Matsuyoshi，H.，Konno，A.，Kumara，G. R. A.，Tennakone，K.：TiO_2 surface treatment effects by Mg^{2+}，Ba^{2+}，and Al^{3+} on Sb_2S_3 extremely thin absorber solar cells. J. Phys. Chem. C 116，13465-13471（2012）

[17] Christians，J. A.，Fung，R. C. M.，Kamat，P. V.：An inorganic hole conductor for organo-lead halide perovskite solar cells. Improved hole conductivity with copper iodide. J. Am. Chem. Soc. 136，758-764（2014）

[18] Sepalage，G. A.，Meyer，S.，Pascoe，A.，Scully，A. D.，Huang，F.，Bach，U.，Cheng，Y.-B.，Spiccia，L.：Copper（I）iodide as hole-conductor in planar perovskite solar cells：probing the origin of J-V hysteresis. Adv. Funct. Mater. 25，5650-5661（2015）

[19] Chen，W.-Y.，Deng，L.-L.，Dai，S.-M.，Wang，X.，Tian，C.-B.，Zhan，X.-X.，Xie，S.-Y.，Huang，R.-B.，Zheng，L.-S.：Low-cost solution-processed copper iodide as an alternative to PEDOT：PSS hole transport layer for efficient and stable inverted planar heterojunction perovskite solar cells. J. Mater. Chem. A 3，19353-19359（2015）

[20] Ito，S.，Tanaka，S.，Vahlman，H.，Nishino，H.，Manabe，K.，Lund，P.：Carbon-double-bond-free printed solar cells from $TiO_2/CH_3NH_3PbI_3/CuSCN/Au$：structural control and photoaging effects. ChemPhysChem 15，1194-1200（2014）

[21] Chavhan，S.，Miguel，O.，Grande，H.-J.，Gonzalez-Pedro，V.，S'anchez，R. S.，Barea，E. M.，Mora-Seró，I.，Tena-Zaera，R.：Organo-metal halide perovskite-based solar cells with CuSCN as the inorganic hole selective contact. J. Mater. Chem. A 3，19353（2015）

[22] Qin，P.，Tanaka，S.，Ito，S.，Tetreault，N.，Manabe，K.，Nishino，H.，Nazeeruddin，M. K.，Grätzel，M.：Inorganic hole conductor-based lead halide perovskite solar cells with 12.4% conversion efficiency. Nat. Commun. 5，3834（2014）. doi：10.1038/ncomms4834

[23] Ito，S.，Tanaka，S.，Nishino，H.：Substrate-preheating effects on PbI_2 spin coating for perovskite solar cells via sequential deposition. Chem. Lett. 44，849-851（2015）

[24] Murugadoss，G.，Mizuta，G.，Tanaka，S.，Nishino，H.，Umeyama，T.，Imahori，H.，Ito，S.：Double functions of porous TiO_2 electrodes on $CH_3NH_3PbI_3$ perovskite solar cells：enhancement of perovskite crystal transformation and prohibition of short circuiting. APL Mater. 2，Article ID 081511（2014）

[25] Ito，S.，Zakeeruddin，S. M.，Comte，P.，Liska，P.，Kuang，D.，Grätzel，M.：Bifacial dye-sensitized solar cells based on an ionic liquid electrolyte. Nat. Photonics 2，693-698（2008）

[26] Ito，S.，Tanaka，S.，Nishino，H.：Lead-halide perovskite solar cells by CH_3NH_3I dripping on PbI_2-CH_3NH_3I-DMSO precursor layer for planar and porous structures using CuSCN hole-transporting material. J. Phys. Chem. Lett. 6，881-886（2015）

[27] Ito，S.，Kanaya，S.，Nishino，H.，Umeyama，T.，Imahori，H.：Material exchange property of organo lead halide perovskite with hole-transporting materials. Photonics 2，1043-1053（2015）

[28] Xiao，M.，Huang，F.，Huang，W.，Dkhissi，Y.，Zhu，Y.，Etheridge，J.，Gray-Weale，A.，Bach，U.，Cheng，Y.-B.，Spiccia，L.：A fast deposition-crystallization procedure for highly efficient lead iodide perovskite

thin-film solar cells. Angew. Chem. Int. Ed. 53, 9898-9903 (2014)

[29] Jiang, Q., Rebollar, D., Gong, J., Piacentino, E. L., Zheng, C., Xu, T.: Pseudohalide-induced moisture tolerance in perovskite CH_3NH_3Pb $(SCN)_2I$ Thin Films. Angew. Chem. Int. Ed. 54, 7617-7620 (2015)

[30] Zhao, Y., Zhu, K.: CH_3NH_3Cl-assisted one-step solution growth of $CH_3NH_3PbI_3$: structure, charge-carrier dynamics, and photovoltaic properties of perovskite solar cells. J. Phys. Chem. C 118, 9412-9418 (2014)

[31] Noh, J. H., Im, S. H., Heo, J. H., Mandal, T. N., Seok, S. I.: Chemical management forcolorful, efficient, and stable inorganic-organic hybrid nanostructured solar cells. Nano Lett. 13, 1764-1769 (2013)

[32] Subbiah, A. S., Halder, A., Ghosh, S., Mahuli, N., Hodes, G., Sarkar, S. K.: Inorganic hole conducting layers for perovskite-based solar cells. J. Phys. Chem. Lett. 5, 1748-1753 (2014)

[33] Ye, S., Sun, W., Li, Y., Yan, W., Peng, H., Bian, Z., Liu, Z., Huang, C.: CuSCN-based inverted planar perovskite solar cell with an average PCE of 15.6%. Nano Lett. 15, 3723-3728 (2015)

[34] Zhao, K., Munir, R., Yan, B., Yang, Y., Kim, T., Amassian, A.: Solution-processed inorganic copper (I) thiocyanate (CuSCN) hole transporting layers for efficient p-i-n perovskite solar cells. J. Mater. Chem. A 3, 20554-20559 (2015)

[35] Jung, J. W., Chueh, C.-C., Jen, A. K.-Y.: High-performance semitransparent perovskite solar cells with 10% power conversion efficiency and 25% average visible transmittance based on transparent CuSCN as the hole-transporting material. Adv. Energy Mater. 5, 1500486 (2015)

[36] Zuo, C., Ding, L.: Solution-processed Cu_2O and CuO as hole transport materials for efficient perovskite solar cells. Small 11, 5528-5532 (2015)

[37] Chan, X.-H., Jennings, J. R., Hossain, M. A., Yu, K. K. Z., Wang, Q.: Characteristics of p-NiO thin films prepared by spray pyrolysis and their application in CdS-sensitized photocathodes. J. Electrochem. Soc. 158, H733-H740 (2011)

[38] Safari-Alamuti, F., Jennings, J. R., Hossain, M. A., Yung, L. Y. L., Wang, Q.: Conformal growth of nanocrystalline CdX (X = S, Se) on mesoscopic NiO and their photoelectrochemical properties. Phys. Chem. Chem. Phys. 15, 4767 (2013)

[39] Jeng, J.-Y., Chen, K.-C., Chiang, T.-Y., Lin, P.-Y., Tsai, T.-D., Chang, Y.-C., Guo, T.-F., Chen, P., Wen, T.-C., Hsu, Y.-J.: Nickel oxide electrode interlayer in $CH_3NH_3PbI_3$ perovskite/PCBM planar-heterojunction hybrid solar cells. Adv. Mater. 26, 4107-4113 (2014)

[40] Wang, K.-C., Jeng, J.-Y., Shen, P.-S., Chang, Y.-C., Diau, E. W.-G., Tsai, C.-H., Chao, T.-Y., Hsu, H.-C., Lin, P.-Y., Chen, P., Guo, T.-F., Wen, T.-C.: p-type Mesoscopic nickel oxide/organometallic perovskite heterojunction solar cells. Sci. Rep. 4, 4756 (2014)

[41] Tian, H., Xu, B., Chen, H., Johansson, E. M. J., Boschloo, G.: Solid-state perovskite-sensitized p-Type mesoporousnickel oxide solar cells. ChemSusChem 7, 2150-2155 (2014)

[42] Hu, L., Peng, J., Wang, W., Xia, Z., Yuan, J., Lu, J., Huang, X., Ma, W., Song, H., Chen, W., Cheng, Y.-B., Tang, J.: Sequential deposition of $CH_3NH_3PbI_3$ on planar NiO film for efficient planar perovskite solar cells. ACS Photonics 1, 547-553 (2014)

[43] Zhu, Z., Bai, Y., Zhang, T., Liu, Z., Long, X., Wei, Z., Wang, Z., Zhang, L., Wang, J., Yan, F., Yang, S.: High-performance hole-extraction layer of Sol-Gel-processed NiO nanocrystals for inverted planar perovskite solar cells. Angew. Chem. Int. Ed. 53, 12571-12575 (2014)

[44] You, J., Meng, L., Song, T.-B., Guo, T.-F., Yang, Y., Chang, W.-H., Hong, Z., Chen, H., Zhou, H., Chen, Q., Liu, Y., Marco, N. D., Yang, Y.: Improved air stability of perovskite solar cells via solution-processed metal oxide transport layers. Nat. Nanotechnol. 11, 75-81 (2016)

[45] Wang, K.-C., Shen, P.-S., Li, M.-H., Chen, S., Lin, M.-W., Chen, P., Guo, T.-F.: Low-temperature sputtered nickel oxide compact thin film as effective electron blocking layer for mesoscopic $NiO/CH_3NH_3PbI_3$ perovskite heterojunction solar cells. ACS Appl. Mater. Interfaces 6, 11851-11858 (2014)

[46] Cui, J., Meng, F., Zhang, H., Cao, K., Yuan, H., Cheng, Y., Huang, F., Wang, M.: $CH_3NH_3PbI_3^-$-based planar solar cells with magnetron-sputtered nickel oxide. ACS Appl. Mater. Interfaces 6, 22862-22870 (2014)

[47] Park, J. H., Seo, J., Park, S., Shin, S. S., Kim, Y. C., Jeon, N. J., Shin, H.-W., Ahn, T. K., Noh, J. H., Yoon, S. C., Hwang, C. S., Seok, S. I.: Efficient $CH_3NH_3PbI_3$ perovskite solar cells employing nanostructured p-Type NiO electrode formed by a pulsed laser deposition. Adv. Mater. 27, 4013-4019 (2015)

[48] Kim, J. H., Liang, P.-W., Williams, S. T., Cho, N., Chueh, C.-C., Glaz, M. S., Ginger, D. S., Jen, A. K.-Y.: High-performance and environmentally stable planar heterojunction perovskite solar cells based on a solution-processed copper-doped nickel oxide hole-transporting layer. Adv. Mater. 27, 695-701 (2015)

[49] Chen, W., Wu, Y., Liu, J., Qin, C., Yang, X., Islam, A., Cheng, Y.-B., Han, L.: Hybrid interfacial layer leads to solid performance improvement of inverted perovskite solar cells. Energy Environ. Sci. 8, 629-640

(2015)

[50] Chen, W., Wu, Y., Yue, Y., Liu, J., Zhang, W., Yang, X., Chen, H., Bi, E., Ashraful, I., Grätzel, M., Han, L.: Efficient and stable large-area perovskite solar cells with inorganic charge extraction layers. Science 350, 944-948 (2015)

[51] Park, I. J., Park, M. A., Kim, D. H., Park, G. D., Kim, B. J., Son, H. J., Ko, M. J., Lee, D.-K., Park, T., Shin, H., Park, N.-G., Jung, H. S., Kim, J. Y.: New hybrid hole extraction layer of perovskite solar cells with a planar p-i-n geometry. J. Phys. Chem. C 119, 27285-27290 (2015)

[52] Liu, Z., Zhang, M., Xu, X., Bu, L., Zhang, W., Li, W., Zhao, Z., Wang, M., Chenga, Y.-B., He, H.: p-Type mesoscopic NiO as an active interfacial layer for carbon counter electrode based perovskite solar cells. Dalton Trans. 44, 3967-3973 (2015)

[53] Xu, X., Liu, Z., Zuo, Z., Zhang, M., Zhao, Z., Shen, Y., Zhou, H., Chen, Q., Yang, Y., Wang, M.: Hole selective NiO contact for efficient perovskite solar cells with carbon electrode. Nano Lett. 15, 2402-2408 (2015)

[54] Cao, K., Zuo, Z., Cui, J., Shen, Y., Moehl, T., Zakeeruddin, S. M., Grätzel, M., Wang, M.: Efficientscreen printed perovskite solar cells based on mesoscopic $TiO_2/Al_2O_3/NiO/$carbon architecture. Nano Energy 17, 171-179 (2015)

[55] Zhao, Y., Nardes, A. M., Zhu, K.: Effective hole extraction using MoO_x-Al contact in perovskite $CH_3NH_3PbI_3$ solar cells. Appl. Phys. Lett. 104, 213906 (2014)

[56] Liang, L., Huang, Z., Cai, L., Chen, W., Wang, B., Chen, K., Bai, H., Tian, Q., Fan, B.: Magnetron sputtered zinc oxide nanorods as thickness-insensitive cathode interlayer for perovskite planar-heterojunction solar cells. ACS Appl. Mater. Interfaces 6, 20585-20589 (2014)

[57] Hou, F., Su, Z., Jin, F., Yan, X., Wang, L., Zhao, H., Zhu, J., Chu, B., Lia, W.: Efficient and stable planar heterojunction perovskite solar cells with an $MoO_3/PEDOT:PSS$ hole transporting layer. Nanoscale 7, 9427 (2015)

[58] Löper, P., Moon, S.-J., Nicolas, S. M., Niesen, B., Ledinsky, M., Nicolay, S., Bailat, J., Yum, J.-H., Wolf, S. D., Ballif, C.: Organic-inorganic halide perovskite/crystalline silicon four-terminal tandem solar cells. Phys. Chem. Chem. Phys. 17, 1619-1629 (2015)

[59] Kim, B.-S., Kim, T.-M., Choi, M.-S., Shim, H.-S., Kim, J.-J.: Fully vacuum-processed perovskite solar cells with high open circuit voltage using MoO_3/NPB as hole extraction layers. Org. Electron. 17, 102-106 (2015)

[60] Batmunkh, M., Shearer, C. J., Biggs, M. J., Shapter, J. G.: Nanocarbons for mesoscopic perovskite solar cells. J. Mater. Chem. A 3, 9020-9031 (2015)

[61] Zhou, H., Shi, Y., Dong, Q., Zhang, H., Xing, Y., Wang, K., Du, Y., Ma, T.: Hole-conductor-free, metal-electrode-free $TiO_2/CH_3NH_3PbI_3$ heterojunction solar cells based on a low-temperature carbon electrode. J. Phys. Chem. Lett. 5, 3241-3246 (2014)

[62] Zhou, H., Shi, Y., Wang, K., Dong, Q., Bai, X., Xing, Y., Du, Y., Ma, T.: Low-temperature processed and carbon-based $ZnO/CH_3NH_3PbI_3/C$ planar heterojunction perovskite solar cells. J. Phys. Chem. C 119, 4600-4605 (2015)

[63] Wei, Z., Chen, H., Yan, K., Yang, S.: Inkjet printing and instant chemical transformation of a $CH_3NH_3PbI_3/$nanocarbon electrode and interface for planar perovskite solar cells. Angew. Chem. Int. Ed. 53, 13239-23243 (2014)

[64] Chen, H., Wei, Z., Yan, K., Yi, Y., Wang, J., Yang, S.: Liquid phase deposition of TiO_2 nanolayer affords $CH_3NH_3PbI_3/$nanocarbon solar cells with high open-circuit voltage. Faraday Discuss. 176, 271-286 (2014)

[65] Wei, Z., Yan, K., Chen, H., Yi, Y., Zhang, T., Long, X., Li, J., Zhang, L., Wang, J., Yang, S.: Cost-efficient clamping solar cells using candle soot for hole extraction from ambipolar perovskites. Energy Environ. Sci. 7, 3326-3333 (2014)

[66] Zhang, F., Yang, X., Wang, H., Cheng, M., Zhao, J., Sun, L.: Structure engineering of hole-conductor free perovskite-based solar cells with low-temperature-processed commercial carbon paste as cathode. ACS Appl. Mater. Interfaces 6, 16140-16146 (2014)

[67] Wei, H., Xiao, J., Yang, Y., Lv, S., Shi, J., Xu, X., Dong, J., Luo, Y., Li, D., Meng, Q.: Free-standing flexible carbon electrode for highly efficient hole-conductor-free perovskite solar cells. Carbon 93, 861-868 (2015)

[68] Yang, Y., Xiao, J., Wei, H., Zhu, L., Li, D., Luo, Y., Wu, H., Meng, Q.: An all-carbon counter electrode for highly efficient hole-conductor-free organo-metal perovskite solar cells. RSC Adv. 4, 52825-52830 (2014)

[69] Wu, Z., Bai, S., Xiang, J., Yuan, Z., Yang, Y., Cui, W., Gao, X., Liu, Z., Jin, Y., Sun, B.: Efficient planar heterojunction perovskite solar cells employing graphene oxide as hole conductor. Nanoscale 6, 10505-10510 (2014)

[70] Li, Z., Kulkarni, S. A., Boix, P. P., Shi, E., Cao, A., Fu, K., Batabyal, S. K., Zhang, J., Xiong, Q., Wong, L. H., Mathews, N., Mhaisalkar, S. G.: Laminated carbon nanotube networks for metal electrode-free efficient perovskite solar cells. ACS Nano 8, 6797-6804 (2014)

[71] Yeo, J. -S., Kang, R., Lee, S., Jeon, Y. -J., Myoung, N., Lee, C. -L., Kim, D. -Y., Yun, J. -M., Seo, Y. -H., Kim, S. -S., Na, S. -I.: Highly efficient and stable planar perovskite solar cells with reduced graphene oxide nanosheets as electrode interlayer. Nano Energy 12, 96-104 (2015)

[72] Yan, K., Wei, Z., Li, J., Chen, H., Yi, Y., Zheng, X., Long, X., Wang, Z., Wang, J., Xu, J., Yang, S.: High-performance graphene-based hole conductor-free perovskite solar cells: Schottky junction enhanced hole extraction and electron blocking. Small 11, 2269-2274 (2015)

[73] Cao, J., Liu, Y. -M., Jing, X., Yin, J., Li, J., Xu, B., Tan, Y. -Z., Zheng, N.: Well-defined thiolated nanographene as hole-transporting material for efficient and stable perovskite solar cells. J. Am. Chem. Soc. 137, 10914-10917 (2015)

[74] Li, W., Dong, H., Guo, X., Li, N., Li, J., Niu, G., Wang, L.: Graphene oxide as dual functional interface modifier for improving wettability and retarding recombination in hybrid perovskite solar cells. J. Mater. Chem. A 2, 20105-20111 (2014)

[75] You, P., Liu, Z., Tai, Q., Liu, S., Yan, F.: Efficient semitransparent perovskite solar cells with graphene electrodes. Adv. Mater. 24, 3632-3638 (2015)

[76] Lang, F., Gluba, M. A., Albrecht, S., Rappich, J., Korte, L., Rech, B., Nickel, N. H.: Perovskite solar cells with large-area CVD-graphene for tandem solar cells. J. Phys. Chem. Lett. 6, 2745-2750 (2015)

[77] Jeon, I., Chiba, T., Delacou, C., Guo, Y., Kaskela, A., Reynaud, O., Kauppinen, E. I., Maruyama, S., Matsuo, Y.: Single-walled carbon nanotube film as electrode in indium-free planar heterojunction perovskite solar cells: investigation of electron-blocking layers and dopants. Nano Lett. 15, 6665-6671 (2015)

[78] Wang, X., Li, Z., Xu, W., Kulkarni, S. A., Batabyal, S. K., Zhang, S., Cao, A., Wong, L. H.: TiO$_2$ nanotube arrays based flexible perovskite solar cells with transparent carbon nanotube electrode. Nano Energy 11, 728-735 (2015)

[79] Liu, T., Kim, D., Han, H., Yusoff, A. R. b. M., Jang, J.: Fine-tuning optical and electronic properties of graphene oxide for highly efficient perovskite solar cells. Nanoscale 7, 10708-10718 (2015)

[80] Habisreutinger, S. N., Leijtens, T., Eperon, G. E., Stranks, S. D., Nicholas, R. J., Snaith, H. J.: Enhanced hole extraction in perovskite solar cells through carbon nanotubes. J. Phys. Chem. Lett. 5, 4207-4212 (2014)

[81] Habisreutinger, S. N., Leijtens, T., Eperon, G. E., Stranks, S. D., Nicholas, R. J., Snaith, H. J.: Carbon nanotube/polymer composites as a highly stable hole collection layer in perovskite solar cells. Nano Lett. 14, 5561-5568 (2014)

[82] Cai, M., Tiong, V. T., Hreid, T., Bell, J., Wang, H.: An efficient hole transport material composite based on poly (3-hexylthiophene) and bamboo-structured carbon nanotubes for high performance perovskite solar cells. J. Mater. Chem. A 3, 2784-2793 (2015)

[83] Lee, J., Menamparambath, M. M., Hwang, J. -Y., Baik, S.: Hierarchically structured hole transport layers of spiro-OMeTAD and multiwalled carbon nanotubes for perovskite solar cells. ChemSusChem. 8, 2358-2362 (2015)

[84] Luo, Q., Zhang, Y., Liu, C., Li, J., Wang, N., Lin, H.: Iodide-reduced graphene oxide with dopant-free spiro-OMeTAD for ambient stable and high-efficiency perovskite solar cells. J. Mater. Chem. A 3, 15996-16004 (2015)